INTRODUÇÃO

À QUÍMICA ORGÂNICA

Dados Internacionais de Catalogação na Publicação (CIP)
(Câmara Brasileira do Livro, SP, Brasil)

Introdução à química orgânica / Frederick Bettheim...
[et al.] ; tradução Mauro de Campos Silva, Gianluca
Camillo Azzellini ; revisão técnica Gianluca Camillo
Azzellini. -- São Paulo : Cengage Learning, 2012.

Outros autores: William H. Brown, Mary K. Campbell,
Shawn O. Farrell
Título original: Introduction to general, organic
and biochemistry.
9. ed. norte-americana.
Bibliografia.
ISBN 978-85-221-1149-7

1. Química - Estudo e ensino I. Brown, William H.
II. Campbell, Mary K. III. Farrell, Shawn O.

11-03637   CDD-540.7

Índice para catálogo sistemático:

1. Química : Estudo e ensino 540.7

INTRODUÇÃO

À QUÍMICA ORGÂNICA
Tradução da 9ª edição norte-americana

Frederick A. Bettelheim

William H. Brown
Beloit College

Mary K. Campbell
Mount Holyoke College

Shawn O. Farrell
Olympic Training Center

Tradução
Mauro de Campos Silva
Gianluca Camillo Azzellini

Revisão técnica
Gianluca Camillo Azzellini
Bacharelado e licenciatura em Química na Faculdade de
Filosofia Ciências e Letras, USP-Ribeirão Preto;
Doutorado em Química pelo Instituto de Química-USP;
Pós-Doutorado pelo Dipartimento di Chimica G.
Ciamician – Universidade de Bolonha.
Professor do Instituto de Química – USP

Austrália • Brasil • Japão • Coreia • México • Cingapura • Espanha • Reino Unido • Estados Unidos

Introdução à química orgânica
Bettelheim, Brown, Campbell, Farrell

Gerente Editorial: Patricia La Rosa

Editor de Desenvolvimento: Fábio Gonçalves

Supervisora de Produção Editorial: Fabiana Alencar Albuquerque

Pesquisa Iconográfica: Edison Rizzato

Título Original: Introduction to General, Organic,
and Biochemistry – 9th edition
ISBN 13: 978-0-495-39121-0
ISBN 10: 0-495-39121-2

Tradução: Mauro de Campos Silva (Prefaciais, caps. 1 ao 15 e cap 32,
Apêndices e Respostas) e Gianluca Camillo Azzellini
(Caps. 16 ao 31)

Revisão Técnica: Gianluca Camillo Azzellini

Copidesque: Carlos Villarruel

Revisão: Luicy Caetano de Oliveira e Cristiane M. Morinaga

Diagramação: Cia. Editorial

Capa: Absoluta Propaganda e Design

© 2010 Brooks/Cole, parte da Cengage Learning.

© 2012 Cengage Learning.

Todos os direitos reservados. Nenhuma parte deste livro poderá ser reproduzida, sejam quais forem os meios empregados, sem a permissão, por escrito, da Editora. Aos infratores aplicam-se as sanções previstas nos artigos 102, 104, 106 e 107 da Lei nº 9.610, de 19 de fevereiro de 1998.

Esta editora empenhou-se em contatar os responsáveis pelos direitos autorais de todas as imagens e de outros materiais utilizados neste livro. Se porventura for constatada a omissão involuntária na identificação de algum deles, dispomo-nos a efetuar, futuramente, os possíveis acertos.

Para informações sobre nossos produtos,
entre em contato pelo telefone **0800 11 19 39**

Para permissão de uso de material desta obra,
envie seu pedido
para **direitosautorais@cengage.com**

© 2012 Cengage Learning. Todos os direitos reservados.

ISBN-13: 978-85-221-1149-7
ISBN-10: 85-221-1149-9

Cengage Learning
Condomínio E-Business Park
Rua Werner Siemens, 111 – Prédio 20 – Espaço 4
Lapa de Baixo – CEP 05069-900
São Paulo – SP
Tel.: (11) 3665-9900 – Fax: (11) 3665-9901
SAC: 0800 11 19 39

Para suas soluções de curso e aprendizado, visite
www.cengage.com.br

Impresso no Brasil.
Printed in Brazil.
1 2 3 4 5 6 7   13 12 11 10 09

À minha bela esposa, Courtney – entre revisões,
o emprego e a escola, tenho sido pouco mais que um fantasma
pela casa, absorto em meu trabalho. Courtney manteve
a família unida, cuidou de nossos filhos e do lar,
ao mesmo tempo que tratava de seus próprios textos. Nada disso
seria possível sem seu amor, apoio e esforço. SF

Aos meus netos, pelo amor e pela alegria que
trazem à minha vida: Emily, Sophia e Oscar; Amanda e Laura;
Rachel; Gabrielle e Max. WB

Para Andrew, Christian e Sasha – obrigada pelas recompensas
de ser sua mãe. E para Bill, Mary e Shawn – é sempre
um prazer trabalhar com vocês. MK

A edição brasileira está dividida em três livros,* além da
edição completa (combo), sendo:

Introdução à química geral

Capítulo 1 Matéria, energia e medidas

Capítulo 2 Átomos

Capítulo 3 Ligações químicas

Capítulo 4 Reações químicas

Capítulo 5 Gases, líquidos e sólidos

Capítulo 6 Soluções e coloides

Capítulo 7 Velocidade de reação e equilíbrio químico

Capítulo 8 Ácidos e bases

Capítulo 9 Química nuclear

Introdução à química orgânica

Capítulo 10 Química orgânica

Capítulo 11 Alcanos

Capítulo 12 Alquenos e alquinos

Capítulo 13 Benzeno e seus derivados

Capítulo 14 Alcoóis, éteres e tióis

Capítulo 15 Quiralidade: a lateralidade das moléculas

Capítulo 16 Aminas

Capítulo 17 Aldeídos e cetonas

Capítulo 18 Ácidos carboxílicos

Capítulo 19 Anidridos carboxílicos, ésteres e amidas

Introdução à bioquímica

Capítulo 20 Carboidratos

Capítulo 21 Lipídeos

Capítulo 22 Proteínas

Capítulo 23 Enzimas

Capítulo 24 Comunicação química: neurotransmissores e hormônios

Capítulo 25 Nucleotídeos, ácidos nucleicos e hereditariedade

Capítulo 26 Expressão gênica e síntese de proteínas

Capítulo 27 Bioenergética: como o corpo converte alimento em energia

Capítulo 28 Vias catabólicas específicas: metabolismo de carboidratos, lipídeos e proteínas

Capítulo 29 Vias biossintéticas

Capítulo 30 Nutrição

Capítulo 31 Imunoquímica

Capítulo 32 Fluidos do corpo**

Introdução à química geral, orgânica e bioquímica (combo)

---

* Em cada um dos livros há remissões a capítulos, seções, quadros, figuras e tabelas que fazem parte
dos outros livros. Para consultá-los será necessário ter acesso às outras obras ou ao combo.

** Capítulo on-line, na página do livro, no site www.cengage.com.br.

Sumário

Capítulo 10 Química orgânica, 273

10.1 O que é química orgânica?, 273
10.2 Comos se obtêm os compostos orgânicos?, 275
10.3 Como se escrevem as fórmulas estruturais dos compostos orgânicos?, 276
10.4 O que é grupo funcional?, 278
Resumo das questões-chave, 283
Problemas, 284

Conexões químicas

10A Taxol: uma história de busca e descoberta, 276

Capítulo 11 Alcanos 289

11.1 Como se escrevem as fórmulas estruturais dos alcanos?, 289
11.2 O que são isômeros constitucionais?, 291
11.3 Qual é a nomenclatura dos alcanos?, 294
11.4 Como se obtêm os alcanos?, 297
11.5 O que são cicloalcanos?, 298
11.6 Quais são os formatos dos alcanos e cicloalcanos?, 299
11.7 O que é isomeria *cis-trans* em cicloalcanos?, 302
11.8 Quais são as propriedades físicas dos alcanos?, 305
11.9 Quais são as reações características dos alcanos?, 307
11.10 Quais são os haloalcanos importantes?, 309
Resumo das questões-chave, 310
Resumo das reações fundamentais, 311
Problemas, 311

Conexões químicas

11A O venenoso baiacu, 303
11B Octanagem: o que são aqueles números na bomba de gasolina?, 308
11C O impacto ambiental dos Freons, 310

Capítulo 12 Alcenos e alcinos, 317

12.1 O que são alcenos e alcinos?, 317
12.2 Quais são as estruturas dos alcenos e alcinos?, 319
12.3 Qual é a nomenclatura dos alcenos e alcinos?, 319
12.4 Quais são as propriedades físicas dos alcenos e alcinos?, 326
12.5 O que são terpenos?, 326
12.6 Quais são as reações características dos alcenos?, 327
12.7 Quais são as reações de polimerização importantes do etileno e dos etilenos substituídos?, 334
Resumo das questões-chave, 337
Resumo das reações fundamentais, 338
Problemas, 338

Conexões químicas

12A Etileno: um regulador do crescimento da planta, 318
12B O caso das cepas de Iowa e Nova York da broca do milho europeia, 322
12C Isomeria *cis-trans* na visão, 325
12D Reciclando plásticos, 336

Capítulo 13 Benzeno e seus derivados, 345

13.1 Qual é a estrutura do benzeno?, 345
13.2 Qual é a nomenclatura dos compostos aromáticos?, 347

X ■ Introdução à química orgânica

13.3 Quais são as reações características do benzeno e de seus derivados?, 350
13.4 O que são fenóis?, 352
Resumo das questões-chave, 355
Resumo das reações fundamentais, 356
Problemas, 356

Conexões químicas

13A Os aromáticos polinucleares carcinogênicos e o tabagismo, 349
13B O íon iodeto e o bócio, 350
13C O grupo nitro em explosivos, 351
13D FD & C nº 6 (amarelo-crepúsculo), 353
13E Capsaicina, para aqueles que preferem coisas quentes, 354

Capítulo 14 Alcoóis, éteres e tióis, 359

14.1 Quais são as estruturas, a nomenclatura e as propriedades
físicas dos alcoóis?, 360
14.2 Quais são as reações características dos alcoóis?, 363
14.3 Quais são as estruturas, a nomenclatura e as propriedades dos éteres?, 368
14.4 Quais são as estruturas, a nomenclatura e as propriedades dos tióis?, 371
14.5 Quais são os alcoóis comercialmente mais importantes?, 373
Resumo das questões-chave, 374
Resumo das reações fundamentais, 375
Problemas, 375

Conexões químicas

14A Nitroglicerina: explosivo e fármaco, 362
14B Teste de álcool na expiração, 368
14C Óxido de etileno: um esterilizante químico, 369
14D Éteres e anestesia, 370

Capítulo 15 Quiralidade: a lateralidade das moléculas, 381

15.1 O que é enantiomeria?, 381

Como... Desenhar enantiômeros, 385

15.2 Como se especifica a configuração do estereocentro?, 387
15.3 Quantos estereoisômeros são possíveis para moléculas com
dois ou mais estereocentros?, 390
15.4 O que é atividade óptica e como a quiralidade
é detectada em laboratório?, 394
15.5 Qual é a importância da quiralidade no mundo biológico?, 396
Resumo das questões-chave, 397
Problemas, 397

Conexões químicas

15A Fármacos quirais, 394

Capítulo 16 Aminas 401

16.1 O que são aminas?, 401
16.2 Qual é a nomenclatura das aminas?, 403
16.3 Quais são as propriedades físicas das aminas?, 405
16.4 Como descrevemos a basicidade das aminas?, 406
16.5 Quais são as reações características das aminas?, 408
Resumo das questões-chave, 411
Resumo das reações fundamentais, 412
Problemas, 412

Conexões químicas

16A Anfetaminas (pílulas estimulantes), 402
16B Alcaloides, 403
16C Tranquilizantes, 406
16D A solubilidade das drogas em corpos fluidos, 409
16E Epinefrina: um protótipo para o desenvolvimento
de novos broncodilatadores, 410

Capítulo 17 Aldeídos e cetonas, 417

    17.1   O que são aldeídos e cetonas?, 417
    17.2   Qual é a nomenclatura de aldeídos e cetonas?, 418
    17.3   Quais são as propriedades físicas de aldeídos e cetonas?, 421
    17.4   Quais são as reações características de aldeídos e cetonas?, 422
    17.5   O que é tautomerismo cetoenólico?, 427
    Resumo das questões-chave, 428
    Resumo das reações fundamentais, 429
    Problemas, 429

    Conexões químicas

    17A   Alguns aldeídos e cetonas que ocorrem na natureza, 421

Capítulo 18 Ácidos carboxílicos, 435

    18.1   O que são ácidos carboxílicos?, 435
    18.2   Qual é a nomenclatura dos ácidos carboxílicos?, 435
    18.3   Quais são as propriedades físicas dos ácidos carboxílicos?, 438
    18.4   O que são sabões e detergentes?, 439
    18.5   Quais são as reações características dos ácidos carboxílicos?, 444
    Resumo das questões-chave, 451
    Resumo das reações fundamentais, 451
    Problemas, 452

    Conexões químicas

    18A   O que são ácidos graxos *trans* e como evitá-los?, 441
    18B   Ésteres como agentes de sabor, 448
    18C   Corpos cetônicos corporais e diabetes, 450

Capítulo 19 Anidridos carboxílicos, ésteres e amidas, 457

    19.1   O que são anidridos carboxílicos, ésteres e amidas?, 457
    19.2   Como se preparam os ésteres?, 460
    19.3   Como se preparam as amidas?, 461
    19.4   Quais são as reações características de anidridos, ésteres e amidas?, 462
    19.5   O que são anidridos e ésteres fosfóricos?, 467
    19.6   O que é polimerização por crescimento em etapas?, 468
    Resumo das questões-chave, 471
    Resumo das reações fundamentais, 471
    Problemas, 472

    Conexões químicas

    19A Piretrinas: inseticidas naturais provenientes das plantas, 459
    19B Antibióticos β-lactâmicos: penicilinas e cefalosporinas, 460
    19C Da casca do salgueiro à aspirina e muito mais, 461
    19D Filtros e bloqueadores solares da luz ultravioleta, 465
    19E Barbituratos, 467
    19F Suturas cirúrgicas que dissolvem, 470

Apêndice I Notação exponencial, A1

Apêndice II Algarismos significativos, A4

Respostas aos problemas do texto e aos problemas ímpares de final de capítulos, R1

Glossário, G1

Índice remissivo, IR1

Grupos funcionais orgânicos importantes

Código genético padrão

Nomes e abreviações dos aminoácidos mais comuns

Massas atômicas padrão dos elementos 2007

Tabela periódica

Tópicos relacionados à saúde (Encontra-se na página do livro, no site www.cengage.com.br)

Prefácio

"Ver o mundo num grão de areia
E o céu numa flor silvestre
Reter o infinito na palma das mãos
E a eternidade em um momento."
William Blake ("Augúrios da inocência")

"A cura para o tédio é a curiosidade
Não há cura para a curiosidade."
Dorothy Parker

Perceber a ordem na natureza do mundo é uma necessidade humana profundamente arraigada. Nossa meta principal é transmitir a relação entre os fatos e assim apresentar a totalidade do edifício científico construído ao longo dos séculos. Nesse processo, encantamo-nos com a unidade das leis que tudo governam: dos fótons aos prótons, do hidrogênio à água, do carbono ao DNA, do genoma à inteligência, do nosso planeta à galáxia e ao universo conhecido. Unidade em toda a diversidade.

Enquanto preparávamos a nona edição deste livro, não pudemos deixar de sentir o impacto das mudanças que ocorreram nos últimos 30 anos. Do *slogan* dos anos 1970, "Uma vida melhor com a química", para a frase atual, "Vida pela química", dá para ter uma ideia da mudança de foco. A química ajuda a prover as comodidades de uma vida agradável, mas encontra-se no âmago do nosso próprio conceito de vida e de nossas preocupações em relação a ela. Essa mudança de ênfase exige que o nosso texto, destinado principalmente para a educação de futuros profissionais das ciências da saúde, procure oferecer tanto as informações básicas quanto as fronteiras do horizonte que circunda a química.

O uso cada vez mais frequente de nosso texto tornou possível esta nova edição. Agradecemos àqueles que adotaram as edições anteriores para seus cursos. Testemunhos de colegas e estudantes indicam que conseguimos transmitir nosso entusiasmo pelo assunto aos alunos, que consideram este livro muito útil para estudar conceitos difíceis.

Assim, nesta nova edição, esforçamo-nos em apresentar um texto de fácil leitura e fácil compreensão. Ao mesmo tempo, enfatizamos a inclusão de novos conceitos e exemplos nessa disciplina em tão rápida evolução, especialmente nos capítulos de bioquímica. Sustentamos uma visão integrada da química. Desde o começo na química geral, incluímos compostos orgânicos e susbtâncias bioquímicas para ilustrar os princípios. O progresso é a ascensão do simples ao complexo. Insistimos com nossos colegas para que avancem até os capítulos de bioquímica o mais rápido possível, pois neles é que se encontra o material pertinente às futuras profissões de nossos alunos.

Lidar com um campo tão amplo em um só curso, e possivelmente o único curso em que os alunos têm contato com a química, faz da seleção do material um empreendimento bastante abrangente. Temos consciência de que, embora tentássemos manter o livro em tamanho e proporções razoáveis, incluímos mais tópicos do que se poderia cobrir num curso de dois semestres. Nosso objetivo é oferecer material suficiente para que o professor possa escolher os tópicos que considerar importante. Organizamos as seções de modo que cada uma delas seja independente; portanto, deixar de lado seções ou mesmo capítulos não causará rachaduras no edifício.

Ampliamos a quantidade de tópicos e acrescentamos novos problemas, muitos dos quais desafiadores e instigantes.

Público-alvo

Assim como nas edições anteriores, este livro não se destina a estudantes do curso de química, e sim àqueles matriculados nos cursos de ciências da saúde e áreas afins, como enfermagem, tecnologia médica, fisioterapia e nutrição. Também pode ser usado por alunos de estudos ambientais. Integralmente, pode ser usado para um curso de um ano (dois semestres) de química, ou partes do livro num curso de um semestre.

Pressupomos que os alunos que utilizam este livro têm pouco ou nenhum conhecimento prévio de química. Sendo assim, introduzimos lentamente os conceitos básicos no início e aumentamos o ritmo e o nível de sofisticação à medida que avançamos. Progredimos dos princípios básicos da química geral, passando pela química orgânica e chegando finalmente à bioquímica. Consideramos esse progresso como uma ascensão tanto em termos de importância prática quanto de sofisticação. Ao longo do texto, integramos as três partes, mantendo uma visão unificada da química. Não consideramos as seções de química geral como de domínio exclusivo de compostos inorgânicos, frequentemente usamos substâncias orgânicas e biológicas para ilustrar os princípios gerais.

Embora ensinar a química do corpo humano seja nossa meta final, tentamos mostrar que cada subárea da química é importante em si mesma, além de ser necessária para futuros conhecimentos.

Conexões químicas (aplicações medicinais e gerais dos princípios químicos)

Os quadros "Conexões químicas" contêm aplicações dos princípios abordados no texto. Comentários de usuários das edições anteriores indicam que esses quadros têm sido bem recebidos, dando ao texto a devida pertinência. Por exemplo, no Capítulo 1, os alunos podem ver como as compressas frias estão relacionadas aos colchões d'água e às temperaturas de um lago ("Conexões químicas 1C"). Indicam-se também tópicos atualizados, incluindo fármacos anti-inflamatórios como o Vioxx e Celebrex ("Conexões químicas 21H"). Outro exemplo são as novas bandagens para feridas baseadas em polissacarídeos obtidos da casca do camarão ("Conexões químicas 20E"). No Capítulo 30, que trata de nutrição, os alunos poderão ter uma nova visão da pirâmide alimentar ("Conexões químicas 30A"). As questões sempre atuais relativas à dieta são descritas em "Conexões químicas 30B". No Capítulo 31, o aluno aprenderá sobre importantes implicações no uso de antibióticos ("Conexões químicas 31D") e terá uma explicação detalhada sobre o tema, tão polêmico, da pesquisa com células-tronco ("Conexões químicas 31E").

A presença de "Conexões químicas" permite um considerável grau de flexibilidade. Se o professor quiser trabalhar apenas com o texto principal, esses quadros não interrompem a continuidade, e o essencial será devidamente abordado. No entanto, como essas "Conexões" ampliam o material principal, a maioria dos professores provavelmente desejará utilizar pelo menos algumas delas. Em nossa experiência, os alunos ficam ansiosos para ler as "Conexões químicas" pertinentes, não como tarefa, e o fazem com discernimento. Há um grande número de quadros, e o professor pode escolher aqueles que são mais adequados às necessidades específicas do curso. Depois, os alunos poderão testar seus conhecimentos em relação a eles com os problemas no final de cada capítulo.

Metabolismo: o código de cores

As funções biológicas dos compostos químicos são explicadas em cada um dos capítulos de bioquímica e em muitos dos capítulos de química orgânica. A ênfase é na química e não na fisiologia. Como tivemos um retorno muito positivo a respeito do modo como organizamos o tópico sobre metabolismo (capítulos 27, 28 e 29), resolvemos manter essa organização.

Primeiramente, apresentamos a via metabólica comum através da qual todo o alimento será utilizado (o ciclo do ácido cítrico e a fosforilação oxidativa) e só depois discutimos as vias específicas que conduzem à via comum. Consideramos isso um recurso pedagógico útil que nos permite somar os valores calóricos de cada tipo de alimento porque sua utilização na via comum já foi ensinada. Finalmente, separamos as vias catabólicas das vias anabólicas em diferentes capítulos, enfatizando as diferentes maneiras como o corpo rompe e constrói diferentes moléculas.

O tema metabolismo costuma ser difícil para a maioria dos estudantes, e, por isso, tentamos explicá-lo do modo mais claro possível. Como fizemos na edição anterior, melhoramos a apresentação com o uso de um código de cores para os compostos biológicos mais importantes discutidos nos capítulos 27, 28 e 29. Cada tipo de composto aparece em uma cor específica, que permanece a mesma nos três capítulos. As cores são as seguintes:

ATP e outros trifosfatos de nucleosídeo

ADP e outros difosfatos de nucleosídeos

As coenzimas oxidadas NAD^+ e FAD

As coenzimas reduzidas NADH e $FADH_2$

Acetil coenzima A

Nas figuras que mostram os caminhos metabólicos, os números das várias etapas aparecem em amarelo. Além desse uso do código de cores, outras figuras, em várias partes do livro, são coloridas de tal modo que a mesma cor sempre é usada para a mesma entidade. Por exemplo, em todas as figuras do Capítulo 23 que mostram as interações enzima-substrato, as enzimas sempre aparecem em azul, e os substratos, na cor laranja.

Destaques

- **[NOVO] Estratégias de resolução de problemas** Os exemplos do texto agora incluem uma descrição da estratégia utilizada para chegar a uma solução. Isso ajudará o aluno a organizar a informação para resolver um problema.

- **[NOVO] Impacto visual** Introduzimos ilustrações de grande impacto pedagógico. Entre elas, as que mostram os aspectos microscópico e macroscópico de um tópico em discussão, como as figuras 6.4 (lei de Henry) e 6.11 (condutância por um eletrólito).

- **Questões-chave** Utilizamos um enquadramento nas "Questões-chave" para enfatizar os principais conceitos químicos. Essa abordagem direciona o aluno, em todos os capítulos, nas questões relativas a cada segmento.

- **[ATUALIZADO] Conexões químicas** Mais de 150 ensaios descrevem as aplicações dos conceitos químicos apresentados no texto, vinculando a química à sua utilização real. Muitos quadros novos de aplicação sobre diversos tópicos foram acrescentados, tais como bandagens de carboidrato, alimentos orgânicos e anticorpos monoclonais.

- **Resumo das reações fundamentais** Nos capítulos de química orgânica (10-19), um resumo comentado apresenta as reações introduzidas no capítulo, identifica a seção onde cada uma foi introduzida e dá um exemplo de cada reação.

- **[ATUALIZADO] Resumos dos capítulos** Os resumos refletem as "Questões-chave". No final de cada capítulo, elas são novamente enunciadas, e os parágrafos do resumo destacam os conceitos associados às questões. Nesta edição estabelecemos "links" entre os resumos e problemas no final dos capítulos.

- **[ATUALIZADO] Antecipando** No final da maior parte dos capítulos incluímos problemas-desafio destinados a mostrar a aplicação, ao material dos capítulos seguintes, de princípios que aparecem no capítulo.

- **[ATUALIZADO] Ligando os pontos e desafios** Ao final da maior parte dos capítulos, incluímos problemas que se baseiam na matéria já vista, bem como em problemas que testam o conhecimento do aluno sobre ela. A quantidade desses problemas aumentou nesta edição.

- **[ATUALIZADO] Os quadros *Como...*** Nesta edição, aumentamos o número de quadros que enfatizam as habilidades de que o aluno necessita para dominar a matéria. Incluem tópicos do tipo "*Como...* Determinar os algarismos significativos em um número" (Capítulo 1) e "*Como...* Interpretar o valor da constante de equilíbrio, K" (Capítulo 7).

- **Modelos moleculares** Modelos de esferas e bastões, de preenchimento de espaço e mapas de densidade eletrônica são usados ao longo de todo o texto como auxiliares na visualização de propriedades e interações moleculares.

- **Definições na margem** Muitos termos também são definidos na margem para ajudar o aluno a assimilar a terminologia. Buscando essas definições no capítulo, o estudante terá um breve resumo de seu conteúdo.

- **Notas na margem** Informações adicionais, tais como notas históricas, lembretes e outras complementam o texto.

- **Respostas a todos os problemas do texto e aos problemas ímpares no final dos capítulos** Respostas a problemas selecionados são fornecidas no final do livro.

- **Glossário** O glossário no final do livro oferece uma definição para cada novo termo e também o número da seção em que o termo é introduzido.

Organização e atualizações

Química geral (capítulos 1–9)

- O **Capítulo 1, Matéria energia e medidas**, serve como uma introdução geral ao texto e introduz os elementos pedagógicos que aparecem pela primeira vez nesta edição. Foi adicionado um novo quadro "*Como...* Determinar os algarismos significativos em um número".

- No **Capítulo 2, Átomos**, introduzimos quatro dos cinco modos de representação das moléculas que usamos ao longo do texto: mostramos a água em sua fórmula molecular, estrutural e nos modelos de esferas e bastões e de preenchimento de espaço. Introduzimos os mapas de densidade eletrônica, uma quinta forma de representação, no Capítulo 3.

- O **Capítulo 3, Ligações químicas**, começa com os compostos iônicos, seguidos de uma discussão sobre compostos moleculares.

- O **Capítulo 4, Reações químicas**, inclui o quadro "*Como...* Balancear uma equação química" que ilustra um método gradual para balancear uma equação.

- No **Capítulo 5, Gases, líquidos e sólidos**, apresentamos as forças intermoleculares de atração para aumentar a energia, ou seja, as forças de dispersão de London, interações dipolo-dipolo e ligações de hidrogênio.

- O **Capítulo 6, Soluções e coloides**, abre com uma listagem dos tipos mais comuns de soluções, com discussões sobre os fatores que afetam a solubilidade, as unidades de concentração mais usadas e as propriedades coligativas.

- O **Capítulo 7, Velocidades de reação e equilíbrio químico**, mostra como esses dois importantes tópicos estão relacionados entre si. Adicionamos um novo quadro "*Como...* Interpretar o valor da constante de equilíbrio, K".

- O **Capítulo 8, Ácidos e bases**, introduz o uso das setas curvadas para mostrar o fluxo de elétrons em reações orgânicas. Utilizamos especificamente essas setas para indicar o fluxo de elétrons em reações de transferência de próton. O principal tema desse capítulo é a aplicação dos tampões ácido-base e da equação de Henderson-Hasselbach.

- A seção de química geral termina com o **Capítulo 9, Química nuclear**, destacando as aplicações medicinais.

Química orgânica (capítulos 10–19)

- O **Capítulo 10, Química orgânica**, introduz as características dos compostos orgânicos e os grupos funcionais orgânicos mais importantes.

- No **Capítulo 11, Alcanos**, introduzimos o conceito de fórmula linha-ângulo e seguimos usando essas fórmulas em todos os capítulos de química orgânica. Essas estruturas são mais fáceis de desenhar que as fórmulas estruturais condensadas usuais e também mais fáceis de visualizar.

- No **Capítulo 12, Alcenos e alcinos**, introduzimos o conceito de mecanismo de reação com a hidro-halogenação e a hidratação por catálise ácida dos alcenos. Apresentamos também um mecanismo para a hidrogenação catalítica dos alcenos e, mais adiante, no Capítulo 18, mostramos como a reversibilidade da hidrogenação catalítica resulta na formação de gorduras *trans*. O objetivo dessa introdução aos mecanismos de reação é demonstrar ao aluno que os químicos estão interessados não apenas no que acontece numa reação química, mas também como ela ocorre.

- O **Capítulo 13, Benzeno e seus derivados**, segue imediatamente após a apresentação dos alcenos e alcinos. Nossa discussão sobre os fenóis inclui fenóis e antioxidantes.

- O **Capítulo 14, Alcoóis, éteres e tióis**, discute primeiramente a estrutura, nomenclatura e propriedades dos alcoóis, e depois aborda, do mesmo modo, os éteres e finalmente os tióis.

- No **Capítulo 15, Quiralidade: a lateralidade das moléculas**, os conceitos de estereocentro e enantiomeria são lentamente introduzidos com o 2-butanol como protótipo. Depois tratamos de moléculas com dois ou mais estereocentros e mostramos como prever o número de estereoisômeros possível para uma determinada molécula. Também explicamos a convenção R, S para designar uma configuração absoluta a um estereocentro tetraédrico.

- No **Capítulo 16, Aminas**, seguimos o desenvolvimento de novas medicações para asma, da epinefrina, como fármaco principal, ao albuterol (Proventil).

- O **Capítulo 17, Aldeídos e cetonas**, apresenta o $NaBH_4$ como agente redutor da carbonila, com ênfase em sua função de agente de transferência de hidreto. Depois comparamos à NADH como agente redutor da carbonila e agente de transferência de hidreto.

    A química dos ácidos carboxílicos e seus derivados é dividida em dois capítulos.

- O **Capítulo 18, Ácidos carboxílicos**, concentra-se na química e nas propriedades físicas dos próprios ácidos carboxílicos. Discutimos brevemente sobre os ácidos graxos *trans* e os ácidos graxos ômega-3, e a importância de sua presença em nossas dietas.

- O **Capítulo 19, Anidridos carboxílicos, ésteres e amidas**, descreve a química desses três importantes grupos funcionais, com ênfase em sua hidrólise por catálise ácida e promovida por bases, e as reações com as aminas e os álcoois.

Bioquímica (capítulos 20–32)

- O **Capítulo 20, Carboidratos**, começa com a estrutura e a nomenclatura dos monossacarídeos, sua oxidação e redução, e a formação de glicosídeos, concluindo com uma discussão sobre a estrutura dos dissacarídeos, polissacarídeos e polissacarídeos ácidos. Um novo quadro de "Conexões químicas" trata das *Bandagens de carboidrato que salvam vidas*.

- O **Capítulo 21, Lipídeos**, trata dos aspectos mais importantes da bioquímica dos lipídeos, incluindo estrutura da membrana e estruturas e funções dos esteroides. Foram adicionadas novas informações sobre o uso de esteroides e sobre a ex-velocista olímpica Marion Jones.

- O **Capítulo 22, Proteínas**, abrange muitas facetas da estrutura e função das proteínas. Dá uma visão geral de como elas são organizadas, começando com a natureza de cada aminoácido e descrevendo como essa organização resulta em suas muitas funções. O aluno receberá as informações básicas necessárias para seguir até as seções sobre enzimas e metabolismo. Um novo quadro de "Conexões químicas" trata do *Aspartame, o peptídeo doce*.

- O **Capítulo 23, Enzimas**, aborda o importante tópico da catálise e regulação enzimática. O foco está em como a estrutura de uma enzima aumenta tanto a velocidade de reações catalisadas por enzimas. Foram incluídas aplicações específicas da inibição por enzimas em medicina, bem como uma introdução ao fascinante tópico dos análogos ao estado de transição e seu uso como potentes inibidores. Um novo quadro de "Conexões químicas" trata de *Enzimas e memória*.

- No **Capítulo 24, Comunicação química**, veremos a bioquímica dos hormônios e dos neurotransmissores. As implicações da ação dessas substâncias na saúde são o principal foco deste capítulo. Novas informações sobre possíveis causas da doença de Alzheimer são exploradas.

- O Capítulo 25, Nucleotídeos, ácidos nucleicos e hereditareidade, introduz o DNA e os processos que envolvem sua replicação e reparo. Enfatiza-se como os nucleotídeos se ligam uns aos outros e o fluxo da informação genética que ocorre por causa das propriedades singulares dessas moléculas. As seções sobre tipos de RNA foram bastante ampliadas, uma vez que nosso conhecimento sobre esses ácidos nucleicos avança diariamente. O caráter único do DNA de um indivíduo é descrito em um quadro de "Conexões químicas" que introduz *Obtendo as impressões digitais do DNA* e mostra como a ciência forense depende do DNA para fazer identificações positivas.

- O Capítulo 26, Expressão gênica e síntese da proteína, mostra como a informação contida no DNA da célula é usada para produzir RNA e finalmente proteína. Aqui o foco é como os organismos controlam a expressão dos genes através da transcrição e da tradução. O capítulo termina com o atual e importante tópico da terapia gênica, uma tentativa de curar doenças genéticas dando ao indivíduo o gene que lhe faltava. Os novos quadros de "Conexões químicas" descrevem a *Diversidade humana e fatores de transcrição* e as *Mutações silenciosas*.

- O Capítulo 27, Bioenergética, é uma introdução ao metabolismo que enfatiza as vias centrais, isto é, o ciclo do ácido cítrico, o transporte de elétrons e a fosforilação oxidativa.

- No Capítulo 28, Vias catabólicas específicas, tratamos dos detalhes da decomposição de carboidratos, lipídeos e proteínas, enfatizando o rendimento energético.

- O Capítulo 29, Vias catabólicas biossintéticas, começa com algumas considerações gerais sobre anabolismo e segue para a biossíntese do carboidrato nas plantas e nos animais. A biossíntese dos lipídeos é vinculada à produção de membranas, e o capítulo termina com uma descrição da biossíntese dos aminoácidos.

- No Capítulo 30, Nutrição, fazemos uma abordagem bioquímica aos conceitos de nutrição. Ao longo do caminho, veremos uma versão revisada da pirâmide alimentar e derrubaremos alguns mitos sobre carboidratos e gorduras. Os quadros de "Conexões químicas" expandiram-se em dois tópicos geralmente importantes para o aluno – dieta e melhoramento do desempenho nos esportes através de uma nutrição apropriada. Foram adicionados novos quadros que discutem o *Ferro: um exemplo de necessidade dietética* e *Alimentos orgânicos – esperança ou modismo?*.

- O Capítulo 31, Imunoquímica, abrange o básico de nosso sistema imunológico e como nos protegemos dos organismos invasores. Um espaço considerável é dedicado ao sistema de imunidade adquirida. Nenhum capítulo sobre imunologia estaria completo sem uma descrição do vírus da imunodeficiência humana. O capítulo termina com uma descrição do tópico polêmico da pesquisa com células-tronco – nossas esperanças e preocupações pelos possíveis aspectos negativos. Foi adicionado um novo quadro de "Conexões químicas", *Anticorpos monoclonais travam guerra contra o câncer de mama*.

- O Capítulo 32, Fluidos corporais, encontra-se na página do livro, no site www.cengage.com.br.

EM INGLÊS

OWN (Online Web-based Learning)

A Cengage Learning, alinhada com as mais atuais tecnologias educacionais, apresenta o LMS (learning management system) OWL, desenvolvido na Massachutts University. Testado em sala por milhares de alunos e usado por mais de 50 mil estudantes, OWL (Online Web-based Learning) oferece conteúdo digital em um formato de fácil utilização, fornecendo aos alunos análise instantânea de seus exercícios e feedback sobre as tarefas realizadas. OWL possui mais de 6 mil questões, bem como aplicativos Java para visualizar e desenhar estruturas químicas.

Este poderoso sistema maximiza a experiência da aprendizagem dos alunos e, ao mesmo tempo, reduz a carga de trabalho do corpo docente. OWL também utiliza o aplicativo Chime, da MDL, para auxiliar os estudantes a visualizar as estruturas dos compostos orgânicos. Todo o conteúdo, bem como a plataforma, encontra-se em língua inglesa.

O acesso à plataforma é gratuito para professores que comprovadamente adotam a obra. Os alunos somente poderão utilizá-la com o código de acesso que pode ser adquirido em http://www.cengage.com/owl.

Para mais informações sobre este produto, envie e-mail para brasil.solucoesdigitais@cengage.com.

Instructor Solutions Manual

Encontra-se na página do livro, no site www.cengage.com.br o Instructor Solutions Manual em PDF, gratuito para professores que comprovadamente adotam a obra.

Agradecimentos

A publicação de um livro como este requer os esforços de muitas outras pessoas, além dos autores. Gostaríamos de agradecer a todos os professores que nos deram valiosas sugestões para esta nova edição.

Somos especialmente gratos a Garon Smith (University of Montana), Paul Sampson (Kent State University) e Francis Jenney (Philadelphia College of Osteopathic Medicine) que leram o texto com um olhar crítico. Como revisores, também confirmaram a precisão das seções de respostas.

Nossos especiais agradecimentos a Sandi Kiselica, editora sênior de desenvolvimento, que nos deu todo o apoio durante o processo de revisão. Agradecemos seu constante encorajamento enquanto trabalhávamos para cumprir os prazos; ela também foi muito valiosa em dirimir dúvidas. Agradecemos a ajuda de nossos outros colegas em Brooks/Cole: editora executiva, Lisa Lockwood; gerente de produção, Teresa Trego; editor associado, Brandi Kirksey; editora de mídia, Lisa Weber; e Patrick Franzen, da Pre-Press PMG.

Também agradecemos pelo tempo e conhecimento dos avaliadores que leram o original e fizeram comentários úteis: Allison J. Dobson (Georgia Southern University), Sara M. Hein (Winona State University), Peter Jurs (The Pennsylvania State University), Delores B. Lamb (Greenville Technical College), James W. Long (University of Oregon), Richard L. Nafshun (Oregon State University), David Reinhold (Western Michigan University), Paul Sampson (Kent State University), Garon C. Smith (University of Montana) e Steven M. Socol (McHenry County College).

Química orgânica

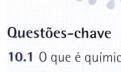

A casca do teixo-do-pacífico contém paclitaxel, uma substância que se mostrou eficaz no tratamento de certos tipos de câncer de ovário e de mama (ver "Conexões químicas 10A").

Questões-chave

10.1 O que é química orgânica?

10.2 Como se obtêm os compostos orgânicos?

10.3 Como se escrevem as fórmulas estruturais dos compostos orgânicos?

10.4 O que é grupo funcional?

10.1 O que é química orgânica?

Química orgânica é a química dos compostos de carbono. Ao estudar os Capítulos 10-19 (química orgânica) e 20-31 (bioquímica), você vai ver que os compostos orgânicos estão em toda parte. Eles estão em nossos alimentos, condimentos e fragrâncias; em remédios, produtos de toucador e cosméticos; em plásticos, filmes, fibras e resinas; em tintas, vernizes e colas; e, é claro, em nossos corpos e nos corpos de todos os seres vivos.

Talvez o aspecto mais notável dos compostos orgânicos seja envolver a química do carbono e de apenas alguns outros elementos – principalmente hidrogênio, oxigênio e nitrogênio. Embora a maior parte dos compostos orgânicos contenha carbono e esses três elementos, muitos também contêm enxofre, um halogênio (flúor, cloro, bromo ou iodo) e fósforo.

Até a elaboração deste texto, existem agora 116 elementos conhecidos. A química orgânica concentra-se no carbono, apenas um dos 116. A química dos outros 115 elementos

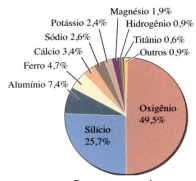

FIGURA 10.1 Porcentagem dos elementos na crosta terrestre.

pertence à área da química inorgânica. Como podemos ver na Figura 10.1, o carbono está longe de ser encontrado entre os elementos mais abundantes da crosta terrestre. Em termos de abundância, aproximadamente 75% da crosta terrestre é composta de apenas dois elementos: oxigênio e silício. Esses dois elementos são os componentes dos minerais silicatos, argilas e areia. De fato, o carbono nem ao menos se encontra entre os dez elementos mais abundantes. Ele é apenas um dos elementos que compõem os restantes 0,9% da crosta terrestre. Por que, então, damos essa atenção tão especial a apenas um elemento entre 116?

A primeira razão é principalmente histórica. No início da química, os cientistas pensavam que os compostos orgânicos eram aqueles produzidos pelos seres vivos, e que os compostos inorgânicos fossem aqueles encontrados em rochas e em outras matérias não vivas. Na época, acreditavam que uma "força vital", que apenas os seres vivos possuíam, era necessária para produzir compostos orgânicos. Em outras palavras, os químicos acreditavam que não podiam sintetizar compostos orgânicos partindo somente de compostos inorgânicos. Essa teoria seria muito fácil de refutar se, de fato, estivesse errada. Era preciso apenas um experimento em que o composto orgânico fosse feito a partir de compostos inorgânicos. Em 1828, Friedrich Wöhler (1800-1882) executou um experimento desse tipo. Ele aqueceu uma solução aquosa de cloreto de amônio e cianato de prata, ambos compostos inorgânicos, e – para sua surpresa – obteve ureia, um composto "orgânico" encontrado na urina.

$$NH_4Cl + AgNCO \xrightarrow{calor} H_2N-\underset{\underset{O}{\|}}{C}-NH_2 + AgCl$$

Cloreto de amônio — Cianato de prata — Ureia — Cloreto de prata

Ureia

Embora esse experimento de Wöhler fosse suficiente para refutar a "doutrina da força vital", foram necessários muitos anos e vários experimentos adicionais para que toda a comunidade científica aceitasse o fato de que compostos orgânicos pudessem ser sintetizados em laboratório. Essa descoberta significava que os termos "orgânico" e "inorgânico" não mais teriam seus significados originais porque, como Wöhler demonstrara, compostos orgânicos podiam ser obtidos a partir de materiais inorgânicos. Alguns anos depois, August Kekulé (1829-1896) apresentou uma nova definição – compostos orgânicos são aqueles que contêm carbono – e desde então sua definição passou a ser aceita.

Uma segunda razão para o estudo dos compostos de carbono como uma disciplina separada é a quantidade de compostos orgânicos. Os químicos descobriram ou sintetizaram mais de 10 milhões desses compostos, e estima-se que a cada ano mais 10.000 sejam reportados. Comparando, estima-se que os químicos descobriram ou sintetizaram 1,7 milhão de compostos inorgânicos. Assim, aproximadamente 85% de todos os compostos conhecidos são compostos orgânicos.

Uma terceira razão – e particularmente importante para aqueles que vão estudar bioquímica – é que as substâncias bioquímicas, incluindo carboidratos, lipídios, proteínas, enzimas, ácidos nucleicos (DNA e RNA), hormônios, vitaminas e quase todas as outras substâncias químicas presentes em sistemas vivos, são compostos orgânicos. Além disso, suas reações geralmente são bastante semelhantes àquelas que ocorrem em tubos de ensaio. Por essa razão, o conhecimento da química orgânica é essencial para o entendimento da bioquímica.

Uma última questão sobre os compostos orgânicos. Em geral, eles diferem dos compostos inorgânicos em muitas de suas propriedades, algumas mostradas na Tabela 10.1. A maior parte dessas diferenças está no fato de que a ligação nos compostos orgânicos é quase que exclusivamente covalente, enquanto a maioria dos compostos inorgânicos tem ligações iônicas.

É claro que os itens da Tabela 10.1 são generalizações, mas, em grande parte, são verdadeiros para a imensa maioria de compostos de ambos os tipos.

Química orgânica ▪ 275

TABELA 10.1 Comparação das propriedades de compostos orgânicos e inorgânicos

Compostos orgânicos	Compostos inorgânicos
As ligações são quase todas covalentes.	A maior parte das ligações é iônica.
Muitos são gases, líquidos ou sólidos com pontos de fusão baixos (menos de 360 °C).	A maior parte é de sólidos com altos pontos de fusão.
A maior parte é insolúvel em água.	Muitos são solúveis em água.
A maior parte é solúvel em solventes orgânicos como éter dietílico, tolueno e diclorometano.	Quase todos são insolúveis em solventes orgânicos.
Soluções aquosas não conduzem eletricidade.	Soluções aquosas formam íons que conduzem eletricidade.
Quase todos queimam e se decompõem.	Muito poucos queimam.
As reações geralmente são lentas.	As reações geralmente são rápidas.

Compostos orgânicos e inorgânicos diferem em suas propriedades porque diferem em sua estrutura e composição, e não porque obedeçam a leis naturais diferentes. Um conjunto de leis naturais se aplica a todas as substâncias.

10.2 Como se obtêm os compostos orgânicos?

Os químicos obtêm os compostos orgânicos principalmente a partir de dois métodos: isolando-os da natureza e por síntese em laboratório.

A. Isolando da natureza

Os seres vivos são verdadeiras "fábricas químicas". Cada planta terrestre, marinha e de água doce (flora) e cada animal (fauna) – mesmo microrganismos como as bactérias – produz milhares de compostos orgânicos por um processo chamado biossíntese. Uma das maneiras, portanto, de obter compostos orgânicos é extraí-los, isolá-los e purificá-los de fontes biológicas. Neste livro, vamos encontrar muitos compostos que são ou têm sido isolados desse modo. Alguns exemplos importantes incluem a vitamina E, as penicilinas, o açúcar de cozinha, a insulina, a quinina e o fármaco anticancerígeno paclitaxel (Taxol, ver "Conexões químicas 10A"). A natureza também fornece três outras fontes importantes de compostos orgânicos: gás natural, petróleo e carvão. Deles vamos tratar na Seção 11.4.

B. Síntese em laboratório

Desde a ureia sintetizada por Wöhler, os químicos orgânicos têm procurado desenvolver outros métodos de sintetizar os mesmos compostos ou criar derivados daqueles encontrados na natureza. Recentemente, os métodos têm se tornado tão sofisticados que há poucos compostos orgânicos naturais, não importa quão complexos, que os químicos não possam sintetizar em laboratório.

Compostos feitos em laboratório são idênticos, tanto em propriedades químicas como físicas, àqueles encontrados na natureza – supondo, é claro, que sejam 100% puros. Não há como identificar se uma amostra de qualquer composto específico foi feito por químicos ou obtido diretamente da natureza. Consequentemente, o etanol puro feito por químicos possui exatamente as mesmas propriedades físicas e químicas que o etanol puro preparado pela destilação do vinho. O mesmo é verdadeiro para o ácido ascórbico (vitamina C). Não há, portanto, nenhuma vantagem em pagar mais pela vitamina C obtida de uma fonte natural do que pela vitamina C sintética, pois as duas são idênticas em todos os sentidos.

Os químicos orgânicos, porém, não ficaram satisfeitos apenas reproduzindo os compostos da natureza. Também criaram e sintetizaram compostos não encontrados na natureza. De fato, a maior parte dos mais de 10 milhões de compostos orgânicos conhecidos é puramente sintética e não existe em seres vivos. Por exemplo, muitos fármacos modernos – Valium, Albuterol, Prozac, Zantac, Zoloft, Lasix, Viagra e Enovid – são compostos orgânicos sintéticos não encontrados na natureza.

Conexões químicas 10A

Taxol: uma história de busca e descoberta

No começo da década de 1960, o Instituto Nacional do Câncer desenvolveu um programa para analisar amostras de material vegetal nativo na esperança de descobrir substâncias que se mostrassem eficazes na luta contra o câncer. Entre os materiais testados, estava um extrato da casca do teixo-do-pacífico, *Taxus brevifolia*, uma árvore de crescimento lento encontrada nas velhas florestas do noroeste do Pacífico. Esse extrato biologicamente ativo mostrou-se bastante eficaz no tratamento de certos tipos de câncer de ovário e de mama, mesmo no caso em que outras formas de quimioterapia falharam. A estrutura do componente da casca do teixo que combate o câncer foi determinada em 1962, e o composto recebeu o nome de paclitaxel (Taxol).

Infelizmente, a casca de uma única árvore de teixo de 100 anos rende somente cerca de 1 g de Taxol, insuficiente para o tratamento eficaz de um paciente de câncer. Além do mais, isolar o Taxol significa arrancar a casca das árvores, matando-as. Em 1994, os químicos conseguiram sintetizar o Taxol em laboratório, mas o custo da droga sintética era muito alto e, portanto, economicamente inviável. Felizmente, uma fonte natural alternativa foi encontrada. Pesquisadores franceses descobriram que as acículas de uma planta relacionada, *Taxus baccata*, contêm um composto que pode ser convertido no Taxol em laboratório. Como as acículas podem ser coletadas sem prejudicar a planta, não é necessário matar árvores para obter a droga.

O Taxol inibe a divisão da célula atuando nos microtúbulos, um componente fundamental do arcabouço celular. Antes de ocorrer a divisão celular, a célula deve separar essas unidades de microtúbulo, e o Taxol impede essa separação. Como as células cancerosas se dividem mais rápido que as células normais, a droga efetivamente controla sua disseminação.

O notável sucesso do Taxol no tratamento do câncer de mama e de ovário estimulou esforços de pesquisa para isolar e/ou sintetizar outras substâncias que possam curar doenças humanas da mesma maneira no organismo e ser anticancerígenos ainda mais eficazes que o Taxol.

Paclitaxel
(Taxol)

10.3 Como se escrevem as fórmulas estruturais dos compostos orgânicos?

Uma fórmula estrutural mostra todos os átomos presentes em uma molécula, bem como as ligações que conectam os átomos entre si. A fórmula estrutural do etanol, cuja fórmula molecular é C_2H_6O, por exemplo, mostra todos os nove átomos e as oito ligações que os conectam.

Etanol

O modelo de Lewis das ligações (Seção 3.7C) nos possibilita ver como o carbono forma quatro ligações covalentes que podem ser várias combinações de ligações simples, duplas e triplas. Além do mais, de acordo com o modelo de repulsão dos pares eletrônicos da camada de valência (VSEPR) (Seção 3.10), os ângulos de ligação mais comuns em torno dos átomos do carbono são de aproximadamente 109,5°, 120° e 180° para geometrias tetraédricas, planares e lineares, respectivamente.

Química orgânica ■ 277

A Tabela 10.2 mostra vários compostos covalentes que contêm carbono ligado a hidrogênio, oxigênio, nitrogênio e cloro. Para esses exemplos, vemos o seguinte:

TABELA 10.2 Ligações simples, duplas e triplas em compostos de carbono. Ângulos e geometrias de ligação para o carbono são previstos com o modelo VSEPR

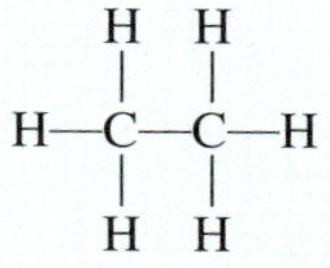

Etano
(ângulos de ligação 109,5°)

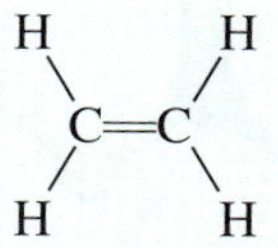

Etileno
(ângulos de ligação 120°)

Acetileno
(ângulos de ligação 180°)

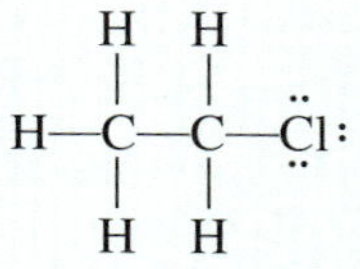

Cloroetano
(ângulos de ligação 109,5°)

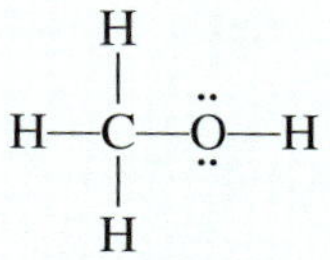

Metanol
(ângulos de ligação 109,5°)

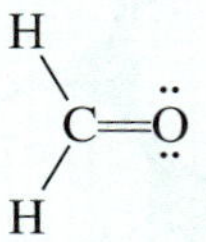

Formaldeído
(ângulos de ligação 120°)

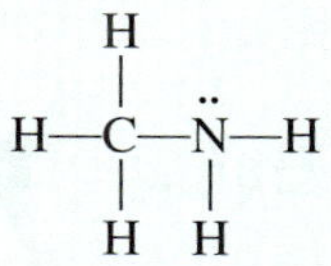

Metilamina
(ângulos de ligação 109,5°)

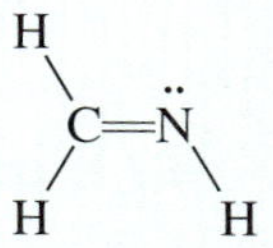

Metilenoimina
(ângulos de ligação 120°)

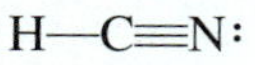

Cianeto de hidrogênio
(ângulo de ligação 180°)

- O carbono normalmente forma quatro ligações covalentes e não tem pares de elétrons não compartilhados.
- O nitrogênio normalmente forma ligações covalentes e tem um par de elétrons não compartilhados.
- O oxigênio normalmente forma duas ligações covalentes e tem dois pares de elétrons não compartilhados.
- O hidrogênio normalmente forma uma ligação covalente e não tem pares de elétrons não compartilhados.
- Um halogênio (flúor, cloro, bromo e iodo) normalmente forma uma ligação covalente e tem três pares de elétrons não compartilhados.

Exemplo 10.1 Escrevendo fórmulas estruturais

Seguem as fórmulas estruturais do ácido acético, CH_3COOH, e da etilamina, $CH_3CH_2NH_2$.

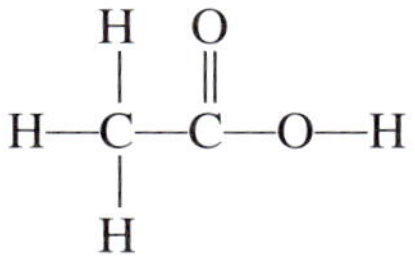

Ácido acético

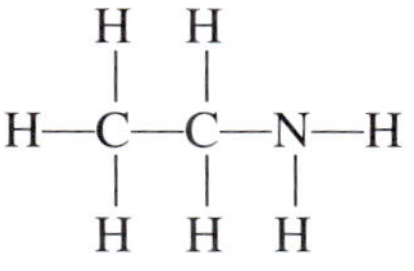

Etilamina

(a) Complete a estrutura de Lewis para cada molécula adicionando pares de elétrons não compartilhados, de modo que cada átomo de carbono, oxigênio e nitrogênio tenha um octeto completo.
(b) Usando o modelo VSEPR (Seção 3.10), preveja todos os ângulos de ligação em cada molécula.

Estratégia e solução

(a) Cada átomo de carbono deve estar circundado por oito elétrons de valência para ter um octeto completo. Cada oxigênio deve ter duas ligações e dois pares de elétrons não compartilhados para ter um octeto completo. Cada nitrogênio deve ter três ligações e um par de elétrons não compartilhados para ter um octeto completo.
(b) Para prever ângulos de ligação em torno dos átomos de carbono, nitrogênio ou oxigênio, faça a contagem do número de regiões de densidade eletrônica (pares solitários e

278 ■ Introdução à química orgânica

pares ligantes de elétrons ao redor). Se o átomo for circundado por quatro regiões de densidade eletrônica, os ângulos de ligação previstos serão de 109,5°. Se forem três regiões, os ângulos de ligação previstos vão ser de 120°. Se forem duas regiões, o ângulo de ligação previsto será de 180°.

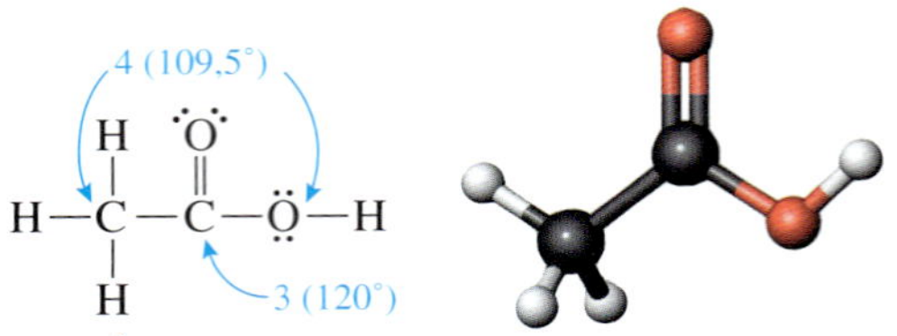

Ácido acético

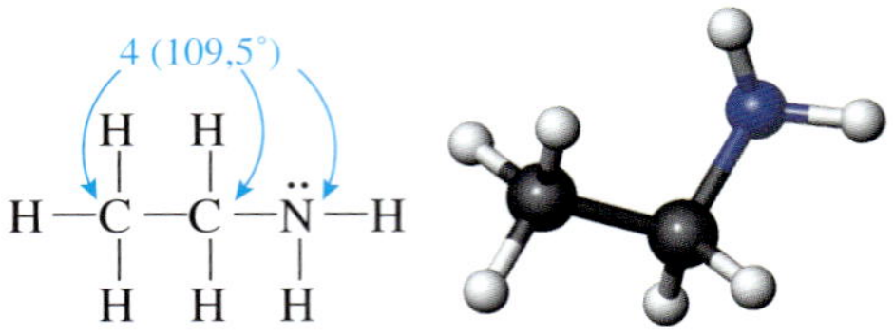

Etilamina

Problema 10.1

As fórmulas estruturais do etanol, CH_3CH_2OH, e do propeno, $CH_3CH=CH_2$, são

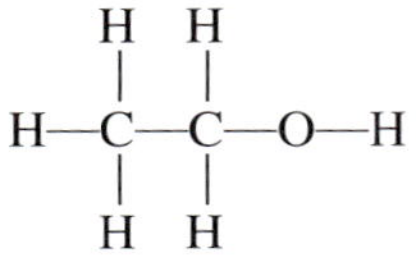

Etanol

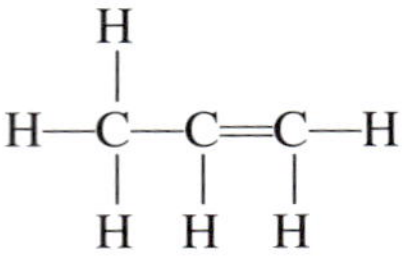

Propeno

(a) Complete a estrutura de Lewis para cada molécula mostrando todos os elétrons de valência.
(b) Usando o modelo VSEPR, preveja os ângulos de ligação em cada molécula.

10.4 O que é grupo funcional?

Grupo funcional Átomo ou grupo de átomos que, em uma molécula, apresenta um conjunto característico de comportamentos físicos e químicos previsíveis.

Conforme observado anteriormente, mais de 10 milhões de compostos orgânicos foram descobertos e sintetizados por químicos orgânicos. Pode parecer uma tarefa quase impossível estudar as propriedades físicas e químicas de tantos compostos. Felizmente, o estudo de compostos orgânicos não é uma tarefa tão assustadora como se pode imaginar. Embora os compostos orgânicos possam sofrer diversas reações químicas, apenas certas partes de sua estrutura passam por transformações químicas. Aos átomos ou grupos de átomos de uma molécula orgânica que sofrem reações químicas previsíveis, chamamos **grupo funcional**. Como vamos ver, o mesmo grupo funcional, seja qual for a molécula em que se encontre, sofre os mesmos tipos de reações químicas. Assim, não precisamos estudar as reações químicas de nem mesmo uma fração dos 10 milhões de compostos orgânicos conhecidos. Em vez disso, devemos identificar apenas alguns grupos funcionais característicos e depois estudar as reações químicas que cada um deles sofre.

Grupos funcionais também são importantes por serem as unidades pelas quais dividimos os compostos orgânicos em famílias de compostos. Por exemplo, agrupamos aqueles compostos que contêm um grupo —OH (hidroxila) ligado a um carbono tetraédrico em uma família denominada álcoois; compostos contendo —COOH (grupo carboxila) pertencem a uma família chamada ácidos carboxílicos. A Tabela 10.3 apresenta os seis grupos funcionais mais comuns. Uma lista completa de todos os grupos funcionais que vamos estudar encontra-se ao final do livro.

TABELA 10.3 Seis importantes grupos funcionais

Família	Grupo funcional	Exemplo	Nome
Álcool	—OH	CH₃CH₂OH	Etanol
Amina	—NH₂	CH₃CH₂NH₂	Etanoamina
Aldeído	—C(=O)—H	CH₃CHO	Etanal
Cetona	—C(=O)—	CH₃CCH₃ (C=O)	Acetona
Ácido carboxílico	—C(=O)—OH	CH₃COOH	Ácido acético
Éster	—C(=O)—OR	CH₃COOCH₂CH₃	Acetato de etila

Aqui, nosso foco é simplesmente um reconhecimento de padrão – isto é, como reconhecer e identificar um desses seis importantes grupos funcionais, e como desenhar fórmulas estruturais de moléculas que os contêm. Teremos mais a dizer sobre as propriedades físicas e químicas desses e de vários outros grupos funcionais nos capítulos 11-19.

Grupos funcionais também servem como base para dar nome aos compostos orgânicos. Em termos ideais, cada um dos mais de 10 milhões de compostos orgânicos deve ter um nome específico, diferente de todos os outros. Mostraremos, nos capítulos 11-19, como esses nomes são construídos enquanto estudamos em detalhe cada grupo funcional.

Em suma, grupos funcionais

- são sítios, na molécula, de comportamento químico previsível – determinado grupo funcional, seja qual for o composto, sofre os mesmos tipos de reações químicas;
- determinam, em grande parte, as propriedades físicas de um composto;
- servem como unidades para classificar os compostos orgânicos em famílias;
- servem como base para dar nome aos compostos orgânicos.

A. Alcoóis

Como já mencionado, o grupo funcional do **álcool** é um **grupo —OH (hidroxila)** ligado a um átomo de carbono tetraédrico (carbono ligado a quatro átomos). Na fórmula geral de um álcool (mostrada a seguir, à esquerda), o símbolo R— indica um hidrogênio ou algum outro grupo carbônico. O ponto importante da estrutura geral é o grupo —OH ligado a um átomo de carbono tetraédrico.

Álcool Composto que contém um grupo —OH (hidroxila) ligado a um átomo de carbono tetraédrico.

Grupo hidroxila Grupo —OH ligado a um átomo de carbono tetraédrico.

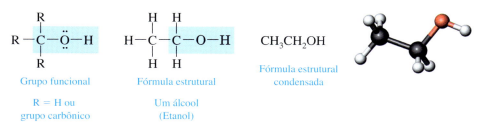

Grupo funcional
R = H ou grupo carbônico

Fórmula estrutural
Um álcool (Etanol)

Fórmula estrutural condensada

Aqui representamos o álcool como uma **fórmula estrutural condensada**, CH₃CH₂OH. Em uma fórmula estrutural condensada, o CH₃ indica um carbono ligado a três hidrogênios; CH₂ indica um carbono ligado a dois hidrogênios; e CH, um carbono ligado a um hidrogênio. Pares de elétrons não compartilhados geralmente não aparecem em fórmulas estruturais condensadas.

Os alcoóis são classificados como **primários (1º)**, **secundários (2º)** ou **terciários (3º)**, dependendo do número de átomos de carbono ligados ao carbono que carrega o grupo —OH.

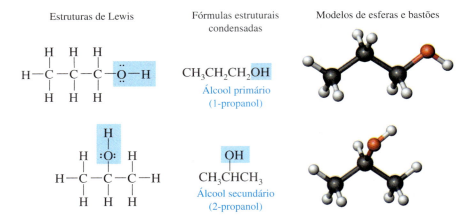

Exemplo 10.2 — Desenhando fórmulas estruturais de alcoóis

Desenhe estruturas de Lewis e fórmulas estruturais condensadas para os dois alcoóis de fórmula molecular C_3H_8O. Classifique cada um deles como primário, secundário ou terciário.

Estratégia e solução

Comece desenhando os três átomos de carbono em uma sequência. O átomo de oxigênio do grupo hidroxila pode estar ligado à cadeia carbônica em duas diferentes posições: nos carbonos das extremidades ou no carbono do meio.

Finalmente, adicione mais sete hidrogênios, chegando a um total de oito, conforme a fórmula molecular. Mostre os pares de elétrons não compartilhados nas estruturas de Lewis, mas não nas fórmulas estruturais condensadas.

O álcool secundário 2-propanol, cujo nome comum é álcool isopropílico, é o componente resfriante e aliviante do álcool de fricção.

Problema 10.2

Desenhe estruturas de Lewis e fórmulas estruturais condensadas para os quatro alcoóis de fórmula molecular $C_4H_{10}O$. Classifique cada álcool como primário, secundário ou terciário. (*Dica*: Primeiro considere a conectividade dos quatro átomos de carbono; eles podem estar ligados: os quatro em sequência ou três em sequência, e o quarto carbono como uma ramificação do carbono do meio. Considere então os pontos em que o grupo —OH pode estar ligado a cada cadeia carbônica.)

B. Aminas

O grupo funcional de uma amina é o **grupo amina** – um átomo de nitrogênio ligado a um, dois ou três átomos de carbono. Na **amina primária (1ª)**, o nitrogênio está ligado a dois hidrogênios e a um grupo carbônico. Na **amina secundária (2ª)**, ele está ligado a um hidrogênio e a dois grupos carbônicos. Na **amina terciária (3ª)**, a três grupos carbônicos. A segunda e a terceira fórmulas estruturais podem ser escritas de forma mais abreviada,

Amina Composto orgânico em que um, dois ou três hidrogênios da amônia são substituídos por grupos carbônicos: RNH_2, R_2NH ou R_3NH.

Grupo amina Um grupo —NH_2, RNH_2, R_2NH ou R_3N.

tomando-se os grupos CH₃ e escrevendo-os como (CH₃)₂NH e (CH₃)₃N, respectivamente. Estes últimos são conhecidos como fórmulas estruturais condensadas.

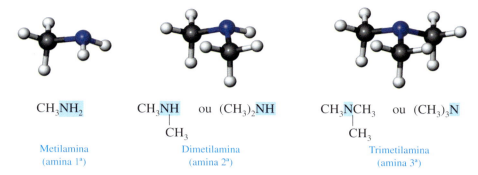

Exemplo 10.3 Desenhando fórmulas estruturais de aminas

Desenhe fórmulas estruturais condensadas para as duas aminas primárias de fórmula molecular C₃H₉N.

Estratégia e solução

Para uma amina primária, desenhe um átomo de nitrogênio ligado a dois hidrogênios e um carbono.

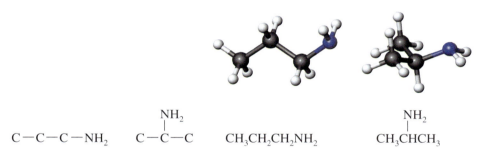

Problema 10.3

Desenhe fórmulas estruturais para as três aminas secundárias de fórmula molecular C₄H₁₁N.

C. Aldeídos e cetonas

Tanto aldeídos como cetonas contêm um grupo **C═O (carbonila)**. O grupo funcional **aldeído** contém um grupo carbonila ligado a um hidrogênio. O formaldeído, CH₂O, o aldeído mais simples, tem dois hidrogênios ligados ao carbono cabonílico. Em uma fórmula estrutural condensada, o grupo aldeído pode ser escrito mostrando-se a ligação dupla carbono-oxigênio como CH═O ou —CHO. O grupo funcional cetona é um grupo carbonila ligado a dois átomos de carbono. Na fórmula estrutural geral de cada grupo funcional, usamos o símbolo R para representar outros grupos ligados ao carbono para completar sua tetravalência.

Grupo carbonila Grupo C═O.

Aldeído Composto que contém um grupo carbonila ligado a um hidrogênio; grupo —CHO.

Cetona Composto que contém um grupo carbonila ligado a dois grupos carbônicos.

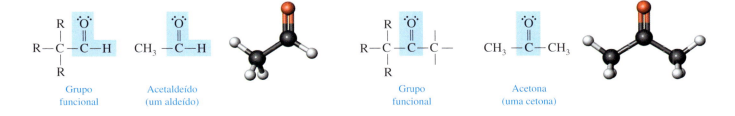

282 ■ Introdução à química orgânica

> **Exemplo 10.4** Desenhando fórmulas estruturais de aldeídos

Desenhe fórmulas estruturais condensadas para os dois aldeídos de fórmula molecular C_4H_8O.

Estratégia e solução

Primeiro desenhe o grupo funcional aldeído e depois adicione os carbonos restantes. Estes podem estar ligados de duas maneiras. Em seguida, adicione hidrogênios para completar a tetravalência de cada carbono.

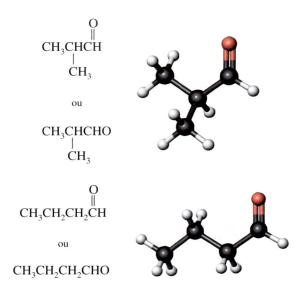

Problema 10.4

Desenhe fórmulas estruturais condensadas para as três cetonas de fórmula molecular $C_5H_{10}O$.

D. Ácidos carboxílicos

Grupo carboxila Grupo —COOH.

Ácido carboxílico Composto que contém um grupo —COOH.

O grupo funcional ácido carboxílico é um **grupo —COOH** (**carboxila**: <u>carb</u>onila + hidr<u>oxila</u>). Em uma fórmula estrutural condensada, o grupo carboxila também pode ser escrito como —CO_2H.

> **Exemplo 10.5** Desenhando fórmulas estruturais de ácidos carboxílicos

Desenhe uma fórmula estrutural condensada para o único ácido carboxílico com fórmula molecular $C_3H_6O_2$.

Estratégia e solução

A única maneira de escrever os átomos de carbono é com três em uma cadeia, e o grupo —COOH deve ficar em um dos carbonos das extremidades da cadeia.

Problema 10.5

Desenhe fórmulas estruturais condensadas para os dois ácidos carboxílicos de fórmula molecular $C_4H_8O_2$.

E. Ésteres carboxílicos

O **éster carboxílico**, conhecido simplesmente como **éster**, é um derivado do ácido carboxílico em que o hidrogênio do grupo carboxila é substituído por um grupo carbônico. O grupo éster é aqui escrito como —COOR ou —CO$_2$R.

Éster carboxílico Um derivado do ácido carboxílico em que o H do grupo carboxila é substituído por um grupo carbônico.

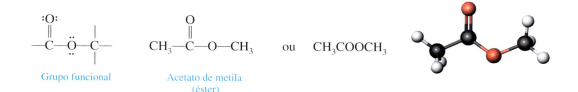

Grupo funcional   Acetato de metila (éster)

Exemplo 10.6 Desenhando as fórmulas estruturais de ésteres

A fórmula molecular do acetato de metila é $C_3H_6O_2$. Desenhe a fórmula estrutural de outro éster com a mesma fórmula molecular.

Estratégia e solução

Existe apenas um éster com essa fórmula molecular. Sua fórmula estrutural é

Formato de etila

Formato de etila

Problema 10.6

Desenhe fórmulas estruturais para os quatro ésteres de fórmula molecular $C_4H_8O_2$.

Resumo das questões-chave

Seção 10.1 O que é química orgânica?
- A química orgânica é o estudo de compostos que contêm carbono.

Seção 10.2 Como se obtêm os compostos orgânicos?
- Os químicos obtêm compostos orgânicos isolando-os de plantas e animais ou por síntese em laboratório.

Seção 10.3 Como se escrevem as fórmulas estruturais dos compostos orgânicos?
- O carbono normalmente forma quatro ligações e não apresenta nenhum par de elétrons não compartilhados. Suas quatro ligações podem ser quatro ligações simples, duas ligações simples e uma ligação dupla, ou uma ligação simples e uma ligação tripla.
- O nitrogênio normalmente forma três ligações e tem um par de elétrons não compartilhados. Suas ligações podem ser três ligações simples, uma ligação simples e uma ligação dupla ou uma ligação tripla.
- O oxigênio normalmente forma duas ligações e tem dois pares de elétrons não compartilhados. Suas ligações podem ser duas ligações simples ou uma ligação dupla.

Seção 10.4 O que é grupo funcional?
- O **grupo funcional** é um sítio de reatividade química; determinado grupo funcional, não importa o composto onde é encontrado, sempre sofre os mesmos tipos de reações químicas.
- Além disso, os grupos funcionais são as unidades estruturais características que usamos para classificar e nomear os compostos orgânicos. Grupos funcionais importantes incluem o **grupo hidroxila** de alcoóis primários, secundários e terciários; o **grupo amina** de aminas primárias, secundárias e terciárias; o **grupo carbonila** de aldeídos e cetonas; o **grupo carboxila** de ácidos carboxílicos; e o **grupo éster**.

284 ■ Introdução à química orgânica

Problemas

Seção 10.1 O que é química orgânica?

10.7 Indique se a afirmação é verdadeira ou falsa.
- (a) Todos os compostos orgânicos contêm um ou mais átomos de carbono.
- (b) A maioria dos compostos orgânicos é construída a partir de carbono, hidrogênio, oxigênio e nitrogênio.
- (c) Por número de átomos, o carbono é o elemento mais abundante na crosta terrestre.
- (d) A maioria dos compostos orgânicos é solúvel em água.

Seção 10.2 Como se obtêm os compostos orgânicos?

10.8 Indique se a afirmação é verdadeira ou falsa.
- (a) Compostos orgânicos podem apenas ser sintetizados em seres vivos.
- (b) Compostos orgânicos sintetizados em laboratório têm as mesmas propriedades físicas e químicas que aqueles sintetizados em seres vivos.
- (c) Químicos têm sintetizado muitos compostos orgânicos que não são encontrados na natureza.

10.9 Há alguma diferença entre vanilina feita sinteticamente e aquela extraída de sementes de baunilha?

10.10 Suponha que alguém lhe diga que substâncias orgânicas são produzidas apenas por seres vivos. Como você rebateria essa afirmação?

10.11 Que importante experimento Wöhler conduziu em 1828?

Seção 10.3 Como se escrevem as fórmulas estruturais dos compostos orgânicos?

10.12 Indique se a afirmação é verdadeira ou falsa.
- (a) Em compostos orgânicos, normalmente o carbono tem quatro ligações e nenhum par de elétrons não compartilhados.
- (b) Quando encontrado em compostos orgânicos, o nitrogênio normalmente tem três ligações e um par de elétrons não compartilhados.
- (c) Os ângulos de ligação mais comuns em torno do carbono, em compostos orgânicos, são aproximadamente de 109,5° e 180°.

10.13 Elabore uma lista dos quatro principais elementos que formam os compostos orgânicos e dê o número de ligações de cada um deles.

10.14 Considere os tipos de substância de seu ambiente imediato e elabore uma lista daqueles que são orgânicos – por exemplo, fibras têxteis. Mais adiante, vamos pedir que você reveja essa lista e tente refiná-la, corrigi-la e possivelmente expandi-la.

10.15 Quantos elétrons encontram-se na camada de valência de cada um dos seguintes átomos? Escreva a estrutura de pontos de Lewis para um átomo de cada elemento. (*Dica*: Use a tabela periódica.)
- (a) Carbono
- (b) Oxigênio
- (c) Nitrogênio
- (d) Flúor

10.16 Qual é a relação entre o número de elétrons na camada de valência de cada um dos seguintes átomos e o número de ligações covalentes formadas?
- (a) Carbono
- (b) Oxigênio
- (c) Nitrogênio
- (d) Hidrogênio

10.17 Escreva as estruturas de Lewis para estes compostos. Mostre todos os elétrons de valência. Nenhum deles contém uma estrutura cíclica (anel) de átomos (*Dica*: Lembre-se de que o carbono tem quatro ligações, o nitrogênio tem três ligações e um par de elétrons não compartilhados, o oxigênio tem duas ligações e dois pares de elétrons não compartilhados, e cada halogênio, uma ligação e três pares de elétrons não compartilhados.)
- (a) H_2O_2 — Peróxido de hidrogênio
- (b) N_2H_4 — Hidrazina
- (c) CH_3OH — Metanol
- (d) CH_3SH — Metanotiol
- (e) CH_3NH_2 — Metilamina
- (f) CH_3Cl — Clorometano

10.18 Escreva as estruturas de Lewis para estes compostos. Mostre todos os elétrons de valência. Nenhum deles contém uma estrutura cíclica (anel) de átomos.
- (a) CH_3OCH_3 — Éter dimetílico
- (b) C_2H_6 — Etano
- (c) C_2H_4 — Etileno
- (d) C_2H_2 — Acetileno
- (e) CO_2 — Dióxido de carbono
- (f) CH_2O — Formaldeído
- (g) H_2CO_3 — Ácido carbônico
- (h) CH_3COOH — Ácido acético

10.19 Escreva as estruturas de Lewis para estes íons.
- (a) HCO_3^- — Íon bicarbonato
- (b) CO_3^{2-} — Íon carbonato
- (c) CH_3COO^- — Íon acetato
- (d) Cl^- — Íon cloreto

10.20 Por que as seguintes fórmulas moleculares são impossíveis?
- (a) CH_5
- (b) C_2H_7

Revisão do modelo VSEPR

10.21 Explique como se usa o modelo de repulsão dos pares eletrônicos da camada de valência (VSEPR) para prever ângulos de ligação e a geometria em torno dos átomos de carbono, oxigênio e nitrogênio.

10.22 Suponha que você se esqueça de levar em conta a presença do par de elétrons não compartilhados no nitrogênio da molécula NH_3. O que então você preveria para os ângulos de ligação H—N—H e para a geometria (ângulos de ligação e formato) da amônia?

10.23 Suponha que você se esqueça de levar em conta a presença dos pares de elétrons não compartilhados no átomo de oxigênio do etanol, CH_3CH_2OH. O que então você preveria para o ângulo de ligação do C—O—H e para a geometria do etanol?

10.24 Use o modelo VSEPR para prever os ângulos de ligação e a geometria em torno de cada átomo destacado. (*Dica*: Lembre-se de levar em conta a presença de pares de elétrons não compartilhados.)

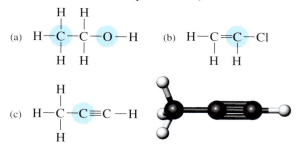

10.25 Use o modelo VSEPR para prever os ângulos de ligação em torno de cada átomo destacado.

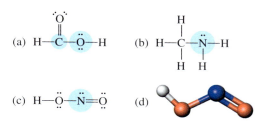

Seção 10.4 O que é grupo funcional?

10.26 Indique se a afirmação é verdadeira ou falsa.
(a) Grupo funcional é um grupo de átomos em uma molécula orgânica que sofre um conjunto de reações químicas.
(b) Os grupos funcionais de alcoóis, aldeídos e cetonas têm em comum o fato de que cada um deles contém um único átomo de oxigênio.
(c) O álcool primário tem um grupo —OH, o álcool secundário tem dois grupos —OH e o álcool terciário, três grupos —OH.
(d) Existem dois alcoóis de fórmula molecular C_3H_8O.
(e) Existem três aminas de fórmula molecular C_3H_9N.
(f) Aldeídos, cetonas, ácidos carboxílicos e ésteres, todos contêm um grupo carbonila.
(g) Um composto de fórmula molecular C_3H_6O pode ser um aldeído, uma cetona ou um ácido carboxílico.
(h) Ângulos de ligação em torno do carbono da carbonila de aldeídos, cetonas, ácidos carboxílicos e ésteres são todos aproximadamente de 109,5°.
(i) A fórmula molecular do menor dos aldeídos é C_3H_6O, e a da menor das cetonas também é C_3H_6O.
(j) A fórmula molecular do menor dos ácidos carboxílicos é $C_2H_4O_2$.

10.27 O que significa a expressão *grupo funcional*?

10.28 Liste três razões por que os grupos funcionais são importantes na química orgânica.

10.29 Desenhe as estruturas de Lewis para cada um dos seguintes grupos funcionais. Mostre todos os elétrons de valência em cada grupo funcional.

(a) Grupo carbonila
(b) Grupo carboxila
(c) Grupo hidroxila
(d) Grupo amina primária
(e) Grupo éster

10.30 Complete as seguintes fórmulas estruturais adicionando o número suficiente de hidrogênios para completar a tetravalência de cada carbono. Depois escreva a fórmula molecular de cada composto.

(a) C—C=C—C—C
          |
          C

(b) C—C—C—C—OH
              ||
              O

(c) C—C—C—C
        ||
        O

(d) C—C—C—H
      | ||
      C   O

(e) C—C—C—C—NH₂
      |
      C
      |
      C

(f) C—C—C—OH
      | ||
      NH₂ O

(g) C—C—C—C—C
      |
      OH

(h) C—C—C—C—OH
      | ||
      OH   O

(i) C≡C—C—OH

10.31 Qual é o significado do termo *terciário* quando usado para classificar alcoóis?

10.32 Desenhe uma fórmula estrutural para o único álcool terciário de fórmula molecular $C_4H_{10}O$

10.33 Qual é o significado do termo *terciário* quando usado para classificar aminas?

10.34 Desenhe as fórmulas estruturais condensadas para todos os compostos de fórmula molecular C_4H_8O que contenham um grupo carbonila (são dois aldeídos e uma cetona).

10.35 Desenhe as fórmulas estruturais para cada um dos seguintes compostos:
(a) Os quatro alcoóis primários de fórmula molecular $C_5H_{12}O$.
(b) Os três alcoóis secundários de fórmula molecular $C_5H_{12}O$.

(c) O único álcool terciário de fórmula molecular C₅H₁₂O.

10.36 Desenhe fórmulas estruturais para as seis cetonas de fórmula molecular C₆H₁₂O.

10.37 Desenhe fórmulas estruturais para os oito ácidos carboxílicos de fórmula molecular C₆H₁₂O₂.

10.38 Desenhe fórmulas estruturais para cada um dos seguintes compostos:
(a) As quatro aminas primárias de fórmula molecular C₄H₁₁N.
(b) As três aminas secundárias de fórmula molecular C₄H₁₁N.
(c) A única amina terciária de fórmula molecular C₄H₁₁N.

Conexões químicas

10.39 (Conexões químicas 10A) Como foi descoberto o Taxol?

10.40 (Conexões químicas 10A) De que modo o Taxol interfere na divisão celular?

Problemas adicionais

10.41 Use o modelo VSEPR para prever os ângulos das ligações em torno de cada átomo de carbono, nitrogênio e oxigênio nestas moléculas. (*Dica*: Primeiro adicione os pares de elétrons não emparelhados necessários para completar a camada de valência de cada átomo e depois preveja os ângulos de ligação.)

(a) CH₃CH₂CH₂OH
(b) CH₃CH₂CH
         ‖
         O

(c) CH₃CH=CH₂
(d) CH₃C≡CCH₃

(e) CH₃COCH₃
         ‖
         O
(f) CH₃NCH₃
         |
         CH₃

10.42 O silício está imediatamente abaixo do carbono no Grupo A da tabela periódica. Preveja os ângulos de ligação C—Si—C no tetrametilsilano, (CH₃)₄Si.

10.43 O fósforo está imediatamente abaixo do nitrogênio no Grupo 5A da tabela periódica. Preveja os ângulos de ligação C—P—C na trimetilfosfina, (CH₃)₃P.

10.44 Desenhe a estrutura para um composto de fórmula molecular
(a) C₂H₆O (álcool)
(b) C₃H₆O (aldeído)
(c) C₃H₆O (cetona)
(d) C₃H₆O₂ (ácido carboxílico)

10.45 Desenhe fórmulas estruturais para os oito aldeídos de fórmula molecular C₆H₁₂O.

10.46 Desenhe fórmulas estruturais para as três aminas terciárias de fórmula molecular C₅H₁₃N.

10.47 Quais destas ligações covalentes são polares e quais são apolares? (*Dica*: Reveja Seção 3.7B.)
(a) C—C (b) C=C
(c) C—H (d) C—O
(e) O—H (f) C—N
(g) N—H (h) N—O

10.48 Entre as ligações do Problema 10.50, qual é a mais polar? Qual é a menos polar?

10.49 Usando o símbolo δ+ para indicar uma carga positiva parcial e δ− para indicar uma carga negativa parcial, indique a polaridade da ligação mais polar (ou ligações, se duas ou mais tiverem a mesma polaridade) em cada uma das seguintes moléculas.

(a) CH₃OH (b) CH₃NH₂

(c) HSCH₂CH₂NH₂ (d) CH₃CCH₃
                          ‖
                          O

(e) HCH (f) CH₃COH
     ‖   ‖
     O   O

Antecipando

10.50 Identifique os grupos funcionais em cada composto.

(a)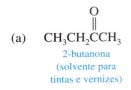
2-butanona
(solvente para
tintas e vernizes)

(b)
Ácido hexanodioico
(o segundo componente
do náilon-66)

(c)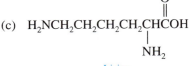
Lisina
(um dos 20 aminoácidos
que compõem as proteínas)

(d)
Di-hidroxiacetona
(componente de várias loções
para bronzeamento artificial)

10.51 Considere as moléculas de fórmula molecular C₄H₈O₂. Escreva a fórmula estrutural para uma molécula com essa fórmula molecular e que contenha

(a) Um grupo carboxila
(b) Um grupo éster
(c) Um grupo cetona e um grupo álcool secundário
(d) Um grupo aldeído e um álcool terciário
(e) Uma dupla ligação carbono-carbono e um álcool primário

10.52 A seguir, apresentamos uma fórmula estrutural e um modelo de esferas e bastões do benzeno, C$_6$H$_6$.

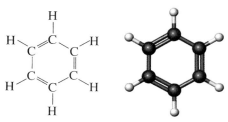

(a) Preveja cada ângulo de ligação H—C—C e C—C—C do benzeno.
(b) Preveja o formato da molécula de benzeno.

Alcanos

Uma refinaria de petróleo. O petróleo e o gás natural fornecem quase 90% dos materiais orgânicos para a síntese e manufatura de fibras sintéticas, plásticos, fármacos, corantes, adesivos, tintas e vários outros produtos.

Questões-chave

11.1 Como se escrevem as fórmulas estruturais dos alcanos?

11.2 O que são isômeros constitucionais?

11.3 Qual é a nomenclatura dos alcanos?

11.4 Como se obtêm os alcanos?

11.5 O que são cicloalcanos?

11.6 Quais são os formatos dos alcanos e cicloalcanos?

11.7 O que é isomeria *cis-trans* em cicloalcanos?

11.8 Quais são as propriedades físicas dos alcanos?

11.9 Quais são as reações características dos alcanos?

11.10 Quais são os haloalcanos importantes?

11.1 Como se escrevem as fórmulas estruturais dos alcanos?

Neste capítulo, vamos examinar as propriedades físicas e químicas dos **alcanos**, o tipo mais simples de composto orgânico. Na verdade, os alcanos pertencem a uma categoria mais ampla de compostos orgânicos chamados hidrocarbonetos. **Hidrocarboneto** é um composto formado apenas por átomos de carbono e hidrogênio. A Figura 11.1 mostra as quatro classes de hidrocarboneto e também o tipo característico de ligação entre carbonos em cada uma das classes. Alcanos são **hidrocarbonetos saturados**, isto é, contêm apenas ligações simples carbono-carbono. Nesse contexto, saturado significa que cada carbono do hidrocarboneto tem o número máximo de hidrogênios a ele ligados. Um hidrocarboneto que contém uma ou mais ligações duplas carbono-carbono, ligações triplas ou anéis benzênicos é

Alcano Hidrocarboneto saturado cujos átomos de carbono estão arranjados em cadeia.

Hidrocarboneto Composto que contém somente átomos de carbono e hidrogênio.

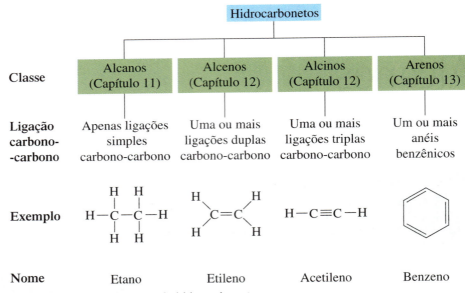

FIGURA 11.1 As quatro classes de hidrocarbonetos.

Hidrocarboneto saturado
Hidrocarboneto que contém apenas ligações simples carbono-carbono.

Hidrocarboneto alifático
O alcano.

classificado como **hidrocarboneto insaturado**. Neste capítulo, estudamos os alcanos (hidrocarbonetos saturados) e, nos Capítulos 12 e 13, vamos estudar os alcenos, alcinos e arenos (hidrocarbonetos insaturados).

Geralmente, referimo-nos aos alcanos como **hidrocarbonetos alifáticos** porque as propriedades físicas dos membros mais extensos dessa classe lembram aquelas das moléculas de cadeia carbônica longa que encontramos nas gorduras animais e nos óleos vegetais (do grego *aleiphar*, gordura ou óleo).

O metano, CH_4, e o etano, C_2H_6, são os dois primeiros membros da família dos alcanos. A Figura 11.2a mostra a estruturas de Lewis e os modelos de esferas e bastões para essas moléculas. O formato do metano é tetraédrico, e todos os ângulos de ligação H—C—H são de 109,5°. No etano, cada átomo de carbono também é tetraédrico, e os ângulos de ligação também são todos de aproximadamente 109,5°. Embora as formas tridimensionais dos alcanos maiores sejam mais complexas do que as do metano e do etano, as quatro ligações em torno de cada átomo de carbono ainda estão arranjadas como um tetraedro, e todos os ângulos de ligação ainda são de aproximadamente 109,5°.

Os próximos membros da família dos alcanos são o propano, o butano e o pentano. Nas representações seguintes, esses hidrocarbonetos são desenhados como fórmulas estruturais condensadas, que mostram todos os carbonos e hidrogênios. Eles também podem ser desenhados de um modo mais abreviado chamado **fórmula linha-ângulo**. Nesse tipo de representação, a linha indica uma ligação carbono-carbono, e o vértice, um átomo de carbono. Uma linha terminando no espaço representa um grupo —CH_3. Para contar hidrogênios em uma fórmula linha-ângulo, simplesmente adicione hidrogênios suficientes para dar a cada carbono suas quatro ligações necessárias. Os químicos usam as fórmulas linha-ângulo porque são mais fáceis e mais rápidas de desenhar do que as fórmulas estruturais condensadas.

Fórmula linha-ângulo Modo abreviado de desenhar fórmulas estruturais, em que cada vértice e cada extremidade da linha representam um átomo de carbono, e cada linha representa uma ligação.

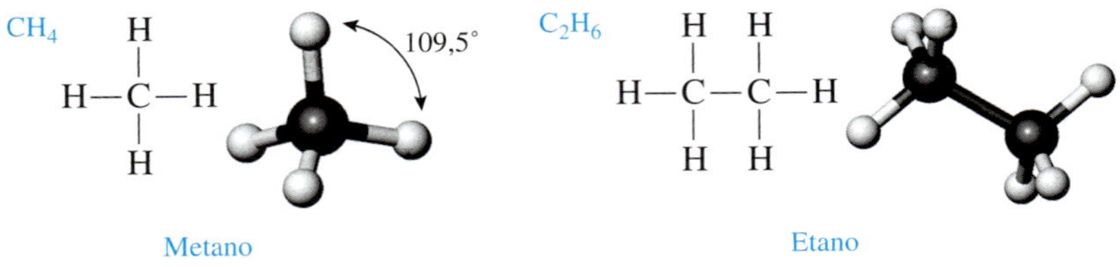

FIGURA 11.2a Metano e etano.

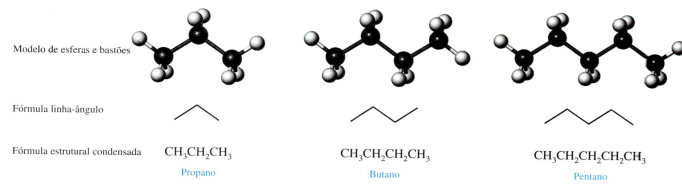

FIGURA 11.2b Propano, butano e pentano.

Fórmulas estruturais para os alcanos também podem ser escritas na forma condensada. Por exemplo, a fórmula estrutural do pentano contém três grupos CH$_2$ (**metileno**) no meio da cadeia. Podemos agrupá-los e escrever a fórmula estrutural CH$_3$(CH$_2$)$_3$CH$_3$. A Tabela 11.1 apresenta os nomes e as fórmulas moleculares dos dez primeiros alcanos de cadeia não ramificada. Observe que os nomes de todos esses alcanos terminam em "-ano". Daremos mais detalhes sobre a nomenclatura dos alcanos na Seção 11.3.

Exemplo 11.1 Desenhando fórmulas linha-ângulo

A Tabela 11.1 apresenta a fórmula estrutural condensada do hexano. Desenhe uma fórmula linha-ângulo para esse alcano e numere os carbonos da cadeia, começando em uma das extremidades e seguindo até a outra.

Estratégia e solução

O hexano contém seis carbonos em uma cadeia. Sua fórmula linha-ângulo é

Problema 11.1

A seguir, apresentamos a fórmula linha-ângulo do alcano. Qual é o nome e a fórmula molecular desse alcano?

O butano, CH$_3$CH$_2$CH$_2$CH$_3$, é o combustível desse isqueiro. As moléculas de butano estão presentes tanto no estado líquido como no estado gasoso.

TABELA 11.1 Os dez primeiros alcanos de cadeia não ramificada

Nome	Fórmula molecular	Fórmula estrutural condensada	Nome	Fórmula molecular	Fórmula estrutural condensada
Metano	CH$_4$	CH$_4$	Hexano	C$_6$H$_{14}$	CH$_3$(CH$_2$)$_4$CH$_3$
Etano	C$_2$H$_6$	CH$_3$CH$_3$	Heptano	C$_7$H$_{16}$	CH$_3$(CH$_2$)$_5$CH$_3$
Propano	C$_3$H$_8$	CH$_3$CH$_2$CH$_3$	Octano	C$_8$H$_{18}$	CH$_3$(CH$_2$)$_6$CH$_3$
Butano	C$_4$H$_{10}$	CH$_3$(CH$_2$)$_2$CH$_3$	Nonano	C$_9$H$_{20}$	CH$_3$(CH$_2$)$_7$CH$_3$
Pentano	C$_5$H$_{12}$	CH$_3$(CH$_2$)$_3$CH$_3$	Decano	C$_{10}$H$_{22}$	CH$_3$(CH$_2$)$_8$CH$_3$

11.2 O que são isômeros constitucionais?

Isômeros constitucionais são compostos que contêm a mesma fórmula molecular, mas diferentes fórmulas estruturais. Por diferentes "fórmulas estruturais" queremos dizer que diferem nos tipos de ligação (simples, dupla ou tripla) e/ou na conectividade de seus áto-

Isômeros constitucionais
Compostos de mesma fórmula molecular, mas com diferentes conectividades entre seus átomos.

292 ■ Introdução à química orgânica

Os isômeros constitucionais também são chamados isômeros estruturais, uma denominação mais antiga que ainda é utilizada.

mos. Para as fórmulas moleculares CH$_4$, C$_2$H$_6$ e C$_3$H$_8$, somente é possível uma conectividade entre seus átomos, portanto não há isômeros constitucionais para essas fórmulas moleculares. Para a fórmula molecular C$_4$H$_{10}$, no entanto, são possíveis duas fórmulas estruturais: no butano, os quatro carbonos estão ligados em uma cadeia; no 2-metilpropano, três carbonos estão ligados em uma cadeia e o quarto carbono está em uma ramificação da cadeia. A seguir, os dois isômeros constitucionais de fórmula molecular C$_4$H$_{10}$ são desenhados como fórmulas estruturais condensadas e como fórmulas linha-ângulo. Também são mostrados os modelos de esferas e bastões para ambos.

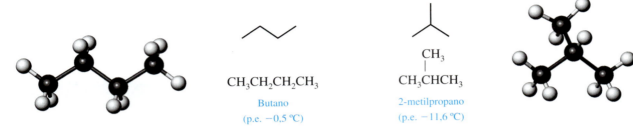

CH$_3$CH$_2$CH$_2$CH$_3$
Butano
(p.e. −0,5 °C)

CH$_3$
|
CH$_3$CHCH$_3$
2-metilpropano
(p.e. −11,6 °C)

Butano e 2-metilpropano são compostos diferentes com diferentes propriedades físicas e químicas. O ponto de ebulição, por exemplo, difere em aproximadamente 11 °C.

Na Seção 10.4, encontramos vários exemplos de isômeros constitucionais, embora não lhe atribuíssemos esse nome. Vimos, por exemplo, que há dois alcoóis de fórmula molecular C$_3$H$_8$O, duas aminas primárias de fórmula molecular C$_3$H$_9$N, dois aldeídos de fórmula molecular C$_4$H$_8$O e dois ácidos carboxílicos de fórmula molecular C$_4$H$_8$O$_2$.

Para determinar se duas ou mais fórmulas estruturais representam isômeros constitucionais, escreva a fórmula molecular de cada um deles e depois compare. Todos os compostos de mesma fórmula molecular, mas de diferentes fórmulas estruturais, são isômeros constitucionais.

Exemplo 11.2 Isomeria constitucional

As fórmulas estruturais em cada um dos seguintes pares representam o mesmo composto ou são isômeros constitucionais? (*Dica*: Tente redesenhar cada molécula como fórmula linha-ângulo, o que vai facilitar a visualização de semelhanças e diferenças na estrutura molecular.)

(a) CH$_3$CH$_2$CH$_2$CH$_2$CH$_2$CH$_3$ e   CH$_3$CH$_2$CH$_2$
                                              |
                                              CH$_2$CH$_2$CH$_3$ (Cada uma é C$_6$H$_{14}$)

(b) CH$_3$CHCH$_2$CH
         | |
         CH$_3$ CH$_3$
                      CH$_3$

  CH$_3$
  |
e CH$_3$CH$_2$CHCHCH$_3$ (Cada uma é C$_7$H$_{16}$)
            |
            CH$_3$

Estratégia

Primeiro, encontre a cadeia de carbonos mais longa. Não vai fazer diferença se a cadeia for desenhada como reta ou não; do modo como as fórmulas estruturais são desenhadas neste problema, não aparecem formas tridimensionais. Segundo, numere a cadeia mais longa a partir da extremidade mais próxima da primeira ramificação. Terceiro, compare a extensão das duas cadeias e o tamanho e a localização das ramificações. As fórmulas estruturais cujas fórmulas moleculares são iguais e seus átomos têm a mesma conectividade representam o mesmo composto; aquelas que têm a mesma fórmula molecular, mas diferentes conectividades entre seus átomos, representam isômeros constitucionais.

Solução

(a) Cada fórmula estrutural tem uma cadeia não ramificada de seis carbonos; elas são idênticas e representam o mesmo composto.

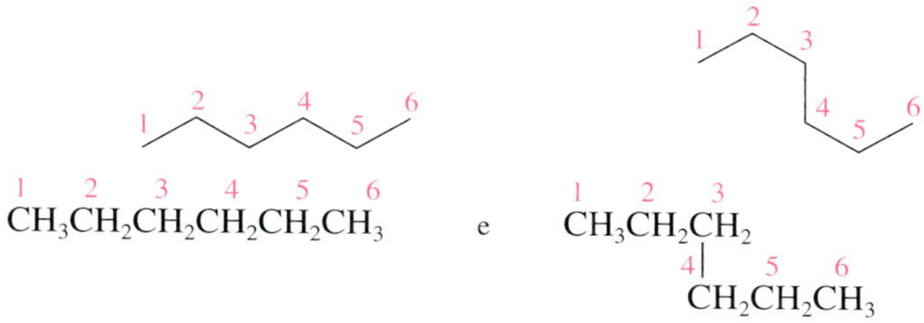

Alcanos ■ 293

$$CH_3CH_2CH_2CH_2CH_2CH_3 \qquad e \qquad CH_3CH_2CH_2$$
$$CH_2CH_2CH_3$$

(b) Cada fórmula estrutural tem a mesma fórmula molecular, C_7H_{16}. Além disso, cada uma tem uma cadeia de cinco carbonos com duas ramificações CH_3. Embora as ramificações sejam idênticas, elas ocupam posições diferentes nas cadeias. Portanto, essas fórmulas estruturais representam isômeros constitucionais.

$$CH_3CHCH_2CH \qquad \qquad e \qquad CH_3CH_2CHCHCH_3$$

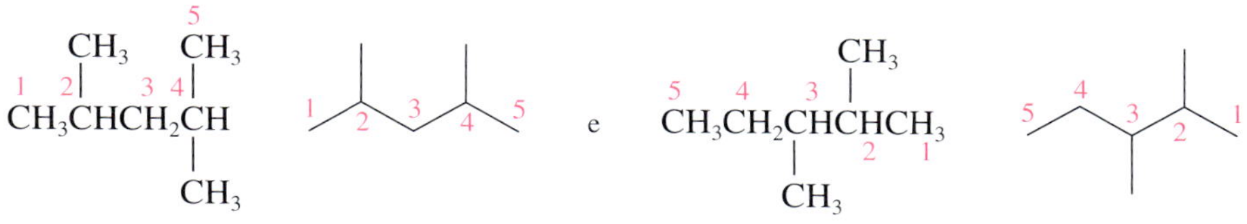

Problema 11.2

As fórmulas linha-ângulo em cada um dos seguintes pares representam o mesmo composto ou isômeros constitucionais?

(a)

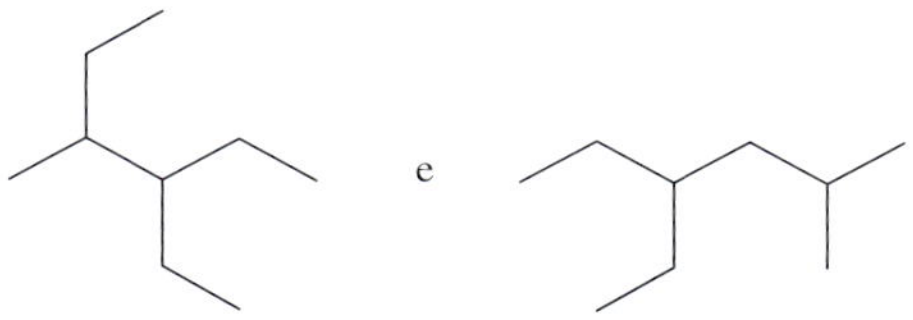

(b)

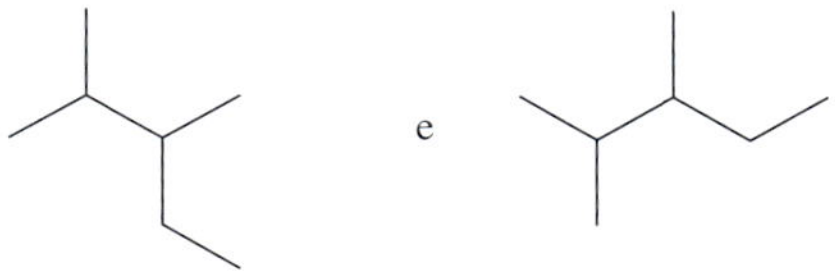

Exemplo 11.3   Isomeria constitucional

Desenhe fórmulas linha-ângulo para os cinco isômeros constitucionais de fórmula molecular C_6H_{14}.

Estratégia

Ao resolver problemas deste tipo, você deve elaborar uma estratégia e segui-la. Eis uma estratégia possível. Primeiro, desenhe uma fórmula linha-ângulo para o isômero constitucional com todos os seis carbonos em uma cadeia não ramificada. Depois, desenhe fórmulas linha-ângulo para todos os isômeros constitucionais com cinco carbonos em uma cadeia e um carbono como ramificação da cadeia. Finalmente, desenhe fórmulas linha-ângulo para todos os isômeros constitucionais com quatro carbonos em uma cadeia e dois carbonos como ramificações.

Solução

Aqui estão todas as fórmulas linha-ângulo para todos os isômeros constitucionais com seis, cinco e quatro carbonos na cadeia mais longa. Isômeros constitucionais para C_6H_{14} com apenas três carbonos na cadeia mais longa não são possíveis.

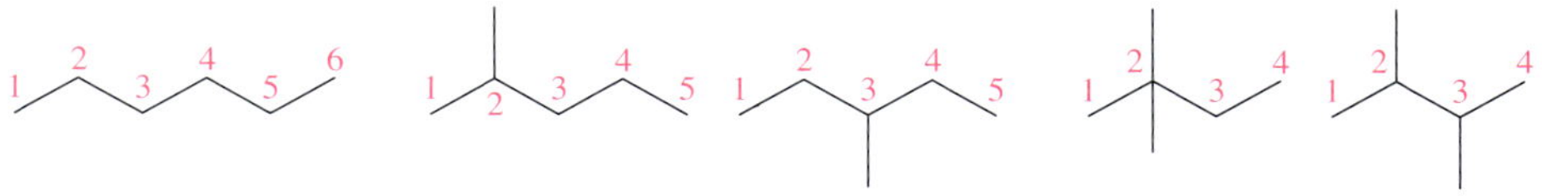

Seis carbonos em uma cadeia não ramificada

Cinco carbonos em uma cadeia; um carbono como ramificação

Quatro carbonos em uma cadeia; dois carbonos como ramificação

Problema 11.3

Desenhe fórmulas estruturais para os três isômeros constitucionais de fórmula molecular C_5H_{12}.

Fórmula molecular	Número de isômeros constitucionais
CH_4	1
C_5H_{12}	3
$C_{10}H_{22}$	75
$C_{15}H_{32}$	4347
$C_{25}H_{52}$	36.797.588
$C_{30}H_{62}$	4.111.846.763

A capacidade dos átomos de carbono de formar ligações fortes e estáveis com outros átomos de carbono resulta em uma quantidade surpreendente de isômeros constitucionais, como mostra a tabela ao lado.

Assim, mesmo para um número pequeno de átomos de carbono e hidrogênio, é possível um grande número de isômeros constitucionais. De fato, o potencial para a individualidade estrutural e de grupo funcional entre moléculas orgânicas construídas apenas a partir das unidades básicas de carbono, hidrogênio, nitrogênio e oxigênio é praticamente ilimitado.

11.3 Qual é a nomenclatura dos alcanos?

A. Sistema Iupac

Em termos ideais, todos os compostos orgânicos devem ter um nome a partir do qual se possa desenhar a fórmula estrutural. Tendo em vista esse objetivo, os químicos adotaram um conjunto de regras estabelecido pela **International Union of Pure and Applied Chemistry – Iupac (União Internacional de Química Pura e Aplicada)**.

O nome Iupac para um alcano com uma cadeia de átomos de carbono não ramificada consiste em duas partes: (1) um prefixo que indica o número de átomos de carbono na cadeia e (2) o sufixo **-ano**, que indica que o composto é um hidrocarboneto saturado. A Tabela 11.2 apresenta os prefixos utilizados para indicar a presença de 1 a 20 átomos de carbono.

A Iupac escolheu os quatro primeiros prefixos listados na Tabela 11.2 porque já estavam bem consolidados muito antes de a nomenclatura ser sistematizada. Por exemplo, o prefixo *but-* aparece no nome ácido butírico, um composto de quatro átomos de carbono formado pela oxidação da gordura de manteiga exposta ao ar (latim: *butyrum*, manteiga). Os prefixos que indicam cinco ou mais carbonos são derivados de números latinos. A Tabela 11.1 apresenta os nomes, as fórmulas moleculares e fórmulas estruturais condensadas para os dez primeiros alcanos de cadeia não ramificada.

TABELA 11.2 Prefixos usados no sistema Iupac para indicar a presença de 1 a 20 carbonos numa cadeia não ramificada

Prefixo	Número de átomos de carbono	Prefixo	Número de átomos de carbono	Prefixo	Número de átomos de carbono	Prefixo	Número de átomos de carbono
met-	1	hex-	6	undec-	11	hexadec-	16
et-	2	hept-	7	dodec-	12	heptadec-	17
prop-	3	oct-	8	tridec-	13	octadec-	18
but-	4	non-	9	tetradec-	14	nonadec-	19
pent-	5	dec-	10	pentadec-	15	eicos-	20

Os nomes Iupac dos alcanos de cadeia ramificada consistem em um nome principal que indica a cadeia mais longa de átomos de carbono e nomes de substituintes que indicam os grupos ligados à cadeia principal. Por exemplo:

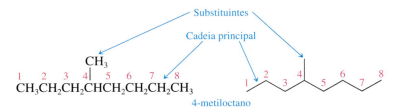
4-metiloctano

O grupo substituinte derivado do alcano pela remoção de um átomo de hidrogênio chama-se **grupo alquila** e geralmente é representado pelo símbolo **R—**. Para dar nome aos grupos alquila, retiramos o sufixo -*ano* do alcano principal e adicionamos o sufixo -*ila*. A Tabela 11.3 apresenta os nomes e as fórmulas estruturais condensadas dos oito grupos alquila mais conhecidos. O prefixo *sec*- é uma abreviação de "secundário", ou seja, um carbono ligado a dois outros carbonos. O prefixo *terc*- é uma abreviação de "terciário", ou seja, um carbono ligado a três outros carbonos.

As regras da nomenclatura Iupac para os alcanos são as seguintes:

Grupo alquila Grupo formado pela remoção de um hidrogênio do alcano; é simbolizado por R—.

R— Símbolo usado para representar o grupo alquila.

1. O nome do alcano de cadeia de átomos de carbono não ramificada consiste em um prefixo que indica o número de carbonos da cadeia principal e o sufixo -*ano*.

TABELA 11.3 Nomes dos oito grupos alquila mais conhecidos

Nome	Fórmula estrutural condensada	Nome	Fórmula estrutural condensada
Metila	$-CH_3$	Butila	$-CH_2CH_2CH_2CH_3$
Etila	$-CH_2CH_3$	Isobutila	$-CH_2CHCH_3$ $\quad\quad\;\; CH_3$
Propila	$-CH_2CH_2CH_3$	*sec*-butila	$-CHCH_2CH_3$ $\;\; CH_3$
Isopropila	$-CHCH_3$ $\;\; CH_3$	*terc*-butila	$\quad CH_3$ $-CCH_3$ $\quad CH_3$

2. Para alcanos de cadeia ramificada, a cadeia de carbonos mais longa será a cadeia principal, e o nome desta cadeia vai constituir a raiz do nome do alcano.

3. A cada substituinte na cadeia principal, dê um nome e um número. O número indica o átomo de carbono da cadeia principal ao qual está ligado o substituinte. Use hífen para associar o número ao nome.

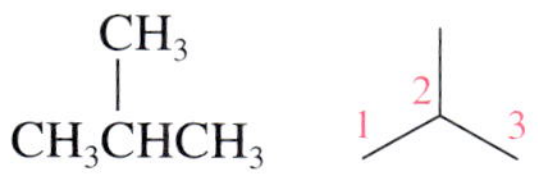

$$CH_3$$
$$CH_3CHCH_3$$
2-metilpropano

4. Se houver apenas um substituinte, numere a cadeia principal a partir da extremidade que der ao substituinte o número mais baixo.

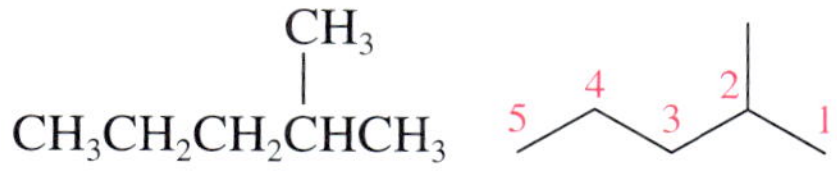

$$CH_3$$
$$CH_3CH_2CH_2CHCH_3$$
2-metilpentano
(e não 4-metilpentano)

5. Se o mesmo substituinte ocorrer mais de uma vez, numere a cadeia principal a partir da extremidade que der o número mais abaixo ao substituinte primeiramente indicado. Indique o número de vezes em que o substituinte aparece com os prefixos *di*-, *tri*-, *tetra*-, *penta*-, *hexa*- e assim por diante. Use vírgula para separar os números relativos às posições.

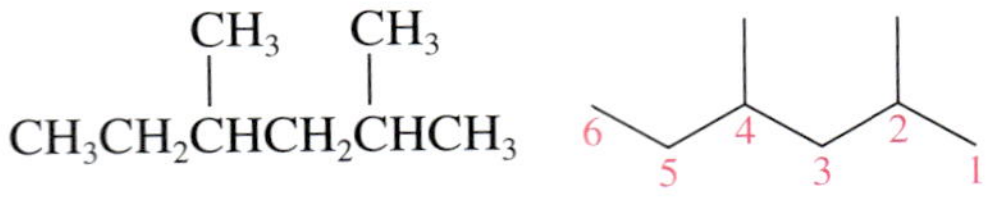

296 ■ Introdução à química orgânica

$$CH_3CH_2\overset{\overset{\displaystyle CH_3}{|}}{C}HCH_2\overset{\overset{\displaystyle CH_3}{|}}{C}HCH_3$$

2,4-dimetilexano
(e não 3,5-dimetilexano)

6. Se houver dois ou mais substituintes diferentes, disponha-os em ordem alfabética e numere a cadeia a partir da extremidade que der o número mais abaixo ao substituinte primeiramente indicado. Se houver diferentes substituintes em posições equivalentes em extremidades opostas da cadeia principal, dê ao substituinte de ordem alfabética mais baixa o número menor.

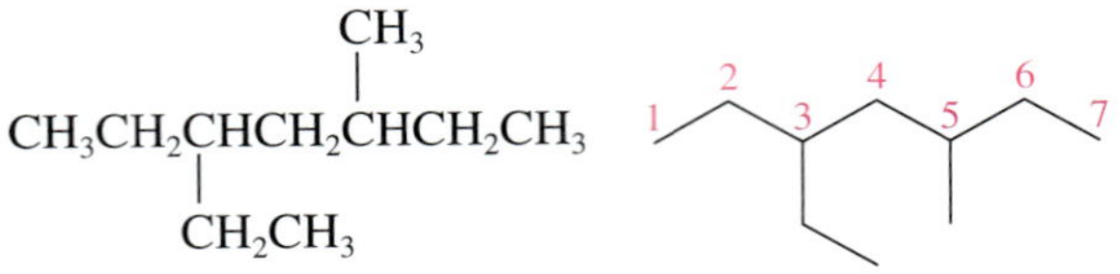

$$CH_3CH_2\overset{\overset{\displaystyle CH_3}{|}}{C}HCH_2\underset{\underset{\displaystyle CH_2CH_3}{|}}{C}HCH_2CH_3$$

3-etil-5-metileptano
(e não 3-metil-5-etilpentano)

7. Não inclua os prefixos *di-*, *tri*, *tetra-* e assim por diante ou os prefixos hifenizados *sec-* e *terc-* quando estiver arranjando os substituintes em ordem alfabética. Primeiro, disponha-os em ordem alfabética e depois insira os prefixos. No exemplo seguinte, as partes colocadas em ordem alfabética são **etil** e **metil**, e não *etil* e *dimetil*.

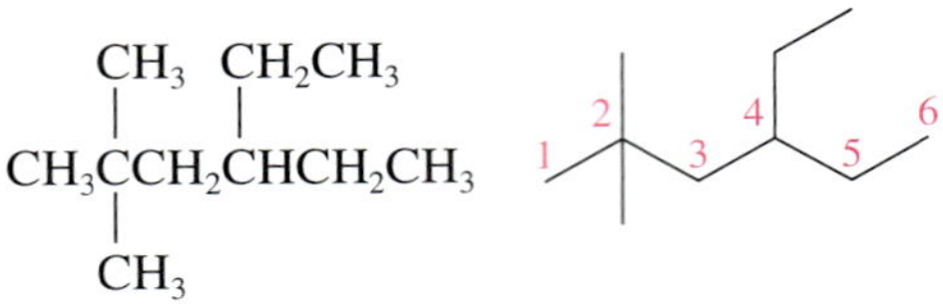

$$CH_3\overset{\overset{\displaystyle CH_3}{|}}{\underset{\underset{\displaystyle CH_3}{|}}{C}}CH_2\overset{\overset{\displaystyle CH_2CH_3}{|}}{C}HCH_2CH_3$$

4-etil-2,2-dimetilexano
(e não 2,2-dimetil-4-etilexano)

Exemplo 11.4 Nomenclatura Iupac para os alcanos

Escreva a fórmula molecular e o nome Iupac para cada um dos alcanos.

(a)

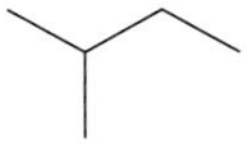

(b)

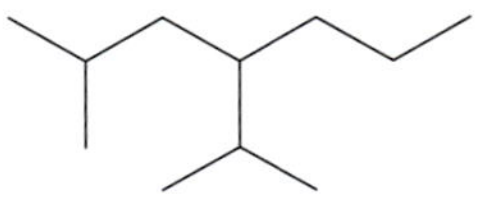

Estratégia

Se houver apenas um substituinte na cadeia principal, como em (a), numere essa cadeia a partir da extremidade que der ao substituinte o número mais baixo possível. Se houver dois ou mais substituintes na cadeia principal, como em (b), numere a cadeia principal a partir da extremidade que der ao substituinte de ordem alfabética mais baixa o menor número possível.

Solução

A fórmula molecular de (a) é C_5H_{12} e a de (b) é $C_{11}H_{24}$. Em (a), numere a cadeia mais longa a partir da extremidade que der ao substituinte metila o número mais baixo (regra 4). Em (b), disponha os substituintes isopropila e metila em ordem alfabética (regra 6).

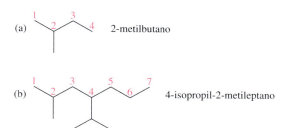

(a) 2-metilbutano

(b) 4-isopropil-2-metileptano

Problema 11.4

Escreva a fórmula molecular e o nome Iupac para cada um dos alcanos.

(a)

(b)

B. Nomes comuns

No antigo sistema de **nomenclatura comum**, o número total de átomos de carbono em um alcano, independentemente de seu arranjo, é que determina o nome. Os três primeiros alcanos são o metano, o etano e o propano. Todos os alcanos de fórmula molecular C_4H_{10} são chamados butanos, todos aqueles de fórmula molecular C_5H_{12} são chamados pentanos, e todos com fórmula molecular C_6H_{14} são denominados hexanos. Para os alcanos de cadeia maior que a do propano, **iso** indica que uma das extremidades da cadeia não ramificada termina com o grupo $(CH_3)_2CH—$. A seguir, apresentamos exemplos de nomes comuns:

Esse sistema de nomes comuns não é suficiente para lidar com outros padrões de ramificação e, portanto, para alcanos mais complexos, devemos usar o sistema Iupac, que é mais flexível.

Neste livro, usamos os nomes Iupac. Às vezes, porém, também utilizamos nomes comuns, especialmente quando são usados por químicos e bioquímicos em seu trabalho diário. Quando, no texto, aparecem ambos os nomes, o Iupac e o comum, sempre damos primeiro o nome Iupac, seguido do nome comum entre parênteses. Assim, você não vai ficar com dúvidas sobre o nome a ser usado.

11.4 Como se obtêm os alcanos?

As duas principais fontes de alcanos são o gás natural e o petróleo. O **gás natural** consiste em aproximadamente 90% a 95% de metano, 5% a 10% de etano e uma mistura de outros alcanos de ponto de ebulição relativamente baixos – principalmente propano, butano e 2-metilpropano.

O **petróleo** é uma mistura líquida, espessa e viscosa, de milhares de compostos, a maior parte deles hidrocarbonetos formados a partir da decomposição de plantas e animais ma-

Torres de destilação fracionada de petróleo.

rinhos. O petróleo e seus derivados servem como combustível para automóveis, aeronaves e trens. Eles fornecem a maioria das graxas e dos lubrificantes usados nas máquinas utilizadas por nossa sociedade altamente industrializada. Além disso, o petróleo e o gás natural fornecem quase 90% das matérias-primas orgânicas para a síntese e manufatura de fibras sintéticas, plásticos, detergentes, fármacos, corantes e vários outros produtos.

O processo de separação fundamental na refinação do petróleo é a destilação fracionada (Figura 11.3). Praticamente todo o petróleo bruto que entra em uma refinaria vai para as unidades de destilação, onde é aquecido a temperaturas de 370 a 425 °C e separado em frações. Cada fração contém uma mistura de hidrocarbonetos que entra em ebulição em uma determinada faixa de temperatura.

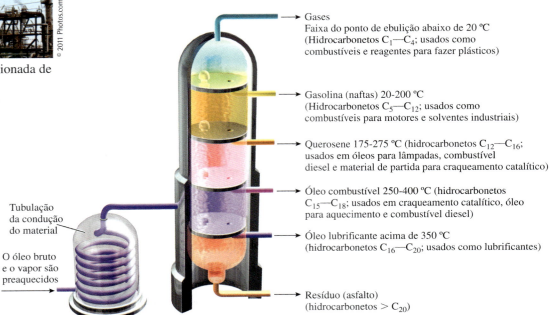

FIGURA 11.3 Destilação fracionada do petróleo. As frações mais leves, mais voláteis, são removidas por cima, enquanto as frações mais pesadas, menos voláteis, são removidas por baixo.

11.5 O que são cicloalcanos?

Cicloalcano Hidrocarboneto saturado que contém átomos de carbono ligados de modo a formar um anel.

Um hidrocarboneto que contém átomos de carbono ligados de modo a formar um anel chama-se **hidrocarboneto cíclico**. Quando todos os carbonos do anel são saturados (somente ligações simples), o hidrocarboneto é chamado **cicloalcano**. Cicloalcanos com anéis que variam de 3 a 30 átomos de carbono são encontrados naturalmente, não havendo, em princípio, limite para o tamanho do anel. Anéis de cinco membros (ciclopentano) e seis membros (cicloexano) são abundantes na natureza; por essa razão, neste livro vamos enfatizar esses compostos.

Ciclobutano   Ciclopentano   Cicloexano

FIGURA 11.4 Exemplos de cicloalcanos.

Os químicos orgânicos raramente mostram todos os carbonos e hidrogênios quando escrevem fórmulas estruturais para cicloalcanos. Preferem usar fórmulas linha-ângulo para representar anéis de cicloalcanos. Cada anel é representado por um polígono regular com o número de lados igual ao número de átomos de carbono existentes no anel. Por exemplo, representamos o ciclobutano por um quadrado, o ciclopentano por um pentágono e o cicloexano por um hexágono (Figura 11.4).

Para dar nome a um cicloalcano, adicione o prefixo *ciclo-* ao nome do alcano correspondente de cadeia aberta e inclua o nome de cada substituinte do anel. Se houver apenas um substituinte, não vai ser necessário dar um número de posição. Se houver dois substituintes, numere o anel começando com o substituinte de ordem alfabética mais baixa.

Exemplo 11.5 Nomes Iupac de cicloalcanos

Escreva a fórmula molecular e o nome Iupac destes cicloalcanos.

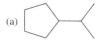

Estratégia

Para os cicloalcanos, o nome principal do anel é o prefixo *ciclo-* mais o nome do alcano com o mesmo número de átomos do anel em questão. Se houver apenas um substituinte no anel, como em (a), não vai ser preciso dar-lhe um número. Se houver dois ou mais substituintes no anel, como em (b), numere os átomos de carbono do anel começando no carbono com o substituinte de ordem alfabética mais baixa. Se houver três ou mais substituintes, numere os átomos do anel de modo que os substituintes tenham o menor conjunto de números de menor valor e depois disponha-os em ordem alfabética.

Solução

(a) A fórmula molecular desse composto é C_8H_{16}. Como somente há um substituinte, não é preciso numerar os átomos do anel. O nome Iupac desse cicloalcano é isopropilciclopentano.

(b) A fórmula molecular é $C_{11}H_{22}$. Para dar nome a esse composto, primeiro numere os átomos do anel do cicloexano começando com o *terc*-butil, o substituinte de ordem alfabética mais baixa (lembre-se de que aqui a ordem alfabética é determinada pelo *b* de butil, e não pelo *t* de *terc-*). O nome desse cicloalcano é 1-*terc*-butil-4-metilcicloexano.

Problema 11.5

Escreva a fórmula molecular e o nome Iupac de cada cicloexano.

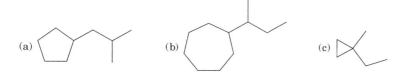

11.6 Quais são os formatos dos alcanos e cicloalcanos?

Reveja a Seção 3.10 e o uso do modelo de repulsão dos pares eletrônicos da camada de valência (VSEPR) para prever ângulos de ligação e formatos de moléculas.

Nesta seção, vamos visualizar moléculas como objetos tridimensionais e também os ângulos de ligação e as distâncias entre vários átomos e grupos funcionais dentro de uma molécula. Recomendamos que você construa modelos moleculares desses compostos e estude e manipule esses modelos. Moléculas orgânicas são objetos tridimensionais, e é fundamental que você possa tratá-las como tais.

Conformação Qualquer arranjo tridimensional de átomos em uma molécula resultante da rotação em torno de uma ligação simples.

A. Alcanos

Embora o modelo VSEPR possa prever a geometria em torno de cada átomo de carbono em um alcano, não nos dá nenhuma informação sobre o formato tridimensional de toda uma molécula. Nos alcanos há, de fato, uma rotação livre em torno de cada ligação carbono-carbono. Consequentemente, mesmo uma molécula simples como o etano apresenta um número infinito de possíveis formatos tridimensionais ou **conformações**.

A Figura 11.5 mostra três conformações para a molécula de butano. A conformação (a) é a mais estável porque os grupos metila, nas extremidades da cadeia de quatro carbonos, encontram-se à maior distância possível uns dos outros. A conformação (b) é formada por uma rotação de 120° em torno da ligação simples que une os carbonos 2 e 3. Nessa conformação, ocorre certa aglomeração dos grupos metila, que estão mais próximos que na conformação (a). A rotação em torno da ligação simples C_2—C_3 por mais 60° resulta na conformação (c), que é a mais aglomerada porque os dois grupos metila encontram-se um na frente do outro.

A Figura 11.5 mostra apenas três das possíveis conformações de uma molécula de butano. De fato, há um número infinito de possíveis conformações que diferem somente nos ângulos de rotação em torno das várias ligações C—C dentro de uma molécula. Em uma amostra real de butano, a conformação de cada molécula muda constantemente como resultado de colisões com outras moléculas de butano e com as paredes do recipiente. Mesmo assim, em qualquer momento, a maior parte das moléculas de butano ocorre na conformação mais estável e mais estendida, e uma pequena parte aparece na conformação mais aglomerada.

Em suma, para qualquer alcano (exceto, é claro, o metano) há um número infinito de conformações. Em qualquer amostra, a maioria das moléculas vai aparecer na conformação menos aglomerada, e uma minoria se apresentará na conformação mais aglomerada.

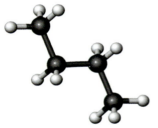

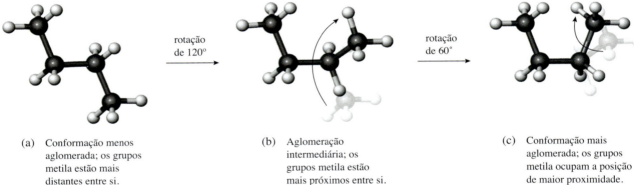

(a) Conformação menos aglomerada; os grupos metila estão mais distantes entre si.

(b) Aglomeração intermediária; os grupos metila estão mais próximos entre si.

(c) Conformação mais aglomerada; os grupos metila ocupam a posição de maior proximidade.

FIGURA 11.5 Três conformações de uma molécula de butano.

B. Cicloalcanos

Vamos limitar nossa discussão às conformações dos ciclopentanos e cicloexanos porque são os anéis carbônicos mais encontrados na natureza. As conformações não planares e dobradas são favorecidas em todos os cicloalcanos maiores que o ciclopropano.

Ciclopentano

A conformação mais estável do ciclopentano é a **conformação envelope** mostrada na Figura 11.6. Nela, quatro átomos de carbono estão em um mesmo plano, e o quinto carbono encontra-se dobrado, fora do plano, como um envelope com a aba dobrada para cima. Todos os ângulos de ligação no ciclopentano são de aproximadamente 109,5°.

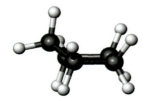

FIGURA 11.6 A conformação mais estável do ciclopentano.

Cicloexano

A conformação mais estável do cicloexano é a **conformação cadeira** (Figura 11.7), em que todos os ângulos de ligação são de aproximadamente 109,5°.

Em uma conformação cadeira, as 12 ligações C—H são arranjadas em duas orientações diferentes. Seis delas são **ligações axiais**, e as outras seis, **ligações equatoriais**. Uma das maneiras de visualizar a diferença entre esses dois tipos de ligação é imaginar um eixo que

Posição equatorial Posição na conformação cadeira do cicloexano que se estende quase perpendicularmente ao eixo imaginário do anel.

Posição axial Posição na conformação cadeira do cicloexano que se estende paralelamente ao eixo imaginário do anel.

se estende no centro da cadeira (Figura 11.8). Ligações axiais são orientadas paralelamente a esse eixo. Três das ligações axiais apontam para cima, e as outras três, para baixo. Observe também que as ligações axiais se alternam, primeiro para cima e depois para baixo, à medida que se vai de um carbono para outro.

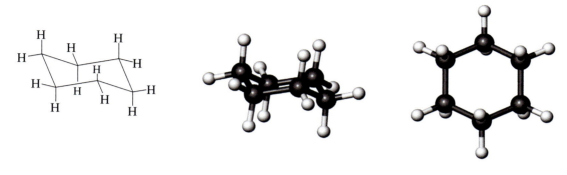

(a) Modelo "esqueleto"
(b) Visão lateral do modelo de esferas e bastões
(c) Modelo de esferas e bastões visto de cima

FIGURA 11.7 Cicloexano. A conformação mais estável é a conformação cadeira.

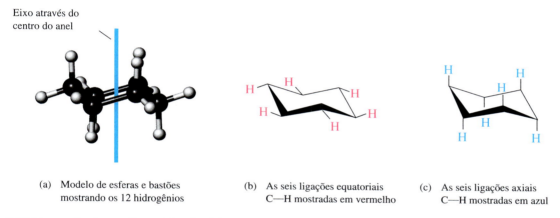

(a) Modelo de esferas e bastões mostrando os 12 hidrogênios
(b) As seis ligações equatoriais C—H mostradas em vermelho
(c) As seis ligações axiais C—H mostradas em azul

FIGURA 11.8 Conformação cadeira do cicloexano mostrando as ligações equatoriais e axiais C—H.

As ligações equatoriais são orientadas quase perpendicularmente ao eixo imaginário do anel e também de modo alternado, primeiro para cima e depois para baixo, à medida que se vai de um carbono para outro. Observe também que, se a ligação axial em um carbono aponta para cima, a ligação equatorial nesse carbono aponta ligeiramente para baixo. Inversamente, se a ligação axial em um determinado carbono aponta para baixo, a ligação equatorial nesse carbono aponta ligeiramente para cima.

Finalmente, observe que cada ligação equatorial é orientada paralelamente às duas ligações que ocupam lados opostos no anel. Um par diferente de ligações C—H paralelas é mostrado em cada uma das seguintes fórmulas estruturais, além das duas ligações do anel às quais cada par é paralelo.

Exemplo 11.6 Conformações cadeira em cicloexanos

A seguir, vemos uma conformação cadeira do metilcicloexano mostrando um grupo metila e um hidrogênio. Indique se são equatoriais ou axiais.

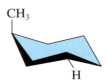

Estratégia

Ligações equatoriais são, aproximadamente, perpendiculares ao eixo imaginário do anel e formam um equador em torno do anel. Ligações axiais são paralelas ao eixo imaginário do anel.

Solução

O grupo metila é axial, e o hidrogênio, equatorial.

Problema 11.6

A seguir, vemos um cicloexano de conformação cadeira com átomos de carbono numerados de 1 a 6. Desenhe grupos metila que sejam equatoriais nos carbonos 1, 2 e 4.

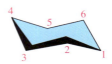

Suponha que o —CH₃ ou outro grupo em um anel do cicloexano possa ocupar uma posição equatorial ou axial. Os químicos descobriram que um anel de seis membros é mais estável quando o número máximo de grupos substituintes é equatorial. Talvez a maneira mais simples de confirmar essa relação é examinar os modelos moleculares. A Figura 11.9(a) mostra o modelo de preenchimento de espaços do metilcicloexano, com o grupo metila em posição equatorial. Nessa posição, o grupo metila está o mais distante possível dos outros átomos do anel. Quando a metila é axial (Figura 11.9(b)), ela literalmente esbarra em dois átomos de hidrogênio da parte superior do anel. Assim, na conformação mais estável de um anel de cicloexano substituído, o grupo, ou grupos, substituído é equatorial.

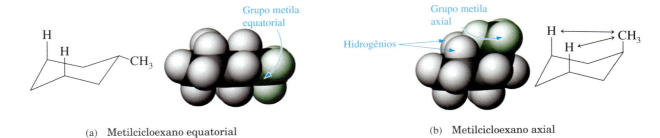

(a) Metilcicloexano equatorial
(b) Metilcicloexano axial

FIGURA 11.9 Metilcicloexano. Os três hidrogênios do grupo metila são mostrados em verde para que se destaquem com mais clareza.

11.7 O que é isomeria *cis-trans* em cicloalcanos?

Isômeros *cis-trans* Isômeros cujos átomos têm a mesma conectividade, mas diferentes arranjos espaciais por causa de um anel ou de uma dupla ligação carbono-carbono.

Cicloalcanos com substituintes em dois ou mais carbonos do anel mostram um tipo de isomeria chamada **isomeria *cis-trans***. Os isômeros *cis-trans* do cicloalcano têm (1) a mesma fórmula molecular e (2) a mesma conectividade entre seus átomos, mas (3) um diferente arranjo de seus átomos no espaço por causa da rotação restrita em torno das ligações sim-

Conexões químicas 11A

O venenoso baiacu

A natureza não se limita a anéis carbônicos de seis membros. A tetrodotoxina, uma das mais potentes toxinas conhecidas, é formada por um conjunto de anéis de seis membros interconectados, cada um deles em conformação cadeira. Somente um desses anéis contém átomos que não sejam carbonos.

A tetrodotoxina é produzida no fígado e nos ovários de muitas espécies de *Tetraodontidae*, uma das quais é o baiacu, que tem a capacidade de inflar, tornando-se quase uma bola de espinhos quando se sente ameaçado. É uma espécie, portanto, que se preocupa muito com sua própria defesa, mas os japoneses não se intimidam com essa aparência espinhosa. Para eles, esse peixe, que chamam *fugu* em sua língua, é uma guloseima. Para servi-lo em restaurantes, o *chef* deve ser registrado como um profissional suficientemente treinado em remover os órgãos tóxicos de modo que se possa ingerir a carne com segurança.

A tetrodotoxina bloqueia os canais do íon sódio, essenciais para a neurotransmissão (Seção 24.3). Esse bloqueio impede a comunicação entre os neurônios e as células musculares, resultando em fraqueza, paralisia e finalmente morte.

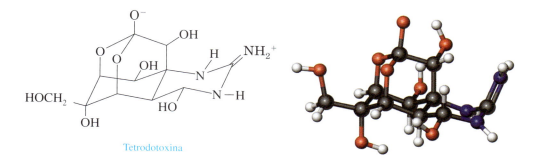

Tetrodotoxina

ples carbono-carbono no anel. Neste capítulo, estudaremos a isomeria *cis-trans* nos cicloalcanos, e no Capítulo 12, a isomeria nos alcenos.

Podemos ilustrar a isomeria *cis-trans* em cicloalcanos usando o 1,2-dimetilciclopentano como exemplo. Nas seguintes fórmulas estruturais, o anel do ciclopentano é desenhado como um pentágono planar visto através do plano do anel. (Ao determinar o número de isômeros *cis-trans* em um cicloalcano substituído, é adequado desenhar o anel do cicloalcano como um polígono planar.) As ligações carbono-carbono do anel que se projetam na direção do leitor são mostradas como linhas mais escuras. Quando vistos dessa perspectiva, os substituintes ligados ao anel do ciclopentano projetam-se para cima e para baixo do plano do anel. Em um dos isômeros do 1,2-dimetilciclopentano, os grupos metila estão do mesmo lado do anel (seja acima ou abaixo do plano do anel); no outro isômero, estão em lados opostos do anel (um acima e um abaixo do plano do anel).

O prefixo **cis** (do latim "do mesmo lado") indica que os substituintes estão do mesmo lado do anel; o prefixo **trans** (do latim "do outro lado") indica que se encontram em lados opostos do anel.

Isômeros *cis-trans* também são chamados isômeros geométricos.

Representações planares de anéis de cinco e seis membros não são espacialmente precisas porque normalmente esses anéis existem em conformações envelope e cadeira. As representações planares, porém, são adequadas para mostrar a isomeria *cis-trans*.

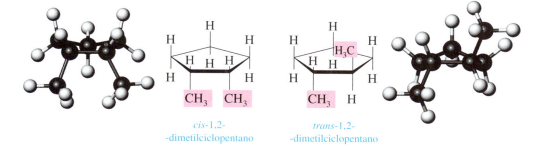

cis-1,2--dimetilciclopentano

trans-1,2--dimetilciclopentano

Podemos ainda visualizar o anel do ciclopentano como um pentágono regular visto de cima, com o anel no plano da página. Os substituintes no anel ou se projetam na direção do leitor (isto é, projetam-se acima da página), e são mostrados na forma de cunhas contínuas, ou se projetam para trás (projetam-se abaixo da página), e são mostrados como cunhas tracejadas. Nas fórmulas estruturais seguintes, mostramos os dois grupos metila; os átomos de hidrogênio do anel não são mostrados.

Ocasionalmente, os átomos de hidrogênio são representados antes dos átomos de carbono, $H_3C—$, para evitar aglomeração ou para enfatizar a ligação C—C, como em $H_3C—CH_3$.

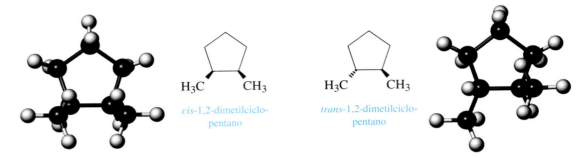

Estereocentro Átomo tetraédrico, geralmente o carbono, em que a troca de dois grupos produz um estereoisômero.

Configuração Refere-se ao arranjo de átomos em torno de um estereocentro, isto é, ao arranjo relativo de partes de uma molécula no espaço.

Dizemos que o 1,2-dimetilciclopentano tem dois estereocentros. Um deles é um átomo tetraédrico, geralmente o carbono, cuja troca por dois grupos produz um estereoisômero. Os carbonos 1 e 2 do 1,2-dimetilciclopentano, por exemplo, são **estereocentros**; nessa molécula, a troca dos grupos H e CH$_3$, em ambos os estereocentros, converte um isômero *trans* em um isômero *cis* ou vice-versa.

Podemos ainda nos referir aos estereoisômeros 1,2-dimetilciclobutano como tendo uma configuração *cis* ou *trans*. A **configuração** refere-se ao arranjo de átomos em torno de um estereocentro. Dizemos, por exemplo, que a troca de grupos em um ou outro estereocentro na configuração *cis* resulta no isômero de configuração *trans*.

Os isômeros *cis* e *trans* também são possíveis para o 1,4-dimetilcicloexano. Podemos desenhar um anel do cicloexano como um hexágono planar e visualizá-lo através do plano do anel. Mas também podemos visualizá-lo como um hexágono regular visto de cima, com os grupos substituintes apontando para o leitor, e representados por cunhas sólidas, ou apontando para trás, representados por cunhas tracejadas.

Estereoisômeros Isômeros que têm a mesma conectividade entre seus átomos, mas com diferente orientação desses átomos no espaço.

Como os isômeros *cis-trans* diferem na orientação de seus átomos no espaço, eles são **estereoisômeros**. A isomeria *cis-trans* é um dos tipos de estereoisomeria. Vamos estudar um outro tipo de estereoisomeria, a chamada enantiomeria, no Capítulo 15.

Exemplo 11.7 Isomeria *cis-trans* nos cicloalcanos

Qual dos seguintes cicloalcanos apresenta isomeria *cis-trans*? Para cada um que apresentar, desenhe ambos os isômeros.
(a) Metilciclopentano
(b) 1,1-dimetilciclopentano
(c) 1,3-dimetilciclobutano

Estratégia

Para que um cicloalcano apresente isomeria *cis-trans*, deve ter pelo menos dois substituintes, cada um deles em carbono diferente no anel.

Solução

(a) O metilciclopentano não apresenta isomeria *cis-trans*; pois tem somente um substituinte no anel.
(b) O 1,1-dimetilciclobutano não apresenta isomeria *cis-trans* porque apenas um arranjo é possível para os dois grupos metila. Como ambos estão ligados ao mesmo carbono, devem estar em posição *trans* entre si – um acima do anel, o outro abaixo.
(c) O 1,3-dimetilciclobutano apresenta isomeria *cis-trans*. Os dois grupos metila podem ser *cis* ou *trans*.

cis-1,3-dimetilciclobutano   _trans_-1,3-dimetilciclobutano

Problema 11.7

Qual ou quais dos seguintes cicloalcanos apresentam isomeria _cis-trans_? Para cada um deles que apresentar, desenhe ambos os isômeros.
(a) 1,3-dimetilciclopentano
(b) Etilciclopentano
(c) 1,3-dimetilcicloexano

11.8 Quais são as propriedades físicas dos alcanos?

A propriedade mais importante dos alcanos e cicloalcanos é sua quase total falta de polaridade. Vimos na Seção 3.4B que a diferença de eletronegatividade entre carbono e hidrogênio é de $2,5 - 2,1 = 0,4$ na escala Pauling. Dada essa pequena diferença, classificamos uma ligação C—H como covalente apolar. Assim, alcanos são compostos apolares e as únicas interações entre suas moléculas são as forças de dispersão de London, elas mesmas muito fracas (Seção 5.7A).

A. Pontos de fusão e ebulição

Os pontos de ebulição dos alcanos são mais baixos que os de quase todos os outros compostos de mesma massa molecular. Em geral, tanto o ponto de ebulição como o ponto de fusão dos alcanos aumentam com a massa molecular (Tabela 11.4).

Alcanos com 1 a 4 carbonos são gases em temperatura ambiente. Alcanos que contêm de 5 a 17 carbonos são líquidos incolores. Os alcanos de alta massa molecular (aqueles que contêm 18 ou mais carbonos) são sólidos brancos e cerosos. Diversas ceras vegetais são alcanos de alta massa molecular. A cera encontrada na casca da maçã, por exemplo, é um alcano não ramificado de fórmula molecular $C_{27}H_{56}$. A cera de parafina, uma mistura de alcanos de alta massa molecular, é usada em velas de cera, lubrificantes e para selar frascos de compotas, geleias e outras conservas de fabricação caseira. O petrolato, que é um derivado da refinação do petróleo, é uma mistura líquida de alcanos de alta massa molecular. É vendido como óleo mineral e vaselina e é usado como unguento em produtos farmacêuticos e cosméticos, e como lubrificante e protetor contra ferrugem.

Alcanos que são isômeros constitucionais são compostos diferentes que apresentam diferentes propriedades físicas e químicas. Na Tabela 11.5, vemos uma lista dos pontos de ebulição dos cinco isômeros constitucionais de fórmula molecular C_6H_{14}. O ponto de ebulição de cada isômero de cadeia ramificada é mais baixo que o do próprio hexano; quanto mais ramificado, menor o ponto de ebulição. Essas diferenças de ponto de ebulição estão relacionadas ao formato da molécula da seguinte maneira. À medida que aumenta a ramificação, a molécula do alcano torna-se mais compacta e sua área superficial diminui. Como vimos na Seção 5.7A, à medida que diminui a área superficial, as forças de dispersão de London agem sobre uma área superficial menor. Assim, a atração entre as moléculas diminui e o ponto de ebulição aumenta. Para qualquer grupo de isômeros constitucionais alcanos, portanto, o isômero menos ramificado geralmente tem o ponto de ebulição mais alto, e o isômero mais ramificado, o ponto de ebulição mais baixo.

TABELA 11.4 Propriedades físicas de alguns alcanos não ramificados

Nome	Fórmula estrutural condensada	Massa molecular (u)	Ponto de fusão (°C)	Ponto de ebulição (°C)	Densidade do líquido (g/mL a 0 °C)*
Metano	CH_4	16,0	−182	−164	(a gas)
Etano	CH_3CH_3	30,1	−183	−88	(a gas)
Propano	$CH_3CH_2CH_3$	44,1	−190	−42	(a gas)
Butano	$CH_3(CH_2)_2CH_3$	58,1	−138	0	(a gas)
Pentano	$CH_3(CH_2)_3CH_3$	72,2	−130	36	0,626
Hexano	$CH_3(CH_2)_4CH_3$	86,2	−95	69	0,659
Heptano	$CH_3(CH_2)_5CH_3$	100,2	−90	98	0,684
Octano	$CH_3(CH_2)_6CH_3$	114,2	−57	126	0,703
Nonano	$CH_3(CH_2)_7CH_3$	128,3	−51	151	0,718
Decano	$CH_3(CH_2)_8CH_3$	142,3	−30	174	0,730

*Comparando, a densidade de H_2O é 1,000 g/mL a 4 °C.

TABELA 11.5 Pontos de ebulição dos cinco alcanos isoméricos de fórmula molecular C_6H_{14}

Nome	p.e. (°C)
Hexano	68,7
3-metilpentano	63,3
2-metilpentano	60,3
2,3-dimetilbutano	58,0
2,2-dimetilbutano	49,7

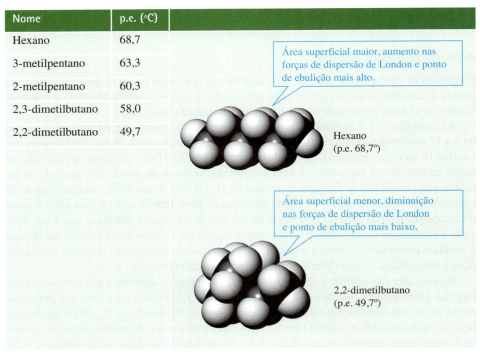

B. Solubilidade: um caso de "semelhante dissolve semelhante"

Como os alcanos são compostos apolares, eles não são solúveis em água, que dissolve apenas compostos iônicos e polares. A água é uma substância polar e suas moléculas se associam entre si através de ligações de hidrogênio (Seção 6.6D). Os alcanos não se dissolvem na água porque não podem formar ligações de hidrogênio, no entanto são solúveis uns nos outros, um exemplo de "semelhante dissolve semelhante" (Seção 6.4A). Alcanos também são solúveis em outros compostos orgânicos apolares, tais como o tolueno e o éter dietílico.

C. Densidade

A densidade média dos alcanos líquidos listada na Tabela 11.4 é de aproximadamente 0,7 g/mL; de alcanos de massa molecular mais alta, é em torno de 0,8 g/mL. Todos os alcanos líquidos e sólidos são menos densos que a água (1,000 g/mL) e, como são insolúveis em água, flutuam nesse solvente.

Exemplo 11.8 Propriedades físicas dos alcanos

Disponha os seguintes alcanos na ordem crescente de seus pontos de ebulição.
(a) Butano, decano e hexano
(b) 2-metileptano, octano e 2,2,4-trimetilpentano

Estratégia

Todos os compostos são alcanos, e as únicas forças de atração entre moléculas de alcano são as forças de dispersão de London. À medida que aumenta o número de carbonos em um hidrocarboneto, aumentam as forças de dispersão de London entre as cadeias e, portanto, também aumenta o ponto de ebulição (Seção 5.7A). Para alcanos que são isômeros constitucionais, a intensidade das forças de dispersão de London entre as moléculas depende do formato. Quanto mais compacta a molécula, mais fracas as forças intermoleculares de atração, e mais baixo o ponto de ebulição.

Solução

(a) Os três compostos são alcanos não ramificados. O decano tem a cadeia carbônica mais longa, as forças de London mais intensas e o ponto de ebulição mais alto. O butano tem a cadeia carbônica mais curta e o ponto de ebulição mais baixo.

Butano
p.e. −0,5 °C

Hexano
p.e. 69 °C

Decano
p.e. 174 °C

(b) Estes três alcanos são isômeros constitucionais de fórmula molecular C_8H_{18}. O 2,2,4-trimetilpentano é o isômero mais ramificado e, portanto, possui a menor área superficial e o ponto de ebulição mais baixo. O octano, o isômero não ramificado, tem a maior área superficial e o ponto de ebulição mais alto.

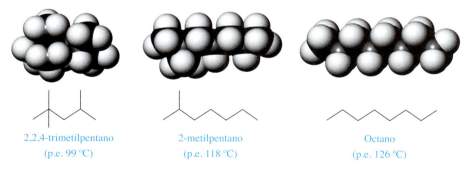

2,2,4-trimetilpentano
(p.e. 99 °C)

2-metilpentano
(p.e. 118 °C)

Octano
(p.e. 126 °C)

Problema 11.8

Disponha os alcanos de cada grupo em ordem crescente de seus pontos de ebulição.
(a) 2-metilbutano, pentano e 2,2-dimetilpropano
(b) 3,3-dimetileptano, nonano e 2,2,4-trimetilexano

11.9 Quais são as reações características dos alcanos?

A propriedade química mais importante dos alcanos e cicloalcanos é sua inércia. Eles são muito pouco reativos nas condições de reação normais iônicas que estudamos nos capítulos 5 e 8. Sob certas condições, porém, os alcanos reagem com o oxigênio, O_2. Sua reação mais importante com o oxigênio é, indubitavelmente, a oxidação (combustão) para formar dióxido de carbono e água. Também reagem com o bromo e o cloro para formar hidrocarbonetos halogenados.

A. Reação com o oxigênio: combustão

A oxidação de hidrocarbonetos, incluindo alcanos e cicloalcanos, é a base de seu uso como fonte de energia para aquecimento (gás natural, gás de petróleo liquefeito (GPL) e óleo combustível) e energia mecânica (gasolina, diesel e combustível para aviação). A seguir, vamos apresentar equações balanceadas para a combustão completa do metano, principal componente do gás natural, e para o propano, principal componente do GPL ou gás engarrafado. O calor liberado quando um alcano é oxidado a dióxido de carbono e água é seu calor de combustão (Seção 4.8).

Conexões químicas 11B

Octanagem: o que são aqueles números na bomba de gasolina?

A gasolina é uma mistura complexa de hidrocarbonetos C_6 a C_{12}. A qualidade da gasolina como combustível para combustão interna de motores é expressa em termos de octanagem. Ocorre detonação (ou "batida de pino") quando uma parcela da mistura ar-combustível explode antes de o pistão atingir o máximo de sua batida (geralmente como resultado de calor desenvolvido durante a compressão) e independentemente da ignição da vela. A onda de choque resultante do pistão contra a parede do cilindro reverbera criando um som metálico agudo característico.

Dois compostos foram selecionados como combustíveis de referência para avaliar a qualidade da gasolina. Um deles, o 2,2,4-trimetilpentano (isoctano) possui ótimas propriedades antidetonantes e sua octanagem é 100. O heptano, o outro composto de referência, apresenta propriedades antidetonantes insuficientes e sua octanagem é 0.

2,2,4-trimetilpentano (octanagem 100)

Heptano (octanagem 0)

A **octanagem** de determinada gasolina é a porcentagem de 2,2,4-trimetilpentano na mistura de 2,2,4-trimetilpentano e heptano que apresente propriedades antidetonantes equivalentes à da gasolina em teste. Por exemplo, as propriedades antidetonantes do 2-metilexano são as mesmas de uma mistura de 42% de 2,2,4-trimetilpentano e 58% de heptano; assim, a octanagem do 2-metilexano é 42. O etanol, que é adicionado à gasolina para produzir gasool, tem octanagem 105. O próprio octano possui octanagem −20.

$$CH_4 + 2O_2 \longrightarrow CO_2 + 2H_2O + 212 \text{ kcal/mol}$$
Metano

$$CH_3CH_2CH_3 + 5O_2 \longrightarrow 3CO_2 + 4H_2O + 530 \text{ kcal/mol}$$
Propano

B. Reação com halogênios: halogenação

Se misturarmos metano com cloro ou bromo, no escuro, em temperatura ambiente, nada vai acontecer. Se, no entanto, aquecermos a mistura até 100 °C ou mais, ou a expusermos à luz, vai começar uma reação imediatamente. Os produtos da reação entre metano e cloro são o clorometano e o cloreto de hidrogênio. O que ocorre é uma reação de substituição – nesse caso, a substituição do hidrogênio pelo cloro, no metano.

$$CH_4 + Cl_2 \xrightarrow{\text{Calor ou luz}} CH_3Cl + HCl$$
Metano Clorometano
(Cloreto de metila)

Se o clorometano reagir com mais cloro, a cloração adicional vai produzir uma mistura de diclorometano, triclorometano e tetraclorometano.

$$CH_3Cl + Cl_2 \xrightarrow{\text{calor}} CH_2Cl_2 + HCl$$
Clorometano Diclorometano
(Cloreto de metila) (Cloreto de metileno)

$$CH_2Cl_2 \xrightarrow[\text{calor}]{Cl_2} CHCl_3 \xrightarrow[\text{calor}]{Cl_2} CCl_4$$

Diclorometano
(Cloreto de metileno)

Triclorometano
(Clorofórmio)

Tetraclorometano
(Tetracloreto de carbono)

Na última equação, o reagente Cl_2 é colocado sobre a seta de reação e a quantidade equivalente de HCl formada não é mostrada. Para economizar espaço, costuma-se colocar reagentes sobre as setas de reação e omitir subprodutos.

A atribuição dos nomes Iupac dos haloalcanos é feita com o nome do átomo de halogênio substituinte (*fluoro-*, *cloro-*, *bromo-* e *iodo-*) disposto em ordem alfabética com outros substituintes. Os nomes comuns consistem no nome do halogênio (cloreto, brometo e assim por diante), em separado, seguido do grupo alquila. Diclorometano (cloreto de metileno) é um solvente muito usado para compostos orgânicos.

> **Exemplo 11.9** Halogenação dos alcanos

Escreva uma equação balanceada para a reação do etano com o cloro formando cloroetano, C_2H_5Cl.

Estratégia

A reação do etano com o cloro resulta na substituição de um dos átomos de hidrogênio do etano por um átomo de cloro.

Solução

$$CH_3CH_3 + Cl_2 \xrightarrow{\text{calor ou luz}} CH_3CH_2Cl + HCl$$

Etano

Cloroetano
(Cloreto de etila)

Problema 11.9

A reação do propano com cloro resulta em dois produtos, cada um deles com a fórmula molecular C_3H_7Cl. Desenhe fórmulas estruturais para esses dois compostos e dê o nome Iupac e o nome comum de cada um.

11.10 Quais são os haloalcanos importantes?

Uma das principais utilidades dos haloalcanos é como intermediários na síntese de outros compostos orgânicos. Assim como podemos substituir um átomo de hidrogênio de um alcano, podemos, por sua vez, substituir o átomo de halogênio por vários outros grupos funcionais, construindo assim moléculas mais complexas. Já os alcanos que contêm vários halogênios geralmente são muito pouco reativos, fato que tem se mostrado útil na elaboração de vários tipos de produtos para consumo.

A. Clorofluorocarbonos

De todos os haloalcanos, os **clorofluorocarbonos (CFCs)**, produzidos sob o nome comercial de Freons, são os mais conhecidos. Os CFCs são não tóxicos, não inflamáveis e não corrosivos. Originalmente, pareciam ser substitutos ideais para compostos perigosos como a amônia e o dióxido de enxofre, usados antigamente como agentes transferidores de calor em sistemas de refrigeração. Entre os CFCs mais usados para esse propósito, estava o triclorofluorometano (CCl_3F, Freon-11) e diclorofluorometano (CCl_2F_2, Freon-12). Os CFCs também foram amplamente utilizados como solventes de limpeza industrial para preparar superfícies de revestimento, na remoção de óleos de corte e ceras de moendas, e para remover revestimentos protetores. Além disso, foram utilizados como propelentes em sprays de aerossol.

Conexões químicas 11C

O impacto ambiental dos Freons

A preocupação com o impacto ambiental dos CFCs surgiu na década de 1970, quando pesquisadores descobriram que $4,5 \times 10^5$ kg/ano desses compostos estavam sendo emitidos na atmosfera. Em 1974, Sherwood Rowland e Mario Molina, ambos dos Estados Unidos, anunciaram sua teoria, que desde então tem sido amplamente confirmada, segundo a qual esses compostos destroem a camada de ozônio da estratosfera. Quando liberados no ar, os CFCs escapam para a parte mais baixa da atmosfera. Por causa de sua inércia, porém, eles não se decompõem. Lentamente sobem para a estratosfera, onde absorvem a radiação ultravioleta do sol e depois se decompõem. Ao fazê-lo, desencadeiam reações químicas que levam à destruição da camada de ozônio na estratosfera, que serve de proteção contra a radiação violeta de baixo comprimento de onda que vem do sol. Acredita-se que o aumento desse tipo de radiação promova a destruição de certas lavouras e espécies agrícolas e aumente a incidência de câncer de pele em indivíduos de pele clara.

Essa preocupação motivou duas convenções, uma em Viena, em 1985, e outra em Montreal, em 1987, patrocinadas pelo Programa Ambiental das Nações Unidas. O encontro de 1987 produziu o Protocolo de Montreal, que estabeleceu limites na produção e uso de CFCs e insistiu no cancelamento gradual de sua produção até 1996. Esse cancelamento resultou em enormes custos para os fabricantes e ainda não foi totalmente concluído em países em desenvolvimento.

Rowland, Molina e Paul Crutzen (um químico holandês do Instituto de Química Max Planck, na Alemanha) receberam em 1995 o Prêmio Nobel de Química. Conforme a citação da Academia Real de Ciências da Suécia: "Ao explicarem os mecanismos químicos que afetam a espessura da camada de ozônio, esses três pesquisadores contribuíram para a solução de um problema ambiental global que poderia ter consequências catastróficas".

A indústria química reagiu a essa crise desenvolvendo substâncias refrigerantes cujo potencial para destruir a camada de ozônio é bem menor. Os mais importantes desses substitutos são os hidrofluorocarbonos (HFCs) e os hidroclorofluorocarbonos (HCFCs).

$$\begin{array}{cc} \text{F} \quad \text{F} & \text{H} \quad \text{Cl} \\ | \quad | & | \quad | \\ \text{F}-\text{C}-\text{C}-\text{H} & \text{H}-\text{C}-\text{C}-\text{F} \\ | \quad | & | \quad | \\ \text{F} \quad \text{H} & \text{H} \quad \text{Cl} \\ \text{HFC-134A} & \text{HCFC-141B} \end{array}$$

Esses compostos são muito mais reativos na atmosfera que os Freons e são destruídos antes de alcançar a estratosfera. Não podem, contudo, ser usados em condicionadores de ar de automóveis fabricados em 1994 ou anteriormente.

B. Solventes

Diversos haloalcanos de baixa massa molecular são excelentes solventes para reações orgânicas e para agentes de limpeza e desengraxantes. O tetracloreto de carbono foi o primeiro desses compostos a ser amplamente utilizado, mas seu uso para esse fim tem sido evitado porque sabe-se agora que ele é tóxico e carcinogênico. Hoje, o haloalcano mais usado como solvente é o diclorometano, CH_2Cl_2.

Resumo das questões-chave

Seção 11.1 Como se escrevem as fórmulas estruturais dos alcanos?

- **Hidrocarboneto** é um composto que contém apenas carbono e hidrogênio.
- Um **hidrocarboneto saturado** contém apenas ligações simples. O **alcano** é um hidrocarboneto saturado cujos átomos de carbono estão dispostos em uma cadeia aberta.

Seção 11.2 O que são isômeros constitucionais?

- Os **isômeros constitucionais** têm a mesma fórmula molecular, mas diferente conectividade entre seus átomos.

Seção 11.3 Qual é a nomenclatura dos alcanos?

- A nomenclatura dos alcanos segue um conjunto de regras desenvolvido pela **União Internacional de Química Pura e aplicada (Iupac).**

- O nome Iupac de um alcano consiste em duas partes: um prefixo que indica o número de átomos de carbono na cadeia principal e a terminação **-ano**. Substituintes derivados dos alcanos pela remoção de um átomo de hidrogênio são chamados **grupos alquila** e representados pelo símbolo **R—**.

Seção 11.4 Como se obtêm os alcanos?

- O **gás natural** consiste em 90% a 95% de metano, com pequenas quantidades de etano e outros hidrocarbonetos de massa molecular mais baixa.
- O **petróleo** é uma mistura líquida de milhares de diferentes hidrocarbonetos.

Seção 11.5 O que são cicloalcanos?

- **Cicloalcano** é um alcano que contém átomos de carbono ligados de modo a formar um anel.

- Para dar nome a um cicloalcano, use o prefixo **ciclo**- antes do nome do alcano de cadeia aberta.

Seção 11.6 Quais são os formatos dos alcanos e cicloalcanos?

- **Conformação** é qualquer arranjo tridimensional dos átomos de uma molécula que resulta da rotação em torno de uma ligação simples.
- A conformação de menor energia no ciclopentano é a **conformação envelope**.
- A conformação de menor energia no cicloexano é a **conformação cadeira**. Em uma conformação cadeira, seis ligações C—H são **axiais**, e seis, **equatoriais**. Um substituinte em um anel de seis membros é mais estável quando é equatorial.

Seção 11.7 O que é isomeria *cis-trans* em cicloalcanos?

- Os **isômeros** *cis-trans* dos cicloalcanos têm (1) a mesma fórmula molecular e (2) a mesma conectividade entre seus átomos, mas (3) diferente orientação de seus átomos no espaço por causa da rotação restrita em torno das ligações C—C do anel.

- Nos isômeros *cis-trans* dos cicloalcanos, *cis* significa que os substituintes estão do mesmo lado do anel; *trans*. que estão em lados opostos do anel.

Seção 11.8 Quais são as propriedades físicas dos alcanos?

- Alcanos são compostos apolares, e as únicas forças de atração entre suas moléculas são as forças de dispersão de London.
- Em temperatura ambiente, alcanos de baixa massa molecular são gases, os de massa molecular mais alta são líquidos, e os alcanos de massa molecular muito alta são sólidos cerosos.
- Para qualquer grupo de alcanos isoméricos constitucionais, o isômero menos ramificado geralmente apresenta o ponto de ebulição mais alto, e o isômero mais ramificado geralmente tem o ponto de ebulição mais baixo.
- Os alcanos são insolúveis em água, mas solúveis uns nos outros e em outros solventes orgânicos apolares, tais como o tolueno. Todos os alcanos líquidos e sólidos são menos densos que a água.

Resumo das reações fundamentais

1. **Oxidação dos alcanos (Seção 11.9A)** A oxidação dos alcanos a dióxido de carbono e água, uma reação exotérmica, é a base de seu uso como fontes de calor e energia.

$$CH_3CH_2CH_3 + 5O_2 \longrightarrow 3CO_2 + 4H_2O + 530 \text{ kcal/mol}$$
Propano

2. **Halogenação dos alcanos (Seção 11.9B)** A reação de um alcano com cloro ou bromo resulta na substituição de um átomo de hidrogênio por um átomo de halogênio.

$$CH_3CH_3 + Cl_2 \xrightarrow{\text{calor ou luz}} CH_3CH_2Cl + HCl$$
Etano $\qquad\qquad$ Cloroetano
(Cloreto de etila)

Problemas

Seção 11.1 Como se escrevem as fórmulas estruturais dos alcanos?

11.10 Indique se a afirmação é verdadeira ou falsa.
- (a) Os hidrocarbonetos são formados apenas pelos elementos carbono e hidrogênio.
- (b) Alcanos são hidrocarbonetos saturados.
- (c) A fórmula geral do alcano é C_nH_{2n+2}, em que n é o número de carbonos do alcano.
- (d) Alcenos e alcinos são hidrocarbonetos insaturados.

11.11 Defina:
- (a) Hidrocarboneto
- (b) Alcano
- (c) Hidrocarboneto saturado

11.12 Por que não é correto descrever um alcano não ramificado como um hidrocarboneto de "cadeia reta"?

11.13 O que significa a expressão *fórmula linha-ângulo* quando aplicada a alcanos e cicloalcanos?

11.14 Para cada fórmula estrutural condensada, escreva uma fórmula linha-ângulo.

(a)
$$\begin{array}{ccc} & CH_2CH_3 & CH_3 \\ & | & | \\ CH_3CH_2 & CHCHCH_2 & CHCH_3 \\ & | & \\ & CH(CH_3)_2 & \end{array}$$

(b)
$$\begin{array}{c} CH_3 \\ | \\ CH_3CCH_3 \\ | \\ CH_3 \end{array}$$

(c) $(CH_3)_2CHCH(CH_3)_2$

(d) CH₃CH₂CCH₂CH₃ com CH₂CH₃ acima e CH₂CH₃ abaixo

(e) (CH₃)₃CH

(f) CH₃(CH₂)₃CH(CH₃)₂

11.15 Escreva a fórmula molecular para cada alcano.

(a), (b), (c) [estruturas linha-ângulo]

Seção 11.2 O que são isômeros constitucionais?

11.16 Indique se a afirmação é verdadeira ou falsa.
(a) Isômeros constitucionais têm as mesmas fórmulas moleculares e a mesma conectividade entre seus átomos.
(b) Existem dois isômeros constitucionais de fórmula molecular C_3H_8.
(c) Existem quatro isômeros constitucionais de fórmula molecular C_4H_{10}.
(d) Existem cinco isômeros constitucionais de fórmula molecular C_5H_{12}.

11.17 Quais são as afirmações verdadeiras sobre os isômeros constitucionais?
(a) Têm a mesma fórmula molecular.
(b) Têm a mesma massa molecular.
(c) Têm a mesma conectividade entre seus átomos.
(d) Têm as mesmas propriedades físicas.

11.18 Cada membro do seguinte grupo de compostos é um álcool, isto é, contém um —OH (grupo hidroxila; ver Seção 10.4A). Quais são as fórmulas estruturais que representam o mesmo composto e quais representam isômeros constitucionais?

(a), (b), (c), (d) [estruturas]

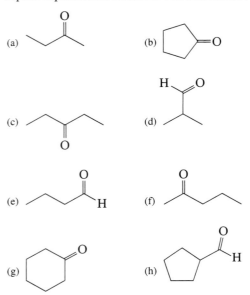

11.19 Cada membro do seguinte grupo de compostos é um aldeído ou uma cetona (Seção 10.4C). Quais são as fórmulas estruturais que representam o mesmo composto e quais representam isômeros constitucionais?

(a)–(h) [estruturas]

11.20 Desenhe fórmulas linha-ângulo para os nove isômeros constitucionais de fórmula molecular C_7H_{16}.

Seção 11.3 Qual é a nomenclatura dos alcanos?

11.21 Indique se a afirmação é verdadeira ou falsa.
(a) O nome principal de um alcano é o nome da cadeia mais longa de átomos de carbono.
(b) Os grupos propila e isopropila são isômeros constitucionais.
(c) Existem quatro grupos alquila de fórmula molecular C_4H_9.

11.22 Nomeie os seguintes grupos alquila:

(a) CH₃CH₂—

(b) CH₃CH— com CH₃ acima

(c) CH₃CHCH₂— com CH₃ acima

(d) CH₃C— com CH₃ acima e CH₃ abaixo

11.23 Escreva os nomes Iupac do isobutano e do isopentano.

Alcanos ■ 313

Seção 11.4 Como se obtêm os alcanos?

11.24 Indique se a afirmação é verdadeira ou falsa.
(a) As duas principais fontes de alcanos são o petróleo e o gás natural.
(b) A octanagem de determinada gasolina é o número de gramas de octano por litro do combustível.
(c) O octano e o 2,2,4-trimetilpentano são isômeros constitucionais e têm a mesma octanagem.

Seção 11.5 O que são cicloalcanos?

11.25 Indique se a afirmação é verdadeira ou falsa.
(a) Cicloalcanos são hidrocarbonetos saturados.
(b) Hexano e cicloexano são isômeros constitucionais.
(c) O nome principal de um cicloalcano é o nome do alcano não ramificado com o mesmo número de átomos de carbono do anel do cicloalcano.

11.26 Escreva os nomes Iupac para os seguintes alcanos e cicloalcanos.

(a) $CH_3CHCH_2CH_2CH_3$
        |
       CH_3

(b) $CH_3CHCH_2CH_2CHCH_3$
        | |
       CH_3 CH_3

(c) $CH_3(CH_2)_4CHCH_2CH_3$
              |
             CH_2CH_3

(d)

(e)

(f)

11.27 Escreva as fórmulas ângulo-linha para os seguintes alcanos e cicloalcanos.
(a) 2,2,4-trimetilexano
(b) 2,2-dimetilpropano
(c) 3-etil-2,4,5-trimetiloctano
(d) 5-butil-2,2-dimetilnonano
(e) 4-isopropiloctano
(f) 3,3-dimetilpentano
(g) trans-1,3-dimetilciclopentano
(h) cis-1,2-dietilciclobutano

Seção 11.6 Quais são os formatos dos alcanos e cicloalcanos?

11.28 Indique se a afirmação é verdadeira ou falsa.
(a) As conformações têm a mesma fórmula molecular e a mesma conectividade, mas diferem no arranjo tridimensional de seus átomos no espaço.

(b) Em todas as conformações do etano, propano, butano e de alcanos maiores, todos os ângulos das ligações C—C—C e —C—H são de aproximadamente 109,5°.
(c) Em um anel de cicloexano, se uma ligação axial estiver acima do plano do anel em determinado carbono, as ligações axiais nos dois carbonos adjacentes vão estar abaixo do plano do anel.
(d) Em um anel de cicloexano, se uma ligação equatorial estiver acima do plano do anel em determinado carbono, as ligações equatoriais nos dois carbonos adjacentes vão estar acima do plano do anel.
(e) A conformação cadeira (a mais estável) em um anel de cicloexano tem mais grupos substituintes em posições equatoriais.

11.29 A fórmula estrutural condensada do butano é $CH_3CH_2CH_2CH_3$. Explique por que essa fórmula não mostra a geometria da molécula real.

11.30 Desenhe uma conformação do etano em que os átomos de hidrogênio em carbonos adjacentes estejam o mais distante possível entre si. Desenhe também uma conformação em que estejam o mais próximo possível. Em uma amostra de moléculas de etano em temperatura ambiente, qual é a conformação mais provável?

Seção 11.7 O que é isomeria *cis-trans* em cicloalcanos?

11.31 Indique se a afirmação é verdadeira ou falsa.
(a) *Cis* e *trans*-cicloalcanos têm a mesma fórmula molecular, mas diferente conectividade entre seus átomos.
(b) Um isômero *cis* de um cicloalcano pode ser convertido em um isômero *trans* pela rotação em torno de uma ligação simples carbono-carbono apropriada.
(c) Um isômero *cis* de um cicloalcano pode ser convertido em seu isômero *trans* por troca de dois grupos em um estereocentro do *cis*-cicloalcano.
(d) A configuração refere-se ao arranjo espacial dos átomos ou grupos de átomos em um estereocentro.
(e) *Cis*-1,4-dimetilcicloexano e *trans*-1,4-dimetilcicloexano são classificados como conformações.

11.32 Que aspecto estrutural dos cicloalcanos torna possível a isomeria *cis-trans*?

11.33 A isomeria *cis-trans* é possível em alcanos?

11.34 Dê os nomes e as fórmulas estruturais dos isômeros *cis* e *trans* do 1,2-dimetilciclopropano.

11.35 Dê os nomes e as fórmulas estruturais dos seis cicloalcanos de fórmula molecular C_5H_{10}. Inclua os isômeros *cis-trans* e os isômeros constitucionais.

11.36 Por que o metilcicloexano equatorial é mais estável que o metilcicloexano axial?

Seção 11.8 Quais são as propriedades físicas dos alcanos?

11.37 Indique se a afirmação é verdadeira ou falsa.
(a) Os pontos de ebulição entre os alcanos de cadeia não ramificada aumentam à medida que aumenta o número de carbonos da cadeia.

314 ■ Introdução à química orgânica

(b) Alcanos líquidos em temperatura ambiente são mais densos que a água.

(c) Os isômeros *cis* e *trans* têm a mesma fórmula molecular, a mesma conectividade e as mesmas propriedades físicas.

(d) Entre os alcanos isômeros constitucionais, o isômero menos ramificado geralmente apresenta o ponto de ebulição mais baixo.

(e) Alcanos e cicloalcanos são insolúveis em água.

(f) Alcanos líquidos são solúveis uns nos outros.

11.38 No Problema 11.22, você desenhou fórmulas estruturais para os nove isômeros constitucionais de fórmula molecular C_7H_{16}. Preveja qual dos isômeros vai ter o ponto de ebulição mais baixo e o mais alto.

11.39 Qual dos alcanos não ramificados (Tabela 11.4) tem aproximadamente o mesmo ponto de ebulição da água? Calcule a massa molecular desse alcano e compare-a com a massa molecular da água.

11.40 Que generalizações podem ser feitas acerca das densidades dos alcanos em relação à densidade da água?

11.41 Que generalização pode ser feita sobre a solubilidade dos alcanos em água?

11.42 Suponha que você tenha amostras de hexano e octano. Apenas olhando para elas, é possível diferenciá-las? Qual seria a cor de cada uma? Como saber identificá-las?

11.43 Como se pode ver na Tabela 11.4, cada grupo CH_2 adicionado à cadeia carbônica de um alcano aumenta seu ponto de ebulição. Esse aumento é maior de CH_4 a C_2H_6 e de C_2H_6 a C_3H_8 do que de C_8H_{18} a C_9H_{20} ou de C_9H_{20} a $C_{10}H_{22}$. Qual seria a razão para essa diferença?

11.44 Como os pontos de ebulição dos hidrocarbonetos durante a refinação do petróleo estão relacionados a suas massas moleculares?

Seção 11.9 Quais são as reações características dos alcanos?

11.45 Indique se afirmação é verdadeira ou falsa.

(a) A combustão dos alcanos é uma reação endotérmica.

(b) Os produtos da combustão completa do alcano são dióxido de carbono e água.

(c) A halogenação do alcano o converte em um haloalcano.

11.46 Escreva as equações balanceadas para a combustão de cada um dos seguintes hidrocarbonetos. Suponha que cada um deles seja convertido completamente em dióxido de carbono e água.

(a) Hexano

(b) Cicloexano

(c) 2-metilpentano

11.47 O calor de combustão do metano, um componente do gás natural, é 212 kcal/mol. O do propano, um componente do gás GLP, é 530 kcal/mol. Em uma comparação direta, qual desses hidrocarbonetos é a melhor fonte de energia calorífera?

11.48 Desenhe fórmulas estruturais para os seguintes haloalcanos.

(a) Bromometano

(b) Clorocicloexano

(c) 1,2-dibromoetano

(d) 2-cloro-2-metilpropano

(e) Diclorodifluorometano (Freon-12)

11.49 A reação do cloro com pentano gera uma mistura de três cloroalcanos, cada um deles com fórmula molecular $C_5H_{11}Cl$. Escreva a fórmula linha-ângulo e o nome Iupac de cada cloroalcano.

Seção 11.10 Quais são os haloalcanos importantes?

11.50 Indique se a afirmação é verdadeira ou falsa.

(a) Os Freons são membros de uma classe de compostos orgânicos chamados clorofluorcarbonos (CFCs).

(b) Uma vantagem dos Freons como agentes transferidores de calor em sistemas de refrigeração, propelentes em sprays de aerossol e solventes para limpeza industrial é que eles são não tóxicos, não inflamáveis, inodoros e não corrosivos.

(c) Na estratosfera, os Freons interagem com a radiação ultravioleta desencadeando reações químicas que levam à destruição da camada de ozônio.

(d) Nomes alternativos para o importante solvente industrial e de laboratório CH_2Cl_2 são diclorometano, cloreto de metileno e clorofórmio.

Conexões químicas

11.51 (Conexões químicas 11A) Quantos anéis na tetrodotoxina contêm apenas átomos de carbono? Quantos contêm átomos de nitrogênio? Quantos contêm átomos de oxigênio?

11.52 (Conexões químicas 11B) O que é "octanagem"? Quais são os dois hidrocarbonetos de referência usados para estabelecer a escala de octanagem?

11.53 (Conexões químicas 11B) A octanagem do octano é −20. Ele produz mais ou menos detonação no motor que o heptano?

11.54 (Conexões químicas 11B) O etanol é adicionado à gasolina para produzir E-15 e E-85. Ele promove uma combustão mais completa da gasolina e é um potencializador de octanagem. Compare os calores de combustão do 2,2,4-trimetilpentano (1.304 kcal/mol) e do etanol (327 kcal/mol). Qual deles tem o calor de combustão mais alto em kcal/mol? E em kcal/g?

11.55 (Conexões químicas 11C) O que são Freons? Por que são considerados compostos ideais como agentes transferidores de calor em sistemas de refrigeração? Dê as fórmulas estruturais de dois Freons usados com esse objetivo.

11.56 (Conexões químicas 11C) Como os Freons afetam negativamente o ambiente?

11.57 (Conexões químicas 11C) O que são HFCs e HCFCs? Como a sua utilização em sistemas de refrigeração evita problemas ambientais associados ao uso dos Freons?

Problemas adicionais

11.58 Indique se os compostos de cada um destes pares são isômeros constitucionais.

(a) CH_3CH_2OH e CH_3OCH_3

(b) $CH_3\overset{O}{\overset{\|}{C}}CH_3$ e $CH_3CH_2\overset{O}{\overset{\|}{C}}H$

(c) $CH_3\overset{O}{\overset{\|}{C}}OCH_3$ e $CH_3CH_2\overset{O}{\overset{\|}{C}}OH$

(d) $CH_3\overset{OH}{\underset{|}{C}}HCH_2CH_3$ e $CH_3\overset{O}{\overset{\|}{C}}CH_2CH_3$

(e) ⬠ e $CH_3CH_2CH_2CH_2CH_3$

(f) ⬠ e $CH_2\!=\!CHCH_2CH_2CH_3$

11.59 Explique por que cada uma das seguintes denominações é um nome Iupac incorreto. Escreva o nome Iupac correto.
(a) 1,3-dimetilbutano
(b) 4-metilpentano
(c) 2,2-dietilbutano
(d) 2-etil-3-metilpentano
(e) 2-propilpentano
(f) 2,2-dietileptano
(g) 2,2-dimetilciclopropano
(h) 1-etil-5-metilcicloexano

11.60 Quais dos seguintes compostos podem existir como isômeros *cis-trans*? Para cada um que puder, desenhe os dois isômeros usando cunhas contínuas e tracejadas para mostrar a orientação no espaço dos grupos —OH e —CH$_3$.

(a) cicloexano com OH e CH$_3$ (b) cicloexano com OH e CH$_3$

(c) cicloexano com HO e CH$_3$

11.61 O tetradecano, $C_{14}H_{30}$, é um alcano não ramificado com ponto de fusão de 5,9 °C e ponto de ebulição de 254 °C. Em temperatura ambiente, o tetradecano é sólido, líquido ou gasoso?

11.62 O dodecano, $C_{12}H_{26}$, é um alcano não ramificado. Preveja o seguinte:

(a) É solúvel em água?
(b) É solúvel em hexano?
(c) Queima sob ignição?
(d) Em temperatura ambiente e sob pressão atmosférica, ele é líquido, sólido ou gasoso?

Antecipando

11.63 A seguir, apresentamos a fórmula estrutural do 2-isopropil-5-meticicloexanol:

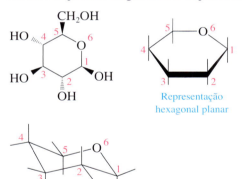

2-isopropil-5-meticicloexanol

Usando uma representação hexagonal planar para o anel do cicloexano, desenhe uma fórmula estrutural para o isômero *cis-trans*, com a isopropila *trans* ao —OH e a metila *cis* ao —OH. Se sua resposta foi correta, você desenhou o isômero encontrado na natureza e cujo nome é mentol.

11.64 À esquerda, vemos uma representação da molécula de glicose. Converta essa representação nas representações alternativas usando os anéis à direita. (Veremos a estrutura e a química da glicose no Capítulo 20.)

Representação hexagonal planar

Conformação cadeira

11.65 Vemos à esquerda uma representação da 2-deoxi-D-ribose. Essa molécula é o "D" do DNA. Converta-a na representação alternativa usando o anel à direita. (Veremos a estrutura e a química desse composto com mais detalhes no Capítulo 20.)

2-deoxi-D-ribose

11.66 Como mencionado na Seção 11.8, a cera encontrada na casca da maçã é um alcano não ramificado de fórmula molecular $C_{27}H_{56}$. Explique como a presença desse alcano na casca da maçã impede a perda de umidade interna da fruta.

Alcenos e alcinos

12

O caroteno é um polieno de ocorrência natural na cenoura e no tomate (Problemas 12.61 e 12.62).

Questões-chave

12.1 O que são alcenos e alcinos?

12.2 Quais são as estruturas dos alcenos e alcinos?

12.3 Qual é a nomenclatura dos alcenos e alcinos?

12.4 Quais são as propriedades físicas dos alcenos e alcinos?

12.5 O que são terpenos?

12.6 Quais são as reações características dos alcenos?

12.7 Quais são as reações de polimerização importantes do etileno e dos etilenos substituídos?

12.1 O que são alcenos e alcinos?

Neste capítulo, começamos nosso estudo sobre os hidrocarbonetos insaturados. Vimos na Seção 11.1 que esses compostos insaturados contêm uma ou mais ligações duplas ou ligações triplas carbono-carbono ou anéis benzênicos. Trataremos aqui, portanto, dos **alcenos** e **alcinos**. Alcinos são hidrocarbonetos insaturados que contêm uma ou mais ligações triplas. O alcino mais simples é o acetileno.

Alceno Hidrocarboneto insaturado que contém uma ligação dupla carbono-carbono.
Alcino Hidrocarboneto insaturado que contém uma ligação tripla carbono-carbono.

318 ■ Introdução à química orgânica

Conexões químicas 12A

Etileno: um regulador do crescimento da planta

Como observamos a seguir, o etileno ocorre na natureza somente em quantidades muito pequenas. Os cientistas, no entanto, descobriram que essa pequena molécula é um agente que regula o amadurecimento das frutas. Graças a esse conhecimento, os produtores agora podem colher a fruta enquanto ela ainda está verde e menos suscetível à amassadura. Depois, quando estiverem prontas para serem encaixotadas e transportadas, o produtor vai poder tratá-las com gás etileno. A fruta também pode ser tratada com etefon (Ethrel), que lentamente libera etileno e inicia o amadurecimento da fruta.

$$Cl-CH_2-CH_2-\overset{\overset{\displaystyle O}{\|}}{\underset{\underset{\displaystyle OH}{|}}{P}}-OH$$

Etefon

Da próxima vez que você vir bananas maduras no mercado, pense sobre quando elas foram colhidas e se o amadurecimento foi artificialmente induzido.

Etileno
(um alceno)

Acetileno
(um alcino)

Os **alcinos** são hidrocarbonetos insaturados que contêm uma ou mais ligações triplas. O alcino mais simples é o acetileno. Como os alcinos não têm uma forte presença na natureza e sua importância na bioquímica é pequena, não vamos estudar sua química em profundidade.

Compostos que contêm ligações duplas carbono-carbono encontram-se amplamente disseminados pela natureza. Além disso, vários alcenos de baixa massa molecular, incluindo o etileno e o propeno, são de enorme importância comercial para a sociedade moderna industrializada. A indústria de química orgânica produz, no mundo inteiro, mais etileno do que qualquer outra substância química orgânica. A produção anual, somente nos Estados Unidos, é de mais de quase 30 bilhões de quilogramas.

O que é incomum em relação ao etileno é sua baixa ocorrência na natureza. As enormes quantidades exigidas para atender às necessidades da indústria química são obtidas por craqueamento de hidrocarbonetos. Nos Estados Unidos e em outros países com vastas reservas de gás natural, o principal processo de produção do etileno é o craqueamento térmico de pequenas quantidades de etano extraídas do gás natural. No **craqueamento térmico**, um hidrocarboneto saturado é convertido em hidrocarboneto insaturado e H_2. Em uma fração de segundo, o etano é termicamente craqueado por aquecimento num forno de 800-900 °C.

$$CH_3CH_3 \xrightarrow[\text{(craqueamento térmico)}]{800-900\ °C} CH_2{=}CH_2 + H_2$$

Etano   Etileno

Europa, Japão e outras partes do mundo com limitados suprimentos de gás natural dependem quase inteiramente do craqueamento térmico do petróleo para obter etileno.

Do ponto de vista da indústria química, a reação mais importante do etileno e de outros alcenos de baixa massa molecular é a polimerização, que vamos ver na Seção 12.7. Aqui, o ponto crucial é que o etileno e todos os produtos comerciais e industriais sintetizados a partir dele são derivados do gás natural ou do petróleo – ambos fontes naturais não renováveis!

12.2 Quais são as estruturas dos alcenos e alcinos?

A. Alcenos

Usando o modelo VSEPR (Seção 3.10), podemos prever os ângulos de ligação de 120° em torno de cada carbono em uma ligação dupla. O ângulo de ligação H—C—C observado no etileno, por exemplo, é de 121,7°, próximo do valor previsto. Em outros alcenos, desvios do ângulo previsto de 120° podem ser um pouco maiores por causa das interações entre grupos alquila ligados aos carbonos com dupla ligação. O ângulo da ligação C—C—C no propeno, por exemplo, é de 124,7°.

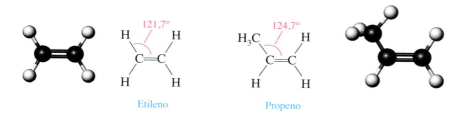

Etileno   Propeno

Se olharmos para um modelo molecular do etileno, vamos ver que os dois carbonos da ligação dupla e os quatro hidrogênios a eles ligados estão no mesmo plano – isto é, o etileno é uma molécula planar. Além disso, os químicos descobriram que, em condições normais, nenhuma rotação é possível em torno da ligação dupla carbono-carbono do etileno ou de qualquer outro alceno. Enquanto ocorre livre rotação em torno de cada ligação simples carbono-carbono no alcano (Seção 11.6A), a rotação em torno da ligação dupla carbono-carbono do alceno normalmente não ocorre. Para uma importante exceção a essa generalização, ver "Conexões químicas 12C" sobre a isomeria *cis-trans* na visão.

B. Estereoisomeria *cis-trans* nos alcenos

Por causa da rotação restrita em torno da ligação dupla carbono-carbono, o alceno em que cada carbono da dupla ligação tem dois grupos diferentes a ele ligados apresenta isomeria *cis-trans* (um tipo de estereoisomeria). Por exemplo, o 2-buteno tem dois isômeros *cis-trans*. No *cis*-2-buteno, os dois grupos metila estão localizados no mesmo lado da ligação dupla, e os dois hidrogênios estão no outro lado. No *trans*-2-buteno, os dois grupos metila estão localizados em lados opostos da ligação dupla. O *cis*-2-buteno e o *trans*-2-buteno são compostos diferentes e com propriedades físicas e químicas diferentes.

Isômeros *cis-trans* Isômeros que têm a mesma conectividade entre seus átomos, mas com diferente arranjo espacial. Especificamente, os estereoisômeros *cis-trans* resultam da presença ou de um anel ou de uma ligação dupla.

cis-2-buteno
p.f. −139 °C, p.e. 4 °C

trans-2-buteno
p.f. −106 °C, p.e. 1 °C

12.3 Qual é a nomenclatura dos alcenos e alcinos?

Os nomes dos alcenos e alcinos seguem as regras de nomenclatura do sistema Iupac. Como veremos, alguns ainda são conhecidos por seus nomes comuns.

320 ■ Introdução à química orgânica

A. Nomes Iupac

A chave para o sistema Iupac de nomenclatura dos alcenos é a terminação **-eno**. Assim como a terminação *-ano* indica que um hidrocarboneto contém apenas ligações simples carbono-carbono, a terminação *-eno* indica que ele contém uma dupla ligação carbono-carbono. Para dar nome a um alceno:

1. Encontre a cadeia carbônica mais longa que inclua a ligação dupla. Indique a extensão da cadeia principal usando um prefixo que faça referência ao número de átomos de carbono (ver Tabela 11.2) e o sufixo *-eno* para mostrar que se trata de um alceno.
2. Numere a cadeia a partir da extremidade que proporcionar o menor conjunto de números aos átomos de carbono da ligação dupla. Dê a posição da ligação dupla com o número de seu primeiro carbono.
3. A nomenclatura dos alcenos ramificados é semelhante à dos alcanos; os grupos substituintes são localizados e recebem um nome.

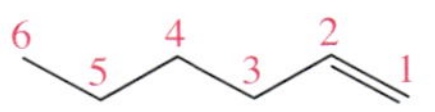

1-hexeno

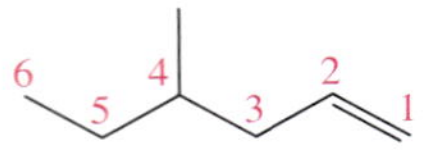

4-metil-1-hexeno

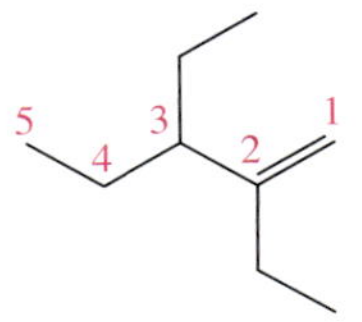

2,3-dietil-1-penteno

Observe que, embora o 2,3-dietil-1-penteno seja uma cadeia de seis carbonos, a cadeia mais longa que contém a ligação dupla tem apenas cinco carbonos. O alceno principal é, portanto, um penteno e não um hexeno, e a molécula é um 1-penteno dissubstituído.

A chave para o nome Iupac do alcinos é a terminação **-ino**, que indica a presença de uma ligação tripla carbono-carbono. Assim, o $HC\equiv CH$ é o etino (ou acetileno) e o $CH_3C\equiv CH$ é o propino. Em alcinos maiores, numere a cadeia carbônica mais longa que contém a ligação tripla a partir da extremidade que proporcionar o menor conjunto de números aos carbonos triplamente ligados. Indique a localização da ligação tripla pelo número de seu primeiro átomo de carbono.

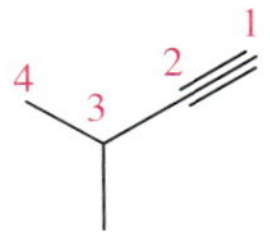

3-metil-1-butino

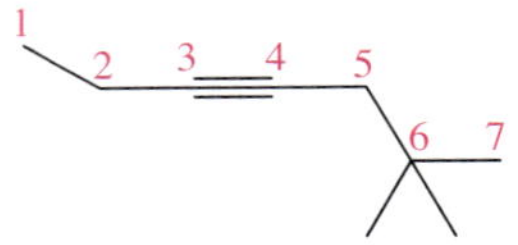

6,6-dimetil-3-heptino

Exemplo 12.1 Nomes Iupac de alcenos e alcinos

Escreva o nome Iupac de cada hidrocarboneto insaturado.

(a) $CH_2{=}CH(CH_2)_5CH_3$

(b)

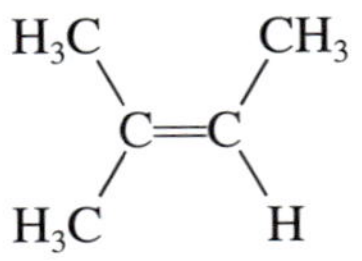

(c) $CH_3(CH_2)_2C\equiv CCH_3$

Estratégia

1ª etapa: Localize a cadeia principal – a cadeia carbônica mais longa que contém a ligação dupla ou a ligação tripla carbono-carbono.

2ª etapa: Numere a cadeia principal na direção que der aos carbonos da ligação dupla ou tripla o menor conjunto de números. Indique a presença da ligação múltipla com o sufixo *-eno* (para a ligação dupla) ou *-ino* (para a ligação tripla). Indique a presença da ligação múltipla pelo seu primeiro número.

3ª etapa: Nomeie e localize todos os substituintes da cadeia principal. Disponha-os em ordem alfabética.

Solução

(a) A cadeia principal contém oito carbonos, portanto o alceno principal é o octeno. Para indicar a presença da ligação dupla carbono-carbono, use o sufixo *-eno*. Numere a cadeia começando com o primeiro carbono da ligação dupla. Esse alceno é o 1-octeno.

(b) Como são quatro carbonos na cadeia que contêm a ligação dupla carbono-carbono, o alceno principal é o buteno. A ligação dupla é entre os carbonos 2 e 3 da cadeia, e há um grupo metila no carbono 2. Esse alceno é o 2-metil-2-buteno.

(c) São seis carbonos na cadeia principal, com a ligação tripla entre os carbonos 2 e 3. Esse alcino é o 2-hexino.

Problema 12.1

Escreva o nome Iupac de cada um dos seguintes hidrocarbonetos.

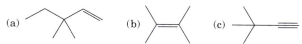

B. Nomes comuns

Apesar da precisão e da aceitação universal da nomenclatura Iupac, alguns alcenos e alcinos – especialmente aqueles de baixa massa molecular – são conhecidos quase que exclusivamente por seus nomes comuns. Seguem três exemplos:

	$CH_2=CH_2$	$CH_3CH=CH_2$	$CH_3C(CH_3)=CH_2$
Nome Iupac:	Eteno	Propeno	2-metilpropeno
Nome comum:	Etileno	Propileno	Isobutileno

Os nomes comuns para os alcinos são formados prefixando os nomes dos substituintes da ligação tripla carbono-carbono ao nome *acetileno*:

	$HC\equiv CH$	$CH_3C\equiv CH$	$CH_3C\equiv CCH_3$
Nome Iupac:	Etino	Propino	2-butino
Nome comum:	Acetileno	Metilacetileno	Dimetilacetileno

C. Configurações *cis* e *trans* de alcenos

A orientação dos átomos de carbono da cadeia principal determina se um alceno é *cis* ou *trans*. Se os carbonos da cadeia principal estiverem do mesmo lado na ligação dupla, o alceno será *cis*; se estiverem em lados opostos, tratar-se-á de um alceno *trans*. No primeiro exemplo apresentado a seguir, eles estão em lados opostos e o composto é um alceno *trans*. No segundo exemplo, estão do mesmo lado, e o composto é um alceno *cis*.

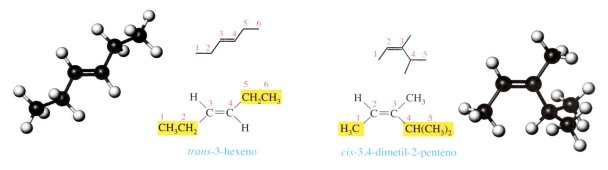

trans-3-hexeno

cis-3,4-dimetil-2-penteno

Exemplo 12.2 Nomenclatura dos isômeros *cis* e *trans* em alcenos

Dê o nome de cada alceno e especifique sua configuração, indicando se é *cis* ou *trans*.

(a)
CH₃CH₂CH₂   H
         C=C
   H   CH₂CH₃

(b)
CH₃CH₂CH₂   CH₂CH₃
         C=C
   CH₃   H

Estratégia

Para alcenos que apresentam isomeria *cis-trans*, use o designador *cis* para mostrar que os átomos de carbono da cadeia principal estão do mesmo lado na ligação dupla, e *trans* para indicar que estão em lados opostos na ligação dupla.

Solução

(a) A cadeia contém sete átomos de carbono e é numerada a partir da direita para atribuir o número mais baixo ao primeiro carbono da ligação dupla. Os átomos de carbono da cadeia principal estão em lados opostos na ligação dupla. O alceno é o *trans*-3--hepteno.

(b) A cadeia mais longa contém sete átomos de carbono e é numerada a partir da direita, de modo que o primeiro carbono da ligação dupla é o carbono 3 da cadeia. Os átomos de carbono da cadeia principal estão do mesmo lado na ligação dupla. Esse alceno é o *cis*-4-metil-3-hepteno.

Problema 12.2

Dê o nome de cada alceno e especifique sua configuração.

(a)   (b)

Conexões químicas 12B

O caso das cepas de Iowa e Nova York da broca do milho europeia

Embora os humanos se comuniquem principalmente pela visão e pelo som, a grande maioria das outras espécies se comunica por sinais químicos. Geralmente, a comunicação dentro da espécie é específica para um entre dois ou mais estereoisômeros. Por exemplo, um membro de determinada espécie pode responder ao isômero *cis* de uma substância química, mas não ao isômero *trans*. Ou então, pode responder a determinada proporção de isômeros *cis* e *trans*, mas não a outras proporções dos mesmos isômeros.

Vários grupos de cientistas têm estudado os componentes dos **feromônios** sexuais das cepas de Iowa e Nova York da broca do milho europeia. Fêmeas dessas espécies proximamente relacionadas secretam o acetato de 11-tetradecenila, um atrator sexual. Machos da cepa de Iowa apresentam resposta máxima a uma mistura contendo 96% do isômero *cis* e 4% do isômero *trans*. Quando é usado somente o isômero *cis* puro, a atração é fraca. Machos da cepa de Nova York apresentam um padrão de resposta totalmente diferente: respondem com máxima intensidade a uma mistura contendo 3% do isômero *cis* e 97% do isômero *trans*.

Acetato de *trans*-11-tetradecenila

Acetato de *cis*-11-tetradecenila

As evidências sugerem que a resposta ótima a uma faixa estreita de estereoisômeros, como vemos aqui, é muito comum na natureza e que a maioria dos insetos mantém o isolamento da espécie para acasalamento e reprodução graças às misturas de seus feromônios.

D. Cicloalcenos

Ao dar nome aos **cicloalcenos**, numere os átomos de carbono da ligação dupla 1 e 2 do anel na direção que atribuir ao substituinte encontrado em primeiro lugar o número mais baixo. Não é necessário usar um número de localização para os carbonos da ligação dupla porque, de acordo com o sistema Iupac de nomenclatura, eles sempre vão ser 1 e 2. Numere os substituintes e disponha-os em ordem alfabética.

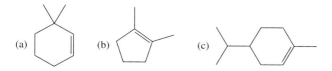

3-metilciclopenteno
(e não 5-metilciclopenteno)

4-etil-1-metilcicloexeno
(e não 5-etil-2-metilcicloexeno)

Exemplo 12.3 Nomenclatura dos cicloalcenos

Escreva o nome Iupac para cada cicloalceno.

Estratégia

Na nomenclatura dos cicloalcenos, os átomos de carbono da ligação dupla são sempre numerados 1 e 2 na direção que atribuir ao substituinte encontrado em primeiro lugar o número mais baixo possível. Se houver múltiplos substituintes, disponha-os em ordem alfabética.

Solução

(a) 3,3-dimetilcicloexeno
(b) 1,2-dimetilciclopenteno
(c) 4-isopropil-1-metilcicloexeno

Problema 12.3

Escreva o nome Iupac para cada cicloalceno.

E. Dienos, trienos e polienos

Alcenos que contêm mais de uma ligação dupla recebem o nome de alcadienos, alcatrienos e assim por diante. Costumamos nos referir àqueles que contêm várias ligações duplas geralmente como polienos (do grego *poly*, muitos). A seguir, apresentamos três dienos:

CH₂=CHCH₂CH=CH₂
1,4-pentadieno

CH₂=CCH=CH₂ (com CH₃)
2-metil-1,3-butadieno
(Isopreno)

1,3-ciclopentadieno

Vimos anteriormente que, para o alceno com uma ligação dupla carbono-carbono que pode apresentar isomeria *cis-trans*, são possíveis dois estereoisômeros. Para o alcano com *n* ligações duplas carbono-carbono, cada uma delas podendo apresentar isomeria *cis-trans*, são possíveis 2^n estereoisômeros.

Exemplo 12.4 Isomeria *cis-trans*

Quantos estereoisômeros são possíveis para o 2,4-heptadieno?

$$CH_3-CH=CH-CH=CH-CH_2-CH_3$$
2,4-heptadieno

Estratégia

Para apresentar isomeria *cis-trans*, cada carbono da dupla ligação deve ter dois grupos diferentes ligados a ele.

Solução

Essa molécula tem duas ligações duplas carbono-carbono, cada uma delas apresentando isomeria *cis-trans*. Como podemos ver na tabela apresentada a seguir, são possíveis $2^2 = 4$ estereoisômeros. Desenhamos aqui fórmulas linha-ângulo para dois desses dienos.

	Ligação dupla	
	C2—C3	C4—C5
(1)	trans	trans
(2)	trans	cis
(3)	cis	trans
(4)	cis	cis

trans, *trans*-2-4-heptadieno   *trans*, *cis*-2,4-heptadieno

Problema 12.4

Desenhe fórmulas estruturais para os outros dois estereoisômeros do 2,4-heptadieno.

Exemplo 12.5 Desenhando isômeros *cis-trans* de alcenos

Desenhe estereoisômeros possíveis para o seguinte álcool insaturado.

$$\begin{array}{c} \quad\quad CH_3 \quad\quad\quad\quad CH_3 \\ \quad\quad\; | \quad\quad\quad\quad\quad\; | \\ CH_3C=CHCH_2CH_2C=CHCH_2OH \end{array}$$

Estratégia

Para apresentar isomeria *cis-trans*, cada carbono da ligação dupla deve ter dois grupos diferentes a ele ligados. Se uma molécula tiver *n* ligações duplas em torno das quais é possível a isomeria *cis-trans*, então são possíveis 2^n isômeros, em que *n* é o número de ligações duplas que apresentam isomeria *cis-trans*.

Solução

A isomeria *cis-trans* é possível somente em torno da ligação dupla entre os carbonos 2 e 3 da cadeia. Não é possível para a outra ligação dupla porque o carbono 7 tem dois grupos idênticos a ele ligados (ver Seção 12.2B). Assim, são possíveis $2^1 = 2$ estereoisômeros (um par *cis-trans*). O isômero *trans* desse álcool, o geraniol, é um importante componente dos óleos de rosa, citronela e capim-limão.

Capim-limão

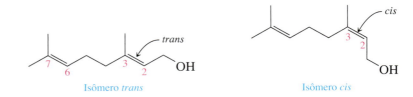

Isômero *trans*   Isômero *cis*

Problema 12.5

Quantos estereoisômeros são possíveis para o seguinte álcool insaturado?

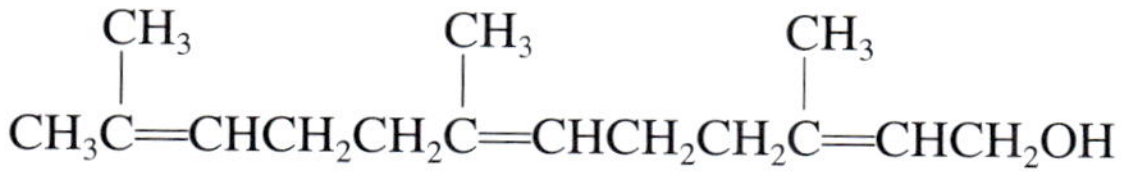

$$CH_3C=CHCH_2CH_2C=CHCH_2CH_2C=CHCH_2OH$$

(com grupos CH_3 nos carbonos indicados)

Conexões químicas 12C

Isomeria *cis-trans* na visão

A retina, camada detectora de luz localizada no fundo do olho, contém compostos avermelhados conhecidos como pigmentos visuais ou rodopsina, nome derivado da palavra grega que significa "de cor rosa". Cada molécula de rodopsina é constituída por uma proteína chamada opsina e uma molécula de 11-*cis*-retinal, um derivado da vitamina A em que o grupo CH_2OH do carbono-15 é convertido em um grupo aldeído, —CH=O.

Quando a rodopsina absorve luz, a ligação dupla menos estável 11--*cis* é convertida na ligação dupla mais estável 11-*trans*. A isomerização muda o formato da molécula de rodopsina, o que, por sua vez, permite que os neurônios do nervo óptico disparem e produzam uma imagem visual.

As retinas dos vertebrados contêm dois tipos de células que contêm rodopsina: bastonetes e cones. Os cones funcionam à luz do dia e são usados para visão colorida, concentram-se na porção central da retina, denominada mácula, e são responsáveis pela acuidade visual. A parte restante da retina consiste principalmente em bastonetes, que são usados para a visão periférica e noturna. O 11-*cis*-retinal está presente tanto nos cones como nos bastonetes. Os bastonetes têm um tipo de opsina, enquanto os cones têm três tipos: um para a visão do azul, um para o verde e um para vermelho.

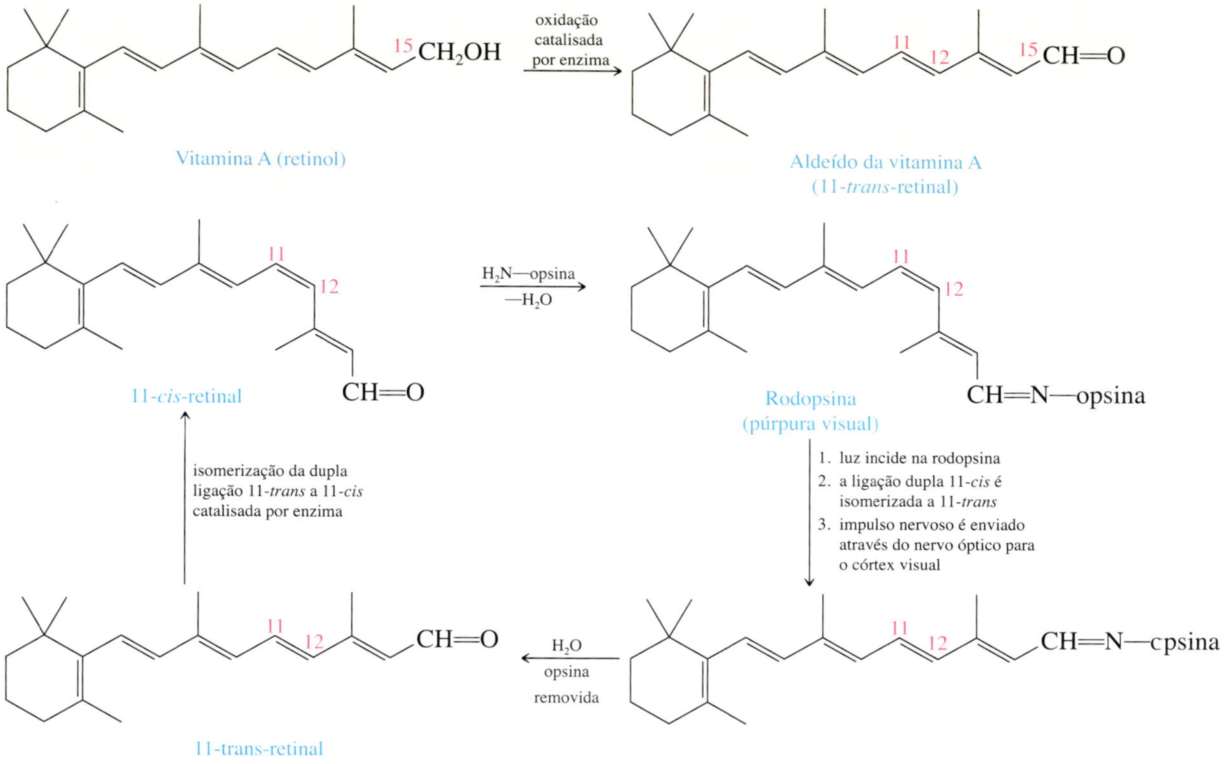

Vitamina A (retinol)

oxidação catalisada por enzima

Aldeído da vitamina A (11-*trans*-retinal)

11-*cis*-retinal

H_2N—opsina
—H_2O

Rodopsina (púrpura visual)

isomerização da dupla ligação 11-*trans* a 11-*cis* catalisada por enzima

1. luz incide na rodopsina
2. a ligação dupla 11-*cis* é isomerizada a 11-*trans*
3. impulso nervoso é enviado através do nervo óptico para o córtex visual

11-trans-retinal

H_2O
opsina removida

Um exemplo de álcool poli-insaturado importante biologicamente, para o qual vários estereoisômeros são possíveis, é a vitamina A. Cada uma das quatro ligações carbono-carbono (mostradas em vermelho) na cadeia de átomos de carbono ligada ao anel de cicloexeno substituído tem potencial para a isomeria *cis-trans*. Existem, portanto, $2^4 = 16$ estereoisômeros possíveis para essa fórmula estrutural. A vitamina A, o estereoisômero aqui mostrado, é o isômero *trans*.

Vitamina A (retinol)

12.4 Quais são as propriedades físicas dos alcenos e alcinos?

Alcenos e alcinos são compostos apolares, e as únicas forças de atração entre suas moléculas, as forças de dispersão de London (Seção 5.7A), são muito fracas. Suas propriedades físicas, portanto, são semelhantes às dos alcanos de mesma sequência carbônica. A densidade de alcenos e alcinos líquidos à temperatura ambiente é menor que 1,0 g/mL (eles flutuam na água). São insolúveis em água, mas solúveis uns nos outros e em outros líquidos orgânicos apolares.

12.5 O que são terpenos?

Terpeno Composto cujo esqueleto carbônico pode ser dividido em duas ou mais unidades idênticas à estrutura de cinco carbonos do isopreno.

Entre os compostos encontrados nos óleos essenciais das plantas, estão os **terpenos**, um grupo de substâncias que têm em comum o fato de seu esqueleto carbônico poder ser dividido em duas ou mais unidades carbônicas semelhantes à estrutura de cinco carbonos do isopreno. O carbono 1 de uma unidade de isopreno é chamado de "cabeça", e o carbono 4 de "cauda". Um terpeno é um composto em que a cabeça de uma unidade de isopreno está ligada à cauda de outra unidade de isopreno.

$$CH_2{=}C{-}CH{=}CH_2$$

2-metil-1,3-butadieno
(Isopreno)

Unidade de isopreno

Os terpenos estão entre os compostos mais amplamente disseminados no mundo biológico, e um estudo de sua estrutura nos dá uma ideia da espantosa diversidade que a natureza pode gerar a partir de um simples esqueleto carbônico. Os terpenos também ilustram um importante princípio da lógica molecular dos sistemas vivos: na construção de grandes moléculas, pequenas subunidades são ligadas por meio de uma série de reações catalisadas por enzimas e depois quimicamente modificadas por reações adicionais também catalisadas por enzimas. Os químicos usam os mesmos princípios no laboratório, mas seus métodos não se comparam à precisão e seletividade das reações catalisadas por enzimas em sistemas celulares.

Provavelmente, os terpenos mais conhecidos – ao menos pelo odor – são os componentes dos assim chamados óleos essenciais, extraídos de várias partes das plantas. Os óleos essenciais contêm substâncias de massa molecular relativamente baixa e são os principais responsáveis pelas fragrâncias características das plantas. Muitos óleos essenciais, especialmente aqueles encontrados nas flores, são usados em perfumes.

Um exemplo de terpeno obtido de um óleo essencial é o mirceno (Figura 12.1), um componente da cera de loureiro e dos óleos de loureiro e de verbena. O mirceno é um trieno de cadeia principal com oito átomos de carbono e duas ramificações com um carbono. As duas unidades de isopreno no mirceno são ligadas pela junção da cauda de uma unidade (carbono 4) com a cabeça da outra (carbono 1). A Figura 12.1 também mostra mais três terpenos, cada um com dez átomos de carbono. No limoneno e no mentol, a natureza formou uma ligação adicional entre dois carbonos para criar um anel de seis membros.

O farnesol, um terpeno de fórmula molecular $C_{15}H_{26}O$, inclui três unidades de isopreno. Derivados tanto do farnesol como do geraniol são intermediários na biossíntese do colesterol (Seção 29.3).

Alcenos e alcinos ■ 327

FIGURA 12.1 Quatro terpenos, cada um deles derivado de duas unidades de isopreno, a cauda da primeira ligada à cabeça da segunda. No limoneno e no mentol, a formação de uma ligação adicional carbono-carbono cria um anel de seis membros.

Louro, *Umbelluria californica*, uma fonte de mirceno.

A vitamina A (Seção 12.3E), um terpeno de fórmula molecular $C_{20}H_{30}O$, consiste em quatro unidades de isopreno com ligações cabeça-cauda e ligação cruzada em um ponto de modo a criar um anel de seis membros.

12.6 Quais são as reações características dos alcenos?

A reação mais característica dos alcenos é a adição à ligação dupla: a dupla ligação é rompida e, em seu lugar, formam-se ligações simples a dois novos átomos ou grupos de átomos. A Tabela 12.1 mostra vários exemplos de reações de adição em alcenos e o(s) nome(s) descritivo(s) associado(s) a cada reação.

TABELA 12.1 Reações de adição características dos alcenos

Reação	Nome(s) descritivo(s)
C=C + HCl → —C—C— (H, Cl)	hidrocloração
C=C + H₂O → —C—C— (H, OH)	hidratação
C=C + Br₂ → —C—C— (Br, Br)	bromação
C=C + H₂ → —C—C— (H, H)	hidrogenação (redução)

A. Adição de haletos de hidrogênio (hidroalogenação)

Os haletos de hidrogênio HCl, HBr e HI adicionam-se aos alcenos formando haloalcanos (haletos de alquila). A adição de HCl ao etileno, por exemplo, forma o cloroetano (cloreto de etila):

328 ■ Introdução à química orgânica

$$CH_2{=}CH_2 + \boxed{HCl} \longrightarrow \overset{H \quad Cl}{CH_2{-}CH_2}$$

Etileno — Cloroetano (Cloreto de etila)

Reação regiosseletiva Reação em que uma das direções na formação ou ruptura da ligação ocorre preferencialmente em relação a todas as outras direções possíveis.

A adição de HCl ao propeno forma o 2-cloropropano (cloreto de isopropila); o hidrogênio é adicionado ao carbono 1 do propeno, e o cloro, ao carbono 2. Se a orientação da adição fosse invertida, seria formado o 1-cloropropano (cloreto de propila). O resultado observado é que quase não se forma o 1-cloropropano. Como o 2-cloropropano é o produto observado, dizemos que a adição de HCl ao propeno é **regiosseletiva**.

$$\overset{2}{C}H_3\overset{1}{CH}{=}CH_2 + \boxed{HCl} \longrightarrow \overset{Cl \quad H}{CH_3CH{-}CH_2} \qquad \overset{H \quad Cl}{CH_3CH{-}CH_2}$$

Propeno — 2-cloropropano — 1-cloropropano (não formado)

Regra de Markovnikov Na adição de HX a um alceno, o hidrogênio é adicionado ao carbono da ligação dupla com o maior número de hidrogênios.

A regra de Markovnikov costuma ser parafraseada como "os ricos ficam mais ricos".

Essa regiosseletividade foi observada por Vladmir Markovnikov (1838-1904), que fez a seguinte generalização, conhecida como **regra de Markovnikov**: na adição de HX (em que X = halogênio) a um alceno, o hidrogênio é adicionado ao carbono da dupla ligação que tiver o maior número de hidrogênios a ele ligados; o halogênio é adicionado ao outro carbono.

Exemplo 12.6 Adição de HX a um alceno

Desenhe uma fórmula estrutural para o produto de cada reação de adição ao alceno.

$$\text{(a)} \quad \overset{CH_3}{CH_3\overset{|}{C}{=}CH_2} + HI \longrightarrow \qquad \text{(b)} \quad \text{(ciclopenteno)}{-}CH_3 + HCl \longrightarrow$$

Estratégia

Aplique a regra de Markovnikov para prever a fórmula estrutural do produto de cada reação. Na adição de HI e HCl, o H é adicionado ao carbono da ligação dupla que já tiver o maior número de átomos de H a ele ligados.

Solução

(a) A regra de Markovnikov prevê que o hidrogênio do HI é adicionado ao carbono 1 e o iodo é adicionado ao carbono 2, formando o 2-iodo-2-metilpropano.

(b) O H é adicionado ao carbono 2 do anel e o Cl é adicionado ao carbono 1, formando o 1-cloro-1-metilciclopentano.

$$\text{(a)} \quad \overset{CH_3}{\underset{I}{CH_3\overset{|}{\underset{|}{C}}CH_3}} \qquad \text{(b)} \quad \overset{2}{\text{(ciclopentano)}}\overset{1}{{-}Cl}{-}CH_3$$

2-iodo-2-metilpropano — 1-cloro-1-metilciclopentano

Problema 12.6

Desenhe uma fórmula estrutural para o produto de cada reação de adição ao alceno.

$$\text{(a)} \quad CH_3CH{=}CH_2 + HBr \longrightarrow \qquad \text{(b)} \quad \text{(ciclohexano)}{=}CH_2 + HBr \longrightarrow$$

A regra de Markovnikov nos diz o que acontece quando adicionamos HCl, HBr ou HI a uma ligação dupla carbono-carbono. Sabemos que, na adição de HCl ou de outro ácido halogênico, uma das ligações da ligação dupla e a ligação H—Cl são rompidas, e que se formam novas ligações C—H e C—Cl. Mas os químicos também querem saber como ocorre essa conversão. As ligações C=C e H—X são rompidas e as novas ligações covalentes são formadas, mas será tudo ao mesmo tempo? Ou essa reação ocorre em etapas? Se assim for, quais são as etapas e qual sua ordem de ocorrência?

Os químicos explicam a adição de HX ao alceno definindo um **mecanismo de reação** em duas etapas, que ilustramos com a reação do 2-buteno com o cloreto de hidrogênio, formando 2-clorobutano. A primeira etapa é a adição de H^+ ao 2-buteno. Para indicar essa adição, usamos uma **seta curvada** que mostra um par de elétrons reposicionando-se de sua origem (a cauda da seta) para sua nova localização (a ponta da seta). Lembre-se de que usamos setas curvadas na Seção 8.1 para indicar a quebra e formação de ligações em reações de transferência de próton. Agora, do mesmo modo, usamos setas curvadas para indicar ruptura e formação de ligações em um mecanismo de reação.

A primeira etapa resulta na formação de um cátion orgânico. Um átomo de carbono nesse cátion tem apenas seis elétrons na camada de valência, portanto sua carga é $+1$. Uma espécie que contém um átomo de carbono com carga positiva é denominada **carbocátion** (carbono + cátion). Os carbocátions são classificados como primário (1º), secundário (2º) ou terciário (3º), dependendo do número de grupos de carbono ligados ao carbono de carga positiva.

> **Mecanismo de reação** Descrição passo a passo de como ocorre uma reação química.

> **Carbocátion** Espécie que contém um átomo de carbono com apenas três ligações e uma carga positiva.

Mecanismo: adição de HCl ao 2-buteno

1ª etapa: A reação da ligação dupla carbono-carbono do alceno com H^+ forma um carbocátion 2º intermediário. Na formação desse intermediário, uma das ligações da dupla ligação é rompida e seu par de elétrons forma uma nova ligação covalente com o H^+. A um dos carbonos da ligação dupla, restam apenas seis elétrons na camada de valência e, portanto, ele passa a ter carga positiva.

$$CH_3CH=CHCH_3 + H^+ \longrightarrow CH_3\overset{+}{CH}-\overset{H}{\underset{|}{CHCH_3}}$$

Carbocátion 2º intermediário

2ª etapa: A reação do carbocátion 2º intermediário com o íon cloreto completa a camada de valência do carbono, formando o 2-clorobutano.

$$:\overset{..}{\underset{..}{Cl}}:^{-} + CH_3\overset{+}{CH}CH_2CH_3 \longrightarrow CH_3\overset{\overset{..}{\underset{..}{Cl}}:}{\underset{|}{CH}}CH_2CH_3$$

Íon cloreto   Carbocátion 2º intermediário   2-clorobutano (cloreto de *sec*-butila)

Exemplo 12.7   Mecanismo de adição de HX a um alceno

Proponha um mecanismo em duas etapas para a adição de HI ao metilenocicloexano, formando 1-iodo-1-metilcicloexano.

$$\bigcirc\!\!=\!\!CH_2 + HI \longrightarrow \bigcirc\!\!\begin{smallmatrix}I\\CH_3\end{smallmatrix}$$

Metilenocicloexano   1-iodo-1-metilcicloexano

Estratégia

O mecanismo da adição de HI a um alceno é semelhante ao mecanismo de duas etapas proposto para a adição de HCl ao 2-buteno.

Solução

1ª etapa: A reação do H^+ com a ligação dupla carbono-carbono forma uma nova ligação C—H ao carbono de maior número de hidrogênios e também um carbocátion 3º intermediário.

330 ■ Introdução à química orgânica

$$\text{(cicloexano)}=CH_2 + \overset{\frown}{H}^+ \longrightarrow \text{(cicloexano)}\overset{+}{-}CH_3$$

Carbocátion 3º
intermediário

2ª etapa: A reação do carbocátion 3º com o íon iodeto completa a camada de valência e forma o produto.

$$\text{(cicloexano)}\overset{+}{-}CH_3 + \: \ddot{\underset{\cdot\cdot}{I}}\!: {}^{-} \longrightarrow \text{(cicloexano)}\underset{CH_3}{\overset{\ddot{I}:}{<}}$$

Problema 12.7

Proponha um mecanismo de duas etapas para a adição de HBr ao 1-metilcicloexeno, formando 1-bromo-1-metilcicloexano.

Hidratação Adição de água.

A maior parte do etanol industrial é produzida pela hidratação do etileno catalisada por ácido.

B. Adição de água: hidratação catalisada por ácido

Na presença de um catalisador ácido, geralmente ácido sulfúrico concentrado, a água é adicionada à ligação dupla carbono-carbono do alceno, formando um álcool. A adição de água é chamada **hidratação**. No caso de alcenos simples, a hidratação segue a regra de Markovnikov: o H de H_2O é adicionado ao carbono da ligação dupla com o maior número de hidrogênios, e o OH de H_2O é adicionado ao carbono com o menor número de hidrogênios.

$$CH_2{=}CH_2 \; + \; H_2O \; \xrightarrow{H_2SO_4} \; \overset{H}{\underset{}{CH_2}}{-}\overset{OH}{\underset{}{CH_2}}$$
Etileno   Etanol

$$CH_3CH{=}CH_2 \; + \; H_2O \; \xrightarrow{H_2SO_4} \; CH_3\overset{OH}{\underset{}{CH}}{-}\overset{H}{\underset{}{CH_2}}$$
Propeno   2-propanol

$$\underset{\text{2-metilpropeno}}{\overset{CH_3}{\underset{|}{CH_3C}}{=}CH_2} \; + \; H_2O \; \xrightarrow{H_2SO_4} \; CH_3\overset{CH_3}{\underset{\underset{HO \quad H}{|}}{C}}{-}CH_2$$
2-metil-2-propanol

Exemplo 12.8   Hidratação do alceno catalisada por ácido

Desenhe uma fórmula estrutural para o álcool formado pela hidratação, catalisada por ácido, do 1-metilcicloexeno.

Estratégia

A regra de Markovnikov prevê que o H é adicionado ao carbono com o maior número de hidrogênios.

Solução

O H é adicionado ao carbono 2 do anel de cicloexeno e o OH é adicionado ao carbono 1.

$$\underset{\text{1-metilcicloexeno}}{\text{(anel)}\overset{CH_3}{\underset{2}{\overset{1}{<}}}} \; + \; H_2O \; \xrightarrow{H_2SO_4} \; \underset{\text{1-metilcicloexanol}}{\text{(anel)}\overset{CH_3}{\underset{OH}{<}}}$$

Problema 12.8

Desenhe uma fórmula estrutural para o álcool formado pela hidratação, catalisada por ácido, de cada alceno:

(a) 2-metil-2-buteno

(b) 2-metil-1-buteno

O mecanismo para a hidratação do alceno, catalisada por ácido, é semelhante àquela que propomos para a adição de HCl, HBr e HI ao alceno, e é ilustrada pela hidratação do propeno. Esse mecanismo é coerente com o fato de o ácido ser um catalisador. Um H^+ é consumido na primeira etapa, mas outro é gerado na terceira etapa.

Mecanismo: hidratação do propeno catalisada por ácido

1ª etapa: A adição de H^+ ao carbono da ligação dupla com maior número de hidrogênios forma um carbocátion 2º intermediário.

$$CH_3CH=CH_2 + H^+ \longrightarrow CH_3\overset{+}{C}HCH_2\overset{H}{|}$$

Carbocátion 2º intermediário

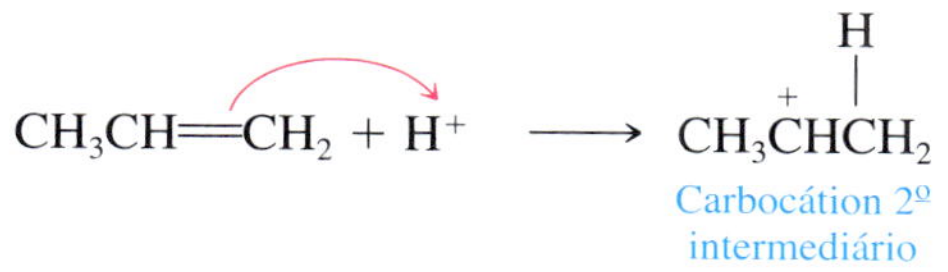

2ª etapa: O carbocátion intermediário completa a camada de valência, formando uma nova ligação covalente com um par de elétrons não compartilhado do oxigênio de H_2O para produzir um **íon oxônio**.

$$CH_3\overset{+}{C}HCH_3 + :\overset{..}{O}-H \longrightarrow CH_3CHCH_3$$

Íon oxônio

> **Íon oxônio** Íon em que o oxigênio está ligado a três outros átomos e tem uma carga positiva.

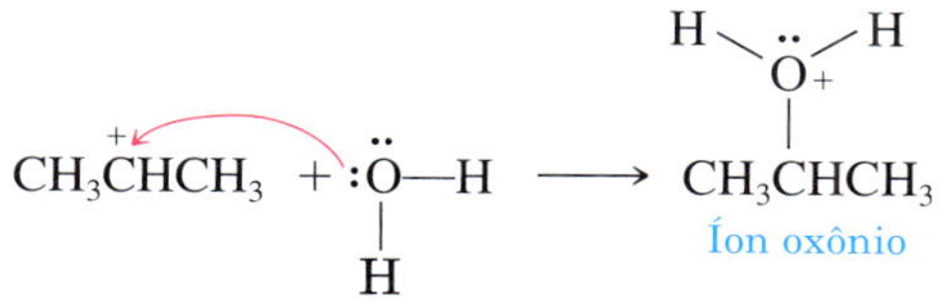

3ª etapa: A perda de H^+ do íon oxônio produz o álcool e gera um novo catalisador H^+.

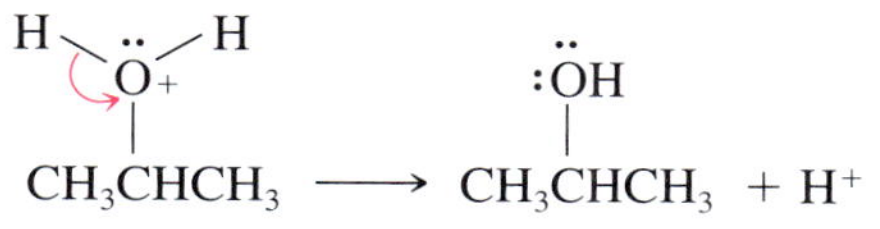

$$CH_3CHCH_3 \longrightarrow CH_3CHCH_3 + H^+$$

Exemplo 12.9 Hidratação do alceno catalisada por ácido

Proponha um mecanismo de reação de três etapas para a hidratação, catalisada por ácido, do metilenocicloexano, formando 1-metilcicloexanol.

Estratégia

O mecanismo de reação para a hidratação do metilenocicloexano catalisada por ácido é semelhante ao mecanismo de três etapas proposto para a hidratação do propeno catalisada por ácido.

Solução

1ª etapa: A reação da ligação dupla carbono-carbono com H^+ forma um carbocátion 3º intermediário.

$$=CH_2 + H^+ \longrightarrow -CH_3$$

Carbocátion 3º intermediário

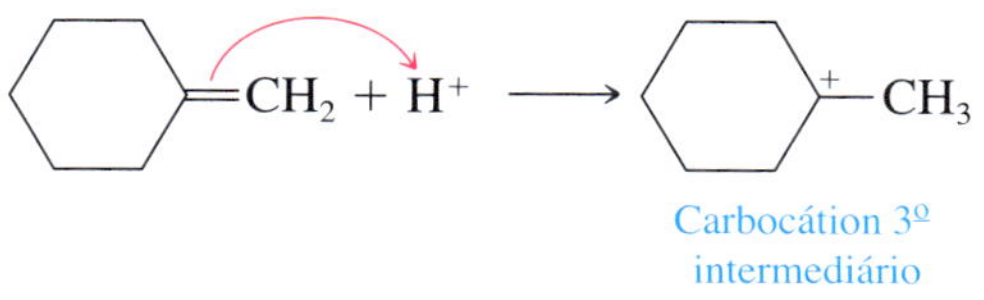

2ª etapa: A reação do carbocátion intermediário com a água completa a camada de valência e forma um íon oxônio.

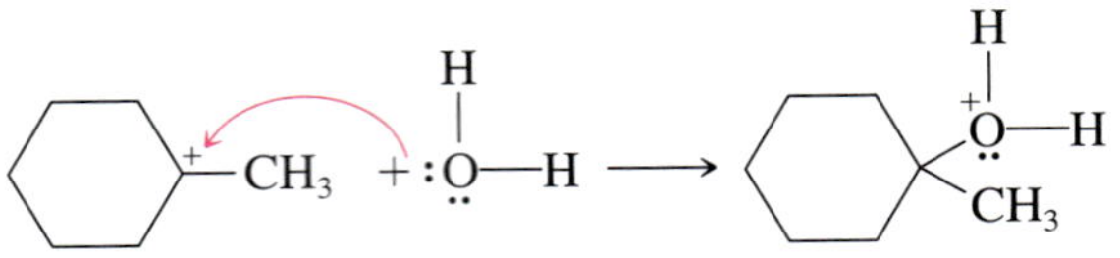

332 ■ Introdução à química orgânica

Íon oxônio

3ª etapa: A perda do H^+ do íon oxônio completa a reação e forma um novo catalisador H^+.

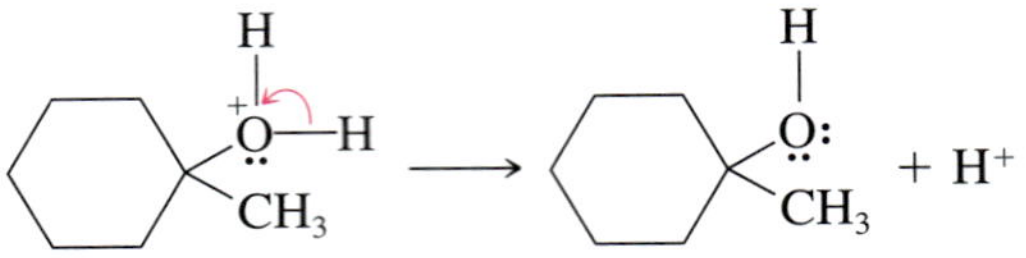

Problema 12.9

Proponha um mecanismo de reação em três etapas para a hidratação do 1-metilcicloexeno, catalisada por ácido, formando 1-metilcicloexanol.

C. Adição de bromo e cloro (halogenação)

O cloro, Cl_2, e o bromo, Br_2, reagem com os alcenos, em temperatura ambiente, por adição aos átomos de carbono da ligação dupla. Essa reação geralmente é executada seja com o uso de reagentes puros, seja misturando-os em um solvente inerte, como o diclorometano, CH_2Cl_2.

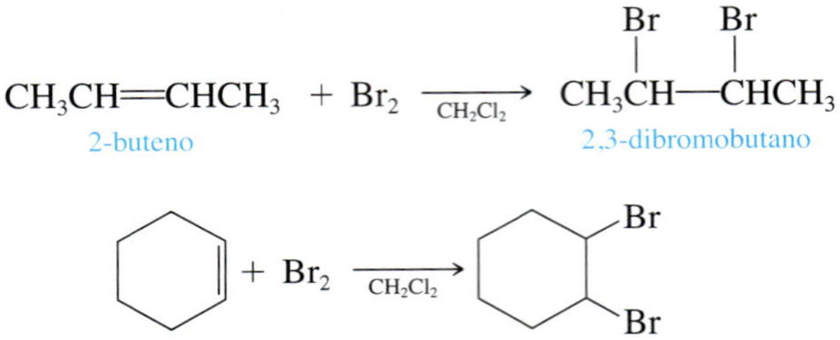

$$CH_3CH=CHCH_3 \; + \; Br_2 \xrightarrow{CH_2Cl_2} CH_3CH-CHCH_3$$

2-buteno ⟶ 2,3-dibromobutano

Cicloexeno ⟶ 1,2-dibromocicloexano

A adição de bromo é um teste qualitativo para a presença de alcenos. Se dissolvermos bromo em tetracloreto de carbono, a solução vai ser vermelha. Diferentemente, alcenos e dibromoalcanos são incolores. Se misturarmos algumas gotas da solução vermelha de bromo com uma amostra desconhecida, mas que suspeitamos ser um alceno, o desaparecimento da cor vermelha, quando o bromo é adicionado à ligação dupla, indica, de fato, a presença de um alceno.

Exemplo 12.10   Adição de halogênios a alcenos

Complete estas reações.

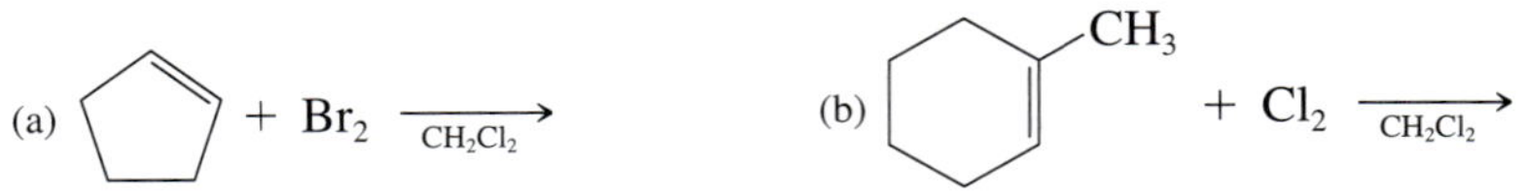

Estratégia

Na adição de Br_2 ou Cl_2 a um cicloalceno, um halogênio é adicionado a cada carbono da ligação dupla.

Solução

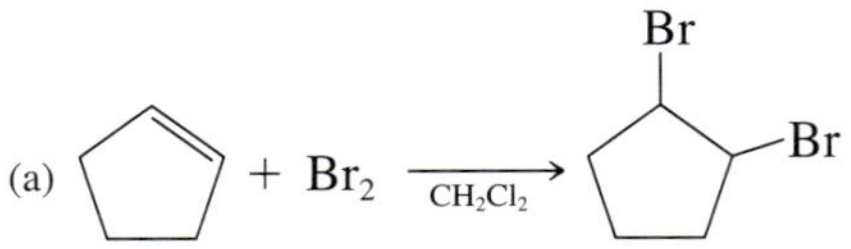

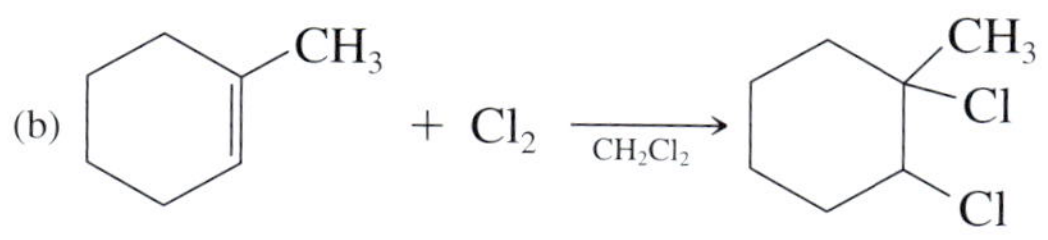

Alcenos e alcinos ■ 333

(b)

$$\text{(estrutura: metilciclohexeno)} + Cl_2 \xrightarrow{CH_2Cl_2} \text{(estrutura: 1-metil-1,2-dicloro-ciclohexano)}$$

Problema 12.10

Complete estas reações.

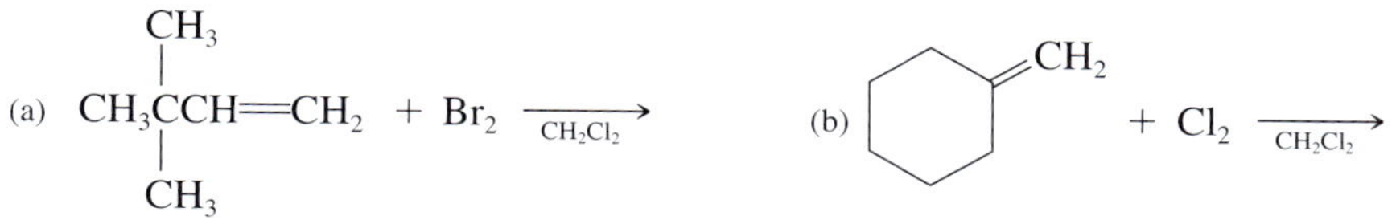

(a)

$$\underset{\underset{CH_3}{|}}{\overset{\overset{CH_3}{|}}{CH_3CCH}}=CH_2 + Br_2 \xrightarrow{CH_2Cl_2}$$

(b)

$$\text{(metilenociclohexano)} + Cl_2 \xrightarrow{CH_2Cl_2}$$

D. Adição de hidrogênio: redução (hidrogenação)

Praticamente todos os alcenos reagem de forma quantitativa com o hidrogênio molecular, H_2, na presença de um metal de transição catalisador, para formar alcanos. Os metais de transição catalisadores incluem platina, paládio, rutênio e níquel. Como a conversão de um alceno em um alcano envolve a redução pelo hidrogênio na presença de um catalisador, o processo é chamado **redução catalítica** ou **hidrogenação catalítica**.

Na Seção 21.3, vamos ver como a hidrogenação catalítica é usada para solidificar óleos vegetais líquidos em margarinas e gorduras semissólidas utilizadas na culinária.

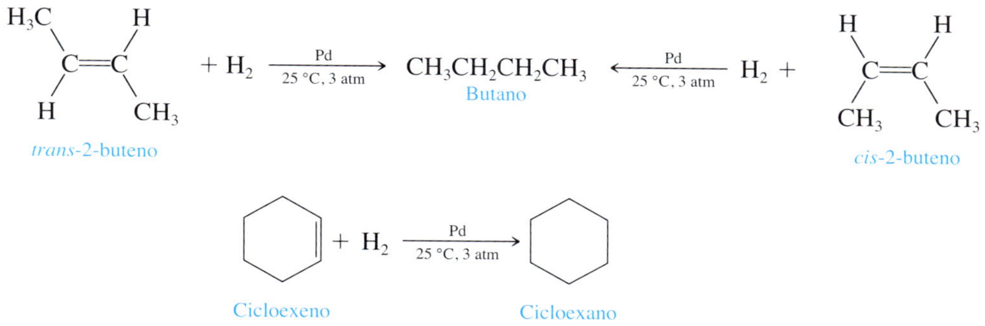

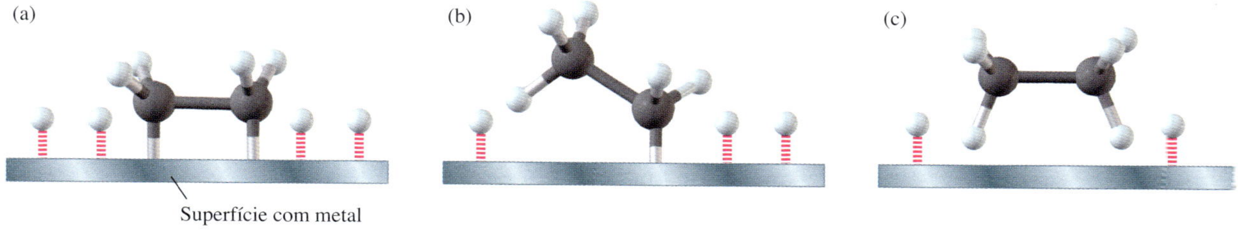

$$\underset{trans\text{-}2\text{-}buteno}{\overset{H_3C \quad H}{\underset{H \quad CH_3}{C=C}}} + H_2 \xrightarrow[25\,°C,\,3\,atm]{Pd} \underset{Butano}{CH_3CH_2CH_2CH_3} \xleftarrow[25\,°C,\,3\,atm]{Pd} H_2 + \underset{cis\text{-}2\text{-}buteno}{\overset{H \quad H}{\underset{CH_3 \quad CH_3}{C=C}}}$$

$$\underset{Cicloexeno}{\text{(estrutura)}} + H_2 \xrightarrow[25\,°C,\,3\,atm]{Pd} \underset{Cicloexano}{\text{(estrutura)}}$$

(a)

(b)

(c)

Superfície com metal

FIGURA 12.2 A adição de hidrogênio a um alceno envolve um metal de transição catalisador. (a) O hidrogênio e o alceno são adsorvidos na superfície do metal, e (b) um átomo de hidrogênio é transferido para o alceno, formando uma nova ligação C—H. O outro carbono permanece adsorvido na superfície do metal. (c) Uma segunda ligação C—H é formada, e o alceno é dessorvido.

O metal catalisador é usado na forma de um sólido finamente granulado. A reação é executada dissolvendo o alceno em etanol ou em outro solvente orgânico não reativo, adicionando o catalisador sólido e expondo a mistura a gás hidrogênio com pressões que variam de 1 a 150 atm.

Mecanismo: redução catalítica

Os catalisadores dos metais de transição usados em hidrogenação catalítica são capazes de adsorver grandes quantidades de hidrogênio em suas superfícies, provavelmente formando ligações metal-hidrogênio. Do mesmo modo, os alcenos são adsorvidos na superfície dos metais com a formação de ligações carbono-metal. A adição de átomos de hidrogênio ao alceno ocorre em duas etapas (Figura 12.2).

12.7 Quais são as reações de polimerização importantes do etileno e dos etilenos substituídos?

Polímero Do grego *poly*, muitos, e *meros*, parte; qualquer molécula de cadeia longa que é sintetizada juntando-se muitas partes chamadas monômeros.

Monômero Do grego *mono*, único, e *meros*, parte; a unidade não redundante mais simples a partir da qual é sintetizado o polímero.

A. A estrutura dos polietilenos

Da perspectiva da indústria química, a reação mais importante dos alcenos é a de formação de **polímeros** (do grego *poly*, muitos, e *meros*, parte). Na presença de certos compostos chamados iniciadores, muitos alcenos formam polímeros pela adição, em etapas, de **monômeros** (do grego *mono*, um, e *meros*, parte) a uma crescente cadeia polimérica, como acontece na formação do polietileno a partir do etileno. Em polímeros de alcenos de importância industrial e comercial, n é um número grande, tipicamente milhares.

$$n\text{CH}_2{=}\text{CH}_2 \xrightarrow[\text{(polimerização)}]{\text{iniciador}} \left(\text{CH}_2\text{CH}_2\right)_n$$

Etileno · Polietileno

Para mostrar a estrutura de um polímero, colocamos entre parênteses a unidade monomérica que se repete. A estrutura de toda uma cadeia polimérica pode ser reproduzida repetindo-se a estrutura fechada em ambas as direções. Um subscrito n é colocado fora dos parênteses para indicar que essa unidade se repete n vezes, como acontece na conversão do propileno em polipropileno.

Unidades monoméricas aparecem em cinza

Propeno

Parte de uma extensa cadeia polimérica de polipropileno

Unidade que se repete

O método mais comum de nomenclatura para polímeros é juntar ao prefixo **poli-** o nome do monômero a partir do qual o polímero é sintetizado – por exemplo, polietileno e poliestireno.

Cloreto de vinila · Poli (cloreto de vinila) (PVC)

Peróxido Qualquer composto que contenha uma ligação —O—O— como o peróxido de hidrogênio, H—O—O—H.

A Tabela 12.2 mostra polímeros importantes derivados do etileno e etileno substituído, além de seus nomes comuns e sua utilidade.

B. Polietileno de baixa densidade (LDPE)

O primeiro processo comercial para a polimerização do etileno usou iniciadores de peróxido a 500 °C e 1.000 atm, formando um polímero duro, transparente conhecido como **polietileno de baixa densidade (LDPE)**. Em nível molecular, as cadeias de LDPE são altamente ramificadas e, por essa razão, seu empacotamento é frouxo e as forças de dispersão de London (Seção 5.7A) entre elas são fracas.

Hoje, aproximadamente 65% de todo o LDPE é usado na manufatura de filmes pela técnica de moldagem por sopro, ilustrada na Figura 12.3. O filme de LDPE não é caro, o que o torna ideal para embalar alimentos assados, legumes e na manufatura de sacos de lixo.

TABELA 12.2 Polímeros derivados do etileno e de etilenos substituídos, e também seus nomes comuns e sua utilidade

Fórmula do monômero	Nome comum	Nome(s) do polímero e suas utilidades
$CH_2=CH_2$	etileno	polietileno, politeno; recipientes inquebráveis e materiais de embalagem
$CH_2=CHCH_3$	propileno	polipropileno, Herculon; fibras têxteis e para tapetes
$CH_2=CHCl$	cloreto de vinila	cloreto de polivinila, PVC; tubulações para construção
$CH_2=CCl_2$	1,1-dicloroetileno	poli-1,1-dicloroetileno; Saran Wrap é um copolímero com o cloreto de vinila
$CH_2=CHCN$	acrilonitrila	poliacrilonitrila, Orlon; acrílicos e acrilatos
$CF_2=CF_2$	tetrafluoroetileno	politetrafluoroetileno, PTFE; Teflon, revestimentos não aderentes
$CH_2=CHC_6H_5$	estireno	poliestireno, Styrofoam; materiais isolantes
$CH_2=CHCOOCH_2CH_3$	acrilato de etila	poliacrilato de etila, tinta látex
$CH_2=C(CH_3)COOCH_3$	metacrilato de metila	polimetacrilato de metila, Lucite; Plexiglas; substitutos do vidro

FIGURA 12.3 Fabricação do filme de LDPE. Um tubo de LDPE derretido e um jato de ar comprimido são direcionados através de uma abertura e soprados até formarem uma gigantesca bolha de paredes finas. O filme é então resfriado e estirado em rolos. Esse filme de dupla camada pode ser cortado nos lados para formar um filme de LDPE ou selado longitudinalmente para formar sacos de LDPE.

C. Polietileno de alta densidade (HDPE)

Na década de 1950, Karl Ziegler, da Alemanha, e Giulio Natta, da Itália, desenvolveram um método alternativo para a polimerização de alcenos que não utiliza peróxidos como iniciadores. O polietileno dos sistemas Ziegler-Natta, chamado **polietileno de alta densidade (HDPE)**, tem poucas ramificações. Consequentemente, o empacotamento de suas cadeias é mais compacto que o do LDPE, e as forças de dispersão de London entre as cadeias são mais intensas.

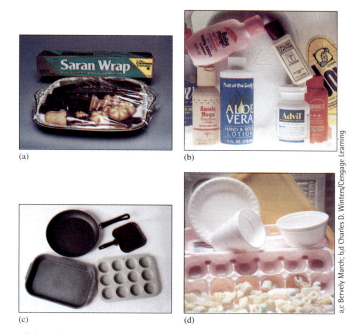

Alguns artigos feitos de polímeros. (a) Saran Wrap, um copolímero de cloreto de vinila e 1,1-dicloroetileno. (b) Recipientes de plástico feitos principalmente de polietileno e polipropileno, e usados para vários produtos. (c) Utensílios de cozinha revestidos de Teflon. (d) Artigos feitos de poliestireno.

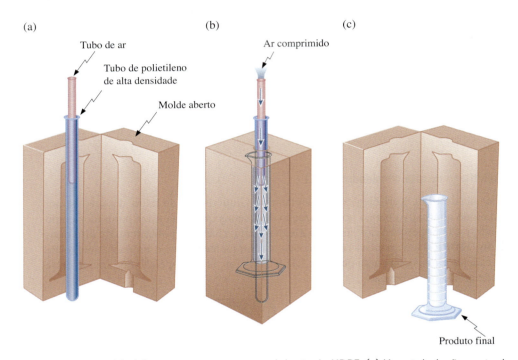

Polietileno linear
(alta densidade)

O HDPE apresenta ponto de fusão mais alto que o LDPE e é de três a dez vezes mais resistente.

Aproximadamente 45% de todos os produtos de HDPE são feitos pelo processo de moldagem por sopro mostrado na Figura 12.4. O HDPE é utilizado em itens de consumo como jarras usadas para armazenar leite e água, sacos de mercado e garrafas comprimíveis.

FIGURA 12.4 Modelagem por sopro para recipiente de HDPE. (a) Uma tubulação curta de HDPE é colocada em um molde aberto. Depois o molde é fechado, vedando-se o fundo do tubo. (b) O ar comprimido é impulsionado na montagem de polietileno quente/molde, e a tubulação é literalmente inflada para tomar a forma do molde. (c) Depois que a montagem resfria, o molde é aberto, e lá está o recipiente!

Conexões químicas 12D

Reciclando plásticos

Os plásticos são polímeros que podem ser moldados quando quentes e que retêm sua forma quando resfriados. Como são duráveis e leves, os plásticos provavelmente são os materiais sintéticos mais versáteis existentes. De fato, a produção corrente de plásticos nos Estados Unidos é maior que a produção norte-americana de aço. Os plásticos têm sido criticados, porém, por seu papel na crise de descarte de sólidos. Eles são responsáveis por aproximadamente 21% do volume e 8% da massa dos descartes sólidos, a maioria consistindo em pacotes e embalagens descartáveis.

Seis tipos de plásticos são muito usados em embalagens. Em 1988, os fabricantes adotaram as letras do código de reciclagem desenvolvido pela Sociedade dos Fabricantes de Plástico como um meio de identificá-los.

Atualmente, apenas o politereftalato de etileno (PET) e o polietileno de alta densidade (HDPE) são reciclados em grandes quantidades. De fato, garrafas feitas desses plásticos são responsáveis por mais de 99% dos plásticos reciclados nos Estados Unidos.

A síntese e a estrutura do PET, um poliéster, são descritas na Seção 19.6B.

O processo de reciclagem da maior parte dos plásticos é simples, mas a separação do plástico de outros contaminantes é a etapa mais trabalhosa. Por exemplo, garrafas de refrigerantes feitas de PET geral-

Conexões químicas 12D (continuação)

mente têm um rótulo de papel e um adesivo que devem ser removidos antes que o PET possa ser reutilizado. A reciclagem começa com uma separação manual ou mecânica, e, em seguida, as garrafas são cortadas em pequenos pedaços. Metais ferrosos são removidos por ímãs. Contaminantes de metais não ferrosos são removidos por correntes parasitas que os fazem saltar como pulgas para dentro de um recipiente, à medida que descem por uma esteira durante o processo de separação. O ciclone de ar então remove o papel e outros materiais leves. Depois de eliminados todos os rótulos e adesivos por meio de uma lavagem com detergente, os pequenos pedaços de PET são secados. O PET

Código	Polímero	Usos mais comuns
1 PET	Politereftalato de etileno	Garrafas de refrigerantes, frascos de produtos químicos domésticos, filmes, fibras têxteis
2 HDPE	Polietileno de alta densidade	Jarras para leite e água, sacos de mercado, garrafas comprimíveis
3 V	Policloreto de vinila, PVC	Frascos de xampu, canos, cortinas de banho, tapumes de vinila, isolantes para fios, pisos
4 LDPE	Polietileno de baixa densidade	*Shrink wrap* intensidade, sacos de lixo e de mercado, embalagens para sanduíches, garrafas comprimíveis
5 PP	Polipropileno	Tampas de plástico, fibras têxteis, tampas de garrafa, brinquedos, revestimentos para fraldas
6 PS	Poliestireno	Xícaras de Styrofoam, caixas para ovos, utensílios descartáveis, materiais para embalagem, eletrodomésticos
7	Os outros plásticos	Vários

produzido por esse método é 99,9% livre de contaminantes e vale aproximadamente metade do preço do material virgem. O maior mercado para PET reciclado em 2005 foi o das fibras. O fabricante de tapetes Mohawk Industries, por exemplo, começa com algo em torno de 112 milhões de garrafas PET recicladas por ano e termina com 70 a 90 milhões de metros quadrados de carpetes e tapetes. O maior uso doméstico de resinas de HDPE reciclado foi em garrafas.

Resumo das questões-chave

Seção 12.1 O que são alcenos e alcinos?
- Um alceno é um hidrocarboneto que contém uma dupla ligação carbono-carbono.
- Um alcino é um hidrocarboneto que contém uma tripla ligação carbono-carbono.

Seção 12.2 Quais são as estruturas dos alcenos e alcinos?
- O aspecto estrutural que torna possível a **estereoisomeria *cis-trans*** nos alcenos é a rotação restrita em torno dos dois carbonos da ligação dupla. A configuração *cis* ou *trans* de um alceno é determinada pela orientação dos átomos da cadeia principal em torno da ligação dupla. Se os átomos da cadeia principal estiverem localizados do mesmo lado na ligação dupla, a configuração do alceno será *cis*; se estiverem localizados em lados opostos, a configuração vai ser *trans*.

Seção 12.3 Qual é a nomenclatura dos alcenos e alcinos?
- Em nomes Iupac, a presença de uma ligação dupla carbono-carbono é indicada por um prefixo que mostra o número de carbonos na cadeia principal e a terminação **-eno**. Os substituintes são numerados e nomeados em ordem alfabética.
- A presença de uma ligação tripla carbono-carbono é indicada por um prefixo que mostra o número de carbonos na cadeia principal e a terminação **-ino**.
- Os átomos de carbono da ligação dupla de um cicloalceno são numerados 1 e 2 na direção que proporcionar o menor número ao primeiro substituinte.
- Compostos que contêm duas ligações duplas são chamados **dienos**; aqueles com três ligações duplas, **trienos**; e aqueles com quatro ou mais ligações duplas, **polienos**.

Seção 12.4 Quais são as propriedades físicas dos alcenos e alcinos?
- Como os alcenos e alcinos são compostos apolares e as únicas interações entre suas moléculas são as forças de dispersão de London, suas propriedades físicas são semelhantes às dos alcanos com esqueletos carbônicos similares.

Seção 12.5 O que são terpenos?
- O aspecto estrutural característico do **terpeno** é um esqueleto carbônico que pode ser dividido em duas ou mais **unidades de isopreno**. O padrão mais comum é a cabeça de uma unidade ligada à cauda da unidade seguinte.

338 ■ Introdução à química orgânica

Seção 12.6 Quais são as reações características dos alcenos?

- Uma reação característica dos alcenos é a adição à dupla ligação.
- Na adição, a ligação dupla se rompe e dois novos átomos ou grupos de átomos se ligam em seu lugar.
- **Mecanismo de reação** é uma descrição passo a passo de como uma reação química ocorre, incluindo o papel do catalisador (se houver).

- O carbocátion contém um carbono com apenas seis elétrons na camada de valência e uma carga positiva.

Seção 12.7 Quais são as reações de polimerização importantes do etileno e dos etilenos substituídos?

- **Polimerização** é o processo de juntar muitos **monômeros** pequenos em **polímeros** grandes de alta massa molecular.

Resumo das reações fundamentais

1. **Adição de HX (hidroalogenação) (Seção 12.6A)** A adição de HX à ligação dupla carbono-carbono de um alceno segue a regra de Markovnikov. A reação ocorre em duas etapas e envolve a formação de um carbocátion intermediário.

2. **Hidratação catalisada por ácido (Seção 12.6B)** A adição de H_2O à ligação dupla carbono-carbono de um alceno segue a regra de Markovnikov. A reação ocorre em três etapas e envolve a formação de carbocátion e o íon oxônio como intermediários.

3. **Adição de bromo e cloro (halogenação) (Seção 12.6C)** A adição a um cicloalceno forma o 1,2-dialocicloalcano.

Cicloexeno   1,2-dibromocicloexano

4. **Redução: formação de alcanos (hidrogenação) (Seção 12.6D)** A redução catalítica envolve a adição de hidrogênio para formar duas novas ligações C – H.

5. **Polimerização do etileno e de etilenos substituídos (Seção 12.7A)** Na polimerização dos alcenos, as unidades monoméricas se juntam sem perda de qualquer átomo.

$$nCH_2{=\!\!=}CH_2 \xrightarrow{\text{iniciador}} {-}{\Big(}CH_2CH_2{\Big)}_n$$

Problemas

Seção 12.1 O que são alcenos e alcinos?

12.11 Indique se a afirmação é verdadeira ou falsa.
   (a) Existem duas classes de hidrocarbonetos insaturados: alcenos e alcinos.
   (b) A maior parte do etileno usado pela indústria química no mundo inteiro é obtida de fontes renováveis.
   (c) Etileno e acetileno são isômeros constitucionais.
   (d) Cicloexano e 1-hexeno são isômeros constitucionais.

Seção 12.2 Quais são as estruturas dos alcenos e alcinos?

12.12 Indique se a afirmação é verdadeira ou falsa.
   (a) Tanto etileno como acetileno são moléculas planares.
   (b) Diferentes grupos a ele ligados vai apresentar isomeria *cis-trans*.
   (c) Isômeros *cis-trans* têm a mesma fórmula molecular, mas diferente conectividade entre seus átomos.
   (d) O *cis*-2-buteno e o *trans*-2-buteno podem ser interconvertidos pela rotação em torno da dupla ligação carbono-carbono.

   (e) A isomeria *cis-trans* é possível somente entre alcenos devidamente substituídos.
   (f) Tanto o 2-hexeno quanto o 3-hexeno podem existir como pares de isômeros *cis-trans*.
   (g) O cicloexeno pode existir como um par de isômeros *cis-trans*.
   (h) O 1-cloropropeno pode existir como um par de isômeros *cis-trans*.

12.13 Qual é a diferença estrutural entre um hidrocarboneto saturado e um hidrocarboneto insaturado?

12.14 Cada átomo de carbono no etano e no etileno é circundado por oito elétrons de valência e forma quatro ligações. Explique como o modelo VSEPR (Seção 3.10) prevê o ângulo de ligação de 109,5° em torno de cada carbono no etano, mas um ângulo de 120° em torno de cada carbono no etileno.

12.15 Preveja todos os ângulos de ligação em torno de cada átomo de carbono em destaque.

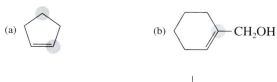

(c) HC≡C—CH=CH₂   (d)

Seção 12.3 Qual é a nomenclatura dos alcenos e alcinos?

12.16 Indique se a afirmação é verdadeira ou falsa.
(a) O nome Iupac de um alceno é derivado do nome da cadeia carbônica mais longa que contém a ligação dupla carbono-carbono.
(b) O nome Iupac do CH₃CH=CHCH₃ é 1,2-dimetileteno.
(c) O 2-metil-2-buteno apresenta isomeria *cis-trans*.
(d) O 1,2-dimetilcicloexeno apresenta isomeria *cis-trans*.
(e) O nome Iupac do CH₂=CHCH=CHCH₃ é 1,3-pentadieno.
(f) O 1,3-butadieno tem duas ligações duplas carbono-carbono e são possíveis 2² = 4 estereoisômeros.

12.17 Desenhe uma fórmula estrutural para cada composto.
(a) *trans*-2-metil-3-hexeno
(b) 2-metil-3-hexino
(c) 2-metil-1-buteno
(d) 3-etil-3-metil-1-pentino
(e) 2,3-dimetil-2-penteno

12.18 Escreva o nome Iupac para cada hidrocarboneto insaturado.
(a) CH₂=CH(CH₂)₄CH₃
(b) (estrutura ciclopenteno com H₃C, CH₃, CH₃)
(c) (estrutura cicloexeno com CH₃, CH₃)
(d) (CH₃)₂CHCH=C(CH₃)₂
(e) CH₃(CH₂)₅C≡CH
(f) CH₃CH₂C≡CC(CH₃)₃

12.19 Escreva o nome Iupac para cada hidrocarboneto insaturado.
(a) (estrutura)
(b) (estrutura)
(c) CH₃CH₂CCH₃ com =CH₂
(d) CH₃CH₂CH₂ e CH₃CH₂CH₂ ligados a C=CH₂

12.20 Explique por que cada um destes nomes é incorreto e escreva o nome correto.
(a) 1-metilpropeno   (b) 3-penteno
(c) 2-metilcicloexeno   (d) 3,3-dimetilpenteno
(e) 4-hexino   (f) 2-isopropil-2-buteno

12.21 Explique por que cada um destes nomes é incorreto e escreva o nome correto.
(a) 2-etil-1-propeno
(b) 5-isopropilcicloexeno
(c) 4-metil-4-hexeno
(d) 2-*sec*-butil-1-buteno
(e) 6,6-dimetilcicloexeno
(f) 2-etil-2-hexeno

12.22 Que aspecto estrutural dos alcenos torna possível a isomeria *cis-trans*? Que aspecto estrutural dos cicloalcanos torna possível a isomeria *cis-trans*? O que esses dois aspectos estruturais têm em comum?

12.23 Quais destes alcenos apresenta isomeria *cis-trans*? Para cada um deles que apresentar, escreva as fórmulas estruturais de ambos os isômeros.
(a) 1-hexeno   (b) 2-hexeno
(c) 3-hexeno   (d) 2-metil-2-hexeno
(e) 3-metil-2-hexeno (f) 2,3-dimetil-2-hexeno

12.24 Nomeie e desenhe as fórmulas estruturais de todos os alcenos de fórmula molecular C₅H₁₀. Ao desenhar esses alcenos, lembre-se de que os isômeros *cis* e *trans* são compostos diferentes e devem ser contados separadamente.

12.25 O ácido araquidônico é um ácido graxo insaturado de ocorrência natural. Desenhe uma fórmula linha-ângulo para esse ácido mostrando a configuração *cis* em torno de cada ligação dupla.

CH₃(CH₂)₄(CH=CHCH₂)₄CH₂CH₂COOH

Ácido araquidônico

12.26 Abaixo se encontra a fórmula estrutural de um ácido graxo insaturado de ocorrência natural.

CH₃(CH₂)₇CH=CH(CH₂)₇COOH

O estereoisômero *cis* é chamado ácido oleico, e o isômero *trans*, ácido elaídico. Desenhe uma fórmula linha-ângulo para cada ácido, mostrando claramente a configuração da ligação dupla carbono-carbono em cada um deles.

12.27 Para cada molécula que apresenta isomeria *cis-trans*, desenhe o isômero *cis*.

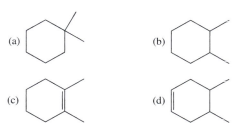

12.28 Desenhe as fórmulas estruturais de todos os compostos de fórmula molecular C₅H₁₀ e que sejam
(a) Alcenos sem isomeria *cis-trans*
(b) Alcenos com isomeria *cis-trans*
(c) Cicloalcanos sem isomeria *cis-trans*
(d) Cicloalcanos com isomeria *cis-trans*

340 ■ Introdução à química orgânica

12.29 O nome Iupac do β-ocimeno, um trieno encontrado na fragrância das florescências do algodão e em vários óleos essenciais, é *cis*-3,7-dimetil-1,3,6-octatrieno. (*Cis* refere-se à configuração da ligação dupla entre os carbonos 3 e 4, a única ligação dupla nessa molécula em que é possível a isomeria *cis-trans*.) Desenhe uma fórmula estrutural para o β-ocimeno.

Seção 12.4 Quais são as propriedades físicas dos alcenos e alcinos?

12.30 Indique se a afirmação é verdadeira ou falsa.
(a) Alcenos e alcinos são moléculas apolares.
(b) As propriedades físicas dos alcenos são semelhantes às dos alcanos com o mesmo esqueleto carbônico.
(c) Alcenos líquidos em temperatura ambiente são insolúveis em água e, quando adicionados à água, flutuam.

Seção 12.5 O que são terpenos?

12.31 Indique se a afirmação é verdadeira ou falsa.
(a) Os terpenos são identificados por seu esqueleto carbônico, que pode ser dividido em unidades de cinco carbonos, todas idênticas ao esqueleto de cinco carbonos do isopreno.
(b) O isopreno é o nome comum do 2-metil-1,3-butadieno.
(c) Tanto o geraniol quanto o mentol (Figura 12.1) apresentam isomeria *cis-trans*.
(d) A isomeria *cis-trans* não é possível no mirceno.

12.32 Quais destes terpenos apresenta isomeria *cis-trans*?
(a) Mirceno   (b) Geraniol
(c) Limoneno   (d) Farnesol

12.33 Mostre que a fórmula estrutural da vitamina A (Seção 12.3E) pode ser dividida em quatro unidades de isopreno unidas por ligações cabeça-cauda e por ligação cruzada em um ponto de modo a formar um anel de seis membros.

Seção 12.6 Quais são as reações características dos alcenos?

12.34 Indique se a afirmação é verdadeira ou falsa.
(a) A combustão completa de um alceno produz dióxido de carbono e água.
(b) As reações de adição dos alcenos envolvem a quebra de uma das ligações da dupla ligação carbono-carbono e a formação de duas novas ligações em seu lugar.
(c) A regra de Markovnikov refere-se à regiosseletividade das reações de adição das duplas ligações carbono-carbono.
(d) De acordo com a regra de Markovnikov, na adição de HCl, HBr ou HI a um alceno, o hidrogênio é adicionado ao carbono da ligação dupla que já tiver o maior número de átomos de hidrogênio a ela ligados, e o halogênio é adicionado ao carbono que tiver o menor número de hidrogênios a ela ligados.
(e) Carbocátion é um carbono com quatro ligações e carga positiva.
(f) O carbocátion derivado do etileno é o $CH_3CH_2{}^+$.

(g) O mecanismo de reação para a adição de um ácido halogênico (HX) a um alceno é dividido em duas etapas, (1) formação de um carbocátion e (2) reação do carbocátion com o íon haleto, completando a reação.
(h) A adição de H_2O a um alceno, catalisada por ácido, é chamada *hidratação*.
(i) Se um composto não reage com Br_2, é improvável que contenha uma ligação dupla carbono-carbono.
(j) A adição de H_2 a uma dupla ligação é uma reação de redução.
(k) A redução catalítica do cicloexeno produz o hexano.
(l) De acordo com o mecanismo apresentado no capítulo para a hidratação do alceno catalisada por ácido, os grupos H e —OH adicionados à ligação dupla carbono-carbono vêm da mesma molécula de H_2O.
(m) A conversão de etileno, $CH_2{=}CH_2$, em etanol, CH_3CH_2OH, é uma reação de oxidação.
(n) A hidratação do 1-buteno catalisada por ácido produz o 1-butanol. A hidratação do 2-buteno catalisada por ácido produz o 2-butanol.

12.35 Defina a *reação de adição do alceno*. Escreva uma equação para a reação de adição do propeno.

12.36 Qual é o reagente e/ou catalisador necessário para produzir cada uma destas conversões?

(a) $CH_3CH{=}CHCH_3 \longrightarrow CH_3CH_2\overset{\displaystyle Br}{\underset{\displaystyle |}{C}}HCH$

(b) $CH_3\overset{\displaystyle CH_3}{\underset{\displaystyle |}{C}}{=}CH_2 \longrightarrow CH_3\overset{\displaystyle CH_3}{\underset{\displaystyle |}{\underset{\displaystyle |}{\underset{\displaystyle OH}{C}}}}CH_3$

(c) cyclopenteno $\longrightarrow$ cyclopentil-I

(d) $CH_3\overset{\displaystyle CH_3}{\underset{\displaystyle |}{C}}{=}CH_2 \longrightarrow CH_3\overset{\displaystyle CH_3}{\underset{\displaystyle |}{\underset{\displaystyle |}{\underset{\displaystyle Br}{C}}}}\overset{}{\underset{\displaystyle Br}{C}}H_2$

12.37 Complete estas equações.

(a) cyclopenteno—CH_2CH_3 + HCl $\longrightarrow$

(b) cyclopenteno—CH_2CH_3 + H_2O $\xrightarrow{H_2SO_4}$

(c) $CH_3(CH_2)_5CH{=}CH_2$ + HI $\longrightarrow$

(d) cyclohexano—$\overset{\displaystyle CH_2}{\underset{\displaystyle CH_3}{C}}$ + HCl $\longrightarrow$

(e) $CH_3CH{=}CHCH_2CH_3$ + H_2O $\xrightarrow{H_2SO_4}$

(f) $CH_2{=}CHCH_2CH_2CH_3$ + H_2O $\xrightarrow{H_2SO_4}$

12.38 Desenhe fórmulas estruturais para todos os carbocátions possíveis formados pela reação de cada alceno com HCl. Classifique cada carbocátion como primário, secundário ou terciário.

(a) CH_3CH_2C═$CHCH_3$ com CH_3 ligado ao carbono central

(b) CH_3CH_2CH═$CHCH_3$

(c) ciclopenteno com grupo CH_3

(d) ciclohexano com ═CH_2

12.39 Desenhe uma fórmula estrutural para o produto formado pelo tratamento do 2-metil-2-penteno com cada um destes reagentes.
(a) HCl   (b) H_2O na presença de H_2SO_4

12.40 Desenhe uma fórmula estrutural para o produto de cada uma destas reações.
(a) 1-metilcicloexeno + Br_2
(b) 1,2-dimetilciclopenteno + Cl_2

12.41 Desenhe uma fórmula estrutural para um alceno cuja fórmula molecular indicada forme o composto que aparece como produto principal. Observe que mais de um alceno pode originar o mesmo produto principal.

(a) $C_5H_{10} + H_2O \xrightarrow{H_2SO_4} CH_3CCH_2CH_3$ com CH_3 e OH

(b) $C_5H_{10} + Br_2 \longrightarrow CH_3CHCHCH_2$ com CH_3, Br Br

(c) $C_7H_{12} + HCl \longrightarrow$ cicloexano com CH_3 e Cl

12.42 Desenhe uma fórmula estrutural para um alceno de fórmula molecular C_5H_{10} que reage com o Br_2, formando cada um destes produtos.

(a) CH_3C—$CHCH_3$ com CH_3, Br Br

(b) $CH_2CCH_2CH_3$ com CH_3, Br Br

(c) $CH_2CHCH_2CH_2CH_3$ com Br Br

12.43 Desenhe uma fórmula estrutural para um alceno de fórmula molecular C_5H_{10} que reage com o HCl, formando o cicloalcano indicado como produto principal. Mais de um alceno pode formar o mesmo composto como produto principal.

(a) $CH_3CCH_2CH_3$ com CH_3 e Cl

(b) $CH_3CHCHCH_3$ com CH_3 e Cl

(c) $CH_3CHCH_2CH_2CH_3$ com Cl

12.44 Desenhe a fórmula estrutural de um alceno submetido à hidratação catalisada por ácido para formar o álcool indicado como produto principal. Mais de um alceno pode formar cada um dos alcoóis como produto principal
(a) 3-hexanol
(b) 1-metilciclobutanol
(c) 2-metil-2-butanol
(d) 2-propanol

12.45 A terpina, $C_{10}H_{20}O_2$, é preparada comercialmente pela hidratação, catalisada por ácido, do limoneno (Figura 12.1).
(a) Proponha uma fórmula estrutural para a terpina.
(b) Quantos isômeros *cis-trans* são possíveis para a fórmula estrutural proposta?
(c) O hidrato de terpina, o isômero da terpina em que os grupos metila e isopropila são *trans* entre si, é usado como expectorante em remédios contra a tosse. Desenhe uma fórmula estrutural para o hidrato de terpina, mostrando a orientação *trans* desses grupos.

12.46 Desenhe o produto formado pelo tratamento de cada um destes alcenos com H_2/Ni.

(a) alceno com H_3C e H / H e CH_2CH_3

(b) alceno com H e H / H_3C e CH_2CH_3

(c) ciclopenteno

(d) ciclopenteno com CH_3

342 ■ Introdução à química orgânica

12.47 O hidrocarboneto A, C_5H_8, reage com 2 mols de Br_2, formando 1,2,3,4-tetrabromo-2-metilbutano. Qual é a estrutura do hidrocarboneto A?

12.48 Mostre como o etileno é convertido nestes compostos.
- (a) Etano
- (b) Etanol
- (c) Bromoetano
- (d) 1,2-dibromoetano
- (e) Cloroetano

12.49 Mostre como o 1-buteno é convertido nestes compostos.
- (a) Butano
- (b) 2-butanol
- (c) 2-bromobutano
- (d) 1,2-dibromobutano

Seção 12.7 Quais são as reações de polimerização importantes do etileno e dos etilenos substituídos?

12.50 Indique se a afirmação é verdadeira ou falsa.
- (a) O etileno contém uma dupla ligação carbono-carbono, e o polietileno, muitas ligações duplas carbono-carbono.
- (b) Todos os ângulos da ligação C—C—C, tanto no LDPE quanto no HDPE, são de aproximadamente 120º.
- (c) O polietileno de baixa densidade (LDPE) é um polímero por cadeias de carbono, com pouca modificação.
- (d) O polietileno de alta densidade (HDPE) é constituído por cadeias de carbono, com pouca ramificação.
- (e) A densidade dos polímeros de polietileno está diretamente relacionada ao grau de ramificação da cadeia; quanto maior a ramificação, menor a densidade do polímero.
- (f) Atualmente, PS e PVC são reciclados.

Conexões químicas

12.51 (Conexões químicas 12A) Cite uma das funções do etileno como regulador de crescimento nas plantas.

12.52 (Conexões químicas 12B) Qual é o significado do termo *feromônio*?

12.53 (Conexões químicas 12B) Qual é a fórmula molecular do acetato de 11-tetradecenila? Qual é a sua massa molecular?

12.54 (Conexões químicas 12B) Suponha que 1×10^{-12} g de acetato de 11-tetradecenila sejam secretados por uma única broca de milho. Quantas moléculas vão estar presentes?

12.55 (Conexões químicas 12C) Que diferentes funções são executadas pelos bastonetes e cones nos olhos?

12.56 (Conexões químicas 12C) Em qual dos isômeros do retinal a distância entre as extremidades é maior, no isômero todo *trans* ou no isômero 11-*cis*?

12.57 (Conexões químicas 12D) Que tipos de produtos de consumo são feitos a partir do polietileno de alta densidade? Que tipos de produtos são feitos a partir do polietileno de baixa densidade? Um dos tipos de polietileno é atualmente reciclável e o outro não. Qual é qual?

12.58 (Conexões químicas 12D) Nos códigos de reciclagem, o que representam estas abreviações?
- (a) V
- (b) PP
- (c) PS

Problemas adicionais

12.59 Escreva fórmulas linha-ângulo para todos os compostos de fórmula molecular C_4H_8. Quais são isômeros constitucionais e quais são isômeros *cis-trans*?

12.60 Nomeie e desenhe as fórmulas estruturais para todos os alcenos de fórmula molecular C_6H_{12} que tenham estes esqueletos carbônicos. Leve em consideração os isômeros *cis* e *trans*.

(a)
```
        C
        |
  C—C—C—C—C
```

(b)
```
      C   C
      |   |
  C—C—C—C
```

(c)
```
      C
      |
  C—C—C—C
      |
      C
```

12.61 A seguir, apresentamos a fórmula estrutura do licopeno, $C_{40}H_{56}$, um composto vermelho-escuro parcialmente responsável pela coloração avermelhada dos frutos maduros, especialmente o tomate. Aproximadamente 20 mg de licopeno podem ser isolados de 1 kg de tomates frescos maduros.
- (a) Mostre que o licopeno é um terpeno, isto é, seu esqueleto carbônico pode ser dividido em dois grupos de quatro unidades de isopreno, com as unidades em cada grupo unidas por cabeça e cauda.
- (b) Quantas das duplas ligações carbono-carbono no licopeno têm possibilidade de isomeria *cis-trans*? O licopeno é o isômero todo *trans*.

12.62 O β-caroteno, $C_{40}H_{56}$, um precursor da vitamina A, foi isolado pela primeira vez na cenoura. Soluções diluídas de β-caroteno são amarelas – daí seu uso como corante em alimentos. Nas plantas, esse composto está quase sempre presente em combinação com a clorofila para ajudar na captação da energia da luz solar. Quando as folhas das árvores morrem no outono, o verde de suas moléculas de clorofila é substituído pelo amarelo e vermelho do caroteno e das moléculas a ele relacionadas (ver, a seguir, o esqueleto do β-caroteno).

Licopeno

β-caroteno

Compare os esqueletos carbônicos do β-caroteno e do licopeno. Quais são as semelhanças? E as diferenças?

12.63 Desenhe a fórmula estrutural do cicloalceno de fórmula molecular C_6H_{10} que reage com Cl_2, formando cada um destes compostos.

(a)

(b)

(c)

(d)

12.64 Proponha uma fórmula estrutural para o(s) produto(s) formado(s) quando cada um dos seguintes alcenos for tratado com H_2O/H_2SO_4. Por que dois produtos são formados na parte (b), mas apenas um nas partes (a) e (c)?
(a) O 1-hexeno forma um álcool de fórmula molecular $C_6H_{14}O$.
(b) O 2-hexeno forma dois alcoóis, cada um deles de fórmula molecular $C_6H_{14}O$.
(c) O 3-hexeno forma um álcool de fórmula molecular $C_6H_{14}O$.

12.65 O *cis*-3-hexeno e o *trans*-3-hexeno são compostos diferentes e apresentam diferentes propriedades físicas e químicas. Quando, porém, tratados com H_2O/H_2SO_4, formam o mesmo álcool. Qual é esse álcool e como explicar o fato de que ambos os alcenos formam o mesmo álcool?

12.66 Desenhe a fórmula estrutural de um alceno submetido a uma hidratação catalisada por ácido para formar cada um dos seguintes alcoóis como produto principal. Mais de um alceno poderá formar cada um destes compostos como produto principal.

(a)

(b)

(c)

(d)

12.67 Mostre como o ciclopenteno é convertido nestes compostos.
(a) 1,2-dibromociclopentano
(b) Ciclopentanol
(c) Iodociclopentano
(d) Ciclopentano

Antecipando

12.68 Com o que você sabe dos termos "saturado" e "insaturado", conforme aplicados a alcanos e alcenos, o que esses mesmos termos significam quando usados para descrever gorduras animais, como aquelas encontradas na manteiga e na carne dos animais? O que o termo "poli-insaturado" poderia significar nesse mesmo contexto?

12.69 No Capítulo 21, sobre a bioquímica dos lipídios, vamos estudar os três ácidos carboxílicos insaturados de cadeia longa mostrados a seguir. Cada um deles tem 18 carbonos e está presente em gorduras animais, óleos vegetais e membranas biológicas. São chamados ácidos graxos. Quantos estereoisômeros são possíveis para cada ácido graxo?

Ácido oleico $CH_3(CH_2)_7CH\!\!=\!\!CH(CH_2)_7COOH$
Ácido linoleico $CH_3(CH_2)_4(CH\!\!=\!\!CHCH_2)_2(CH_2)_6COOH$
Ácido linolênico $CH_3CH_2(CH\!\!=\!\!CHCH_2)_3(CH_2)_6COOH$

12.70 Os ácidos graxos do Problema 12.69 ocorrem em gorduras animais, óleos vegetais e membranas biológicas quase que exclusivamente como isômeros todo *cis*. Desenhe as fórmulas linha-ângulo para cada ácido graxo, mostrando a configuração *cis* em torno de cada ligação dupla carbono-carbono.

Benzeno e seus derivados

13

Questões-chave

13.1 Qual é a estrutura do benzeno?

13.2 Qual é a nomenclatura dos compostos aromáticos?

13.3 Quais são as reações características do benzeno e de seus derivados?

13.4 O que são fenóis?

Pimenta da família *Capsicum* (ver "Conexões químicas 13F").

Composto aromático O benzeno ou um de seus derivados.

Areno Composto que contém um ou mais anéis benzênicos.

Grupo arila Grupo derivado do areno pela remoção de um átomo de H. O seu símbolo é Ar—.

Ar— Símbolo usado para o grupo arila.

13.1 Qual é a estrutura do benzeno?

Até agora descrevemos três classes de hidrocarbonetos – alcanos, alcenos e alcinos –, conhecidos como hidrocarbonetos alifáticos. Há mais de 150 anos, os químicos orgânicos perceberam, porém, que existia outra classe, com propriedades bem diferentes. Pelo fato de alguns desses novos hidrocarbonetos apresentarem um odor agradável, foram denominados **compostos aromáticos**. Hoje sabemos que nem todos os compostos aromáticos têm essa característica. Alguns, sim, apresentam um odor agradável, alguns são inodoros, e outros têm odores bem desagradáveis. Uma definição mais apropriada é que composto aromático é todo aquele que apresenta um ou mais anéis benzênicos.[1]

Usamos o termo **areno** para descrever hidrocarbonetos aromáticos. Assim como um grupo derivado pela remoção de um H do alcano é chamado grupo alquila, recebendo o símbolo R—, um grupo derivado pela remoção de um H do areno é chamado **grupo arila**, e seu símbolo é **Ar—**.

O benzeno, o hidrocarboneto aromático mais simples, foi descoberto em 1825 por Michael Faraday (1791-1867). Sua estrutura apresentava um problema imediato aos químicos da época. A fórmula molecular do benzeno é C_6H_6, e um composto com tão poucos hidrogênios para seis carbonos (comparar com o hexano, C_6H_{14}, e com o cicloexano, C_6H_{12}),

[1] Esta é uma definição simplificada do que se classifica como aromático. Existem outros compostos cíclicos insaturados diferentes do benzeno que também são classificados como aromáticos. Um composto aromático é o que obedece à regra de Hücke, ou seja, apresenta $4n + 2$ elétrons deslocalizados, onde n é um número inteiro (0, 1, 2,...etc.) e cuja estrutura do anel é plana. Por questões de espaço e dos objetivos deste livro não é possível uma maior discussão sobre a aromaticidade. (NRT)

O benzeno é um composto importante tanto na indústria química como em laboratório, mas deve ser manuseado com cuidado. Não só é venenoso quando ingerido na forma líquida, mas seu vapor também é tóxico e pode ser absorvido na respiração e através da pele. A constante inalação pode causar danos ao fígado e câncer.

argumentavam os químicos, deveria ser insaturado. Mas o benzeno não se comporta como um alceno (a única classe de hidrocarbonetos insaturados conhecida naquele tempo). Enquanto o 1-hexeno, por exemplo, reage instantaneamente com Br_2 (Seção 12.6C), o benzeno não reage de modo algum com esse reagente. Tampouco reage com HBr, H_2O/H_2SO_4 ou H_2/Pd – todos reagentes que normalmente são adicionados a ligações duplas carbono-carbono.

A. A estrutura de Kekulé para o benzeno

A primeira estrutura para o benzeno foi proposta por Friedrich August Kekulé em 1872 e consistia em um anel de seis membros que alterna ligações simples e duplas, com um único hidrogênio ligado a cada carbono.

Estrutura de Kekulé mostrando todos os átomos

Estrutura de Kekulé na forma de linha-ângulo

Embora a proposta de Kekulé fosse coerente com muitas das propriedades químicas do benzeno, durante anos foi contestada. A principal objeção era não poder explicar o comportamento químico incomum do benzeno. Se o benzeno contém três ligações duplas, perguntavam os críticos de Kekulé, por que não apresenta as reações típicas dos alcenos?

B. Estrutura de ressonância

O conceito de ressonância, desenvolvido por Linus Pauling na década de 1930, proporcionou a primeira descrição adequada para a estrutura do benzeno. De acordo com a teoria da ressonância, certas moléculas e íons são descritos de modo mais adequado escrevendo duas ou mais estruturas de Lewis e considerando a molécula ou o íon real como um **híbrido de ressonância** dessas estruturas. Cada estrutura de Lewis é chamada **estrutura contribuinte**. Para mostrar que a molécula real é um híbrido de ressonância das duas estruturas de Lewis, colocamos uma seta de duas pontas entre elas.

Híbrido de ressonância Molécula descrita como um compósito de duas ou mais estruturas de Lewis.

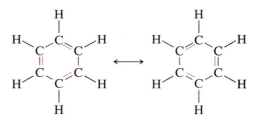

Estruturas contribuintes de Lewis para o benzeno

Nota sobre os híbridos de ressonância. Não confundir estruturas contribuintes de ressonância com o equilíbrio entre diferentes espécies químicas. Uma molécula descrita como um híbrido de ressonância não está em equilíbrio entre as configurações eletrônicas das várias estruturas contribuintes. Na verdade, a molécula tem apenas uma estrutura, que é descrita de modo mais adequado como um híbrido de suas várias estruturas contribuintes. As cores do círculo cromático são uma boa analogia. Púrpura não é uma cor primária, e as cores primárias azul e vermelho se misturam para formar o púrpura. Podemos imaginar uma molécula representada por um híbrido de ressonância como a cor púrpura. Púrpura não é às vezes azul e às vezes vermelho. Púrpura é púrpura. De modo análogo, uma molécula descrita como híbrido de ressonância não é às vezes uma estrutura contribuinte e às vezes outra; é uma única estrutura o tempo todo.

As duas estruturas contribuintes do benzeno geralmente são chamadas estruturas de Kekulé.

O híbrido de ressonância tem algumas das características de cada uma das estruturas contribuintes de Lewis. Por exemplo, as ligações carbono-carbono não são simples nem duplas, mas alguma coisa intermediária entre os dois extremos. Descobriu-se experimentalmente que o comprimento da ligação carbono-carbono no benzeno não é tão longo quanto o da ligação simples carbono-carbono, nem tão curto quanto o da ligação dupla carbono-carbono, mas aproximadamente um valor intermediário. O círculo de seis elétrons (dois de cada ligação dupla, que se alternam devido à ressonância) característico do anel benzênico às vezes é chamado de **sexteto aromático**.

Toda vez que encontrarmos ressonância, encontramos estabilidade. A estrutura real geralmente é mais estável que qualquer uma das hipotéticas estruturas contribuintes de Lewis. O anel benzênico torna-se altamente estabilizado pela ressonância, o que explica por que não apresenta as reações de adição típicas dos alcenos.

13.2 Qual é a nomenclatura dos compostos aromáticos?

A. Um substituinte

A nomenclatura dos alquilbenzenos monossubstituídos é semelhante à dos derivados do benzeno – por exemplo, o etilbenzeno. O sistema Iupac conserva certos nomes comuns para vários alquilbenzenos monossubstituídos mais simples, incluindo o **tolueno** e **estireno**.

O sistema Iupac também conserva os nomes comuns dos seguintes compostos:

O grupo substituinte derivado por perda de um H do benzeno é chamado **grupo fenila**, C_6H_5— , cujo símbolo comum é **Ph**—. Nas moléculas que contêm outros grupos funcionais, os grupos fenila costumam ser chamados substituintes.

Grupo fenila C_6H_5— grupo arila derivado por remoção de um átomo de hidrogênio do benzeno.

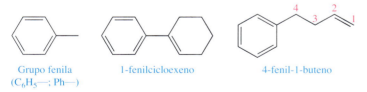

Grupo fenila
(C_6H_5—; Ph—)   1-fenilcicloexeno   4-fenil-1-buteno

B. Dois substituintes

Quando o anel benzênico tem dois substituintes, três isômeros são possíveis. Posicionamos os substituintes seja numerando os átomos do anel, seja usando os indicadores *orto* (*o*), *meta* (*m*) e *para* (*p*). Os números 1,2- são equivalentes a *orto* (do grego = direto); 1,3-, a *meta* (do grego = após); e 1,4-, a *para* (do grego = além).

1,2- ou *orto*   1,3- ou *meta*   1,4- ou *para*

Quando um dos substituintes no anel confere um nome especial ao composto (por exemplo, —CH₃, —OH, —NH₂ ou —COOH), o nome do composto deriva da molécula principal e considera que o substituinte ocupa a posição de número 1 no anel. O sistema Iupac conserva o nome comum **xileno** para os três dimetilbenzenos isoméricos. Quando nenhum dos substituintes confere um nome especial, posicionamos os dois substituintes e os colocamos em ordem alfabética antes da terminação "benzeno". O carbono do anel benzênico com o substituinte de posição alfabética mais baixa é numerado C—1.

Ácido 4-bromobenzoico 3-cloroanilina 1,3-dimetilbenzeno 1-cloro-4-etilbenzeno
(Ácido *p*-bromobenzoico) (*m*-cloroanilina) (*m*-xileno) (*p*-cloroetilbenzeno)

C. Três ou mais substituintes

Quando três ou mais substituintes estiverem presentes em um anel benzênico, especifique suas posições com números. Se um dos substituintes conferir um nome especial, então o nome da molécula vai ser derivado da molécula principal. Se nenhum dos substituintes conferir nome especial, localize os substituintes, numere-os, dando-lhes o menor conjunto de números, e coloque-os em ordem alfabética antes da terminação "benzeno". Nos exemplos seguintes, o primeiro composto é um derivado do tolueno e o segundo é um derivado do fenol. Como nenhum substituinte no terceiro composto confere um nome especial, coloque seus três substituintes em ordem alfabética seguida da palavra "benzeno".

4-cloro-2-nitrotolueno   2,4,6-tribromofenol   2-bromo-1-etil-4-nitrobenzeno

O *p*-xileno é um material de partida para a síntese do politereftalato de etileno. Entre os produtos de consumo derivados desse polímero, estão as fibras de poliéster Dacron e os filmes Mylar (Seção 19.6B).

Exemplo 13.1 Nomenclatura de compostos aromáticos

Escreva nomes para estes compostos.

(a)   (b)   (c)

Estratégia

Primeiro verifique se um dos substituintes no anel benzênico confere algum nome especial. Em caso positivo, derive da molécula principal o nome do composto.

Solução

(a) A molécula principal é o tolueno, e o composto é o 3-iodotolueno ou *m*-iodotolueno.
(b) A molécula principal é o ácido benzoico, e o composto é o ácido 3,5-dibromobenzoico.
(c) A molécula principal é a anilina, e o composto é o 4-cloroanilina ou *p*-cloroanilina.

Problema 13.1

Escreva nomes para os seguintes compostos.

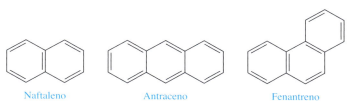

D. Hidrocarbonetos aromáticos polinucleares

Os **hidrocarbonetos aromáticos polinucleares (HAPs)** contêm dois ou mais anéis benzênicos, cada par compartilhando dois carbonos adjacentes. Naftaleno, antraceno e fenantreno, os HAPs mais comuns, e substâncias deles derivadas são encontrados no alcatrão de hulha e em resíduos de petróleo com alto ponto de ebulição.

Hidrocarboneto aromático polinuclear Hidrocarboneto que contém dois ou mais anéis benzênicos, cada um deles compartilhando dois átomos de carbono com outro anel benzênico.

Naftaleno   Antraceno   Fenantreno

Conexões químicas 13A

Os aromáticos polinucleares carcinogênicos e o tabagismo

Carcinógeno é um composto que causa câncer. Os primeiros carcinógenos identificados foram um grupo de hidrocarbonetos aromáticos polinucleares, todos com pelo menos quatro anéis aromáticos. Entre eles está o benzo[a]pireno, um dos mais carcinogênicos entre os hidrocarbonetos aromáticos. É formado sempre que há combustão incompleta de compostos orgânicos. O benzo[a]pireno é encontrado, por exemplo, na fumaça de cigarro, em escapamentos de automóveis e em carnes grelhadas em carvão.

O benzo[a]pireno causa câncer da seguinte maneira. Uma vez absorvido ou ingerido, o corpo tenta convertê-lo em um composto solúvel em água, que possa ser facilmente excretado. Por uma série de reações catalisadas por enzimas, o benzo[a]pireno é transformado em um **epóxido** (anel de três membros, com um átomo de oxigênio) diol (dois grupos —OH). Esse composto pode ligar-se ao DNA e reagir com um de seus grupos amino, alterando assim a estrutura do DNA e produzindo uma mutação cancerígena.

Benzopireno   →   Epóxido diol
(oxidação catalisada por enzima)

Houve época em que o naftaleno foi usado na forma de bolinhas como inseticida para preservar roupas de lã e casacos de pele, mas seu uso decresceu após a introdução de hidrocarbonetos clorados como o *p*-diclorobenzeno.

[2] Note que nestas condições ocorre reação do halogênio com o benzeno, porém o tipo de reação é diferente da que ocorre, por exemplo, com o cicloexeno. Neste caso não existe rompimento da dupla ligação e formação de duas novas ligações simples como na halogenação de alcenos. (NRT)

13.3 Quais são as reações características do benzeno e de seus derivados?

A reação mais característica dos compostos aromáticos é a substituição em um carbono do anel, ou seja, a **substituição aromática**. Entre os grupos que podem ser introduzidos diretamente no anel, estão os halogênios, o grupo nitro (—NO_2) e o grupo do ácido sulfônico (—SO_3H).

A. Halogenação

Como foi observado na Seção 13.1, o cloro e o bromo não reagem com benzeno, mas reagem instantaneamente com o cicloexeno e outros alcenos (Seção 12.6C). Na presença de um catalisador como o ferro, porém, o cloro reage rapidamente com o benzeno formando clorobenzeno e HCl:[2]

$$\text{Benzeno} - H + Cl_2 \xrightarrow{FeCl_3} \text{Clorobenzeno} - Cl + HCl$$

O tratamento de benzeno com bromo na presença de $FeCl_3$ resulta na formação de bromobenzeno e HBr.

B. Nitração

Quando aquecemos o benzeno, ou um de seus derivados, com uma mistura de ácido nítrico e ácido sulfúrico concentrados, um grupo nitro (—NO_2) substitui um dos átomos de hidrogênio ligados ao anel.

Conexões químicas 13B

O íon iodeto e o bócio

Cem anos atrás, o bócio, uma dilatação da glândula tiroide causada pela deficiência de iodo, era comum na região central dos Estados Unidos e do Canadá. Essa doença resulta da subprodução de tiroxina, hormônio sintetizado na glândula tiroide. Mamíferos jovens precisam desse hormônio para crescer e se desenvolver normalmente. A deficiência de tiroxina durante o desenvolvimento fetal resulta em retardamento mental. Baixos níveis de tiroxina em adultos provocam hipotiroidismo, também chamado bócio, cujos sintomas são letargia, obesidade e pele seca.

O iodo é um elemento que basicamente vem do mar. Suas principais fontes são, portanto, os peixes e os frutos do mar. Em nossa dieta, o iodo que não vem do mar geralmente é derivado de aditivos alimentares. A maior parte do íon iodeto na dieta norte-americana vem do sal de cozinha enriquecido com iodeto de sódio, conhecido como sal iodado. Outra fonte são os laticínios, que acumulam iodeto por causa dos aditivos que contêm iodo usados na alimentação do gado, e os desinfetantes que contêm iodo utilizados nas ordenhadeiras mecânicas e nos tanques de armazenamento de leite.

Tiroxina

$$- H + HNO_3 \xrightarrow{H_2SO_4} - NO_2 + H_2O$$

Nitrobenzeno

Um aspecto importante da nitração é que podemos reduzir o grupo resultante —NO_2 a um grupo amina, —NH_2, por redução catalítica, usando hidrogênio na presença de um metal de transição como catalisador. No seguinte exemplo, nem o anel benzênico nem o grupo carboxila são afetados por essas condições experimentais:

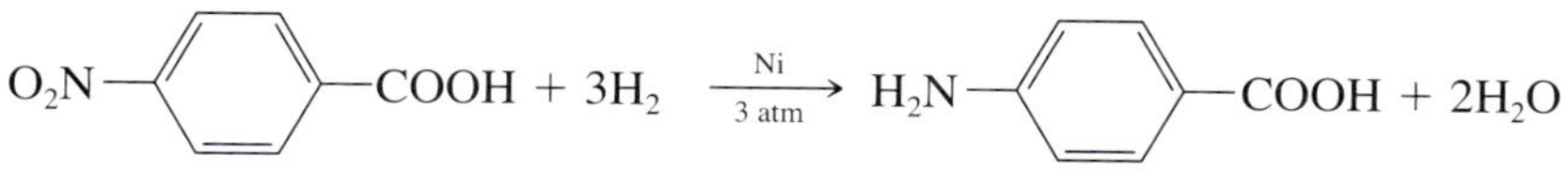

$$O_2N-C_6H_4-COOH + 3H_2 \xrightarrow[3\,atm]{Ni} H_2N-C_6H_4-COOH + 2H_2O$$

Ácido 4-nitrobenzoico (Ácido *p*-nitrobenzoico) → Ácido 4-aminobenzoico (Ácido *p*-aminobenzoico, Paba)

As bactérias precisam do ácido *p*-aminobenzoico para a síntese do ácido fólico (Seção 30.4), que, por sua vez, é necessário para a síntese das bases amínicas aromáticas heterocíclicas dos ácidos nucleicos (Seção 25.2). Embora as bactérias possam sintetizar o ácido fólico a partir do ácido *p*-aminobenzoico, o ácido fólico é uma vitamina para humanos e deve ser obtida através da dieta.

C. Sulfonação

O aquecimento de um composto aromático com ácido sulfúrico concentrado resulta na formação de um ácido arenossulfônico, um ácido forte comparável ao ácido sulfúrico.

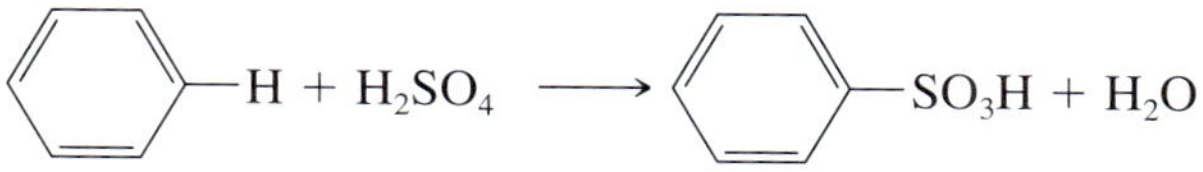

$$C_6H_5-H + H_2SO_4 \longrightarrow C_6H_5-SO_3H + H_2O$$

Ácido benzenossulfônico

Conexões químicas 13C

O grupo nitro em explosivos

O tratamento de tolueno com três mols de ácido nítrico, na presença de ácido sulfúrico como catalisador, resulta na nitração do tolueno por três vezes para formar o explosivo 2,4,6-trinitrotolueno, o TNT. A presença desses três grupos nitro confere propriedades explosivas ao TNT. Do mesmo modo, a presença dos três grupos nitro resulta nas propriedades explosivas da nitroglicerina.

Nos últimos anos, foram descobertos vários novos explosivos, todos contendo múltiplos grupos nitro. Entre eles estão o RDX e o PETN. O explosivo plástico Semtex, por exemplo, é uma mistura de RDX e PETN. Foi usado na explosão do avião da Pan Am, voo 103, sobre Lockerbie, na Escócia, em dezembro de 1988.

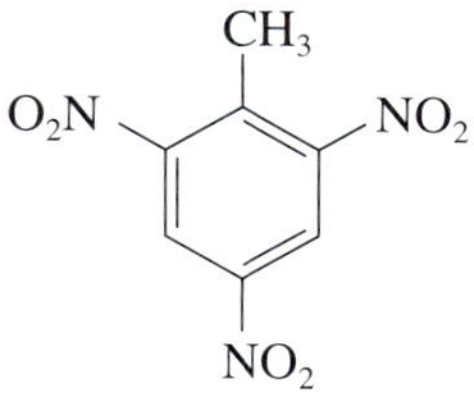

2,4,6-trinitrotolueno (TNT)

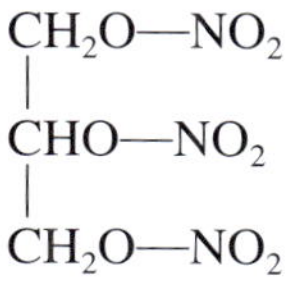

Trinitroglicerina (Nitroglicerina)

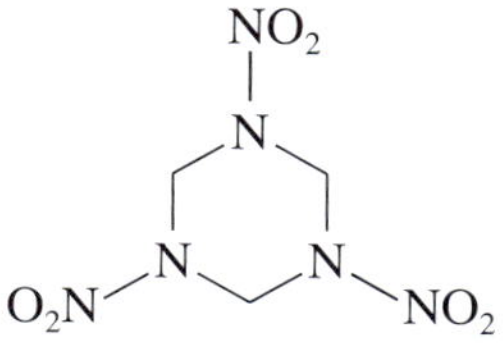

Ciclonita (RDX)

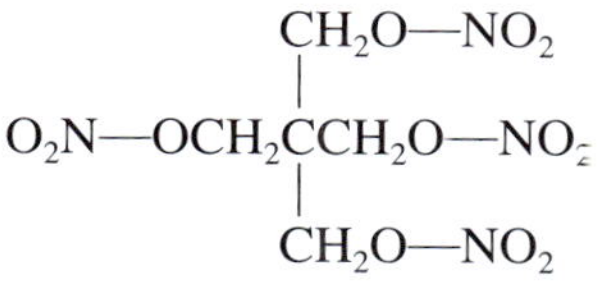

Tetranitrato de pentaeritritol (PTN)

Um importante uso da sulfonação é a preparação de detergentes sintéticos, como o 4-dodecilbenzenossulfonato. Para preparar esse tipo de detergente, um alquilbenzeno linear como o dodecilbenzeno é tratado com ácido sulfúrico concentrado para formar ácido alquilbenzenossulfônico. O ácido sulfônico é então neutralizado com hidróxido de sódio.

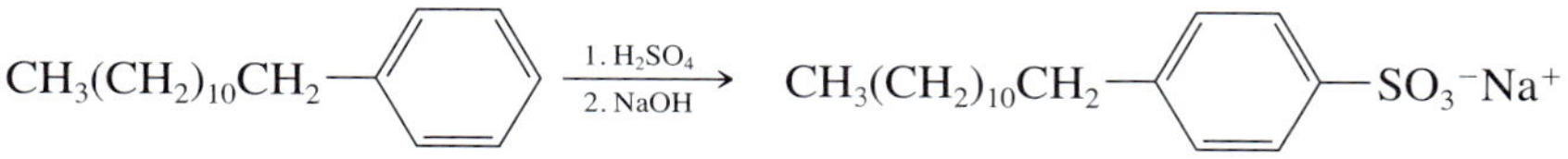

$$CH_3(CH_2)_{10}CH_2-C_6H_4 \xrightarrow[2.\,NaOH]{1.\,H_2SO_4} CH_3(CH_2)_{10}CH_2-C_6H_4-SO_3^-Na^+$$

Dodecilbenzeno → 4-dodecilbenzenossulfonato de sódio, SDS (detergente aniônico)

Fenol Composto que contém um grupo —OH ligado a um anel benzênico.

Fenol na forma cristalina.

Detergentes à base de alquilbenzenossulfonato foram introduzidos no fim da década de 1950 e hoje detêm 90% do mercado, antes dominado pelos sabões naturais. A seção 18.4 trata da química e da ação de limpeza de sabões e detergentes.

13.4 O que são fenóis?

A. Estrutura e nomenclatura

O grupo funcional **fenol** é um grupo hidroxila ligado a um anel benzênico. A nomenclatura dos fenóis substituídos é derivada do fenol ou de nomes comuns.

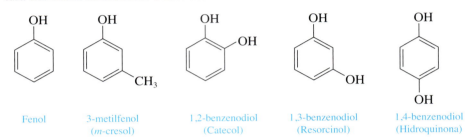

| Fenol | 3-metilfenol (*m*-cresol) | 1,2-benzenodiol (Catecol) | 1,3-benzenodiol (Resorcinol) | 1,4-benzenodiol (Hidroquinona) |

Os fenóis são muito comuns na natureza. O fenol e os cresóis isoméricos (*o*-, *m*- e *p*-cresol) são encontrados no alcatrão de hulha. O timol e a vanilina são importantes constituintes das vagens de tomilho e baunilha, respectivamente. O uruxiol é o principal constituinte do óleo irritante da hera venenosa e pode causar uma grave dermatite de contato em indivíduos sensíveis.

2-isopropil--5-metilfenol (Timol)

4-hidroxi-3-metoxi--benzaldeído (Vanilina)

Uruxiol

B. Acidez dos fenóis

Os fenóis são ácidos fracos, com valores de pK_a em torno de 10 (Tabela 8.3). A maioria dos fenóis é insolúvel em água, mas reage com bases fortes, tais como NaOH e KOH, formando sais solúveis em água.

Fenol + NaOH → Fenóxido de sódio + H$_2$O
pK_a = 9,95 (ácido mais forte)   Hidróxido de sódio (base mais forte)   (base mais fraca)   Água pK_a = 15,7 (ácido mais fraco)

Hera venenosa.

A maior parte dos fenóis é de ácidos tão fracos que não reagem com bases fracas como bicarbonato de sódio, isto é, não se dissolvem em bicarbonato de sódio aquoso.

C. Fenóis como antioxidantes

Uma importante reação para sistemas vivos, alimentos e outros materiais que contêm ligações duplas carbono-carbono é a **auto-oxidação** – isto é, a oxidação que requer oxigênio e nenhum outro reagente. Se você abrir uma garrafa de óleo de cozinha que ficou armazenada por muito tempo, poderá ouvir o som sibilante do ar entrando na garrafa. Isso ocorre porque o consumo de oxigênio por auto-oxidação do óleo gera uma pressão negativa no interior da garrafa.

O óleo de cozinha contém ésteres de ácidos graxos poli-insaturados. Veremos a estrutura e a química dos ésteres no Capítulo 19. Aqui, o importante é saber que todos os óleos vegetais contêm ácidos graxos com longas cadeias hidrocarbônicas, muitas apresentando uma ou mais ligações duplas carbono-carbono (ver, nos Problemas 12.29 e 12.72, as estruturas de quatro desses ácidos graxos). A auto-oxidação ocorre ao lado de uma ou mais dessas duplas ligações.

$$-CH_2CH=CH-CH- \; + \; O_2 \; \xrightarrow{\text{Luz ou calor}} \; -CH_2CH=CH-CH-$$

Segmento de uma cadeia hidrocarbônica de ácido graxo → Hidroperóxido

A auto-oxidação é um processo que ocorre na cadeia radical e que converte um grupo R—H em um grupo R—O—O—H, chamado hidroperóxido. Esse processo começa quando um átomo de hidrogênio com um de seus elétrons (H·) é removido de um carbono adjacente a uma das ligações duplas da cadeia hidrocarbônica. O carbono que perde o H· tem apenas sete elétrons na camada de valência, um deles não emparelhado. Um átomo ou uma molécula com um elétron não emparelhado é chamado **radical**.

Conexões químicas 13D

FD & C nº 6 (amarelo-crepúsculo)

Alguma vez você já pensou de onde vem a cor vermelha, verde, laranja ou amarela das gelatinas? O que faz a margarina ser amarela? O que dá ao marasquino sua cor vermelha? Se você ler o conteúdo dos rótulos, vai ver nomes em código como FD & C Amarelo nº 6 e FD & C Vermelho nº 40.

Houve um tempo em que os únicos corantes para alimentos eram compostos obtidos de plantas ou animais. A partir da década de 1890, porém, os químicos descobriram uma série de corantes sintéticos que oferecem várias vantagens sobre os corantes naturais, tais como maior brilho, mais estabilidade e menor custo. As opiniões continuam divididas sobre a segurança de seu uso. Alimentos sinteticamente coloridos não são permitidos, por exemplo, na Noruega e na Suécia. Nos Estados Unidos, a Food and Drug Administration autorizou o uso de sete corantes sintéticos para alimentos, fármacos e cosméticos (FD & C) – dois amarelos, dois vermelhos, dois azuis e um verde. Quando esses corantes são utilizados individualmente ou em combinações, podem simular a cor de quase todos os alimentos naturais.

A seguir, apresentamos as fórmulas estruturais do vermelho-allura (Vermelho nº 40) e do amarelo-crepúsculo (Amarelo nº 6). Esses e os outros cinco corantes de uso autorizado nos Estados Unidos têm em comum três ou mais anéis benzênicos e dois ou mais grupos iônicos, seja o sal de sódio de um grupo carboxílico, —COO⁻Na⁺, seja o sal de sódio do grupo do ácido sulfônico, —SO₃⁻Na⁺. Esses grupos iônicos tornam os corantes solúveis em água.

Voltando às nossas perguntas, o marasquino é colorido com FD & C Vermelho nº 40, e a margarina, com FD & C Amarelo nº 6. Nas gelatinas são usados um desses sete corantes, ou uma combinação, para criar suas várias cores.

Vermelho-allura
(FD & C Vermelho nº 40)

Amarelo-crepúsculo
(FD & C Amarelo nº 6)

Mecanismo de auto-oxidação

Etapa 1: Iniciação da cadeia – formação de um radical a partir de um composto não radical A remoção de um átomo de hidrogênio (H·) pode ser iniciada pela luz ou por calor. O produto formado é um radical carbono, isto é, contém um átomo de carbono com um elétron não emparelhado.

354 ■ Introdução à química orgânica

$$-CH_2CH=CH-\overset{\displaystyle H}{\underset{\displaystyle |}{CH}}- \quad \xrightarrow[\text{ou calor}]{\text{luz}} \quad -CH_2CH=CH-\overset{\displaystyle \cdot}{CH}-$$

Segmento de uma cadeia hidrocarbônica de ácido graxo   Radical carbono

Etapa 2a: Propagação da cadeia – reação de um radical formando um novo radical O radical carbono reage com o oxigênio, ele mesmo um dirradical, formando um radical hidroperóxi. A nova ligação covalente do radical hidroperóxi é formada pela combinação de um elétron do radical carbono e um elétron do dirradical oxigênio.

> Estes dois elétrons não emparelhados combinam-se, formando uma ligação simples C—O

$$-CH_2CH=CH-\overset{\displaystyle \cdot}{CH}- \; + \; \overset{\displaystyle \cdot}{O}-O\cdot \quad \longrightarrow \quad -CH_2CH=CH-\overset{\displaystyle O-O\cdot}{\underset{\displaystyle |}{CH}}-$$

O oxigênio é um dirradical   Radical hidroperóxi

Conexões químicas 13E

Capsaicina, para aqueles que preferem coisas quentes

A capsaicina, o princípio picante do fruto de várias espécies de pimenta (*Capsicum* e *Solanaceae*), foi isolada em 1876, e sua estrutura, determinada em 1919. Ela contém um fenol e um éter fenólico.

Capsaicina
(de vários tipos de pimenta)

As propriedades inflamatórias da capsaicina são bem conhecidas; a língua humana pode detectar uma simples gota em 5 L de água. Todos conhecemos a sensação de queimação na boca e o súbito lacrimejamento causados por uma boa dose de pimenta chili (dedo-de-moça). Por essa razão, extratos desses alimentos ardidos, contendo capsaicina, são usados em sprays para afugentar cães ou outros animais que possam querer morder o calcanhar de alguém que esteja correndo ou andando de bicicleta.

Paradoxalmente, a capsaicina é capaz tanto de causar como aliviar a dor. Atualmente, dois cremes que contêm capsaicina, Mioton e Zostrix, são prescritos para tratar da sensação de queimação associada à neuralgia pós-herpética, uma complicação da doença conhecida como herpes. Também são prescritos no caso de diabetes para aliviar dores persistentes nos pés e nas pernas.

Etapa 2b: Propagação da cadeia – reação de um radical formando um novo radical O radical hidroperóxi remove um átomo de hidrogênio (H ·) de uma nova cadeia hidrocarbônica de ácido graxo para completar a formação de um hidroperóxido e, ao mesmo tempo, produzir um novo radical carbono.

$$-CH_2CH=CH-\overset{\displaystyle O-O\cdot}{\underset{\displaystyle |}{CH}}- \; + \; -CH_2CH=CH-\overset{\displaystyle H}{\underset{\displaystyle |}{CH}}- \quad \longrightarrow$$

Segmento de uma nova cadeia hidrocarbônica de ácido graxo

$$-CH_2CH=CH-\overset{\displaystyle O-O-H}{\underset{\displaystyle |}{CH}}- \; + \; -CH_2CH=CH-\overset{\displaystyle \cdot}{CH}-$$

Hidroperóxido   Novo radical carbono

O ponto mais importante sobre as duas etapas de propagação da cadeia (etapas 2a e 2b) é que elas formam um ciclo contínuo de reações. O novo radical formado na etapa 2b reage com outra molécula de O_2 pela etapa 2a, formando um novo radical hidroperóxi. Esse novo radical hidroperóxi então reage com uma nova cadeia hidrocarbônica, repetindo a etapa 2b e assim por diante. Esse ciclo de etapas de propagação repete-se várias vezes em uma reação em cadeia. Assim, uma vez gerado um radical na etapa 1, o ciclo de etapas de propagação se repete milhares de vezes e, ao fazê-lo, gera milhares de moléculas de hidroperóxido. O número de vezes em que o ciclo de etapas de propagação da cadeia se repete é chamado **extensão da cadeia**.

Os próprios hidroperóxidos são instáveis e, sob condições biológicas, degradam em aldeídos de cadeia curta e ácidos carboxílicos de odor "rançoso" desagradável. Esses odores podem ser familiares se você alguma vez sentiu o cheiro de óleo de cozinha ou de alimentos envelhecidos que contêm gorduras ou óleos poli-insaturados. Semelhante formação de hidroperóxidos nas lipoproteínas de baixa densidade (Seção 27.4) depositadas nas paredes das artérias resulta em doença cardiovascular em humanos. Além disso, acredita-se que muitos dos efeitos do envelhecimento resultem da formação e consequente degradação de hidroperóxidos.

Felizmente, a natureza desenvolveu uma série de defesas contra a formação desses e de outros hidroperóxidos destrutivos, entre elas a vitamina E (Seção 30.6), que é um fenol. Esse composto é um "sequestrante natural". Ele se insere na etapa 2a ou na 2b, doa um H · de seu grupo —OH ao radical carbono e o converte de volta à cadeia hidrocarbônica original. Por ser estável, a vitamina E quebra o ciclo de etapas de propagação da cadeia, impedindo assim a formação de mais hidroperóxidos destrutivos. Embora se possam formar alguns hidroperóxidos, a quantidade é muito pequena e eles são facilmente decompostos em materiais inofensivos por uma entre várias possíveis reações catalisadas por enzimas.

Infelizmente, a vitamina E é removida no processamento de muitos alimentos e produtos alimentícios. Para compensar essa perda, fenóis como BHT e BHA são adicionados

Vitamina E

*H*idroxi-*t*olueno *b*utilado
(BHT)

*H*idroxi-*a*nisol *b*utilado
(BHA)

a alimentos para "retardar a deterioração" (conforme é indicado nas embalagens) por auto-oxidação. Do mesmo modo, compostos similares são adicionados a outros materiais, tais como plásticos e borracha, para protegê-los contra a auto-oxidação.

Resumo das questões-chave

Seção 13.1 Qual é a estrutura do benzeno?

- O **benzeno** e seus derivados alquila são classificados como **hidrocarbonetos aromáticos** ou **arenos**.
- A primeira estrutura para o benzeno foi proposta em 1872 por August Kekulé.
- A teoria da **ressonância**, desenvolvida por Linus Pauling na década de 1930, apresentou a primeira estrutura adequada para o benzeno.

Seção 13.2 Qual é a nomenclatura dos compostos aromáticos?

- A nomenclatura dos compostos aromáticos segue o sistema Iupac.
- O grupo C_6H_5— é chamado **fenila**.
- Dois substituintes no anel benzênico podem ser posicionados numerando os átomos do anel ou usando os localizadores *orto (o)*, *meta (m)* e *para (p)*.
- Hidrocarbonetos aromáticos polinucleares contêm dois ou mais anéis benzênicos, cada um deles compartilhando com outro anel dois átomos de carbono adjacentes.

Seção 13.3 Quais são as reações características do benzeno e de seus derivados?

- Uma reação característica dos compostos aromáticos é a **substituição aromática**, em que um átomo de hidrogênio do anel aromático é substituído por outro átomo ou grupo de átomos.
- As reações aromáticas de substituição típicas são a halogenação, a nitração e a sulfonação.

Seção 13.4 O que são fenóis?

- O grupo funcional fenol é o grupo —OH ligado a um anel benzênico.
- O fenol e seus derivados são ácidos fracos, com pK_a em torno de 10,0.
- A vitamina E, um composto fenólico, é um antioxidante natural.
- Os compostos fenólicos como o BHT e o BHA são antioxidantes sintéticos.

356 ■ Introdução à química orgânica

Resumo das reações fundamentais

1. Halogenação (Seção 13.3A) O tratamento de um composto aromático com Cl_2 ou Br_2, na presença de $FeCl_3$ como catalisador, substitui um H por um halogênio.

$$\text{benzeno} + Cl_2 \xrightarrow{FeCl_3} \text{C}_6\text{H}_5\text{Cl} + HCl$$

2. Nitração (Seção 13.3B) O aquecimento de um composto aromático com uma mistura de ácido nítrico e ácido sulfúrico concentrados substitui um H por um grupo nitro.

$$\text{benzeno} + HNO_3 \xrightarrow[\text{calor}]{H_2SO_4} \text{C}_6\text{H}_5\text{NO}_2 + H_2O$$

3. Sulfonação (Seção 13.3C) O aquecimento de um composto aromático com ácido sulfúrico concentrado substitui um H por um grupo ácido sulfônico.

$$\text{benzeno} + H_2SO_4 \xrightarrow{\text{calor}} \text{C}_6\text{H}_5\text{SO}_3H + H_2O$$

4. Reação de fenóis com bases fortes (Seção 13.4B) Os fenóis são ácidos fracos e reagem com bases fortes para formar sais solúveis em água.

$$\text{C}_6\text{H}_5\text{OH} + NaOH \longrightarrow \text{C}_6\text{H}_5\text{O}^-Na^+ + H_2O$$

Problemas

Seção 13.1 Qual é a estrutura do benzeno?

13.2 Indique se a afirmação é verdadeira ou falsa.
(a) Alcenos, alcinos e arenos são hidrocarbonetos insaturados.
(b) Os compostos aromáticos receberam esse nome porque muitos deles têm odores agradáveis.
(c) De acordo com o modelo da ressonância nas ligações, o benzeno é descrito como um híbrido de duas estruturas contribuintes equivalentes.
(d) O benzeno é uma molécula planar.

13.3 Qual é a diferença estrutural entre um composto saturado e um composto insaturado?

13.4 Defina *composto aromático*.

13.5 Por que se diz que alcenos, alcinos e compostos aromáticos são insaturados?

13.6 Os anéis aromáticos têm ligações duplas? Eles são insaturados? Explique.

13.7 Pode um composto aromático ser saturado?

13.8 Desenhe pelo menos duas fórmulas estruturais para cada uma das seguintes espécies. (Vários isômeros constitucionais são possíveis para cada parte.)
(a) Alceno de seis carbonos
(b) Cicloalceno de seis carbonos
(c) Alcino de seis carbonos
(d) Hidrocarboneto aromático de oito carbonos

13.9 Escreva uma fórmula estrutural e o nome para o mais simples (a) alcano, (b) alceno, (c) alcino e (d) hidrocarboneto aromático.

13.10 Explique por que o anel de seis membros do benzeno é planar, enquanto o anel de seis membros do cicloexano não é.

13.11 O composto 1,4-diclorobenzeno (*p*-diclorobenzeno) tem uma geometria rígida que não permite a rotação livre.

Entretanto, não existem isômeros *cis-trans* para essa estrutura. Explique por que não há isomeria *cis-trans*.

13.12 Uma analogia frequentemente utilizada para explicar o conceito de híbrido de ressonância é relacionar um rinoceronte a um unicórnio e um dragão. Explique o raciocínio dessa analogia e como pode estar relacionada ao híbrido de ressonância.

Seção 13.2 Qual é a nomenclatura dos compostos aromáticos?

13.13 Indique se a afirmação é verdadeira ou falsa.
(a) A fórmula molecular do grupo fenila é C_6H_5 e é representada pelo símbolo Ph—.
(b) Os substituintes *para* ocupam carbonos adjacentes no anel benzênico.
(c) O ácido 4-bromobenzoico pode ser separado nos isômeros *cis* e *trans*.
(d) O naftaleno é uma molécula planar.
(e) Benzeno, naftaleno e antraceno são hidrocarbonetos aromáticos polinucleares (HAPs).
(f) O benzo[a]pireno causa câncer ao se ligar no DNA, produzindo mutações cancerígenas.

13.14 Dê nome aos seguintes compostos.

(a) 1-cloro-4-nitrobenzeno

(b) 1-bromo-2-metilbenzeno

(c) $C_6H_5CH_2CH_2CH_2Cl$

(d) $C_6H_5CCH_2CH_3$ com Br e CH_3

(e) [estrutura: anel benzênico com NH₂ e NO₂ em posição orto]

(f) [estrutura: anel benzênico com OH e C₆H₅ em posição orto]

(g) [estrutura: C₆H₅, H ligados a C=C com H, C₆H₅]

(h) [estrutura: anel benzênico com CH₃, Cl e Cl]

13.15 Desenhe fórmulas estruturais para os seguintes compostos.
(a) 1-bromo-2-cloro-4-etilbenzeno
(b) 4-bromo-1,2-dimetilbenzeno
(c) 2,4,6-trinitrotolueno
(d) 4-fenil-1-penteno
(e) *p*-cresol
(f) 2,4-diclorofenol

13.16 Dizemos que naftaleno, antraceno, fenantreno e benzo[a]pireno são hidrocarbonetos aromáticos polinucleares. Nesse contexto, o que significa "polinucleares"? O que significa "aromáticos"? O que significa "hidrocarbonetos"?

Seção 13.3 Quais são as reações características do benzeno e de seus derivados?

13.17 Suponha que você tenha frascos não rotulados de benzeno e cicloexeno. Que reação química poderia ser usada para identificar o conteúdo de cada frasco? Diga o que você faria, o que esperaria ver e como explicaria suas observações.

13.18 Três produtos de fórmula molecular C_6H_4BrCl são formados quando o bromobenzeno é tratado com cloro, Cl_2, na presença de $FeCl_3$ como catalisador. Dê nome e desenhe uma fórmula estrutural para cada produto.

13.19 A reação de bromo com tolueno na presença de $FeCl_3$ forma uma mistura de três produtos, todos de fórmula molecular C_7H_7Br. Dê nome e desenhe uma fórmula estrutural para cada produto.

13.20 Quais são os reagentes e/ou catalisadores necessários para executar cada uma das seguintes conversões?
(a) Benzeno em nitrobenzeno
(b) 1,4-diclorobenzeno em 2-bromo-1,4-dicloro benzeno
(c) Benzeno em anilina

13.21 Quais são os reagentes e/ou catalisadores necessários para executar cada uma das seguintes conversões? Cada conversão requer duas etapas.
(a) Benzeno em ácido 3-nitrobenzenossulfônico
(b) Benzeno em 1-bromo-4-clorobenzeno

13.22 A substituição aromática pode ser feita no naftaleno. O tratamento do naftaleno com H_2SO_4 forma dois (e somente dois) ácidos sulfônicos diferentes. Desenhe uma fórmula estrutural para cada um deles.

Seção 13.4 O que são fenóis?

13.23 Indique se a afirmação é verdadeira ou falsa.
(a) Fenóis e alcoóis têm em comum a presença de um grupo —OH.
(b) Fenóis são ácidos fracos e reagem com bases fortes, formando sais solúveis em água.
(c) O pK_a do fenol é menor que o do ácido acético.
(d) A auto-oxidação converte um grupo R—H em um grupo R—OH (hidroxila).
(e) Um radical carbono tem apenas sete elétrons na camada de valência de um de seus carbonos, e esse carbono apresenta uma carga positiva.
(f) Uma das características da etapa de iniciação da cadeia é a conversão de um não radical em um radical.
(g) A auto-oxidação é um processo da cadeia radical.
(h) Uma das características da etapa de propagação da cadeia é a reação de um radical e uma molécula, formando um novo radical e uma nova molécula.
(i) A vitamina E e outros antioxidantes naturais funcionam interrompendo o ciclo das etapas de propagação da cadeia que ocorre na auto-oxidação.

13.24 Tanto o fenol como o cicloexanol são apenas ligeiramente solúveis em água. Explique o fato de o fenol dissolver-se em hidróxido de sódio aquoso, mas o cicloexanol não.

13.25 Defina *auto-oxidação*.

13.26 A auto-oxidação é descrita como uma *reação de cadeia radical*. Qual é o significado do termo "radical" nesse contexto? E do termo "cadeia"? E "extensão da cadeia"?

13.27 Explique o funcionamento da vitamina E como antioxidante.

13.28 Quais são os aspectos estruturais comuns à vitamina E, ao BHT e ao BHA (os três antioxidantes apresentados na Seção 13.4C)?

Conexões químicas

13.29 (Conexões químicas 13.A) O que é um carcinógeno? Que tipo de carcinógeno é encontrado na fumaça de cigarro?

13.30 (Conexões químicas 13B) Em uma dieta em que o iodo está ausente, desenvolve-se o bócio. Explique por que o bócio é uma doença regional.

13.31 (Conexões químicas 13C) Calcule a massa molecular de cada um dos explosivos citados nessa "Conexão química". Em qual explosivo é maior a contribuição percentual dos grupos nitro em termos de massa molecular?

13.32 (Conexões químicas 13D) Quais são as diferenças estruturais entre o vermelho-allura e o amarelo-crepúsculo?

13.33 (Conexões químicas 13D) Quais são os aspectos do vermelho-allura e do amarelo-crepúsculo que os tornam solúveis em água?

13.34 (Conexões químicas 13D) Qual é a cor obtida quando se misturam vermelho-allura e amarelo-crepúsculo? (*Dica*: Lembre-se do círculo cromático.)

358 ■ Introdução à química orgânica

13.35 (Conexões químicas 13E) De que tipos de planta é isolada a capsaicina?

13.36 (Conexões químicas 13E) Quantos isômeros *cis-trans* são possíveis para a capsaicina? A fórmula estrutural mostrada nessa "Conexão química" é o isômero *cis* ou o isômero *trans*?

Problemas adicionais

13.37 A estrutura do naftaleno que aparece na Seção 13.2D é apenas uma entre três estruturas de ressonância possíveis. Desenhe as outras duas.

13.38 Desenhe fórmulas estruturais para os seguintes compostos.
(a) 1-fenilciclopropanol (b) Estireno
(c) *m*-bromofenol (d) Ácido 4-nitrobenzoico
(e) Isobutilbenzeno (f) *m*-xileno

13.39 O 2,6-di-*terc*-butil-4-metilfenol (BHT, Seção 13.4C) é um antioxidante adicionado aos alimentos processados para "retardar a deterioração". Como o BHT atinge seu objetivo?

13.40 Escreva a fórmula estrutural para o produto de cada uma destas reações.

(a) $\bigcirc$ + HNO_3 $\xrightarrow{H_2SO_4}$

(b) $\bigcirc$ (CH_3, CH_3) + Br_2 $\xrightarrow{FeCl_3}$

(c) $\bigcirc$ (Br, Br) + H_2SO_4 $\longrightarrow$

13.41 O estireno reage com o bromo, formando um composto de fórmula molecular $C_8H_8Br_2$. Desenhe uma fórmula estrutural para esse composto.

Alcoóis, éteres e tióis

Tanques de fermentação de uva para fabricação de vinho nas Vinhas de Beaulieu, Califórnia.

Questões-chave

14.1 Quais são as estruturas, a nomenclatura e as propriedades físicas dos alcoóis?

14.2 Quais são as reações características dos alcoóis?

14.3 Quais são as estruturas, a nomenclatura e as propriedades dos éteres?

14.4 Quais são as estruturas, a nomenclatura e as propriedades dos tióis?

14.5 Quais são os alcoóis comercialmente mais importantes?

Neste capítulo, vamos estudar as propriedades físicas e químicas dos alcoóis e éteres, duas classes de compostos orgânicos que contêm oxigênio. Também vamos estudar os tióis, uma classe de compostos orgânicos que contém enxofre. Estruturalmente, os tióis são como os alcoóis, exceto pela presença do grupo —SH em vez do grupo —OH.

CH_3CH_2OH $CH_3CH_2OCH_2CH_3$ CH_3CH_2SH
Etanol   Dietil-éter   Etanotiol
(álcool)   (éter)   (tiol)

Soluções em que o etanol é o solvente são chamadas tinturas.

Esses três compostos certamente são familiares. O etanol é o aditivo para combustível em E85 e E15, o álcool nas bebidas alcoólicas, e um importante solvente nos laboratórios e nas indústrias. O dietil-éter foi o primeiro anestésico para inalação usado em cirurgias. Também é um importante solvente industrial e de laboratório. O etanotiol, como outros tióis de baixa massa molecular, exala mau cheiro. Traços de etanotiol são adicionados ao gás natural para que, havendo vazamento do gás, ele possa ser detectado pelo cheiro do tiol.

14.1 Quais são as estruturas, a nomenclatura e as propriedades físicas dos alcoóis?

A. Estrutura dos alcoóis

O grupo funcional de um **álcool** é o grupo —**OH (hidroxila)** ligado a um átomo de carbono tetraédrico (Seção 10.4A). A Figura 14.1 mostra uma estrutura de Lewis e um modelo de esferas e bastões para o metanol, CH₃OH, o álcool mais simples.

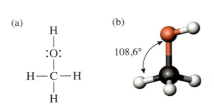

FIGURA 14.1 Metanol, CH₃OH. (a) Estrutura de Lewis e (b) modelo de esferas e bastões. O ângulo da ligação H—C—O é de 108,6°, muito próximo do ângulo tetraédrico de 109,5°.

B. Nomenclatura

A nomenclatura Iupac para os alcoóis é semelhante à dos alcanos e alcinos, com exceção da terminação, que nos alcanos é -*o* e nos alcoóis é -*ol*.

1. Selecione a cadeia carbônica mais longa que contenha o grupo —OH como o alcano principal e numere-a a partir da extremidade que resultar no número mais baixo para o —OH. Quando se numera a cadeia principal, a posição do grupo —OH prevalece sobre os grupos alquila, arila e halogênios.

2. Mude a terminação do alcano principal de -*o* para -*ol* e use um número para indicar a posição do grupo —OH. Para alcoóis cíclicos, a numeração começa no carbono ligado ao grupo —OH; esse carbono é automaticamente o carbono 1.

3. Dê nome aos substituintes, numere-os e liste-os em ordem alfabética.

Para formar os nomes comuns dos alcoóis, use a palavra "álcool" e depois adicione o nome do grupo alquila ligado ao —OH. A seguir, apresentamos os nomes Iupac e, entre parênteses, os nomes comuns de oito alcoóis de baixa massa molecular:

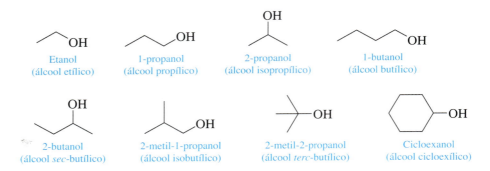

Exemplo 14.1 Nomes sistemáticos dos alcoóis

Escreva o nome Iupac para cada um dos alcoóis.

Estratégia

Siga as seguintes etapas:
1ª etapa: Identifique a cadeia principal.
2ª etapa: Mude a terminação do alcano principal de -*o* para -*ol* e use um número para indicar a posição do grupo —OH.
3ª etapa: Dê nome e número aos substituintes, colocando-os em ordem alfabética.
4ª etapa: Especifique a configuração se existir isomeria *cis-trans*.

Solução

(a) O alcano principal é o pentano. Numere a cadeia principal na direção que produzir o número mais baixo para o carbono ligado ao grupo —OH. O álcool é o 4-metil-2--pentanol.

Alcoóis, éteres e tióis ■ 361

(b) O cicloalcano principal é o cicloexano. Numere os átomos do anel começando com o carbono ligado ao grupo —OH como carbono 1 e especifique que os grupos metila e hidroxila são *trans* entre si. Esse álcool é o *trans*-2-metilcicloexanol.

Problema 14.1

Escreva o nome Iupac para cada um dos alcoóis.

(a) 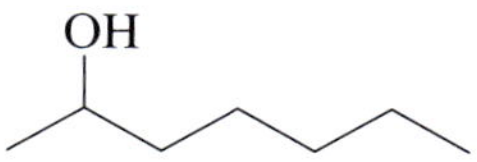 OH

(b)

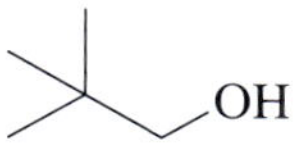

(c)

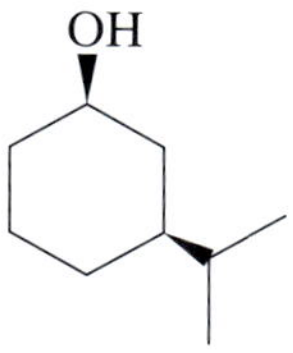

Classificamos os alcoóis como **primário (1º)**, **secundário (2º)** ou **terciário (3º)**, dependendo do número de grupos carbônicos ligados ao carbono do grupo —OH (Seção 10.4A).

Exemplo 14.2 Classificação dos alcoóis

Classifique cada um dos alcoóis como primário, secundário ou terciário.

(a)

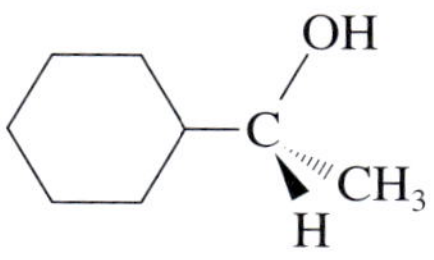

(b) 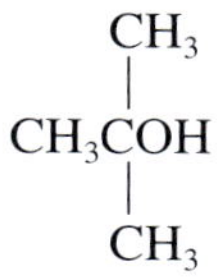 CH_3COH com CH_3

(c) 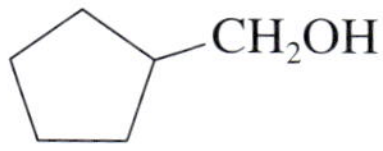 CH_2OH

Estratégia

Localize o carbono ligado ao grupo OH e conte o número de grupos carbônicos ligados a esse carbono.

Solução

(a) Secundário (2º)   (b) Terciário (3º)   (c) Primário (1º)

Problema 14.2

Classifique cada um destes alcoóis como primário, secundário ou terciário.

(a) 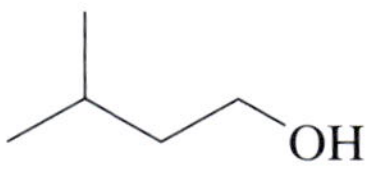   (b) 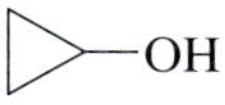 ▷—OH   (c)    (d)

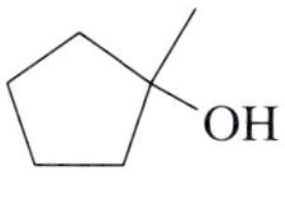

No sistema Iupac, um composto com dois grupos hidroxila é chamado **diol**; com três, **triol**; e assim por diante. Nos nomes Iupac para dióis, trióis etc., conserva-se o final -*o* do nome do alcano principal – por exemplo, 1,2-etanodiol.

Assim como acontece com muitos outros compostos orgânicos, são conservados os nomes comuns de certos dióis e trióis. Compostos que contêm dois grupos hidroxila em carbonos adjacentes geralmente são chamados **glicóis**. O etilenoglicol e o propilenoglicol são sintetizados a partir do etileno e do propileno, respectivamente – daí seus nomes comuns.

Diol Composto que contém dois grupos —OH (hidroxila).

Glicol Composto com grupos hidroxila (—OH) em carbonos adjacentes.

O etilenoglicol é incolor; a cor da maior parte dos anticongelantes vem dos aditivos. Sobre diminuição do ponto de congelamento, ver Seção 6.8A.

CH₂—CH₂   CH₃—CH—CH₂   CH₂—CH—CH₂
| | | | | | |
OH   OH   OH   OH   OH   OH   OH

1,2-etanodiol   1,2-propanodiol   1,2,3-propanotriol
(Etilenoglicol)   (Propilenoglicol)   (Glicerol, glicerina)

O etilenoglicol é uma molécula polar que se dissolve rapidamente na água (solvente polar).

C. Propriedades físicas dos alcoóis

A propriedade física mais importante dos alcoóis é a polaridade dos grupos —OH. Por causa da grande diferença de eletronegatividade (Tabela 3.5) entre o oxigênio e o carbono $(3,5 - 2,5 = 1,0)$ e entre o oxigênio e o hidrogênio $(3,5 - 2,1 = 1,4)$, tanto a ligação C—O como a O—H dos alcoóis são covalentes polares, e os alcoóis são moléculas polares, conforme ilustrado na Figura 14.2 para o metanol.

FIGURA 14.2 Polaridade das ligações C—O—H no metanol. (a) O carbono e o hidrogênio têm cargas parciais positivas, e o oxigênio, carga parcial negativa. (b) Mapa de densidade de elétrons mostrando a carga parcial negativa (vermelho) em torno do oxigênio e uma carga parcial positiva (azul) em torno do hidrogênio do grupo OH.

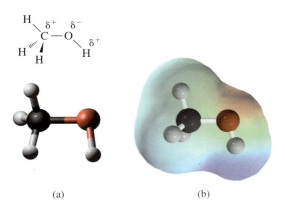

(a)   (b)

Conexões químicas 14A

Nitroglicerina: explosivo e fármaco

Em 1847, Ascanio Sobrero (1812-1888) descobriu que o 1,2,3-propanotriol, mais conhecido como glicerina, reage com ácido nítrico, na presença de ácido sulfúrico, formando um líquido amarelo-claro oleoso chamado nitroglicerina. Sobrero também descobriu as propriedades explosivas desse composto: quando ele aqueceu uma pequena quantidade, houve uma explosão!

CH₂—OH   CH₂—ONO₂
| |
CH—OH + 3HNO₃ $\xrightarrow{H_2SO_4}$ CH—ONO₂ + 3H₂O
| |
CH₂—OH   CH₂—ONO₂

1,2,3-propanotriol   Trinitrato de 1,2,3-propanotriol
(Glicerol, glicerina)   (Nitroglicerina)

A nitroglicerina logo passou a ser muito utilizada para explosões em construções de canais, túneis, estradas, minas e, claro, na guerra.

Um dos problemas associados ao uso da nitroglicerina logo foi reconhecido: era difícil manuseá-la com segurança, ocorrendo explosões acidentais com muita frequência. Esse problema foi resolvido pelo químico sueco Alfred Nobel (1833-1896), ao descobrir que uma substância semelhante à argila, a chamada terra diatomácea, absorve nitroglicerina, de modo que ela não explodirá sem um detonador. A essa mistura de nitroglicerina, terra diatomácea e carbonato de sódio, Nobel deu o nome de *dinamite*.

Por mais surpreendente que possa parecer, a nitroglicerina é usada em medicina para tratar *angina pectoris*, cujos sintomas são dores agudas no peito causadas pela redução do fluxo sanguíneo na artéria coronária. A nitroglicerina, que é encontrada na forma líquida (diluída em álcool para torná-la não explosiva), em comprimidos e em pasta, relaxa a musculatura lisa dos vasos sanguíneos, causando dilatação da artéria coronária. Essa dilatação, por sua vez, permite que um volume maior de sangue chegue ao coração.

Quando Nobel teve uma doença cardíaca, seus médicos o aconselharam a tomar nitroglicerina para aliviar as dores no peito. Ele se recusou, dizendo que não podia entender como o explosivo aliviaria suas dores. A ciência levou mais de 100 anos para encontrar a resposta. Sabemos agora que o óxido nítrico, NO, derivado dos grupos nitro da nitroglicerina, é que alivia a dor (ver "Conexões químicas 24E").

Os alcoóis têm pontos de ebulição mais altos que os alcanos, alcenos e alcinos de massa molecular semelhante (Tabela 14.1) porque as moléculas de álcool se associam entre si no estado líquido através da **ligação de hidrogênio** (Seção 5.7C). A força da ligação de hidrogênio entre as moléculas de álcool é de aproximadamente 2 a 5 kcal/mol, o que significa que é necessária uma energia adicional na separação entre os alcoóis devido à existência das ligações de hidrogênio intermoleculares (Figura 14.3).

Por causa do aumento das forças de dispersão de London (Seção 5.7A) entre moléculas maiores, os pontos de ebulição de todos os tipos de compostos, incluindo alcoóis, aumentam à medida que aumenta a massa molecular.

Alcoóis são muito mais solúveis em água do que os hidrocarbonetos da massa molecular semelhante (Tabela 14.1), pois as moléculas de álcool interagem com as moléculas de água por meio da ligação de hidrogênio. Metanol, etanol e 1-propanol são solúveis em água em todas as proporções. À medida que aumenta a massa molecular, a solubilidade dos alcoóis torna-se mais parecida com a de hidrocarbonetos de massa molecular semelhante. Alcoóis de massa molecular mais alta são muito menos solúveis em água porque o tamanho da porção hidrocarboneto de suas moléculas (que diminui a solubilidade em água) torna-se muito grande em relação ao tamanho do grupo —OH (o que aumenta a solubilidade em água).

TABELA 14.1 Ponto de ebulição e solubilidade em água de quatro grupos de alcoóis e alcanos de massa molecular semelhante

Fórmula estrutural	Nome	Massa molecular (u)	Ponto de ebulição (°C)	Solubilidade em água
CH_3OH	Metanol	32	65	Infinita
CH_3CH_3	Etano	30	−89	Insolúvel
CH_3CH_2OH	Etanol	46	78	Infinita
$CH_3CH_2CH_3$	Propano	44	−42	Insolúvel
$CH_3CH_2CH_2OH$	1-propanol	60	97	Infinita
$CH_3CH_2CH_2CH_3$	Butano	58	0	Insolúvel
$CH_3CH_2CH_2CH_2OH$	1-butanol	74	117	8 g/100 g
$CH_3CH_2CH_2CH_2CH_3$	Pentano	72	36	Insolúvel

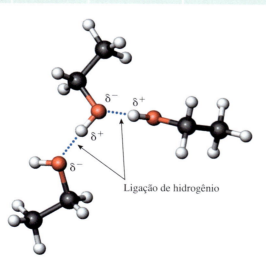

FIGURA 14.3 Associação entre moléculas de etanol no estado líquido. Cada O—H pode participar em até três ligações de hidrogênio (uma através do hidrogênio e duas através do oxigênio). São mostradas somente duas dessas três possíveis ligações de hidrogênio por molécula.

14.2 Quais são as reações características dos alcoóis?

Nesta seção, vamos estudar a acidez dos alcoóis, sua desidratação formando alcenos e sua oxidação a aldeídos, cetonas e ácidos carboxílicos.

A. Acidez dos alcoóis

Os alcoóis têm valores de pK_a próximos aos da água (Tabela 8.3), o que significa que soluções aquosas de alcoóis têm aproximadamente o mesmo pH da água pura. Na Seção 13.4B, estudamos a acidez dos fenóis, outra classe de compostos que contém um grupo —OH. Fenóis são ácidos fracos e reagem com sódio aquoso, formando sais solúveis em água.

$$\text{Fenol} \quad \text{—OH} + NaOH \xrightarrow{H_2O} \quad \text{—O}^-Na^+ + H_2O$$

Fenol

Fenóxido de sódio
(sal solúvel em água)

Os alcoóis são ácidos consideravelmente mais fracos que os fenóis e não reagem dessa maneira.

B. Desidratação de alcoóis catalisada por ácido

Desidratação Eliminação de uma molécula de água de um álcool. Na desidratação do álcool, o OH é removido de um carbono e o H é removido de um carbono adjacente.

Podemos converter um álcool em um alceno eliminando uma molécula de água de átomos de carbono adjacentes em uma reação chamada **desidratação**. No laboratório, a desidratação de um álcool geralmente é provocada por aquecimento, seja com ácido fosfórico 85% ou ácido sulfúrico concentrado. Alcoóis primários – os mais difíceis de desidratar – requerem aquecimento em ácido sulfúrico concentrado em temperaturas que chegam a 180 °C. Os alcoóis secundários são submetidos à desidratação catalisada por ácido em temperaturas um pouco mais baixas. Alcoóis terciários geralmente são submetidos à desidratação catalisada por ácido em temperaturas apenas ligeiramente acima da temperatura ambiente.

$$CH_3CH_2OH \xrightarrow[180\,°C]{H_2SO_4} CH_2{=}CH_2 + H_2O$$

Etanol — Etileno

Cicloexanol $\xrightarrow[140\,°C]{H_2SO_4}$ Cicloexeno $+ H_2O$

$$CH_3\underset{\underset{OH}{|}}{\overset{\overset{CH_3}{|}}{C}}CH_3 \xrightarrow[50\,°C]{H_2SO_4} CH_3\overset{\overset{CH_3}{|}}{C}{=}CH_2 + H_2O$$

2-Metil-2-propanol
(Álcool *terc*-butílico)

2-Metilpropeno
(Isobutileno)

Assim, a desidratação dos alcoóis, catalisada por ácido, segue esta ordem:

alcoóis 1º   alcoóis 2º   alcoóis 3º

Facilidade na desidratação de alcoóis ⟶

Quando a desidratação de um álcool, catalisada por ácido, produz alcenos isoméricos, geralmente predomina o alceno com o maior número de grupos alquila na ligação dupla. Na desidratação, catalisada por ácido, do 2-butanol, por exemplo, o principal produto é o 2-buteno, que tem dois grupos alquila (dois grupos metila) em sua ligação dupla. O produto secundário é o 1-buteno, que possui apenas um grupo alquila (um grupo etila) em sua ligação dupla.

$$CH_3CH_2\underset{\underset{OH}{|}}{C}HCH_3 \xrightarrow[calor]{H_3PO_4} CH_3CH{=}CHCH_3 + CH_3CH_2CH{=}CH_2 + H_2O$$

2-butanol

2-buteno
(80%)

1-buteno
(20%)

Exemplo 14.3 Desidratação de alcoóis catalisada por ácido

Desenhe fórmulas estruturais para alcenos formados pela desidratação, catalisada por ácido, de cada um dos alcoóis. Para cada parte, preveja qual alceno vai ser o produto principal.

(a) 3-metil-2-butanol   (b) 2-metilciclopentanol

Estratégia

Na desidratação, catalisada por ácido, de um álcool, H e OH são removidos de átomos de carbono adjacentes. Quando a desidratação produz alcenos isoméricos, predomina o alceno com maior número de grupos alquila nos átomos de carbono da ligação dupla.

Solução

(a) A eliminação de H_2O dos carbonos 2-3 forma 2-metil-2-buteno; a eliminação de H_2O dos carbonos 1-2 forma 3-metil-1-buteno. O 2-metil-2-buteno tem três grupos alquila (três grupos metila) em sua ligação dupla e é o produto principal. O 3-metil-1-buteno tem apenas um grupo alquila (um grupo isopropila) em sua ligação dupla e é o produto secundário.

$$
\underset{\text{3-metil-2-butanol}}{\underset{|}{\overset{CH_3}{\underset{4\ \ \ 3}{CH_3}\underset{|}{\underset{OH}{CH}}\overset{2\ \ \ 1}{CHCH_3}}}} \ \xrightarrow[\substack{\text{desidratação} \\ \text{catalisada por ácido}}]{H_2SO_4} \ \underset{\substack{\text{2-metil-2-buteno} \\ \text{(produto principal)}}}{\overset{CH_3}{\underset{|}{CH_3C}}{=}CHCH_3} \ + \ \underset{\text{3-metil-1-buteno}}{\overset{CH_3}{\underset{|}{CH_3CH}}CH{=}CH_2} \ + \ H_2O
$$

(b) O produto principal, 1-metilciclopenteno, tem três grupos alquila em sua dupla ligação. O produto secundário, 3-metilciclopenteno, tem apenas dois grupos alquila em sua ligação dupla.

$$
\underset{\text{2-metilciclopentanol}}{\text{(estrutura)}} \ \xrightarrow[\substack{\text{desidratação} \\ \text{catalisada por ácido}}]{H_2SO_4} \ \underset{\substack{\text{1-metilciclopenteno} \\ \text{(produto principal)}}}{\text{(estrutura)}} \ + \ \underset{\text{3-metilciclopenteno}}{\text{(estrutura)}} \ + \ H_2O
$$

Problema 14.3

Desenhe fórmulas estruturais para os alcenos formados pela desidratação, catalisada por ácido, de cada um dos alcoóis. Para cada parte, preveja qual alceno será o produto principal.

(a) 2-metil-2-butanol   (b) 1-metilciclopentanol

Na Seção 12.6B, estudamos a hidratação, catalisada por ácido, dos alcenos, formando alcoóis. Nesta seção, estudamos a desidratação, catalisada por ácido, dos alcoóis, formando alcenos. De fato, as reações de hidratação-desidratação são reversíveis. A hidratação do alceno e a desidratação do álcool são reações concorrentes com o seguinte equilíbrio:

$$
\underset{\text{Alqueno}}{\overset{\diagdown}{\underset{\diagup}{C}}{=}\overset{\diagup}{\underset{\diagdown}{C}}} \ + \ H_2O \ \underset{\text{desidratação}}{\overset{\text{hidratação}}{\rightleftharpoons}} \ \underset{\text{Álcool}}{\underset{\substack{| \ \ \ | \\ H \ \ \ OH}}{-\overset{|}{C}-\overset{|}{C}-}}
$$

De acordo com o princípio de Le Chatelier (Seção 7.7), grandes quantidades de água (em outras palavras, usando ácido aquoso diluído) favorecem a formação de álcool, enquanto pouca água (usando ácido concentrado) ou condições experimentais em que a água é removida (aquecimento da mistura em reação acima de 100 °C) favorecem a formação de alceno. Assim, dependendo das condições experimentais, podemos usar o equilíbrio hidratação-desidratação para preparar tanto alcoóis como alcenos, ambos com alto rendimento.

Exemplo 14.4 Desidratação de alcoóis e hidratação de alcenos catalisadas por ácido

No item (a), a desidratação, catalisada por ácido, do 2-metil-3-pentanol forma, predominantemente, o composto A. O tratamento do composto A com água, na presença de ácido

366 ■ Introdução à química orgânica

sulfúrico, no item (b), forma o composto B. Proponha fórmulas estruturais para os compostos A e B.

(a)

$$CH_3CHCHCH_2CH_3 \xrightarrow[\substack{\text{desidratação} \\ \text{catalisada por ácido}}]{H_2SO_4} \text{Composto A } (C_6H_{12}) + H_2O$$

com grupo CH_3 e OH ligados.

(b) Composto A (C_6H_{12}) + H_2O $\xrightarrow{H_2SO_4}$ Composto B $(C_6H_{14}O)$

Estratégia

O mais importante no item (a) é que, quando a desidratação, catalisada por ácido, de um álcool pode produzir alcenos isoméricos, geralmente predomina o alceno com maior número de grupos alquila nos átomos de carbono da ligação dupla. Depois de determinada a fórmula estrutural de A, use a regra de Markovnikov para prever a fórmula estrutural do composto B.

Solução

(a) A desidratação, catalisada por ácido, do 2-metil-3-pentanol forma, predominantemente, 2-metil-2-penteno, um alceno com três substituintes em sua dupla ligação: dois grupos metila e um grupo etila.

$$CH_3CHCHCH_2CH_3 \xrightarrow[\substack{\text{desidratação} \\ \text{catalisada por ácido}}]{H_2SO_4} CH_3C{=}CHCH_2CH_3 + H_2O$$

2-metil-3-butanol • 2-metil-2-penteno (produto principal)

(b) A adição, catalisada por ácido, de água a esse alceno forma 2-metil-2-pentanol, de acordo com a regra de Markovnikov (Seção 12.6B).

$$CH_3C{=}CHCH_2CH_3 + H_2O \xrightarrow[\substack{\text{hidratação} \\ \text{catalisada por ácido}}]{H_2SO_4} CH_3CCH_2CH_2CH_3$$

Composto A (C_6H_{12}) • Composto B $(C_6H_{14}O)$

Problema 14.4

A desidratação, catalisada por ácido, do 2-metilcicloexanol forma, predominantemente, o composto C (C_7H_{12}). O tratamento do composto C com água, na presença de ácido sulfúrico, forma o composto D $(C_7H_{14}O)$. Proponha fórmulas estruturais para os compostos C e D.

C. Oxidação de alcoóis primários e secundários

Um álcool primário pode ser oxidado, formando um aldeído ou um ácido carboxílico, o que vai depender das condições experimentais. A seguir, vemos uma série de transformações em que um álcool primário é oxidado, formando primeiro um aldeído e depois um ácido carboxílico. A letra O, entre colchetes, acima da seta da reação indica que cada transformação envolve oxidação.

$$CH_3{-}\underset{H}{\overset{OH}{C}}{-}H \xrightarrow{[O]} CH_3{-}\overset{O}{\overset{\|}{C}}{-}H \xrightarrow{[O]} CH_3{-}\overset{O}{\overset{\|}{C}}{-}OH$$

Álcool primário • Aldeído • Ácido carboxílico

Lembremos que, na Seção 4.7, de acordo com uma das definições, a oxidação ou é a perda de hidrogênios ou o ganho de oxigênios. Usando essa definição, a conversão de um álcool primário em aldeído é uma reação de oxidação porque o álcool perde hidrogênio. A conversão de um aldeído em ácido carboxílico também é uma reação de oxidação porque o aldeído ganha um oxigênio.

O reagente mais usado em laboratório para a oxidação de um álcool primário em ácido carboxílico é o dicromato de potássio, $K_2Cr_2O_7$, dissolvido em ácido sulfúrico aquoso. Usando esse reagente, a oxidação do 1-octanol, por exemplo, forma ácido octanoico. Essa condição experimental é mais que suficiente para oxidar o aldeído intermediário a ácido carboxílico.

$$CH_3(CH_2)_6CH_2OH \xrightarrow[H_2SO_4]{K_2Cr_2O_7} CH_3(CH_2)_6\overset{\displaystyle O}{\overset{\|}{C}H} \xrightarrow[H_2SO_4]{K_2Cr_2O_7} CH_3(CH_2)_6\overset{\displaystyle O}{\overset{\|}{C}OH}$$

1-octanol   Octanal   Ácido octanoico

Embora o produto usual da oxidação de um álcool primário seja um ácido carboxílico, geralmente é possível parar a oxidação na etapa do aldeído destilando a mistura. Isto é, o aldeído, que geralmente tem ponto de ebulição mais baixo que o álcool primário e o ácido carboxílico, é removido da mistura em reação antes que possa ser oxidado ainda mais.

Alcoóis secundários podem ser oxidados para formar cetonas usando dicromato de potássio como agente oxidante. O mentol, um álcool secundário presente na hortelã-pimenta e em outros óleos de menta, é usado em licores, cigarros, pastilhas para tosse, perfumaria e inaladores nasais. Seu produto de oxidação, a mentona, também é utilizado em perfumes e em flavorizantes artificiais.

2-isopropil-5-metil-
-cicloexanol
(Mentol)

2-isopropil-5-metil-
-cicloexanona
(Mentona)

Alcoóis terciários resistem à oxidação porque o carbono do —OH está ligado a três átomos de carbono e, portanto, não pode formar um ligação dupla carbono-oxigênio.

Exemplo 14.5 Oxidação dos alcoóis

Desenhe uma fórmula estrutural para o produto formado pela oxidação de cada um destes alcoóis com dicromato de potássio.
(a) 1-hexanol   (b) 2-hexanol

Estratégia

A oxidação do 1-hexanol, um álcool primário, forma um aldeído ou um ácido carboxílico, dependendo das condições experimentais. A oxidação do 2-hexanol, um álcool secundário, forma uma cetona.

Solução

(a)   Hexanal   ou   Ácido hexanoico

(b)   2-hexanona

Problema 14.5

Desenhe o produto formado pela oxidação de cada um destes alcoóis com dicromato de potássio.

(a) Cicloexanol (b) 2-pentanol

Conexões químicas 14B

Teste de álcool na expiração

A oxidação do etanol pelo dicromato de potássio, formando ácido acético, é a base do teste de rastreamento de alcoolemia (bafômetro) usado pela polícia para determinar o conteúdo de álcool no sangue (CAS) de uma pessoa. O teste baseia-se na diferença de cor entre o íon dicromato (laranja-avermelhado), no reagente, e o íon crômio (III) (verde), no produto.

Em sua forma mais simples, o rastreamento de álcool utiliza um tubo de vidro vedado contendo um reagente de dicromato de potássio-ácido sulfúrico impregnado em sílica-gel. Para administrar o teste, quebram-se as extremidades do tubo, um bocal é inserido em uma das pontas, e a outra ponta é inserida em um saco plástico. A pessoa a ser testada deve soprar no bocal para inflar o saco plástico.

À medida que a expiração contendo etanol atravessa o tubo, o íon dicromato, de cor laranja-avermelhada, é reduzido ao íon crômio (III), que é verde. Para fazer uma estimativa da concentração de etanol na expiração, mede-se a extensão da cor verde ao longo do tubo. Quando ultrapassa o ponto médio, considera-se que a pessoa apresenta um alto conteúdo alcoólico no sangue, o que autoriza a aplicação de outros testes de maior precisão.

Esse teste mede o conteúdo de álcool na expiração. A definição legal de estar sob a influência do álcool, porém, baseia-se no conteúdo de álcool no sangue, e não na expiração. A correlação entre essas duas medidas baseia-se no fato de que o ar contido nos pulmões está em equilíbrio com a passagem do sangue através das artérias pulmonares, e assim é estabelecido um equilíbrio entre álcool no sangue e álcool na expiração. Com base em testes realizados em pessoas que ingeriram álcool, os pesquisadores determinaram que 2.100 mL de expiração contêm a mesma quantidade de etanol que 1,00 mL de sangue.

A pessoa sopra em um bocal preso a um tubo.

Tubo de vidro contendo dicromato de potássio-ácido sulfúrico cobrindo partículas de sílica-gel.

À medida que a pessoa sopra no tubo, o saco plástico infla.

14.3 Quais são as estruturas, a nomenclatura e as propriedades dos éteres?

A. Estrutura

Éter Composto que contém um átomo de oxigênio ligado a dois átomos de carbono.

O grupo funcional do **éter** é um átomo de oxigênio ligado a dois átomos de carbono. A Figura 14.4 mostra uma estrutura de Lewis e um modelo de esferas e bastões do dimetil-éter, CH_3OCH_3, o éter mais simples.

B. Nomenclatura

Embora o sistema Iupac possa ser usado para dar nome aos éteres, os químicos quase que invariavelmente utilizam os nomes comuns para os éteres de baixa massa molecular. Os nomes comuns são formados dispondo em ordem alfabética os grupos alquila ligados ao oxigênio, sucedidos da palavra *éter*. Outra alternativa é um dos grupos ligados ao oxigênio receber um nome de grupo alquila. O grupo —OCH_3, por exemplo, recebe o nome de "metóxi" para indicar um grupo <u>met</u>ila ligado ao <u>oxi</u>gênio.

CH₃CH₂OCH₂CH₃   ⬡—OCH₃
Dietil-éter   Cicloexil-metil-éter
                    (Metoxicicloexano)

Exemplo 14.6 Nomes comuns dos éteres

Escreva o nome comum para cada um dos éteres.

(a) CH₃COCH₂CH₃ com dois CH₃ (b) ⬡—O—⬡

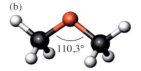

FIGURA 14.4 Dimetil-éter, CH₃OH₂.
(a) Estrutura de Lewis e (b) modelo de esferas e bastões. O ângulo da ligação C—O—C é de 110,3°, próximo do ângulo tetraédrico de 109,5°.

Estratégia

Para formar o nome comum do éter, disponha, em ordem alfabética, os grupos ligados ao oxigênio.

Solução

(a) Os grupos ligados ao oxigênio do éter são o *terc*-butila e o etila. O nome comum do composto é *terc*-butil-etil-éter.
(b) Dois grupos cicloexila estão ligados ao oxigênio do éter. O nome comum do composto é dicicloexil-éter.

Problema 14.6

Escreva o nome comum para cada um dos éteres.

Conexões químicas 14C

Óxido de etileno: um esterilizante químico

O óxido de etileno é um gás incolor e inflamável, com ponto de ebulição em 11 °C. Por se tratar de uma molécula altamente tensionada (os ângulos de ligação tetraédricos normais tanto do C quanto do O são comprimidos de 109,5°, o ângulo tetraédrico normal, para aproximadamente 60°), o óxido de etileno reage com os grupos amina (—NH₂) e sulfidrila (—SH) presentes em materiais biológicos.

Em concentrações suficientemente altas, ele reage com tal quantidade de moléculas nas células que chega a causar a morte de microorganismos. A propriedade tóxica é a base para o uso do óxido de etileno como fumigante em alimentos e têxteis e também em hospitais para esterilizar instrumentos cirúrgicos.

RNH₂ + △O ⟶ RNH—CH₂CH₂O—H

RSH + △O ⟶ RS—CH₂CH₂O—H

Nos **éteres cíclicos**, um dos átomos do anel é o oxigênio. Esses éteres também são conhecidos por seus nomes comuns. O óxido de etileno é um importante componente da indústria química orgânica (Seção 14.5). O tetra-hidrofurano é um solvente industrial e de laboratório bastante útil.

Éter cíclico Éter em que o oxigênio é um dos átomos do anel.

Óxido de etileno   Tetra-hidrofurano
(THF)

C. Propriedades físicas

Éteres são compostos polares em que o oxigênio apresenta uma carga parcial negativa, e cada carbono a ele ligado tem carga parcial positiva (Figura 14.5). Existem, no entanto, apenas forças de atração fracas entre moléculas de éter no líquido puro. Consequentemente, os pontos de ebulição dos éteres são próximos aos dos hidrocarbonetos de massa molecular similar.

O efeito da ligação de hidrogênio nas propriedades físicas é ilustrado de modo contundente, comparando os pontos de ebulição do etanol (78 °C) e seu isômero constitucional, o dimetil-éter (−24 °C). A diferença no ponto de ebulição entre compostos deve-se à presença no etanol de um grupo O—H polar, capaz de formar ligações de hidrogênio. Essa ligação de hidrogênio intensifica as associações intermoleculares, conferindo assim ao etanol um ponto de ebulição mais alto que o do dimetil-éter.

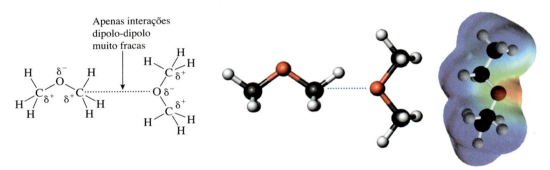

FIGURA 14.5 Éteres são moléculas polares, mas existem apenas interações fracas na atração entre moléculas de éter no estado líquido. À direita, vê-se o mapa de densidade eletrônica do dietil-éter.

Conexões químicas 14D

Éteres e anestesia

Antes de meados do século XIX, as cirurgias só eram feitas quando absolutamente necessárias, já que não havia anestésico geral disponível que funcionasse. Os pacientes eram drogados, hipnotizados ou simplesmente amarrados.

Em 1772, Joseph Priestley isolou o óxido nitroso, N₂O, um gás incolor. Em 1799, *Sir* Humphry Davy demonstrou o efeito anestésico desse composto, chamando-o de "gás do riso". Em 1844, um dentista norte-americano, Horace Wells, introduziu o óxido nitroso na prática odontológica geral. Aconteceu, porém, que um paciente de Wells acordou prematuramente gritando de dor, e outro morreu durante o procedimento. Assim, Wells foi forçado a abandonar a prática, tornou-se amargurado e deprimido, e cometeu suicídio aos 33 anos. No mesmo período, um químico de Boston, Charles Jackson, anestesiou a si próprio com dietil-éter e também convenceu um dentista, William Morton, a usá-lo. Depois persuadiu um cirurgião, John Warren, a dar uma demonstração pública de cirurgia sob anestesia. A operação foi um sucesso total, e logo a anestesia geral com dietil-éter tornou-se prática rotineira em cirurgia.

O dietil-éter era fácil de usar e causava um excelente relaxamento muscular. Em geral, pressão sanguínea, pulsação e respiração eram muito pouco afetadas. As principais desvantagens do dietil-éter são o efeito irritante sobre as vias respiratórias e a náusea subsequente.

Entre os anestésicos usados atualmente estão vários éteres halogenados, como o enflurano e isoflurano, que são os mais importantes.

Enflurano
(Etrano)

Isoflurano
(Forano)

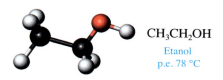
CH₃CH₂OH
Etanol
p.e. 78 °C

CH₃OCH₃
Éter dimetílico
p.e. –24 °C
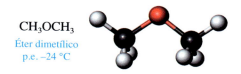

Os éteres são mais solúveis em água que hidrocarbonetos de massa e formato molecular semelhantes, mas bem menos solúveis que os alcoóis isoméricos. Sua maior solubilidade reflete o fato de que o átomo de oxigênio de um éter apresenta carga parcial negativa e forma ligações de hidrogênio com a água.

D. Reações de éteres

Os éteres se assemelham aos hidrocarbonetos em sua resistência à reação química. Por exemplo, eles não reagem com agentes oxidantes, como o dicromato de potássio. Do mesmo modo, não reagem com agentes redutores como o H₂, na presença de um metal como catalisador (Seção 12.6D). Além do mais, em temperaturas moderadas, a maior parte dos ácidos e bases não os afeta. Por causa de sua inércia geral à reação química e suas propriedades de solvente, os éteres são excelentes solventes para muitas reações orgânicas. Os éteres solventes mais importantes são o dietil-éter e o tetra-hidrofurano.

14.4 Quais são as estruturas, a nomenclatura e as propriedades dos tióis?

A. Estrutura

O grupo funcional do **tiol** é o **grupo —SH (sulfidrila)** ligado a um átomo de carbono tetraédrico. A Figura 14.6 mostra uma estrutura de Lewis e um modelo de esferas e bastões para o metanotiol, CH₃SH, o tiol mais simples.

B. Nomenclatura

O grupo do enxofre análogo ao álcool é o tiol (*ti*, do grego: *theion*, enxofre) ou, na antiga literatura, **mercaptana**, que literalmente significa "que captura mercúrio". Os tióis reagem com Hg²⁺ em solução aquosa, formando sais de sulfeto como precipitados insolúveis. O tiofenol, C₆H₅SH, por exemplo, forma (C₆H₅S)₂Hg.

No sistema Iupac, a nomenclatura dos tióis é formada selecionando-se a cadeia carbônica mais longa que contém o grupo —SH como sendo o alcano principal. Para indicar que o composto é um tiol, adicione o sufixo *-tiol* ao nome do alcano principal. A cadeia principal é numerada na direção que der ao grupo —SH o número mais baixo.

Nomes comuns para tióis simples são derivados do nome do grupo alquila ligado ao —SH, adicionando-se a palavra *mercaptana*.

Tiol Composto que contém um grupo —SH (sulfidrila) ligado a um átomo de carbono tetraédrico.

(a) H—C—S̈—H (com Hs)

(b) modelo 100,3°

FIGURA 14.6 Metanotiol, CH₃SH. (a) Estrutura de Lewis e (b) modelo de esferas e bastões. O ângulo da ligação H—S—C é de 100,3°, um pouco menor que o ângulo tetraédrico de 109,5°.

Mercaptana Nome comum para qualquer molécula que contém um grupo —SH.

CH₃CH₂SH
Etanotiol
(Etilmercaptana)

      CH₃
       |
CH₃CHCH₂SH
2-metil-1-propanotiol
(Isobutilmercaptana)

Exemplo 14.7 Nomes sistemáticos dos tióis

Escreva o nome Iupac para cada um dos tióis.

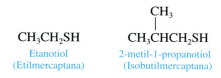

Estratégia

Para derivar o nome Iupac de um tiol, selecione como alcano principal a cadeia carbônica mais longa que contém o grupo —SH. Mostre que o composto é um tiol adicionando o sufixo -*tiol* ao nome do alcano principal. Numere a cadeia principal na direção que der ao grupo —SH o número mais baixo.

Solução

(a) O alcano principal é o pentano. Mostre a presença do grupo —SH adicionando "tiol" ao nome do alcano principal. O nome Iupac desse tiol é 1-pentanotiol. Seu nome comum é pentilmercaptana.

(b) O alcano principal é o butano. O nome Iupac desse tiol é 2-butanotiol. Seu nome comum é *sec*-butilmercaptana.

Problema 14.7

Escreva o nome Iupac para cada um dos tióis.

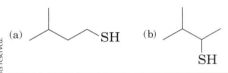

O cheiro exalado pelo gambá é uma mistura de dois tióis: 2-buteno-1-tiol e 3-metil-1--butanotiol.

A propriedade mais notável dos **tióis** de baixa massa molecular é seu mau cheiro. São eles os responsáveis pelos odores desagradáveis dos gambás, ovos podres e esgotos. O cheiro dos gambás deve-se principalmente a dois tióis:

C. Propriedades físicas

Por causa da pequena diferença de eletronegatividade entre o enxofre e o hidrogênio (2,5 − 2,1 = 0,4), classificamos a ligação S—H como covalente apolar. Em razão da falta de polaridade, os tióis demonstram pequena associação por ligação de hidrogênio. Consequentemente, eles têm pontos de ebulição mais baixos e são menos solúveis em água e em outros solventes polares que os alcoóis de massa molecular semelhante. A Tabela 14.2 fornece os pontos de ebulição de três tióis de baixa massa molecular. Para fins de comparação, são mostrados os pontos de ebulição de alcoóis com mesmo número de carbonos.

Anteriormente ilustramos a importância da ligação de hidrogênio em alcoóis comparando os pontos de ebulição do etanol (78 °C) e de seu isômero constitucional, o dimetil--éter (−24 °C). Por contraste, o ponto de ebulição do etanotiol é 35 °C e de seu isômero constitucional, o sulfeto de dimetila, é 37 °C. Como os pontos de ebulição desses isômeros constitucionais são quase idênticos, sabemos que pouca ou nenhuma associação por ligação de hidrogênio ocorre entre moléculas de tiol.

$$CH_3CH_2SH \qquad CH_3SCH_3$$

Etanotiol   Sulfeto de dimetila
p.e. 35 °C   p.e. 37 °C

D. Reações de tióis

Tióis são ácidos fracos (pK_a = 10) comparáveis em força aos fenóis (Seção 13.4B). Os tióis reagem com bases fortes como NaOH para formar sais de tiolato.

Alcoóis, éteres e tióis ■ 373

TABELA 14.2 Pontos de ebulição de três tióis e alcoóis com o mesmo número de átomos de carbono

Tiol	Ponto de ebulição (°C)	Álcool	Ponto de ebulição (°C)
Metanotiol	6	Metanol	65
Etanotiol	35	Etanol	78
1-butanotiol	98	1-butanol	117

A reação mais comum dos tióis em sistemas biológicos é a oxidação formando dissulfetos, cujo grupo funcional é uma ligação **dissulfeto** (—S—S—). Os tióis são prontamente oxidados a dissulfetos por oxigênio molecular. De fato, são tão suscetíveis à oxidação que devem ser protegidos do contato com o ar durante a armazenagem. Os dissulfetos, por sua vez, são facilmente reduzidos a tióis por vários agentes redutores. Essa fácil interconversão entre tióis e dissulfetos é muito importante na química das proteínas, como vamos ver nos Capítulos 22 e 23.

Dissulfeto Composto que contém um grupo (—S—S—).

$$2HOCH_2CH_2SH \underset{\text{redução}}{\overset{\text{oxidação}}{\rightleftharpoons}} HOCH_2CH_2S—SCH_2CH_2OH$$
Tiol   Dissulfeto

Para formar o nome comum de um dissulfeto, liste os nomes dos grupos ligados ao enxofre antecedidos pela palavra *dissulfeto*.

14.5 Quais são os alcoóis comercialmente mais importantes?

Ao estudar os alcoóis descritos nesta seção, você deverá prestar atenção a duas questões fundamentais. Primeiro, que eles são derivados quase que totalmente de petróleo, gás natural ou carvão – fontes, todas elas, não renováveis. Segundo, que muitos deles são materiais de partida para a síntese de valiosos produtos comerciais, sem os quais nossa moderna sociedade industrial não poderia existir.

Houve época em que o **metanol** era obtido pelo aquecimento de madeira acompanhado de um limitado suplemento de ar – daí o nome "álcool da madeira". Hoje o metanol é obtido da redução catalítica do monóxido de carbono. O metanol, por sua vez, é o material de partida na preparação de várias substâncias químicas de importância industrial e comercial, incluindo o ácido acético e o formaldeído. O tratamento do metanol com monóxido de carbono, na presença de ródio como catalisador, forma ácido acético. A oxidação parcial do metanol produz o formaldeído. Uma importante utilização desse aldeído de um só carbono é na preparação de fenoformaldeído e de colas e resinas à base de ureia-formaldeído, usadas como material de moldagem e como aderentes em madeira compensada e em chapa aglomerada para a indústria da construção.

$$\text{Carvão ou metanol} \xrightarrow{[O]} \underset{\substack{\text{Monóxido} \\ \text{de carbono}}}{CO} \xrightarrow{2H_2} \underset{\text{Metanol}}{CH_3OH} \begin{array}{c} \xrightarrow[\text{catalisador}]{CO} \underset{\text{Ácido acético}}{CH_3COOH} \\ \xrightarrow[\text{oxidação}]{O_2} \underset{\text{Formaldeído}}{CH_2O} \end{array}$$

A maior parte do **etanol** produzido no mundo é preparada por hidratação do etileno catalisada por ácido. O etileno, por sua vez, é derivado do craqueamento do etano separado do gás natural (Seção 11.4). O etanol também é produzido por fermentação de carboidratos de origem vegetal, especialmente milho e melaço. A maior parte do etanol derivado da fermentação é usada como aditivo "oxigenado" para produzir E85, que é uma gasolina com 85% de etanol. A combustão do E85 produz menos poluição no ar que a combustão da gasolina em si.

374 ■ Introdução à química orgânica

$$CH_2{=}CH_2 \xrightarrow{H_2O,\ H_2SO_4} CH_3CH_2OH \xrightarrow[180\ °C]{H_2SO_4} CH_3CH_2OCH_2CH_3 + H_2O$$

Etileno / Etanol / Dietil-éter

$$\xrightarrow[\text{catalisador}]{O_2} H_2C\overset{O}{-}CH_2 \xrightarrow{H_2O,\ H_2SO_4} HOCH_2CH_2OH$$

Óxido de etileno / Etilenoglicol

A desidratação do etanol, catalisado por ácido, produz **dietil-éter**, um importante solvente usado na indústria e em laboratório. O etileno também é o material de partida na preparação do **óxido de etileno**. Esse composto é de pouco uso direto, mas sua relevância está em seu papel como intermediário na produção de **etilenoglicol**, um importante componente dos anticongelantes usados nos automóveis. O etilenoglicol congela a $-12\ °C$ e entra em ebulição a 199 °C, o que o torna ideal para esse propósito. Além disso, a reação de etilenoglicol com o metil-éster do ácido tereftálico forma o polímero politereftalato de etileno, abreviado como PET ou PETE (Seção 19.6B). O etilenoglicol também é usado como solvente na indústria de tintas e plásticos, e na formulação de tintas para impressoras, carimbos e canetas esferográficas.

O **álcool isopropílico**, usado para fricção, é feito a partir da hidratação, catalisada por ácido, do propeno. Também é utilizado em loções para as mãos, loções pós-barba e cosméticos similares. Um processo em várias etapas converte o propeno em epicloridrina, um dos componentes fundamentais das colas e resinas à base de epóxi.

A **glicerina** é um subproduto da fabricação de sabões por saponificação de gordura animal e óleos tropicais (Seção 21.3). A maior parte da glicerina usada para fins industriais e comerciais, porém, é preparada a partir do propeno. Talvez o uso mais conhecido da glicerina seja na fabricação de nitroglicerina. A glicerina também é usada como emoliente em produtos para a pele e cosméticos, em sabões líquidos e tintas para impressão.

$$CH_2{=}CHCH_3$$
Propeno

$\xrightarrow[\text{etapas}]{\text{várias}}$ $ClCH_2CH\overset{O}{-}CH_2$ (Epicloridrina) $\xrightarrow[\text{outros reagentes}]{\text{várias etapas e}}$ Colas e resinas de epóxi

$\xrightarrow{H_2O,\ H_2SO_4}$ $CH_3\overset{OH}{CH}CH_3$ (Álcool isopropílico)

$\xrightarrow[\text{etapas}]{\text{várias}}$ $CH_2\overset{HO}{C}H\overset{HO}{C}H\overset{OH}{C}H_2$ (Glicerina, Glicerol)

Resumo das questões-chave

Seção 14.1 Quais são as estruturas, a nomenclatura e as propriedades físicas dos alcoóis?

- O grupo funcional do **álcool** é o grupo **–OH (hidroxila)** ligado a um átomo de carbono tetraédrico.
- O nome Iupac de um álcool é formado substituindo a terminação -o do alcano principal por -ol. A cadeia principal é numerada a partir da extremidade que der ao carbono do grupo —OH o número mais baixo.
- O nome comum de um álcool é formado pelo nome do grupo alquila ligado ao grupo —OH antecedido da palavra "álcool".

- Os alcoóis são classificados como **1ª**, **2ª** ou **3ª**, dependendo do número de grupos carbônicos ligados ao carbono do grupo —OH.
- Compostos que contêm grupos hidroxila em carbonos adjacentes são chamados **glicóis**.
- Os alcoóis são compostos polares em que o oxigênio apresenta uma carga parcial negativa, e tanto o carbono como o hidrogênio a ele ligados apresentam cargas parciais positivas. Os alcoóis se associam no estado líquido, formando **ligações de hidrogênio**. Consequentemente, seus pontos de ebulição são mais altos que os de hidrocarbonetos de massa molecular semelhante.

- O grupo funcional do **éter** é um átomo de oxigênio ligado a dois átomos de carbono.
- Por causa do aumento nas forças de dispersão de London, os pontos de ebulição dos alcoóis aumentam à medida que aumenta a massa molecular.
- Os alcoóis interagem com a água via ligação de hidrogênio e são mais solúveis em água que os hidrocarbonetos de massa molecular semelhante.
- Os alcoóis têm aproximadamente os mesmos valores de pK_a da água pura. Por essa razão, soluções aquosas de alcoóis têm o mesmo pH da água pura.

Seção 14.3 Quais são as estruturas, a nomenclatura e as propriedades dos éteres?

- Os nomes comuns dos éteres são formados pelos nomes dos dois grupos ligados ao oxigênio antecedidos pela palavra "éter".
- Em um **éter cíclico**, o oxigênio é um dos átomos do anel.

- Os éteres são compostos de polaridade fraca. Seus pontos de ebulição estão próximos dos de hidrocarbonetos de massa molecular semelhante.
- Como os éteres formam ligações de hidrogênio com a água, são mais solúveis em água que os hidrocarbonetos de massa molecular semelhante.

Seção 14.4 Quais são as estruturas, a nomenclatura e as propriedades dos tióis?

- O **tiol** contém um grupo —SH (**sulfidrila**).
- A nomenclatura dos tióis é semelhante à dos alcoóis, mas conserva o sufixo -o do alcano principal e adiciona -tiol.
- Os nomes comuns dos tióis são formados com o nome do grupo alquila ligado ao —SH e acrescentando a palavra "**mercaptana**".
- A ligação S—H é apolar, e as propriedades físicas dos tióis assemelham-se às dos hidrocarbonetos de massa molecular similar.

Resumo das reações fundamentais

1. Desidratação de álcool catalisada por ácido (Seção 14.2B) Quando alcenos isoméricos são possíveis, o produto principal geralmente é o alceno mais substituído.

$$CH_3CH_2\overset{\overset{\displaystyle OH}{|}}{C}HCH_3$$

$$\xrightarrow[\text{calor}]{H_3PO_4} CH_3CH=CHCH_3 + CH_3CH_2CH=CH_2 + H_2O$$

Produto principal

2. Oxidação de álcool primário (Seção 14.2C) Problema 14.31 A oxidação de um álcool primário pelo dicromato de potássio forma um aldeído ou um ácido carboxílico, o que dependerá das condições experimentais.

$$CH_3(CH_2)_6CH_2OH \xrightarrow[H_2SO_4]{K_2Cr_2O_7} CH_3(CH_2)_6\overset{\overset{\displaystyle O}{\|}}{C}H$$

$$\xrightarrow[H_2SO_4]{K_2Cr_2O_7} CH_3(CH_2)_6\overset{\overset{\displaystyle O}{\|}}{C}OH$$

3. Oxidação de álcool secundário (Seção 14.2C) A oxidação de um álcool secundário pelo dicromato de potássio forma uma cetona.

$$CH_3(CH_2)_4\overset{\overset{\displaystyle OH}{|}}{C}HCH_3 \xrightarrow[H_2SO_4]{K_2Cr_2O_7} CH_3(CH_2)_4\overset{\overset{\displaystyle O}{\|}}{C}CH_3$$

4. Acidez dos tióis (Seção 14.4D) Os tióis são ácidos fracos, com valores de pK_a em torno de 10. Eles reagem com bases fortes, formando sais tiolatos solúveis em água.

$$CH_3CH_2SH + NaOH \xrightarrow{H_2O} CH_3CH_2S^-Na^+ + H_2O$$

Etanotiol (pK_a 10) — Etanotiolato de sódio

5. Oxidação de tiol formando dissulfeto (Seção 14.4D) A oxidação de um tiol forma um dissulfeto. A redução de um dissulfeto forma dois tióis.

$$2HOCH_2CH_2SH \underset{\text{redução}}{\overset{\text{oxidação}}{\rightleftharpoons}} HOCH_2CH_2S—SCH_2CH_2OH$$

Tiol — Dissulfeto

Problemas

Seção 14.1 Quais são as estruturas, a nomenclatura e as propriedades físicas dos alcoóis?

14.8 Indique se a afirmação é verdadeira ou falsa.
(a) O grupo funcional do álcool é o grupo —OH (hidroxila).
(b) O nome principal de um álcool é o nome da cadeia carbônica mais longa que contém o grupo —OH.

(c) O álcool primário contém um grupo —OH, e o álcool terciário, três grupos —OH
(d) No sistema Iupac, a presença de três grupos —OH é indicada pela terminação -triol.
(e) O glicol é um composto que contém dois grupos —OH. O glicol mais simples é o etilenoglicol, $HOCH_2CH_2$—OH.

376 ■ Introdução à química orgânica

(f) Por causa da presença de um grupo —OH, todos os alcoóis são compostos polares.

(g) Os pontos de ebulição dos alcoóis aumentam com a elevação da massa molecular.

(h) A solubilidade dos alcoóis em água aumenta à medida que aumenta a massa molecular.

14.9 Qual é a diferença estrutural entre álcool primário, secundário e terciário?

14.10 Escreva o nome Iupac de cada um destes compostos.

(a) [estrutura química] OH (b) HO [estrutura química] OH

(c) [estrutura química com OH] (d) HO [estrutura química]

(e) [estrutura química ciclohexano com OH, OH] (f) [estrutura química ciclohexano com OH]

14.11 Desenhe uma fórmula estrutural para cada um dos alcoóis.
(a) Álcool isopropílico
(b) Propilenoglicol
(c) 5-metil-2-hexanol
(d) 2-metil-2-propil-1,3-propanodiol
(e) 1-octanol
(f) 3,3-dimetilcicloexanol

14.12 Tanto os alcoóis como os fenóis contêm um grupo —OH. Que aspecto estrutural distingue essas duas classes de compostos? Ilustre a sua resposta desenhando as fórmulas estruturais de um fenol com seis átomos de carbono e um álcool com seis átomos de carbono.

14.13 Dê o nome dos grupos funcionais em cada um dos compostos.

(a) [estrutura química]

Prednisona
(esteroide anti-inflamatório sintético)

(b) [estrutura química]

Estradiol (hormônio
feminino; Seção 21.10)

14.14 Explique, em termos de interações não covalentes, por que os alcoóis de baixa massa molecular são solúveis em água, mas os alcanos e alcinos de baixa molecular não.

14.15 Explique, em termos de interações não covalentes, por que os alcoóis de baixa massa molecular são mais solúveis em água que os éteres de baixa massa molecular.

14.16 Por que a solubilidade em água de alcoóis de baixa massa molecular diminui à medida que a massa molecular aumenta?

14.17 Mostre a ligação de hidrogênio entre metanol e água nos seguintes exemplos.
(a) Entre o oxigênio do metanol e um hidrogênio da água.
(b) Entre o hidrogênio do grupo OH do metanol e o oxigênio da água.

14.18 Mostre a ligação de hidrogênio entre o oxigênio do dietil-éter e um dos hidrogênios da água.

14.19 Coloque os seguintes compostos em ordem crescente de ponto de ebulição. Os valores em ºC são −42, 78, 117 e 198.
(a) $CH_3CH_2CH_2CH_2OH$
(b) CH_3CH_2OH
(c) $HOCH_2CH_2OH$
(d) $CH_3CH_2CH_3$

14.20 Coloque os seguintes compostos em ordem crescente de ponto de ebulição. Os valores em ºC são 0, 35 e 97.
(a) $CH_3CH_2CH_2OH$
(b) $CH_3CH_2OCH_2CH_3$
(c) $CH_3CH_2CH_2CH_3$

14.21 Explique por que o glicerol é muito mais espesso (mais viscoso) que o etilenoglicol, que, por sua vez, é mais espesso que o etanol.

14.22 Selecione, de cada par, o composto mais solúvel em água.

(a) CH_3OH ou CH_3OCH_3

(b) $CH_3\underset{|}{\overset{OH}{C}}HCH_3$ ou $CH_3\underset{\|}{\overset{CH_2}{C}}CH_3$

(c) $CH_3CH_2CH_2SH$ ou $CH_3CH_2CH_2OH$

14.23 Coloque os compostos de cada grupo em ordem decrescente de solubilidade em água.
(a) Etanol, butano e dietil-éter
(b) 1-hexanol, 1,2-hexanodiol e hexano

Síntese de alcoóis (rever Capítulo 12)

14.24 Dê a fórmula estrutural do alceno, ou alcenos, a partir do qual se pode preparar cada um destes alcoóis.
(a) 2-butanol
(b) 1-metilcicloexanol
(c) 3-hexanol
(d) 2-metil-2-pentanol
(e) Ciclopentanol

Alcoóis, éteres e tióis ■ 377

Seção 14.2 Quais são as reações características dos alcoóis?

14.25 Indique se a afirmação é verdadeira ou falsa.

(a) As duas reações mais importantes dos alcoóis são a desidratação catalisada por ácido, formando alcenos, e a oxidação, formando aldeídos, cetonas e ácidos carboxílicos.

(b) A acidez dos alcoóis é comparável à da água.

(c) Alcoóis insolúveis em água e fenóis insolúveis em água reagem com bases fortes, formando sais solúveis em água.

(d) A desidratação do cicloexanol, catalisada por ácido, forma o cicloexano.

(e) Quando a desidratação, catalisada por ácido, de um alceno pode produzir alcenos isoméricos, geralmente predomina o alceno com o maior número de hidrogênios nos carbonos da ligação dupla.

(f) A desidratação, catalisada por ácido, do 2-butanol forma predominantemente o 1-buteno.

(g) A oxidação de um álcool primário forma um aldeído ou um ácido carboxílico, o que vai depender das condições experimentais.

(h) A oxidação de um álcool secundário forma um ácido carboxílico.

(i) O ácido acético, CH_3COOH, pode ser preparado a partir do etileno, $CH_2{=}CH_2$, por tratamento deste com H_2O/H_2SO_4, seguido de tratamento com $K_2Cr_2O_7/H_2SO_4$.

(j) O tratamento de propeno, $CH_3CH{=}CH_2$, com H_2O/H_2SO_4, seguido de tratamento com $K_2Cr_2O_7/H_2SO_4$, forma ácido propanoico, CH_3CH_2COOH.

14.26 Mostre como se pode distinguir cicloexanol de cicloexeno mediante um simples teste químico. Indique o que você faria, o que esperaria ver e como interpretaria sua observação.

14.27 Compare a acidez de alcoóis e fenóis, ambos de classes de compostos orgânicos que contêm um grupo —OH.

14.28 Tanto o 2,6-di-isopropilcicloexanol como o anestésico intravenoso Propofol são insolúveis em água. Mostre como se podem distinguir esses dois compostos por sua reação com hidróxido de sódio aquoso.

2,6-di-isopropilcicloexanol   2,6-di-isopropilfenol (Propofol)

14.29 Escreva equações para a reação do 1-butanol, um álcool primário, com os seguintes reagentes:

(a) H_2SO_4, calor

(b) $K_2Cr_2O_7$, H_2SO_4

14.30 Escreva equações para a reação do 2-butanol com os seguintes reagentes:

(a) H_2SO_4, calor

(b) $K_2Cr_2O_7$, H_2SO_4

14.31 Escreva equações para a reação de cada um dos seguintes compostos com $K_2Cr_2O_7/H_2SO_4$.

(a) 1-octanol

(b) 1,4-butanodiol

14.32 Mostre como converter o cicloexanol nos seguintes compostos:

(a) Cicloexeno

(b) Cicloexano

(c) Cicloexanona

(d) Bromocicloexano

14.33 Mostre os reagentes e as condições experimentais para sintetizar cada um destes compostos a partir do 1-propanol.

14.34 Dê o nome de dois alcoóis importantes derivados do etileno e cite, para cada um deles, duas importantes utilizações.

14.35 Dê o nome de dois alcoóis importantes derivados do propeno e cite, para cada um deles, duas importantes utilizações.

Seção 14.3 Quais são as estruturas, a nomenclatura e as propriedades dos éteres?

14.36 Indique se a afirmação é verdadeira ou falsa.

(a) O etanol e o dimetil-éter são isômeros constitucionais.

(b) A solubilidade de éteres de baixa massa molecular em água é comparável à solubilidade em água de alcoóis de baixa massa molecular.

(c) Os éteres estão sujeitos a muitas das mesmas reações dos alcoóis.

14.37 Escreva o nome comum para cada um destes éteres.

(b) $[CH_3(CH_2)_4]_2O$

(c) $CH_3CHOCHCH_3$ com grupos CH_3 e CH_3

Seção 14.4 Quais são as estruturas, a nomenclatura e as propriedades dos tióis?

14.38 Indique se a afirmação é verdadeira ou falsa.

(a) O grupo funcional dos tióis é o grupo —SH (sulfidrila).

(b) O nome principal de um tiol é o nome da cadeia carbônica mais longa que contém o grupo —SH.

(c) A ligação S—H é covalente apolar.

(d) A acidez do etanotiol é comparável à do fenol.

(e) Tanto os fenóis quanto os tióis são classificados como ácidos fracos.

(f) A reação biológica mais comum dos tióis é a oxidação para formar dissulfetos.

(g) O grupo funcional do dissulfeto é o grupo —S—S—.

(h) A conversão de um tiol em um dissulfeto é uma reação de redução.

14.39 Escreva o nome Iupac para cada um dos tióis.

(a) $CH_3CH_2CHCH_3$ com SH

(b) $CH_3CH_2CH_2CH_2SH$

(c) cicloexano com SH

14.40 Escreva o nome comum de cada um dos tióis do Problema 14.45.

14.41 A seguir, apresentam-se fórmulas estruturais para 1-butanol e 1-butanotiol. Um desses compostos tem ponto de ebulição de 98 °C, e o outro, de 117 °C. Atribua a cada um deles o ponto de ebulição apropriado.

$CH_3CH_2CH_2CH_2OH$
1-butanol

$CH_3CH_2CH_2CH_2SH$
1-butanotiol

14.42 Explique por que o metanotiol, CH_3SH, tem ponto de ebulição (6° C) menor que o do metanol, CH_3OH (65 °C), mesmo o metanotiol tendo massa molecular mais alta.

Seção 14.5 Quais são os alcoóis comercialmente mais importantes?

14.43 Indique se a afirmação é verdadeira ou falsa.

(a) Hoje as principais fontes de carbono para a síntese de metanol são o carvão e o metano (gás natural), ambos recursos não renováveis.

(b) Hoje as principais fontes de carbono para a síntese do etanol são o petróleo e o gás natural, ambos recursos não renováveis.

(c) A desidratação intermolecular, catalisada por ácido, do etanol forma o dietil-éter.

(d) A conversão de etileno em etilenoglicol envolve a oxidação a óxido de etileno, seguida de hidratação catalisada por ácido (adição de água), formando óxido de etileno.

(e) O etilenoglicol é solúvel em água em todas as proporções.

(f) Uma importante utilização do etilenoglicol é como anticongelante para automóveis.

Conexões químicas

14.44 (Conexões químicas 14A) Quando foi descoberta a nitroglicerina? Essa substância é um sólido, líquido ou gás?

14.45 (Conexões químicas 14A) Que descoberta de Alfred Nobel tornou o manuseio da nitroglicerina mais seguro?

14.46 (Conexões químicas 14A) Qual é a relação entre o uso medicinal da nitroglicerina para aliviar dores agudas no peito (angina) associadas a doenças coronárias e o gás óxido nítrico, NO?

14.47 (Conexões químicas 14B) Qual é a cor do íon dicromato, $Cr_2O_7^{2-}$? Qual é a cor do íon crômio (III), Cr^{3+}? Explique como a conversão de um em outro é usada no teste de rastreamento de álcool na expiração.

14.48 (Conexões químicas 14B) A definição legal de estar sob a influência do álcool baseia-se no conteúdo de álcool no sangue. Qual é a relação entre o conteúdo de álcool na expiração e o conteúdo de álcool no sangue?

14.49 (Conexões químicas 14C) O que significa dizer que o óxido de etileno é uma molécula altamente tensionada?

14.50 (Conexões química 14D) Quais são as vantagens e desvantagens de usar o dietil-éter como anestésico?

14.51 (Conexões químicas 14D) Mostre que o enflurano e o isoflurano são isômeros constitucionais.

14.52 (Conexões químicas 14D) Você esperaria que o enflurano e o isoflurano fossem solúveis em água? E em solventes orgânicos como o hexano?

Problemas adicionais

14.53 Escreva uma equação balanceada para a combustão completa do etanol, o álcool adicionado à gasolina para produzir o E85.

14.54 Com o que você sabe sobre eletronegatividade, polaridade das ligações covalentes e ligação de hidrogênio, você esperaria que a ligação de hidrogênio N—H---N fosse mais forte, mais fraca ou da mesma intensidade que a ligação de hidrogênio O—H---O?

14.55 Desenhe as fórmulas estruturais e escreva os nomes Iupac para os oito alcoóis isoméricos de fórmula molecular $C_5H_{12}O$.

14.56 Desenhe as fórmulas estruturais e escreva os nomes comuns para os seis éteres isoméricos de fórmula molecular $C_5H_{12}O$.

14.57 Explique por que o ponto de ebulição do etilenoglicol (198 °C) é tão mais alto que o do 1-propanol (97 °C), mesmo que suas massas moleculares sejam aproximadamente as mesmas.

14.58 O 1,4-butanodiol, o hexano e o 1-pentanol têm massas moleculares semelhantes. Seus pontos de ebulição, em ordem crescente, são 69 °C, 138 °C e 230 °C. Atribua esses pontos de ebulição aos seus respectivos compostos.

14.59 Dos três compostos apresentados no Problema 14.61, um deles é insolúvel em água, um tem solubilidade de 2,3 g/100 de água, e o outro é infinitamente solúvel em água. Atribua cada uma dessas solubilidades a seu respectivo composto.

14.60 Cada um dos seguintes compostos é um solvente orgânico comum. De cada par de compostos, selecione o solvente de maior solubilidade em água.
(a) CH_2Cl_2 ou CH_3CH_2OH
(b) $CH_3CH_2OCH_2CH_3$ ou CH_3CH_2OH

14.61 Mostre como se prepara cada um destes compostos a partir do 2-metil-1-propanol.
(a) 2-metilpropeno
(b) 2-metil-2-propanol
(c) Ácido 2-metilpropanoico, $(CH_3)_2CHCOOH$

14.62 Mostre como se prepara cada um destes compostos a partir do 2-metilcicloexanol.

(a)

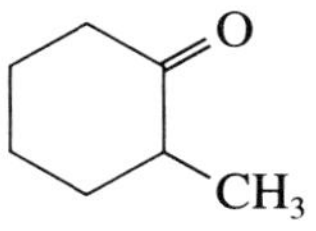

(b)

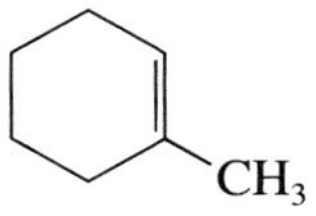

(c)

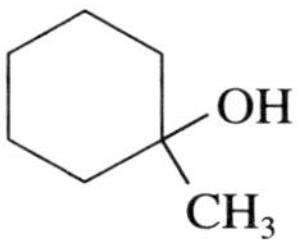

(d)

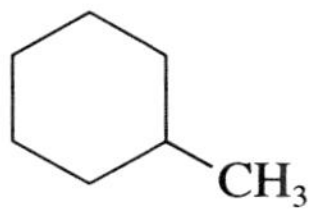

Antecipando

14.63 A seguir, apresentamos uma fórmula estrutural do aminoácido cisteína:

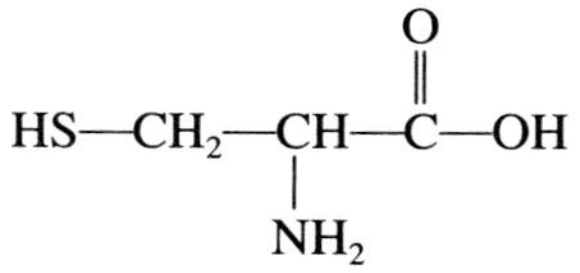

(a) Dê o nome dos três grupos funcionais da cisteína.
(b) No corpo humano, a cisteína é oxidada à cistina, um dissulfeto. Desenhe uma fórmula estrutural para a cistina.

Quiralidade: a lateralidade das moléculas

15

Corte mediano na concha de um náutilo encontrado em águas profundas do Oceano Pacífico. A concha mostra lateralidade: esse corte é uma espiral orientada para a esquerda.

Questões-chave

15.1 O que é enantiomeria?
Como... Desenhar enantiômeros

15.2 Como se especifica a configuração do estereocentro?

15.3 Quantos estereoisômeros são possíveis para moléculas com dois ou mais estereocentros?

15.4 O que é atividade óptica e como a quiralidade é detectada em laboratório?

15.5 Qual é a importância da quiralidade no mundo biológico?

15.1 O que é enantiomeria?

Do Capítulo 11 ao 14, estudamos dois tipos de estereoisômeros: os isômeros *cis-trans* de certos cicloalcanos dissubstituídos e os alcenos apropriadamente substituídos. Lembremos que, nos estereoisômeros, os átomos têm a mesma conectividade, mas diferentes orientações espaciais.

cis-1,4-dimetilcicloexano   e   *trans*-1,4-dimetilcicloexano   *cis*-2-buteno   e   *trans*-2-buteno

Soluções em que o etanol é o solvente são chamadas tinturas.

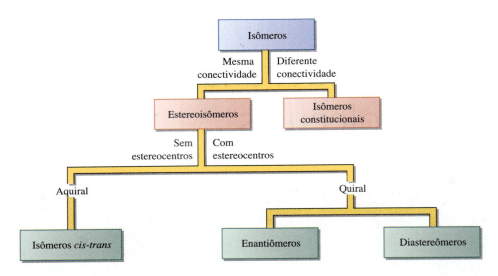

FIGURA 15.1 Relações entre isômeros. Neste capítulo, vamos estudar enantiômeros e diastereômeros.

[1] Também chamados de diasteroisômeros. (NRT)

[2] Os compostos de coordenação dos íons metálicos não foram abordados neste livro como uma classe particular de substâncias, porém são moléculas consideradas inorgânicas, e muitos destes compostos apresentam esta isomeria. Os compostos de coordenação dos íons metálicos são muito importantes em sistemas biológicos; um exemplo é o complexo ferro-heme que aparece em vários capítulos da parte de bioquímica (Introdução à bioquímica). (NRT)

Neste capítulo, vamos estudar a relação entre objetos e suas **imagens especulares**, isto é, estudaremos estereoisômeros conhecidos como enantiômeros e diastereômeros.[1] A Figura 15.1 resume a relação entre esses isômeros e aqueles que estudamos nos capítulos de 11 a 14.

A importância dos enantiômeros está em que, com exceção dos compostos inorgânicos[2] e de alguns compostos orgânicos simples, a grande maioria das moléculas no mundo biológico apresenta esse tipo de isomeria. Além do mais, aproximadamente metade de todos os medicamentos usados para tratar seres humanos exibe essa propriedade. Como exemplo de enantiomeria, consideremos o 2-butanol. Enquanto tratamos dessa molécula, vamos focalizar o carbono 2, o carbono do grupo —OH. O que torna esse carbono interessante é o fato de possuir quatro grupos diferentes a ele ligados: CH_3, H, OH e CH_2CH_3.

$$\begin{array}{c} OH \\ | \\ CH_3CHCH_2CH_3 \end{array}$$
2-butanol

Essa fórmula estrutural não mostra o formato tridimensional do 2-butanol ou a orientação de seus átomos no espaço. Para fazê-lo, devemos considerar a molécula como um objeto em três dimensões. À esquerda está o que vamos chamar de "molécula original" e um modelo de esferas e bastões. Neste desenho, os grupos —OH e —CH_3 estão no plano do papel, —H está atrás do plano (indicado por uma cunha descontínua), e o —CH_2CH_3, à frente (indicado por uma cunha contínua). No meio há um espelho. À direita, a **imagem**

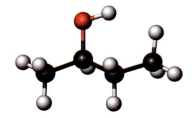

especular da molécula original e um modelo de esferas e bastões dessa imagem. Toda molécula – e, de fato, todo objeto a nosso redor – tem uma imagem especular.

A pergunta que agora precisamos fazer é: "Qual é a relação entre a molécula original do 2-butanol e sua imagem especular?". Para responder a essa questão, devemos imaginar que podemos pegar essa imagem e movê-la no espaço tridimensional do jeito que quisermos. Se pudermos mover a imagem especular no espaço e constatar que ela se ajusta à molécula original, de modo que cada ligação, átomo e detalhe da imagem especular corresponda exatamente às ligações, aos átomos e aos detalhes da original, então as duas serão **sobreponíveis**. Em outras palavras, a imagem especular e a original representam a mesma molécula orientada de modo diferente no espaço. Se, porém, não importa quanto ela for girada no espaço, a imagem especular não se ajustar exatamente à imagem original, com a correspondência de cada detalhe, então as duas serão **não sobreponíveis**, ou seja, moléculas diferentes.

Os termos "sobreponível" e "superponível" significam a mesma coisa e ambos são aplicados com frequência.

Uma das maneiras de ver que a imagem do 2-butanol não é sobreponível à molécula original é ilustrada nos desenhos apresentados a seguir. Imagine que possamos segurar a imagem especular pela ligação C—OH e girar a parte de baixo da molécula em 180° em torno dessa ligação. O grupo —OH conserva sua posição no espaço, mas o grupo —CH₃, que estava à direita e no plano do papel, permanece nesse plano, mas agora está à esquerda. Do mesmo modo, o grupo —CH₂CH₃, que estava à frente do plano do papel e à esquerda, agora está atrás do plano e à direita.

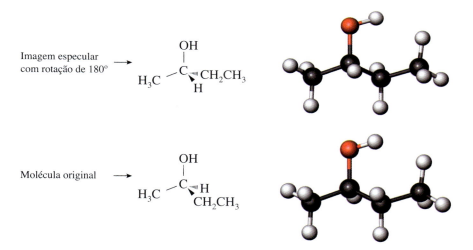

Movimente agora a imagem especular no espaço e tente ajustá-la à molécula original de modo que todas as ligações e átomos possam emparelhar.

As espiras da rosca de uma broca ou de um parafuso giram em torno e ao longo do eixo da espiral, e algumas plantas crescem projetando gavinhas que assumem forma espiralada. O pedaço de broca que aparece na figura está orientado para a esquerda e a gavinha, para a direita.

Girando a imagem especular da maneira como fizemos, os grupos —OH e —CH₃ agora se ajustam exatamente sobre os grupos —OH e —CH₃ da molécula original. No entanto, os grupos —H e —CH₂CH₃ das duas moléculas não correspondem. Na original, o —H está atrás do plano, mas à frente na imagem especular; o grupo —CH₂CH₃ está à frente do plano no original, mas atrás na imagem especular. Concluímos que a molécula original do 2-butanol e sua imagem especular são não sobreponíveis e, portanto, são compostos diferentes.

Em suma, podemos girar e fazer a rotação da imagem especular do 2-butanol em qualquer direção do espaço, mas, contanto que nenhuma ligação seja rompida e rearranjada, vamos fazer coincidir, com a molécula original, apenas dois dos quatro grupos ligados ao carbono 2 da imagem especular. Como o 2-butanol e sua imagem especular não são sobreponíveis, eles são isômeros. Esse tipo de isômero é chamado **enantiômero**. Assim como as luvas, os enantiômeros ocorrem sempre em pares.

Enantiômeros Estereoisômeros que são imagens especulares não sobreponíveis; referem-se a uma relação entre pares de objetos.

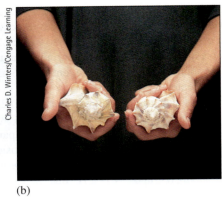

FIGURA 15.2 Imagens especulares. (a) Dois entalhes em madeira. As imagens especulares não podem ser sobrepostas no modelo real. Na imagem especular, o braço direito do homem repousa sobre a câmera, mas, na estatueta real, é o braço esquerdo do homem que repousa sobre a câmera. (b) Conchas do mar orientadas para a esquerda e para a direita. Se você segurar na palma da mão uma concha orientada para a direita, com o polegar apontando da extremidade mais estreita para a mais larga, a abertura vai estar à sua direita.

Quiral Do grego *cheir*, "mão"; objeto não sobreponível à sua imagem especular.

Objetos não sobreponíveis a suas imagens especulares são conhecidos como **quirais** (do grego *cheir*, "mão"), isto é, eles apresentam lateralidade. Encontramos quiralidade em objetos tridimensionais de todo tipo. Nossa mão esquerda é quiral, o mesmo acontecendo com a direita. Assim, as mãos apresentam uma relação enantiomérica. A espiral usada para encadernações é quiral. O parafuso de uma máquina, com orientação para a direita, é quiral. A hélice de um navio é quiral. À medida que examinamos os objetos a nosso redor, sem dúvida concluímos que a grande maioria é quiral.

A causa mais comum de enantiomeria em moléculas orgânicas é a presença de carbono ligado a quatro grupos diferentes. Consideremos por comparação o 2-propanol, que não tem nenhum átomo de carbono dessa natureza. Nessa molécula, o carbono 2 está ligado a três grupos diferentes, mas nenhum carbono está ligado a quatro grupos diferentes.

À esquerda, temos uma representação tridimensional do 2-propanol; à direita, sua imagem especular. Também são mostrados os modelos de esferas e bastões de cada molécula.

A pergunta que agora fazemos é: "Qual é a relação entre a imagem especular e o original?". Desta vez, vamos fazer a rotação da imagem especular em 120° em torno da ligação C—OH e comparar com o original. Depois de fazer essa rotação, vemos que os átomos e as ligações da imagem especular se ajustam exatamente ao original. Assim, as estruturas que desenhamos pela primeira vez para a molécula original e sua imagem especular são, de fato, a mesma molécula – apenas vistas de perspectivas diferentes (Figura 15.3).

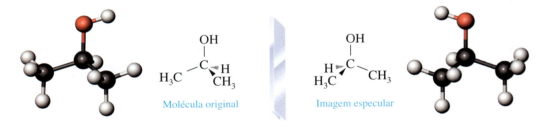

FIGURA 15.3 A rotação de 120° da imagem especular em torno da ligação C—OH não altera a configuração do estereocentro, mas fica mais fácil ver que a imagem especular é sobreponível à molécula original.

Se um objeto e sua imagem especular são sobreponíveis, então eles são idênticos e a enantiomeria não é possível. Dizemos que tal objeto é **aquiral** (sem quiralidade), isto é, não tem lateralidade. Exemplos de objetos aquirais são uma xícara não decorada, um bastão de beisebol sem marcas, um tetraedro regular, um cubo e uma esfera.

Repetindo, a causa mais comum de quiralidade em moléculas orgânicas é um átomo de carbono ligado a quatro grupos diferentes. Esse carbono quiral é chamado **estereocentro**. O 2-butanol tem um estereocentro, e o 2-propanol não tem nenhum. Outro exemplo de molécula com estereocentro é o ácido 2-hidroxipropanoico, mais conhecido como ácido láctico, que é um produto da glicólise anaeróbica. (Ver Seção 28.2 e "Conexões químicas 28A".) É ele que dá ao creme azedo o gosto amargo.

A Figura 15.4 mostra representações tridimensionais do ácido láctico e sua imagem especular. Nessas representações, todos os ângulos de ligação em torno do átomo de carbono central são de aproximadamente 109,5°, e suas quatro ligações são direcionadas para os vértices de um tetraedro regular. O ácido láctico apresenta enantiomeria ou quiralidade, isto é, a molécula original e sua imagem especular não são sobreponíveis, pois trata-se de compostos diferentes.

Aquiral Objeto que não apresenta quiralidade; objeto sobreponível à sua imagem especular.
Estereocentro Átomo de carbono tetraédrico ligado a quatro grupos diferentes.
Mistura racêmica Mistura de dois enantiômeros em quantidades iguais.

FIGURA 15.4 Representações tridimensionais do ácido láctico e sua imagem especular.

Uma mistura equimolar de dois enantiômeros é chamada **mistura racêmica**, uma expressão derivada de ácido racêmico (do latim *racemus*, "cacho de uvas"). O ácido racêmico é o nome original da mistura equimolar dos enantiômeros do ácido tartárico que se forma como subproduto durante a fermentação do suco de uva na produção de vinho.

Como...

Desenhar enantiômeros

Agora que sabemos o que são enantiômeros, podemos pensar em como representar suas estruturas tridimensionais em uma superfície bidimensional. Consideremos um dos enantiômeros do 2-butanol como exemplo. A seguir, temos um modelo molecular de um dos enantiômeros e quatro diferentes representações tridimensionais.

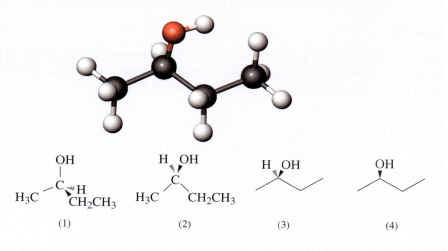

386 ∎ Introdução à química orgânica

Em nossas discussões iniciais sobre o 2-butanol, usamos a representação (1) para mostrar a geometria tetraédrica do estereocentro. Nessa representação, dois grupos (OH e CH_3) estão no plano do papel, um (CH_2CH_3) está à frente desse plano, e o outro (H) está atrás do plano. Podemos girar um pouco no espaço a representação (1) e inclíná-la de modo a colocar a estrutura do carbono no plano do papel. Ao fazê-lo, vamos ter a representação (2), em que ainda há dois grupos no plano do papel, um à frente e outro atrás.

Para uma representação ainda mais abreviada desse enantiômero do 2-butanol, podemos mudar a representação (2) para uma fórmula linha-ângulo (3). Embora os hidrogênios normalmente não apareçam na fórmula linha-ângulo, aqui eles são mostrados para lembrar que o quarto grupo no estereocentro de fato está lá e é o H. Finalmente, podemos seguir adiante com as abreviações e escrever o 2-butanol em uma fórmula linha-ângulo (4). Aqui vamos omitir o H no estereocentro, mas sabemos que ele deve estar lá (o carbono precisa de quatro ligações) e sabemos que deve estar atrás do plano do papel. É claro que as fórmulas abreviadas (3) e (4) são as mais fáceis de escrever, portanto, ao longo do livro, vamos usar esse tipo de representação.

Quando tentar escrever representações tridimensionais de estereocentros, procure manter a estrutura do carbono no plano do papel, e os outros dois átomos ou grupos de átomos, no estereocentro, à frente e atrás do plano do papel, respectivamente. Usando a representação (4) como modelo, obtemos as seguintes representações de sua imagem especular:

Enantiômero do 2-butanol

Representações alternativas de sua imagem especular

Exemplo 15.1 Desenhando imagens especulares

Cada uma das seguintes moléculas tem um estereocentro marcado por um asterisco. Desenhe representações tridimensionais para os enantiômeros de cada molécula.

(a) $CH_3\overset{*}{C}HCH_2CH_3$

(b) $\overset{*}{C}HCH_3$ com NH_2

Estratégia

Primeiro, desenhe o estereocentro do carbono mostrando a orientação tetraédrica de suas quatro ligações. Uma das maneiras de fazer isso é desenhar duas ligações no plano do papel, uma terceira à frente e a quarta atrás do plano. Em seguida, coloque nessas posições os quatro grupos ligados ao estereocentro. Isso completa o desenho de um enantiômero. Para desenhar o outro enantiômero, intercambie quaisquer dois grupos no desenho original.

Solução

Para desenhar um original de (a), por exemplo, coloque os grupos CH_3 e o CH_2CH_3 no plano do papel. Coloque o H atrás do plano e o Cl à frente do plano. Essa orientação resulta no enantiômero (a) à esquerda. Sua imagem especular está à direita.

(b)

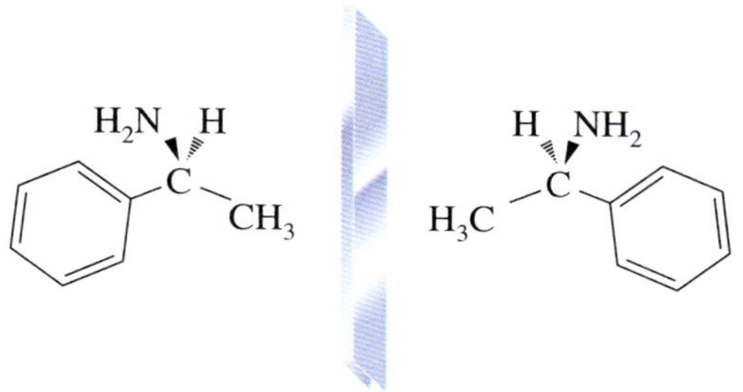

Problema 15.1

Cada uma das seguintes moléculas tem um estereocentro marcado por um asterisco. Desenhe representações tridimensionais para os enantiômeros de cada molécula.

(a)

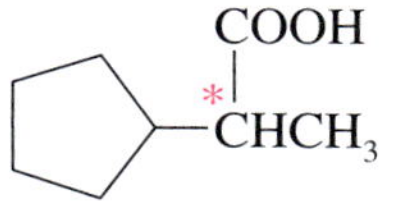

(b) 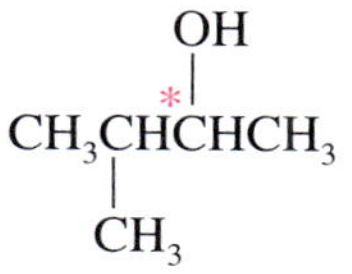 $CH_3CHCHCH_3$

15.2 Como se especifica a configuração do estereocentro?

Como os enantiômeros são compostos diferentes, cada um deve ter seu próprio nome. O fármaco ibuprofeno, por exemplo, apresenta enantiomeria e pode existir como o par de enantiômeros aqui mostrados:

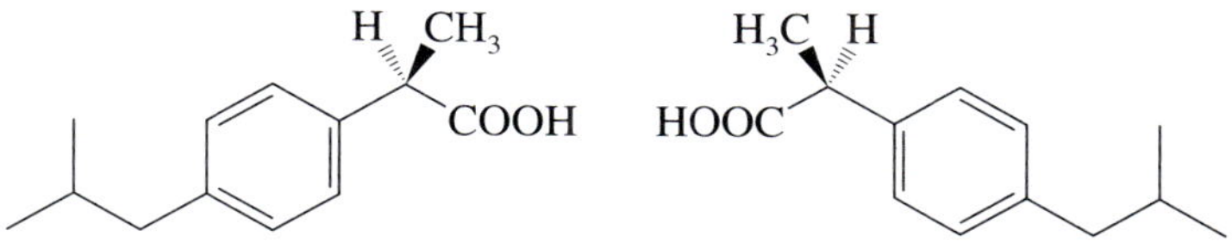

Enantiômero inativo
do ibuprofeno

Enantiômero ativo
do ibuprofeno

Apenas um enantiômero do ibuprofeno é biologicamente ativo e leva 12 minutos para atingir concentrações terapêuticas no organismo humano, enquanto a mistura racêmica leva aproximadamente 30 minutos. Nesse caso, porém, o enantiômero inativo não é desperdiçado. O organismo o converte no enantiômero ativo, mas o processo é demorado.

Precisamos de um sistema para identificar os enantiômeros do ibuprofeno (ou qualquer par de enantiômeros) sem ter de desenhar e indicar um ou outro dos enantiômeros. Para tanto, os químicos desenvolveram o **sistema *R,S***. O primeiro passo para atribuir uma configuração *R* ou *S* a um estereoisômero é dispor, em ordem de prioridade, os grupos a ele ligados. A prioridade baseia-se no número atômico: quanto mais alto for o número atômico, maior vai ser a prioridade. Se não puder atribuir uma prioridade com base nos átomos diretamente ligados ao estereocentro, considere o próximo átomo ou grupo de átomos e continue até a primeira diferenciação, isto é, continue até poder atribuir uma prioridade.

A Tabela 15.1 mostra as prioridades dos grupos mais comuns que encontramos na química orgânica e na bioquímica. No sistema *R,S*, C=O é tratado como se o carbono estivesse ligado a dois oxigênios por ligações simples; assim, CH=O tem maior prioridade que —CH_2OH, cujo carbono está ligado a apenas um oxigênio.

Sistema *R,S* Conjunto de regras para especificar a configuração em torno de um estereocentro.

TABELA 15.1 Prioridades *R,S* de alguns grupos mais comuns

Átomo ou grupo	Razão da prioridade: primeira diferenciação (número atômico)
—I	iodo (53)
—Br	bromo (35)
—Cl	cloro (17)
—SH	enxofre (16)
—OH	oxigênio (8)
—NH$_2$	nitrogênio (7)
$\overset{\displaystyle O}{\underset{\displaystyle \parallel}{-\text{COH}}}$	carbono para oxigênio, oxigênio, depois oxigênio (6 ⟶ 8, 8, 8)
$\overset{\displaystyle O}{\underset{\displaystyle \parallel}{-\text{CNH}_2}}$	carbono para oxigênio, oxigênio, depois nitrogênio (6 ⟶ 8, 8, 7)
$\overset{\displaystyle O}{\underset{\displaystyle \parallel}{-\text{CH}}}$	carbono para oxigênio, oxigênio, depois hidrogênio (6 ⟶ 8, 8, 1)
—CH$_2$OH	carbono para oxigênio (6 ⟶ 8)
—CH$_2$NH$_2$	carbono para nitrogênio (6 ⟶ 7)
—CH$_2$CH$_3$	carbono para carbono (6 ⟶ 6)
—CH$_2$H	carbono para hidrogênio (6 ⟶ 1)
—H	hidrogênio (1)

Aumenta a prioridade

Exemplo 15.2 Usando o sistema *R,S*

Atribua prioridades aos grupos em cada um dos pares.
(a) —CH$_2$OH e —CH$_2$CH$_2$OH
(b) —CH$_2$CH$_2$OH e —CH$_2$NH$_2$

Estratégia e Solução

(a) A primeira diferenciação é o O do grupo —OH comparado ao C do grupo —CH$_2$OH.

Primeira diferenciação

—CH$_2$OH   —CH$_2$CH$_2$OH

Maior prioridade   Menor prioridade

(b) A primeira diferenciação é o C do grupo CH$_2$OH comparado ao N do grupo NH$_2$.

Primeira diferenciação

—CH$_2$CH$_2$OH   —CH$_2$NH$_2$

Menor prioridade   **Maior prioridade**

Problema 15.2

Atribua prioridades aos grupos em cada par.

(a) —CH$_2$OH   e $-\text{CH}_2\text{CH}_2\overset{\displaystyle O}{\overset{\displaystyle \parallel}{\text{C}}}\text{OH}$

(b) —CH$_2$NH$_2$ e $-\text{CH}_2\overset{\displaystyle O}{\overset{\displaystyle \parallel}{\text{C}}}\text{OH}$

Para atribuir uma configuração *R* ou *S* a um estereocentro:

1. Atribua uma prioridade de 1 (a mais alta) a 4 (a mais baixa) a cada grupo ligado ao estereocentro.
2. Oriente a molécula no espaço de modo que o grupo de menor prioridade (4) seja direcionado para trás do papel, como seria, por exemplo, a coluna de direção de um automóvel. Os três grupos de maior prioridade (1-3) projetam-se então para a frente do papel, como ocorreria com os raios de um volante.
3. Leia os grupos que se projetam para a frente na seguinte ordem de prioridade: da mais alta (1) para a mais baixa.
4. Se a leitura dos grupos 1-2-3 prosseguir no sentido horário (para a direita), a configuração será designada como *R* (do latim *rectus*, "direito"); se a leitura dos grupos 1-2-3 prosseguir no sentido anti-horário (para a esquerda), a configuração será *S* (do latim *sinister*, "esquerdo"). Você também poderá visualizar esse sistema do seguinte modo: virar o volante para a direita é igual a *R*, e virá-lo para a esquerda é igual a *S*.

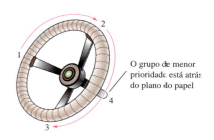

R Usado no sistema *R*,*S* para mostrar que, quando o grupo de menor prioridade está afastado de você, a ordem de prioridade dos grupos em um estereocentro é no sentido horário.

S Usado no sistema *R*,*S* para mostrar que, quando o grupo de menor prioridade está afastado de você, a ordem de prioridade dos grupos em um estereocentro é no sentido anti-horário.

Exemplo 15.3 Adicionando a configuração *R* ou *S*

Atribua configuração *R* ou *S* a cada um dos estereocentros.

Estratégia e Solução

Visualize cada molécula através do estereocentro e ao longo da ligação, partindo do estereocentro em direção ao grupo de menor prioridade.

(a) A ordem de prioridade decrescente em torno do estereocentro neste enantiômero do 2-butanol é —OH > —CH$_2$CH$_3$ > —CH$_3$ > —H. Portanto, visualize a molécula ao longo da ligação C—H, com o H apontando para trás do plano do papel. A leitura dos outros três grupos na ordem 1-2-3 segue no sentido horário. Portanto, a configuração é *R*, e esse enantiômero é (*R*)-2-butanol.

Com —H, o grupo de menor prioridade, apontando para trás do papel, é isso que você vê

(b) A ordem de prioridade decrescente neste enantiômero da alanina é —NH$_2$ > —COOH > —CH$_3$ > —H. Visualize a molécula ao longo da ligação C—H, com o H apontando para trás do papel. A leitura dos grupos na ordem 1-2-3 segue no sentido horário; portanto, a configuração é *R*, e o enantiômero é (*R*)-alanina.

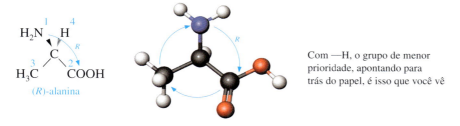

Com —H, o grupo de menor prioridade, apontando para trás do papel, é isso que você vê

Problema 15.3

Atribua configuração *R* ou *S* ao único estereocentro do gliceraldeído, o carboidrato mais simples (Capítulo 20).

Glicéraldeído

Vamos voltar agora a nosso desenho tridimensional dos enantiômeros do ibuprofeno e atribuamos a cada um deles a configuração R ou S. Em ordem decrescente de prioridade, os grupos ligados ao estereocentro são —COOH (1) > —C_6H_5 (2) > —CH_3 (3) > H (4). No enantiômero à esquerda, a leitura dos grupos no estereocentro, em ordem de prioridade, é no sentido horário e, portanto, esse enantiômero é o (R)-ibuprofeno. Sua imagem especular é o (S)-ibuprofeno.

(R)-ibuprofeno
(enantiômero inativo)

(S)-ibuprofeno
(enantiômero ativo)

O sistema R,S pode ser usado para especificar a configuração de qualquer estereocentro em qualquer molécula. Não é, porém, o único sistema usado para esse fim. Há também o sistema D,L, que é usado principalmente para especificar a configuração de carboidratos (Capítulo 20) e aminoácidos (Capítulo 22).

Concluindo, observe que o objetivo da Seção 15.2 é mostrar-lhe como os químicos atribuem uma configuração a um estereocentro que especifica a orientação relativa dos quatro grupos no estereocentro. O importante é que, quando você vir um nome como (S)-Naproxeno ou (R)-Plavix, vai perceber que o composto é quiral e que não é uma mistura racêmica, e sim um enantiômero puro. Usamos o símbolo (R,S) para mostrar que um composto é uma mistura racêmica, como (R,S)-Naproxeno.

15.3 Quantos estereoisômeros são possíveis para moléculas com dois ou mais estereocentros?

Para uma molécula com n estereocentros, o número máximo possível de estereoisômeros é 2^n. Já verificamos que, para uma molécula com um estereocentro, $2^1 = 2$ estereoisômeros (um par de enantiômeros) são possíveis. Para uma molécula com dois estereocentros, é possível um máximo de $2^2 = 4$ (dois pares de enantiômeros); para uma molécula com três estereocentros, é possível um máximo de $2^3 = 8$ estereoisômeros (quatro pares de enantiômeros); e assim por diante.

A. Moléculas com dois estereocentros

Começamos nosso estudo de moléculas com dois estereocentros considerando o 2,3,4-tri-hidroxibutanal, uma molécula com dois estereocentros.

2,3,4-tri-hidroxibutanal (2 estereocentros; são possíveis 4 estereoisômeros)

O número máximo de estereoisômeros possível para essa molécula é $2^2 = 4$, todos desenhados na Figura 15.5.

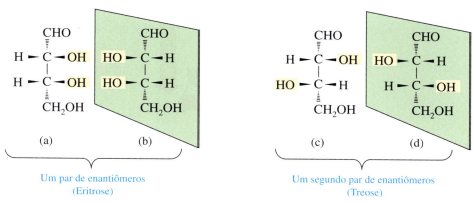

FIGURA 15.5 Os quatro estereoisômeros do 2,3,4-tri-hidroxibutanal.

Os estereoisômeros (a) e (b) são imagens especulares não sobreponíveis e, portanto, um par de enantiômeros. Os estereoisômeros (c) e (d) também são imagens especulares não sobreponíveis e constituem um segundo par de enantiômeros. Descrevemos os quatro estereoisômeros do 2,3,4-tri-hidroxibutanal dizendo que consistem em dois pares de enantiômeros. Os enantiômeros (a) e (b) são chamados **eritrose**. A eritrose é sintetizada em eritrócitos (células vermelhas do sangue), daí seu nome. Os enantiômeros (c) e (d) recebem o nome de **treose**. A eritrose e a treose pertencem à classe dos carboidratos, que vamos ver no Capítulo 20.

Especificamos a relação entre (a) e (b) e entre (c) e (d). Qual é a relação entre (a) e (c), (a) e (d), (b) e (c) e (b) e (d)? A resposta é que são diastereômeros – estereoisômeros que não são imagens especulares.

Diastereômeros Estereoisômeros que não são imagens especulares.

Exemplo 15.4 Enantiômeros e diastereômeros

O 1,2,3-butanotriol tem dois estereocentros (carbonos 2 e 3); assim, $2^2 = 4$ estereoisômeros são possíveis para ele. A seguir, podemos ver representações tridimensionais de cada um deles.

(a) Quais desses estereoisômeros são pares de enantiômeros?
(b) Quais desses estereoisômeros são diastereômeros?

Estratégia

Primeiro, identifique as estruturas que são imagens especulares. São elas os pares de enantiômeros. Todos os outros pares são diastereômeros.

Solução

(a) Enantiômeros são estereoisômeros que são imagens especulares não sobreponíveis. Os compostos (1) e (4) formam um par de enantiômeros, e os compostos (2) e (3), idem.
(b) Diastereômeros são estereoisômeros que não são imagens especulares. Os compostos (1) e (2), (1) e (3), (2) e (4) e (3) e (4) são diastereômeros.

O diagrama mostra a relação entre esses quatro estereoisômeros.

Problema 15.4

O 3-amino-2-butanol tem dois estereocentros (carbonos 2 e 3); assim, $2^2 = 4$ estereoisômeros são possíveis para ele.

(a) Quais desses estereoisômeros são pares de enantiômeros?

(b) Quais os pares de estereoisômeros que são diastereômeros?

Podemos analisar a quiralidade em moléculas cíclicas com dois estereocentros do mesmo modo que a analisamos em compostos acíclicos.

Exemplo 15.5 Enantiomeria em compostos cíclicos

Quantos estereoisômeros são possíveis para o 3-metilciclopentanol?

Estratégia e Solução

Os carbonos 1 e 3 desse composto são estereocentros. Portanto, $2^2 = 4$ estereoisômeros são possíveis para essa molécula. O isômero *cis* existe como um par de enantiômeros, e o isômero *trans* existe como um segundo par de enantiômeros.

cis-2-metilciclopentanol
(um par de enantiômeros)

trans-2-metilciclopentanol
(um segundo par de enantiômeros)

Problema 15.5

Quantos estereoisômeros são possíveis para o 3-metilcicloexanol?

Exemplo 15.6 Localizando os estereocentros

Assinale com um asterisco os estereocentros de cada composto. Quantos estereoisômeros são possíveis para cada um deles?

Estratégia

Estereocentro é um átomo de carbono ligado a quatro grupos diferentes. Portanto, você deve identificar cada carbono ligado a quatro grupos diferentes.

Solução

Cada estereocentro é assinalado com um asterisco, e o número de estereoisômeros possível para ele aparece abaixo de cada composto. Em (a), o carbono dos dois grupos metila não é um estereocentro; esse carbono tem apenas três grupos diferentes a ele ligados.

$2^1 = 2$ $2^2 = 4$ $2^2 = 4$

Problema 15.6

Assinale com um asterisco todos os estereocentros de cada composto. Quantos estereoisômeros são possíveis para cada um deles?

B. Moléculas com três ou mais estereocentros

A regra do 2^n também se aplica a moléculas com três ou mais estereocentros. O cicloexanol dissubstituído tem três estereocentros, cada um deles assinalado com um asterisco. Um máximo de $2^3 = 8$ estereoisômeros é possível para essa molécula. A configuração do mentol, um dos oito, aparece no meio e à direita. O mentol está presente na hortelã-pimenta e em outros óleos de menta.

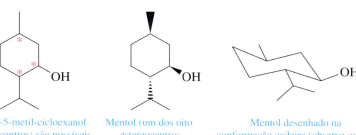

2-isopropil-5-metil-cicloexanol (três estereocentros; são possíveis oito estereocentros)

Mentol (um dos oito estereocentros possíveis)

Mentol desenhado na conformação cadeira (observe que os três grupos no anel do cicloexano são todos equatoriais)

Conexões químicas 15A

Fármacos quirais

Alguns fármacos muito usados na medicina humana – como a aspirina – são aquirais. Outros, como a penicilina e a eritromicina, uma classe de antibióticos, e o Captropil são quirais e vendidos como um único enantiômero. O Captopril é muito eficaz no tratamento de pressão alta e insuficiência cardíaca congestiva ("Conexões químicas 22F"). É fabricado e vendido como sendo o estereoisômero (*S,S*).

Um grande número de fármacos quirais, porém, são vendidos em misturas racêmicas. O conhecido analgésico ibuprofeno (o ingrediente ativo do Motrin, Advil e de muitos outros analgésicos não aspirínicos) é um exemplo.

Recentemente, a Food and Drug Administration, nos Estados Unidos, estabeleceu novas diretrizes para o teste e comercialização de drogas quirais. Depois de rever suas diretrizes, muitas companhias farmacêuticas decidiram desenvolver somente um único enantiômero para novos fármacos quirais.

Além da pressão regulatória, a indústria farmacêutica deve lidar com as considerações relativas às patentes. Se uma empresa tiver a patente da mistura racêmica de um fármaco, uma nova patente poderá ser obtida de um de seus enantiômeros.

Captopril

O colesterol, uma molécula mais complicada, tem oito estereocentros. Para identificá-los, lembre-se de adicionar um número apropriado de hidrogênios para completar a tetravalência de cada carbono que possa ser um estereocentro.

O colesterol tem oito estereocentros; 256 estereoisômeros são possíveis

Esse é o estereoisômero encontrado no metabolismo humano

15.4 O que é atividade óptica e como a quiralidade é detectada em laboratório?

A. Luz polarizada no plano

Opticamente ativo Significa que um composto faz girar o plano da luz polarizada.

Como já demonstramos, os dois membros de um par de enantiômeros são compostos diferentes, e devemos esperar, portanto, que algumas de suas propriedades sejam diferentes. Uma dessas propriedades está relacionada a seu efeito no plano da luz polarizada. Cada membro de um par de enantiômeros faz girar o plano da luz polarizada; por essa razão, dizemos que cada enantiômero é **opticamente ativo**. Para entender como a atividade óptica é detectada em laboratório, primeiro devemos entender o que é luz polarizada no plano e como funciona o polarímetro, instrumento usado para detectar atividade óptica.

A luz comum consiste em ondas vibrando em todos os planos perpendiculares à sua direção de propagação. Certos materiais, como uma folha de Polaroid (um filme plástico como aquele utilizado em óculos de sol polarizados), transmitem seletivamente ondas de luz vibrando somente em planos paralelos. A radiação eletromagnética que vibra somente em planos paralelos é conhecida como **polarizada no plano**.

Luz polarizada no plano Luz com ondas vibrando somente em planos paralelos.

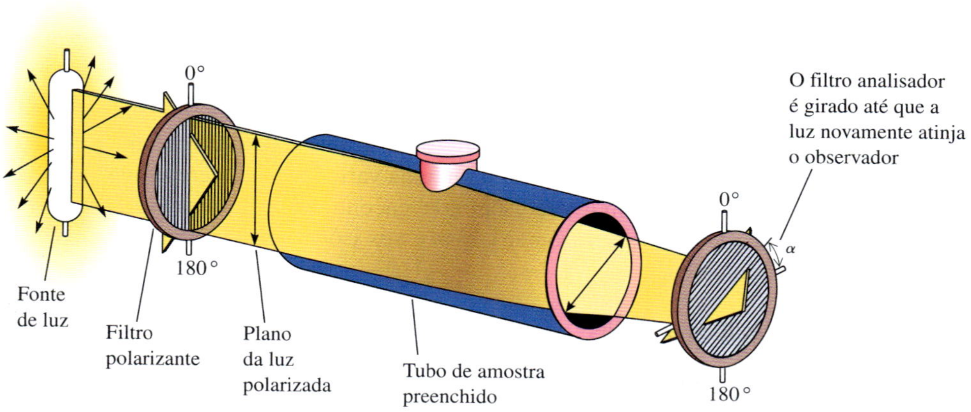

FIGURA 15.6 Diagrama esquemático de um polarímetro com tubo de amostra contendo solução de um composto opticamente ativo. O analisador foi girado no sentido horário em α graus para restaurar o campo de luz.

B. Polarímetro

O **polarímetro** consiste em uma fonte de luz que emite luz não polarizada, um polarizador, um analisador e um tubo de amostra (Figura 15.6). Se o tubo de amostra estiver vazio, a intensidade da luz que chega ao detector (nesse caso, os olhos) vai atingir seu máximo quando os eixos do polarizador e do analisador estiverem em paralelo. Se o analisador for girado no sentido horário ou anti-horário, menos luz vai ser transmitida. Quando o eixo do analisador forma ângulos retos com o eixo do polarizador, o campo de visão vai ser escuro (não passa luz).

Quando uma solução de um composto opticamente ativo é colocada no tubo de amostra, ela faz girar o plano da luz polarizada. Se o plano girar no sentido horário, dizemos que é **dextrorrotatório**; se o plano girar no sentido anti-horário, dizemos que é **levorrotatório**. Cada membro de um par de enantiômeros faz girar o plano da luz polarizada pelo mesmo número de graus, mas em direções opostas. Se um dos enantiômeros for dextrorrotatório, o outro vai ser levorrotatório. Assim, as misturas racêmicas (bem como os compostos aquirais) não apresentam atividade óptica.

O número de graus pelos quais um composto opticamente ativo faz girar o plano da luz polarizada é chamado **rotação específica** e tem como símbolo $[\alpha]$. A rotação específica é definida como a rotação observada de uma substância opticamente ativa em uma concentração de 1 g/mL, em um tubo de amostra de 10 cm de comprimento. Um composto dextrorrotatório é indicado por um sinal de mais entre parênteses, ($+$), e um composto levorrotatório é indicado por um sinal de menos entre parênteses, ($-$). É prática comum registrar a temperatura (em ºC) em que a medida é feita e o comprimento de onda de luz utilizado. O comprimento de onda mais comum no polarímetro é a linha D do sódio, o mesmo comprimento de onda responsável pela cor amarela das lâmpadas de vapor de sódio.

A seguir, apresentamos algumas rotações específicas para os enantiômeros do ácido láctico medido a 21 ºC e usando a linha D de uma lâmpada de sódio a vapor como fonte de luz:

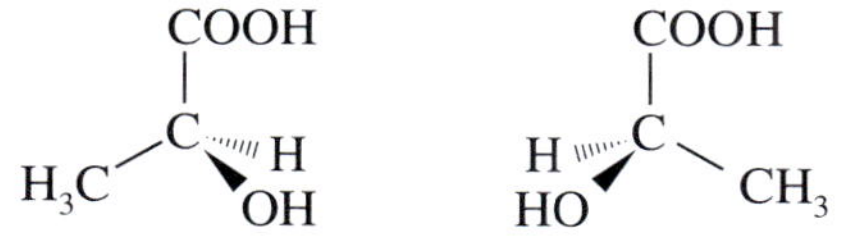

Dextrorrotatório Rotação no sentido horário (para a direita) do plano da luz polarizada em um polarímetro.

Levorrotatório Rotação no sentido anti-horário (para a esquerda) do plano da luz polarizada em um polarímetro.

O enantiômero ($+$) do ácido láctico é produzido pelo tecido muscular em humanos. O enantiômero ($-$) é encontrado no creme azedo e no leite coalhado.

(S)-($+$)-ácido láctico
$[\alpha]_D^{21} = 12,6°$

(R)-($-$)-ácido láctico
$[\alpha]_D^{21} = 22,6°$

15.5 Qual é a importância da quiralidade no mundo biológico?

Com exceção dos sais inorgânicos e de algumas substâncias orgânicas de baixa massa molecular, a maioria das moléculas de seres vivos – tanto as plantas quanto os animais – é quiral. Embora essas moléculas possam existir em uma variedade de estereoisômeros, quase que invariavelmente apenas um estereoisômero é encontrado na natureza. É claro que há exemplos de mais de um estereoisômero, mas esses isômeros raramente coexistem no mesmo sistema biológico.

Os chifres da gazela africana apresentam quiralidade; um é a imagem especular do outro.

A. Quiralidade em biomoléculas

Talvez os exemplos mais conspícuos de quiralidade entre moléculas biológicas sejam as enzimas, todas elas com muitos estereocentros. Considere a quimotripsina, uma enzima encontrada nos intestinos dos animais e que catalisa a digestão de proteínas (Capítulo 23). A quimotripsina tem 251 estereocentros. O número máximo de estereoisômeros possível é 2^{251} – uma quantidade extraordinariamente grande, quase além da compreensão. Felizmente, a natureza não desperdiça energia e recursos preciosos desnecessariamente; qualquer que seja o organismo, vai produzir somente um desses estereoisômeros.

B. Como a enzima distingue entre uma molécula e seu enantiômero?

As enzimas catalisam a reação biológica de uma molécula primeiro posicionando-a em um **sítio de ligação** na superfície da enzima. Uma enzima com sítios de ligação específicos para três dos quatro grupos de um estereocentro pode distinguir entre uma molécula quiral e seu enantiômero ou um de seus diastereômeros. Suponha, por exemplo, que uma enzima envolvida na catálise de uma reação de gliceraldeído tenha três sítios de ligação: um específico para —H, um segundo específico para —OH e um terceiro específico para —CHO. Suponha também que os três sítios estejam arranjados na superfície da enzima conforme mostra a Figura 15.7. A enzima pode distinguir o (R)-gliceraldeído (a forma natural ou biologicamente ativa) de seu enantiômero porque o enantiômero natural é adsorvido com três grupos que interagem com seus sítios de ligação apropriados. Para o enantiômero S, no máximo dois grupos podem interagir com esses três sítios de ligação.

Como as interações entre moléculas em seres vivos ocorrem em ambiente quiral, não surpreende o fato de que uma molécula e seu enantiômero, ou um de seus diastereômeros, elicitem diferentes respostas fisiológicas. Como já vimos, o (S)-ibuprofeno é ativo como

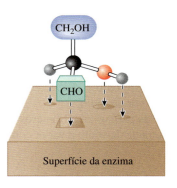
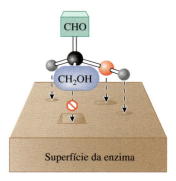

O (R)-gliceraldeído se ajusta aos três sítios de ligação na superfície

O (S)-gliceraldeído se ajusta a apenas dois dos três sítios de ligação

FIGURA 15.7 Diagrama esquemático da superfície de uma enzima que pode interagir com o (R)-gliceraldeído em três sítios de ligação, mas em apenas dois desses sítios com o (S)-gliceraldeído.

analgésico e para aliviar a febre, enquanto seu enantiômero R é inativo. O enantiômero S do analgésico naproxeno também é a substância ativa desse composto, mas seu enantiômero R é uma toxina para o fígado!

(S)-ibuprofeno   (S)-naproxeno

Resumo das questões-chave

Seção 15.1 O que é enantiomeria?

- **Imagem especular** é o reflexo de um objeto no espelho.
- **Enantiômeros** são pares de estereoisômeros que são imagens especulares não sobreponíveis.
- Uma **mistura racêmica** contém quantidades iguais de dois enantiômeros e não faz girar o plano da luz polarizada.
- **Diastereômeros** são estereoisômeros que são imagens especulares.
- Um objeto que não é sobreponível à sua imagem especular é chamado **quiral**; ele tem lateralidade. Um objeto **aquiral** não tem quiralidade (lateralidade), isto é, tem uma imagem especular sobreponível.
- A causa mais comum da quiralidade em moléculas orgânicas é a presença de um carbono tetraédrico ligado a quatro grupos diferentes. Esse carbono é chamado **estereocentro**.

Seção 15.2 Como se especifica a configuração do estereocentro?

- Usamos o **sistema R,S** para especificar a configuração de um estereocentro.

Seção 15.3 Quantos estereoisômeros são possíveis para moléculas com dois ou mais estereocentros?

- Para uma molécula com n estereocentros, o número máximo de estereoisômeros possível é 2^n.

Seção 15.4 O que é atividade óptica e como a quiralidade é detectada em laboratório?

- A luz com ondas que vibram apenas em planos paralelos é conhecida como **polarizada no plano**.
- Usamos o **polarímetro** para medir a atividade óptica. Dizemos que um composto é **opticamente ativo** se fizer girar o plano da luz polarizada.
- Se um composto girar o plano no sentido horário, ele vai ser **dextrorrotatório**; se girar no sentido anti-horário, vai ser **levorrotatório**.
- Cada membro de um par de enantiômeros faz girar o plano da luz polarizada o mesmo número de graus, mas em direções opostas.

Seção 15.5 Qual é a importância da quiralidade no mundo biológico?

- Uma enzima catalisa reações biológicas de moléculas primeiramente posicionando-as em sítios de ligação localizados na superfície dessa enzima. Enzimas com sítios de ligação específicos para três dos quatro grupos em um estereocentro podem distinguir entre uma molécula e seu enantiômero ou um de seus diastereômeros.

Problemas

Seção 15.1 O que é enantiomeria?

15.7 Indique se a afirmação é verdadeira ou falsa.
- (a) Os estereoisômeros *cis* e *trans* do 2-buteno são aquirais.
- (b) O carbono carbonílico de um aldeído, cetona, ácido carboxílico ou éster não pode ser um estereocentro.
- (c) Os estereoisômeros têm a mesma conectividade entre seus átomos.
- (d) Isômeros constitucionais têm a mesma conectividade entre seus átomos.
- (e) Um cubo não assinalado é aquiral.
- (f) O pé humano é quiral.
- (g) Todo objeto na natureza tem uma imagem especular.
- (h) A causa mais comum de quiralidade em moléculas orgânicas é a presença de um átomo de carbono tetraédrico ligado a quatro grupos diferentes.
- (i) Se uma molécula não for sobreponível à sua imagem especular, ela vai ser quiral.

15.8 O que significa o termo "quiral"? Dê um exemplo de molécula quiral.

15.9 O que significa o termo "aquiral"? Dê um exemplo de molécula aquiral.

15.10 Definir o termo "estereoisômero". Cite três tipos de estereoisômeros.

15.11 Em que aspecto os isômeros constitucionais são diferentes dos estereoisômeros? Em que aspecto são iguais?

398 ■ Introdução à química orgânica

15.12 Quais dos seguintes objetos são quirais (suponha que não haja rótulo ou qualquer marca de identificação)?
(a) Tesoura
(b) Bola de tênis
(c) Clipe de papel
(d) Béquer
(e) O redemoinho criado na água quando ela é drenada de uma pia ou de uma banheira.

15.13 O 2-pentanol é quiral, mas o 3-pentanol não é. Explique.

15.14 O 2-buteno existe como um par de isômeros *cis-trans*. O isômero *cis* do 2-buteno é quiral? O *trans*-2-buteno é quiral? Explique.

15.15 Explique por que o carbono de um grupo carbonila não pode ser um estereocentro.

15.16 Quais dos seguintes compostos contêm estereocentros?
(a) 2-cloropentano
(b) 3-cloropentano
(c) 3-cloro-1-buteno
(d) 1,2-dicloropropano

15.17 Quais dos seguintes compostos contêm estereocentros?
(a) Ciclopentanol
(b) 1-cloro-2-propanol
(c) 2-metilciclopentanol
(d) 1-fenil-1-propanol

15.18 Usando somente C, H e O, escreva fórmulas estruturais para a molécula quiral de menor massa molecular em cada classe.
(a) Alcano
(b) Alceno
(c) Álcool
(d) Aldeído
(e) Cetona
(f) Ácido carboxílico

15.19 Desenhe a imagem especular para cada uma destas moléculas:

(a) 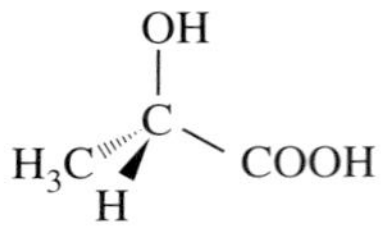
(b) 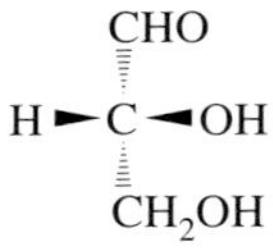
(c) 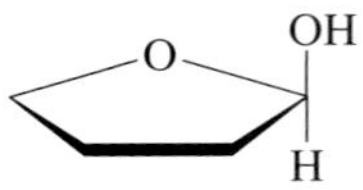
(d)

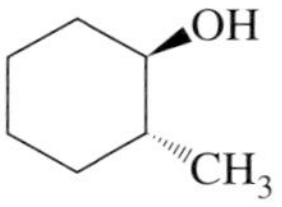

15.20 Desenhe a imagem especular para cada uma destas moléculas:

(a) 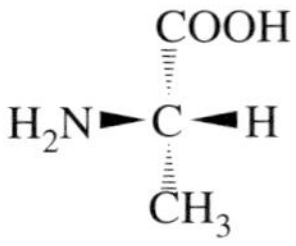
(b) 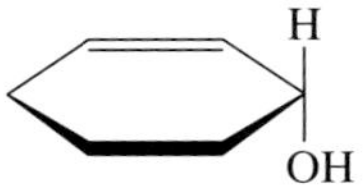
(c) 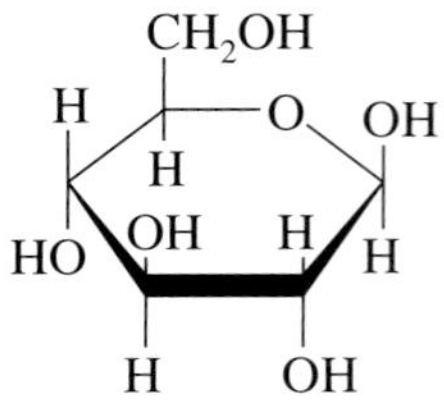
(d)

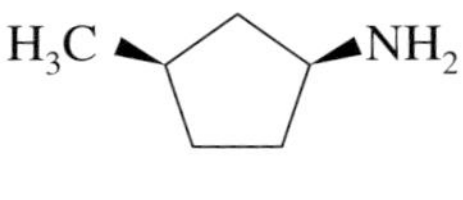

Seção 15.3 Quantos estereoisômeros são possíveis para moléculas com dois ou mais estereocentros?

15.21 Indique se a afirmação é verdadeira ou falsa.
(a) Para uma molécula com dois estereocentros, $2^2 = 4$ estereoisômeros são possíveis.
(b) Para uma molécula com três estereocentros, $3^2 = 9$ estereoisômeros são possíveis.
(c) Enantiômeros, assim como as luvas, ocorrem em pares.
(d) O 2-pentanol e o 3-pentanol são ambos quirais e apresentam enantiomeria.
(e) O 1-metilcicloexanol é aquiral e não apresenta enantiomeria.
(f) Diastereômeros são estereoisômeros que não são imagens especulares.

15.22 Assinale com um asterisco cada estereocentro nestas moléculas. Observe que nem todas contêm estereocentros.

(a) 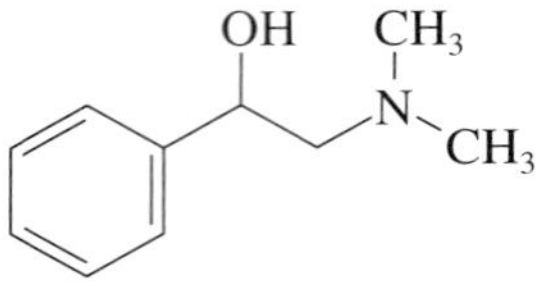
(b) 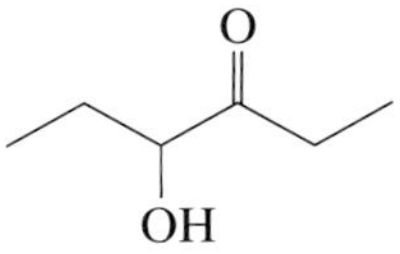
(c) 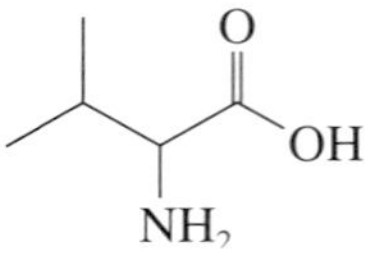
(d)

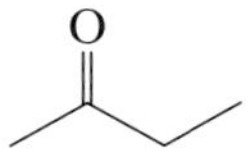

15.23 Assinale com um asterisco cada estereocentro nestas moléculas. Observe que nem todas contêm estereocentros.

(a) 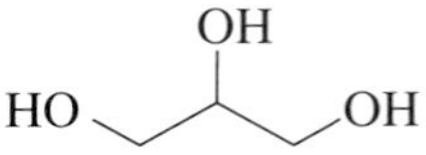
(b) 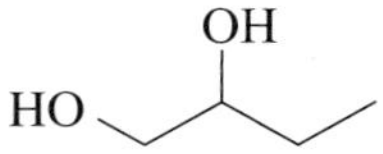
(c) 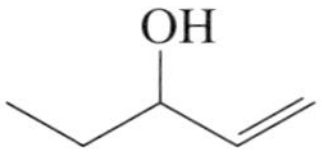
(d)

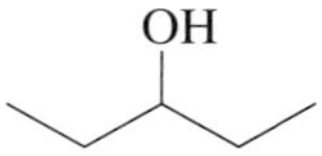

15.24 Assinale com um asterisco todos os estereocentros em cada molécula. Quantos estereoisômeros são possíveis para cada molécula?

(a) 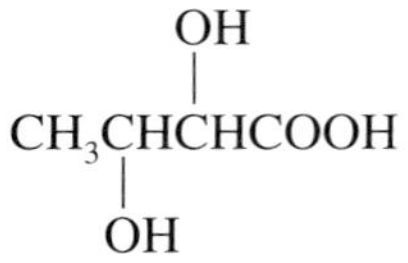
(b) 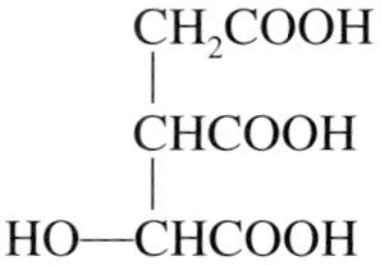
(c) 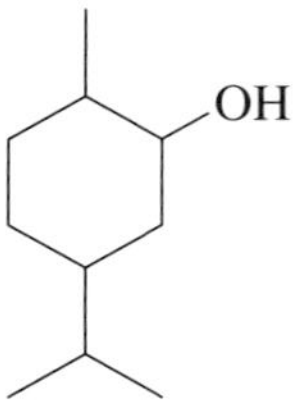
(d)

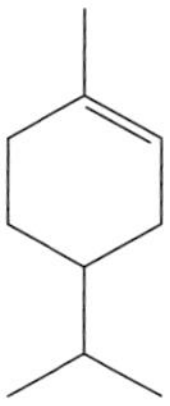

15.25 Assinale com um asterisco todos os estereocentros em cada molécula. Quantos estereoisômeros são possíveis para cada molécula?

(a) [estrutura: 2-metilciclopentanol]
(b) [estrutura: álcool com duas duplas ligações]
(c) [estrutura: 2-hidroxitetraidrofurano]
(d) [estrutura: decalinona metilada]

15.26 Durante séculos, a medicina herbária chinesa tem usado extratos de *Ephedra sinica* para tratar a asma. O componente aliviante para a asma nessa planta é a efedrina, um potente dilatador das vias aéreas dos pulmões. O estereoisômero de ocorrência natural é levorrotatório e tem a seguinte estrutura.

Efedrina $[\alpha]_D^{21} = -41°$

(a) Assinale com um asterisco cada estereocentro na epinefrina.
(b) Quantos estereoisômeros são possíveis para esse composto?

15.27 A rotação específica da efedrina de ocorrência natural, mostrada no Problema 15.26, é −41°. Qual é a rotação específica de seu enantiômero?

15.28 O que é mistura racêmica? A mistura racêmica é opticamente ativa? Isto é, ela faz girar o plano da luz polarizada?

Seção 15.4 O que é atividade óptica e como a quiralidade é detectada em laboratório?

15.29 Indique se a afirmação é verdadeira ou falsa.
(a) Se um composto quiral for dextrorrotatório, seu enantiômero vai ser levorrotatório pelo mesmo número de graus.
(b) Uma mistura racêmica é opticamente inativa.
(c) Todos os estereoisômeros são opticamente ativos.
(d) A luz polarizada no plano consiste em ondas de luz vibrando em planos paralelos.

Conexões químicas

15.30 (Conexões químicas 15A) O que significa dizer que um fármaco é *quiral*? Se um fármaco for quiral, ele será opticamente ativo? Ou seja, ele fará girar o plano da luz polarizada?

Problemas adicionais

15.31 Quais dos oito alcoóis de fórmula molecular $C_5H_{12}O$ são quirais?

15.32 Escreva a fórmula estrutural de um álcool de fórmula molecular $C_6H_{14}O$ que contém dois estereocentros.

15.33 Quais dos ácidos carboxílicos de fórmula molecular $C_6H_{12}O_2$ são quirais?

15.34 A seguir, vemos as fórmulas estruturais para os três fármacos mais prescritos no tratamento da depressão. Indique todos os estereocentros em cada composto e cite o número de estereoisômeros possível para cada um deles.

(a) Fluoxetina (Prozac)

(b) Sertralina (Zoloft)

(c) Paroxetina (Paxil)

15.35 Indique os quarto estereocentros da amoxicilina, que pertence à família das penicilinas semissintéticas.

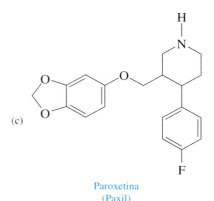

Amoxicilina

15.36 Considere um anel de cicloexano substituído com um grupo hidroxila e um grupo metila. Desenhe uma fórmula estrutural para um composto dessa composição que
(a) não apresente isomeria *cis-trans* e que não tenha estereocentros.
(b) apresente isomeria *cis-trans*, mas nenhum estereocentro.
(c) apresente isomeria *cis-trans* e tenha dois estereocentros.

15.37 A próxima vez que você tiver a oportunidade de examinar quaisquer das inúmeras variedades de macarrão em espiral (*rotini*, *fusilli*, *radiatori*, *tortiglione* e assim por diante), repare em suas torções. As torções de algum desses tipos tem orientação para a direita ou para a esquerda? Ou são todos misturas racêmicas?

15.38 Imagine o enrolamento em espiral de um fio de telefone ou a espiral de um caderno. Suponha que você observe a espiral de uma das extremidades e constate que ela tem uma orientação para a esquerda. Se observar a mesma espiral da outra extremidade, ela também terá uma orientação para a esquerda ou será para a direita?

Antecipando

15.39 O acetonido de triancinolona, ingrediente ativo do aerossol para inlação Azmacort, é um esteroide usado para tratar asma brônquica.

Acetonido de triancinolona

(a) Indique os oito estereocentros dessa molécula.
(b) Quantos estereoisômeros são possíveis para ela? (Desses, o estereisômero com a configuração aqui mostrada é o ingrediente ativo do Azmacort.)

Aminas

16

Esse inalador libera um sopro de albuterol (Proventil), um potente broncodilatador sintético cuja estrutura é relacionada à da epinefrina. Ver "Conexões químicas 16E".

Questões-chave

16.1 O que são aminas?

16.2 Qual é a nomenclatura das aminas?

16.3 Quais são as propriedades físicas das aminas?

16.4 Como descrevemos a basicidade das aminas?

16.5 Quais são as reações características das aminas?

16.1 O que são aminas?

Carbono, hidrogênio e oxigênio são os três elementos mais comuns nos compostos orgânicos. Por causa da ampla distribuição das aminas nos sistemas biológicos, o nitrogênio corresponde ao quarto elemento mais abundante encontrado nos compostos orgânicos. A propriedade mais importante das aminas é a sua basicidade.

As **aminas** (Seção 10.4B) são classificadas como **primárias** (1ª), **secundárias** (2ª) ou **terciárias** (3ª), dependendo do número de carbonos ligados ao nitrogênio.

CH_3-NH_2 $CH_3-\underset{H}{N}-CH_3$ $CH_3-\underset{CH_3}{N}-CH_3$

Metilamina (uma amina 1ª) Dimetilamina (uma amina 2ª) Trietilamina (uma amina 3ª)

Conexões químicas 16A

Anfetaminas (pílulas estimulantes)

A anfetamina, metanfetamina e fentermina – todas aminas sintéticas – são potentes estimulantes do sistema nervoso central. Como a maior parte das aminas, elas são armazenadas e administradas na forma dos seus respectivos sais. O sal de sulfato da anfetamina é chamado benzedrina, o cloridrato do enantiômero *S* da metanfetamina é denominado metedrina, e o cloridrato da fentermina é chamado fastin.

Essas três aminas têm efeitos fisiológicos similares e são denominadas, de forma geral, **anfetaminas**. Estruturalmente, elas têm em comum um anel benzênico com uma cadeia lateral de três carbonos e o nitrogênio amínico ligado ao segundo carbono da cadeia lateral. Fisiologicamente, elas compartilham a habilidade de reduzir a fadiga e diminuir a fome, aumentando o nível de glicose no sangue. Por causa dessas propriedades, as anfetaminas são amplamente prescritas para controlar a depressão moderada, reduzir a hiperatividade em crianças e suprimir o apetite de pessoas que buscam a perda de peso. Essas drogas também são usadas de modo ilegal para reduzir o cansaço e aumentar a disposição.

O abuso na utilização de anfetaminas pode ter efeitos severos tanto no corpo como na mente. Elas causam dependência, acumulam-se no cérebro e no sistema nervoso central e podem levar a longos períodos de sonolência, perda de peso e paranoia. A ação das anfetaminas é similar à da epinefrina (ver "Conexões químicas 16E"), e o cloridrato da epinefrina é conhecido como adrenalina.

Anfetamina (Benzedrina)   (*S*)-metanfetamina (Metedrina)   Fentermina (Fastin)

Amina alifática Uma amina na qual o nitrogênio está ligado somente aos grupos alquila ou a hidrogênio.

Amina aromática Uma amina na qual o nitrogênio está ligado a um ou mais anéis aromáticos.

As aminas são ainda classificadas como alifáticas ou aromáticas. Uma **amina alifática** é aquela na qual todos os carbonos ligados ao nitrogênio são grupos alquílicos. Uma **amina aromática** é aquela na qual um ou mais grupos ligados ao nitrogênio são grupos arila.

Anilina (uma amina aromática 1ª)   *N*-metilanilina (uma amina aromática 2ª)   Benzildimetilamina (uma amina alifática 3ª)

Uma amina na qual o átomo de nitrogênio faz parte do anel é classificada como **amina heterocíclica**. Quando o anel é saturado, a amina é classificada como **amina alifática heterocíclica**. Quando o nitrogênio faz parte de um anel aromático (Seção 13.1), a amina é classificada como **amina aromática heterocíclica**. Duas das mais importantes aminas aromáticas heterocíclicas são a piridina e a pirimidina, nas quais o átomo de nitrogênio substitui um e dois grupos CH do anel benzênico, respectivamente. Pirimidina e purina constituem as bases amínicas do DNA e RNA (ver Capítulo 25).

Amina heterocíclica Uma amina na qual o nitrogênio é um dos átomos do anel.

Amina aromática heterocíclica Uma amina na qual o nitrogênio é um dos átomos de um anel aromático.

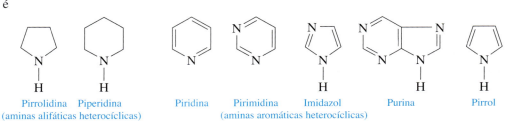

Pirrolidina   Piperidina   Piridina   Pirimidina   Imidazol   Purina   Pirrol
(aminas alifáticas heterocíclicas)   (aminas aromáticas heterocíclicas)

Exemplo 16.1 Estrutura das aminas

Quantos átomos de hidrogênio tem a piperidina? Quantos átomos de hidrogênio tem a piridina? Escreva a fórmula molecular de cada amina.

Estratégia

Lembre que os átomos de hidrogênio ligados ao carbono não são mostrados em fórmulas representadas por linhas e ângulos. Para determinar o número de hidrogênios, adicione o número suficiente de hidrogênios para assegurar as quatro ligações para cada átomo de carbono e três ligações para cada nitrogênio.

Solução

A piperidina tem 11 átomos de hidrogênio e sua fórmula é $C_5H_{11}N$.
A piridina tem 5 átomos de hidrogênio e sua fórmula é C_5H_5N.

Problema 16.1

Quantos átomos de hidrogênio possui a pirrolidina? Quantos tem a purina? Escreva a fórmula molecular de cada uma dessas aminas.

Conexões químicas 16B

Alcaloides

Alcaloides são compostos básicos que contêm nitrogênio encontrados em raízes, cascas, folhas e frutos. Em quase todos os alcaloides, o nitrogênio faz parte de uma estrutura cíclica (anel). O nome "alcaloide" foi atribuído a essas substâncias porque esses compostos são semelhantes a bases (*álcali* é um termo mais antigo para uma substância básica) e reagem com ácidos fortes, resultando em sais solúveis em água. Milhares de alcaloides diferentes, muitos dos quais são usados na medicina moderna, têm sido extraídos de plantas.

Quando administrados em animais, incluindo os seres humanos, os alcaloides resultam em um efeito fisiológico pronunciado. Independentemente do efeito específico de cada alcaloide, a maior parte deles é tóxica em doses maiores. Para alguns alcaloides, a dose tóxica é muito pequena!

A (*S*)-coniina é o princípio tóxico da cicuta (um membro da família das cenouras). Sua ingestão pode causar fraqueza, respiração difícil, paralisia e, eventualmente, morte. Essa substância tóxica foi utilizada na "cicuta venenosa" que provocou a morte de Sócrates. A cicuta é facilmente confundida com um tipo de cenoura selvagem chamada, no Hemisfério Norte, "Laço da Rainha Ana", um erro que tem matado inúmeras pessoas.

A (*S*)-nicotina ocorre na planta do tabaco. Em pequenas doses, ela é um estimulante que causa certa dependência. Em doses maiores, essa substância causa depressão, náusea e vômitos. Em doses ainda maiores, é um veneno mortal. Soluções de nicotina em água são usadas como inseticidas.

A cocaína é um estimulante do sistema nervoso central obtido das folhas da planta da coca. Utilizada em doses pequenas, diminui a fadiga e resulta em uma sensação de bem-estar. O uso prolongado de cocaína leva à dependência física e à depressão.

(*S*)-coniina   (*S*)-nicotina   Cocaína

16.2 Qual é a nomenclatura das aminas?

A. Nomes Iupac

Os nomes Iupac para as aminas alifáticas são derivados como no caso dos alcoóis. O -**o** final da cadeia principal do alcano é excluído e substituído por -**amina**. A localização do grupo amina na cadeia carbônica é indicada por um número.

2-propanamina   Cicloexanamina   1,6-hexanodiamina

404 ■ Introdução à química orgânica

A nomenclatura Iupac mantém o nome usual **anilina** para $C_6H_5NH_2$, a amina aromática mais simples. Os derivados da anilina são nomeados usando números para localizar a posição dos substituintes ou, alternativamente, usando os indicadores de posição *orto* (*o*), *meta* (*m*) e *para* (*p*). Vários derivados da anilina têm nomes comuns que ainda são utilizados. Entre eles, temos a **toluidina**, que se refere à anilina substituída com o grupo metil.

Anilina 4-nitroanilina (*p*-nitroanilina) 3-metilanilina (*m*-toluidina)

Aminas secundárias e terciárias assimétricas são comumente nomeadas como aminas primárias *N*-substituídas. O maior grupo ligado ao nitrogênio assume a designação amina tal como já indicado para as aminas alifáticas e aromáticas. Os grupos menores ligados ao nitrogênio são denominados em virtude de sua estrutura e indicados pelo prefixo *N* (ressaltando que eles se encontram ligados ao nitrogênio).

N-metilanilina *N,N*-dimetilciclopentanamina

Exemplo 16.2 Nomes Iupac para as aminas

Escreva os nomes Iupac para cada amina. Tente especificar a configuração do estereocentro em (c).

(a) (b) $H_2N(CH_2)_5NH_2$ (c)

Estratégia

A cadeia carbônica principal é a maior que contém o grupo amina.
Numere a cadeia a partir da terminação que resulta no menor número possível para o grupo amina.

Solução

(a) A cadeia principal do alcano tem quatro átomos de carbono, portanto é o butano. O grupo amina está ligado no carbono 2, resultando então no nome Iupac 2-butanamina.

(b) A cadeia carbônica principal tem cinco átomos de carbono, portanto é o pentano. Existem grupos amina nos carbonos 1 e 5, resultando então no nome Iupac 1,5-pentanodiamina. O nome comum dessa diamina é cadaverina, o que deve dar a você um indício de onde ela é encontrada na natureza e qual deve ser seu odor. A cadaverina é um dos produtos finais da decomposição da carne e é muito venenosa.

(c) A cadeia carbônica principal tem três átomos de carbono, portanto é o propano. Para que a estrutura final tenha os menores números possíveis, numere a cadeia pela terminação que contém o grupo fenil como carbono 1 e o grupo amina no carbono 2. As prioridades para a determinação das configurações *R* ou *S* são $NH_2 > C_6H_5CH_2 > CH_3 > H$. O nome sistemático dessa amina é (*R*)-1-fenil-2-propanamina. Essa estrutura corresponde ao enantiômero (*R*) do estimulante anfetamina.

Problema 16.2

Escreva a fórmula estrutural de cada uma das aminas.

(a) 2-metil-1-propanamina   (b) ciclopentanamina   (c) 1,4-butanodiamina

B. Nomes comuns

Os nomes comuns para a maioria das aminas listam os grupos ligados ao nitrogênio em ordem alfabética em uma palavra que termina com o sufixo **-amina**.

Propilamina   *sec*-butilamina   Dietilmetilamina   Cicloexilamina

Exemplo 16.3 Nomes comuns para as aminas

Escreva a fórmula estrutural para cada uma das aminas.
(a) Isopropilamina   (b) Cicloexilmetilamina   (c) Trietilamina

Estratégia e solução

Nos nomes comuns, o nome dos grupos ligados ao nitrogênio são listados em ordem alfabética, seguidos pelo sufixo **-amina**.

(a) $(CH_3)_2CHNH_2$ (b) cicloexil—$NHCH_3$ (c) $(CH_3CH_2)_3N$

ou

Problema 16.3

Escreva a fórmula de cada amina.
(a) 2-aminoetanol   (b) Difenilamina   (c) Di-isopropilamina

Quando quatro átomos ou grupos de átomos estão ligados ao átomo de nitrogênio, como em NH_4^+ e $CH_3NH_3^+$, o nitrogênio assume uma carga positiva e o composto está associado a um ânion, como em um sal. O composto é nomeado como um sal da correspondente amina. A terminação **-amina** (ou anilina, piridina, ou similares) é substituída por **-amônio** (ou *anilíneo*, *piridíneo*, ou similares), e o nome do ânion (cloreto, acetato e assim em diante para os demais ânions) é adicionado.

$(CH_3CH_2)_3NH^+Cl^-$
Cloreto de trietilamônio

Vários dos incontáveis enxágues bucais disponíveis no mercado contêm cloreto de *N*-alquilpiridíneo como agente antibacteriano.

16.3 Quais são as propriedades físicas das aminas?

Assim como a amônia, aminas com baixa massa molecular apresentam odores intensos e penetrantes. Trietilamina, por exemplo, é o composto responsável pelo odor pungente do peixe podre. Duas outras aminas que apresentam odores pungentes são a 1,4-butanodiamina (putriscina) e a 1,5-pentanodiamina (cadaverina).

Aminas são compostos polares decorrentes da diferença de eletronegatividade entre o nitrogênio e o hidrogênio (3,0 − 2,1 = 0,9). Tanto as aminas primárias como as secundárias têm ligações N—H e podem formar ligações de hidrogênio intermoleculares entre si

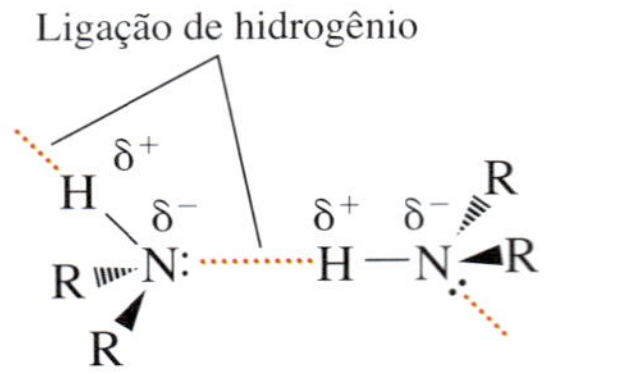

406 ■ Introdução à química orgânica

Ligação de hidrogênio

FIGURA 16.1 Ligação de hidrogênio entre duas moléculas de uma amina secundária.

(Figura 16.1). Aminas terciárias não têm um hidrogênio ligado ao nitrogênio, portanto não formam ligações de hidrogênio entre si.

Uma ligação N—H---N é mais fraca que uma ligação O—H---O, pelo fato de a diferença de eletronegatividade entre nitrogênio e hidrogênio ($3,0 - 2,1 = 0,9$) ser menor que a diferença entre oxigênio e hidrogênio ($3,5 - 2,1 = 1,4$). Para averiguar o efeito da ligação de hidrogênio entre alcoóis e aminas de comparável massa molecular, compare os pontos de ebulição de etano, metanamina e metanol. O etano é um hidrocarboneto apolar, e as únicas forças atrativas entre suas moléculas são as forças fracas de dispersão de London (Seção 5.7A). Tanto a metanamina como o metanol têm moléculas polares que interagem no estado líquido por intermédio de ligações de hidrogênio. O metanol tem o maior ponto de ebulição dos três compostos, porque a ligação de hidrogênio entre suas moléculas é mais forte que entre as moléculas de metanamina.

	CH_3CH_3	CH_3NH_2	CH_3OH
Massa molecular (u)	30,1	31,1	32,0
Ponto de ebulição (°C)	$-88,6$	$-6,3$	65,0

Conexões químicas 16C

Tranquilizantes

A maioria das pessoas se depara com a ansiedade e o estresse em algum período da vida, e cada uma delas desenvolve várias maneiras para enfrentar esses fatores. A estratégia pode envolver meditação, exercícios, psicoterapia ou medicamentos. Uma técnica moderna é usar tranquilizantes, medicamentos que fornecem alívio aos sintomas da ansiedade ou tensão.

Os primeiros tranquilizantes modernos foram derivados de um composto chamado benzodiazepina. O primeiro desses compostos, clorodiazepóxido, mais conhecido como Librium, foi introduzido em 1960 e seguido por dezenas de compostos similares. Diazepam, mais conhecido como Valium, tornou-se um dos medicamentos mais amplamente utilizados entre essas drogas.

Librium, Valium e outros benzodiazepínicos são sedativos/hipnóticos do sistema nervoso central. Como sedativos, eles diminuem a atividade e a excitação, provocando um efeito de calma. Como hipnóticos, eles produzem torpor e sono.

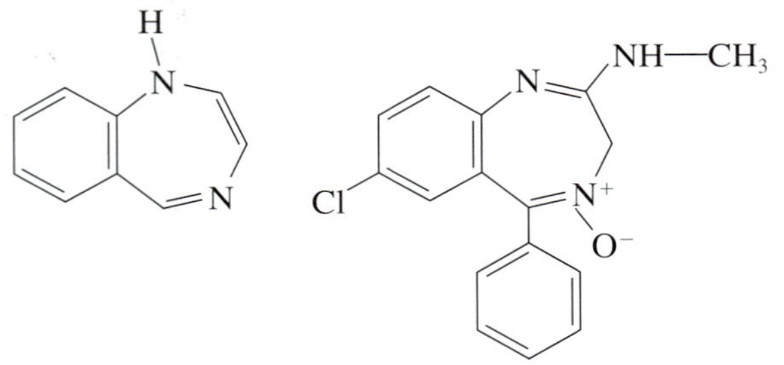

Benzodiazepina

Clorodiazepóxido (Librium)

Diazepam (Valium)

Todas as classes de aminas formam ligações de hidrogênio com a água e são mais solúveis em água do que em hidrocarbonetos de comparável massa molecular. A maioria das aminas de baixa massa molecular é completamente solúvel em água, mas as aminas de alta massa molecular são apenas moderadamente solúveis ou insolúveis em água.

16.4 Como descrevemos a basicidade das aminas?

Como a amônia, as aminas são bases fracas, e as soluções aquosas das aminas, básicas. A seguir é representada a reação ácido-base entre uma amina e a água, e as setas curvas ressaltam que, nessa reação de transferência de prótons (Seção 8.1), o par de elétrons não compartilhado (pares de elétrons livres) do nitrogênio forma uma nova ligação covalente com o hidrogênio e desloca o íon hidróxido.

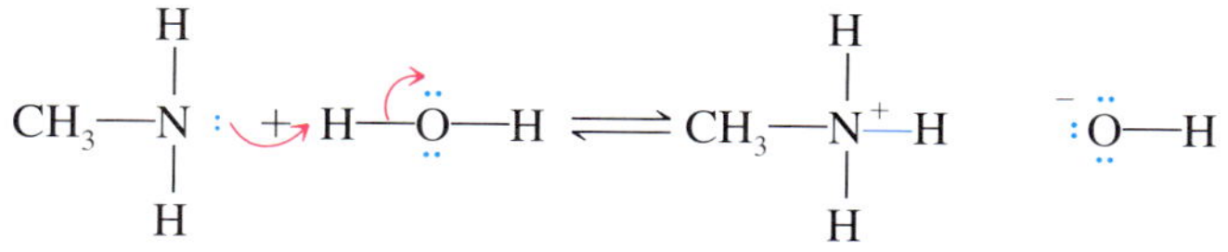

Metilamina
(uma base)

Hidróxido de
metilamônio

A constante de dissociação básica, K_b, para a reação de uma amina com a água tem a forma representada a seguir e é ilustrada aqui para a reação entre a metilamina e água produzindo hidróxido de metilamônio. O pK_b é definido como o logaritmo negativo de K_b.

$$K_b = \frac{[CH_3NH_3^+][OH^-]}{[CH_3NH_2]} = 4,37 \times 10^{-4}$$

$$pK_b = -\log 4,37 \times 10^{-4} = 3,360$$

Todas as aminas alifáticas têm aproximadamente a mesma força básica pK_b 3,0 − 4,0 e são bases ligeiramente mais fortes que a amônia (Tabela 16.1). Aminas aromáticas e aminas aromáticas heterocíclicas (pK_b 8,5 − 9,5) são bases consideravelmente mais fracas que as aminas alifáticas. Um fato adicional sobre a basicidade das aminas: as aminas alifáticas são bases fracas quando comparadas com bases inorgânicas como o NaOH, porém são bases fortes se comparadas com outros compostos orgânicos.

TABELA 16.1 Força básica aproximada das aminas

Classe	pK_b	Exemplo	Nome	
Alifática	3,0 – 4,0	$CH_3CH_2NH_2$	Etanamina	Base mais forte
Amônia	4,74			
Aromática	8,5 – 9,5	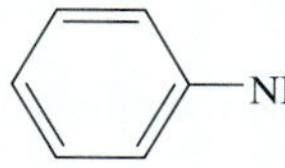 ⬡—NH_2	Anilina	Base mais fraca

Por meio da basicidade das aminas, podemos determinar qual forma da amina existe nos corpos fluidos, ou seja, no sangue. Em uma pessoa normal e saudável, o pH do sangue é aproximadamente 7,40, que é ligeiramente básico. Se uma amina alifática for dissolvida no sangue, ela vai estar presente de modo predominante na sua forma protonada ou na forma do ácido conjugado.

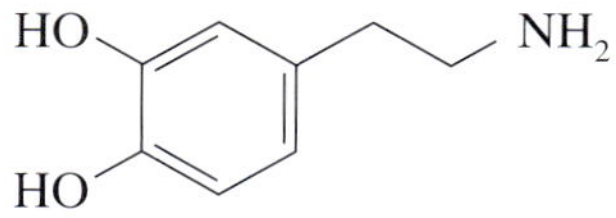

Dopamina

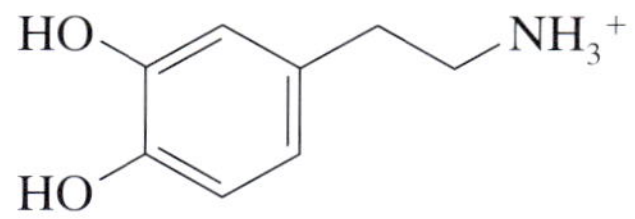

Ácido conjugado da dopamina
(a forma predominante no plasma sanguíneo)

Podemos demonstrar que uma amina alifática como a dopamina, quando dissolvida no sangue, está presente de modo predominante na sua forma protonada ou na forma do ácido conjugado da seguinte maneira. Assuma que a amina, RNH_2, tem um pK_b de 3,50 que está dissolvido em sangue com o pH 7,40. Primeiro, escrevemos a constante de dissociação básica para a amina e então resolvemos de forma a obter a razão entre RNH_3^+ e RNH_2.

$$RNH_2 + H_2O \rightleftharpoons RNH_3^+ + OH^-$$

$$K_b = \frac{[RNH_3^+][OH^-]}{[RNH_2]}$$

$$\frac{K_b}{[OH^-]} = \frac{[RNH_3^+]}{[RNH_2]}$$

Agora substituímos os valores apropriados para K_b e $[OH^-]$ na equação. Por meio do antilog de 3,50, temos um valor de K_b de $3,2 \times 10^{-4}$. O cálculo da concentração de hidróxido requer duas etapas. Primeiro, lembre-se do que foi indicado na Seção 8.8: pH + pOH = 14. Se o pH do sangue é 7,40, então o pOH é 6,60, e a $[OH^-]$, $2,5 \times 10^{-7}$. Substituindo esses valores na equação, temos uma razão de 1.300 partes de RNH_3^+ para uma parte de RNH_2.

$$\frac{3,2 \times 10^{-4}}{2,5 \times 10^{-7}} = \frac{[RNH_3^+]}{[RNH_2]} = 1.300$$

Como esses cálculos demonstram, no sangue, 99,9% de uma amina alifática está presente em sua forma protonada. Portanto, mesmo que escrevamos a fórmula estrutural da dopamina como a amina livre, ela se encontra presente no sangue em sua forma protonada. É importante perceber, entretanto, que a amina e o íon amônio estão sempre em equilíbrio, então alguma forma deprotonada está presente em solução.

As aminas aromáticas, de forma contrastante, são bases consideravelmente mais fracas que as aminas alifáticas e estão presentes no sangue de modo preponderante na forma deprotonada. Quando adotamos o mesmo tipo de cálculo para uma amina aromática, $ArNH_2$, com pK_b de aproximadamente 10, constatamos que mais de 99,0% da amina se encontra em sua forma deprotonada ($ArNH_2$).

Exemplo 16.4 Basicidade das aminas

Selecione a base mais forte em cada par de aminas.

(a) (A) ou (B)   (b) (C) ou (D)

Estratégia

Determine se a amina é aromática ou alifática. Aminas alifáticas são bases mais fortes que aminas aromáticas.

Solução

(a) A morfolina (B), uma amina alifática secundária, é a base mais forte. A piridina (A), uma amina aromática heterocíclica, é a base mais fraca.

(b) A benzilamina (D), uma amina alifática primária, é a base mais forte. Mesmo contendo um anel aromático, ela não é uma amina aromática porque o nitrogênio não se encontra ligado ao anel aromático. A *o*-toluidina (C), uma amina aromática primária, é a base mais fraca.

Problema 16.4

Selecione a base mais forte em cada par de aminas.

(a) (A) ou (B)   (b) CH_3NH_2 (C) ou (D)

16.5 Quais são as reações características das aminas?

A propriedade química mais importante das aminas é a sua basicidade. Aminas, sejam solúveis ou insolúveis em água, reagem quantitativamente com ácidos fortes, formando sais aquossolúveis, como ilustrado pela reação de (R)-norepinefrina (noradrenalina) com HCl aquoso para formar um cloridrato.

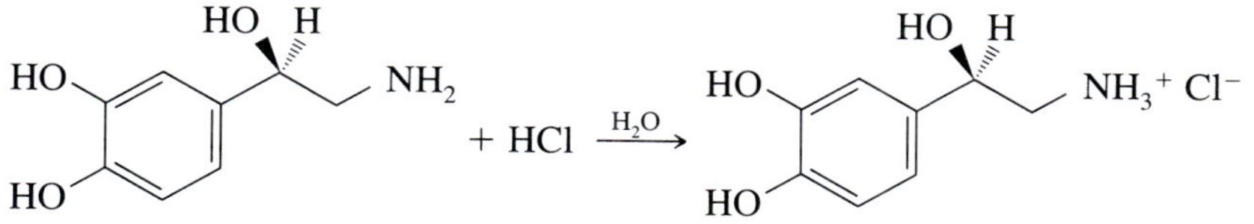

(R)-norepinefrina
(apenas ligeiramente solúvel em água)

Cloridrato de (R)-norepinefrina
(um sal solúvel em água)

Conexões químicas 16D

A solubilidade das drogas em corpos fluidos

Várias drogas tem "•HCl" ou algum outro ácido como parte de sua fórmula química e ocasionalmente como parte de seu nome genérico. De modo invariável, trata-se de aminas que são insolúveis nos corpos fluidos aquosos, como o plasma sanguíneo e o fluido cerebroespinhal. Para a droga administrada ser absorvida e carregada pelos corpos fluidos, ela precisa ser tratada com um ácido para formar um sal de amônio aquossolúvel. A metadona, um analgésico narcótico, é negociada no mercado na forma do cloridrato aquossolúvel. A novacaína, um dos primeiros anestésicos locais, é o cloridrato da procaína.

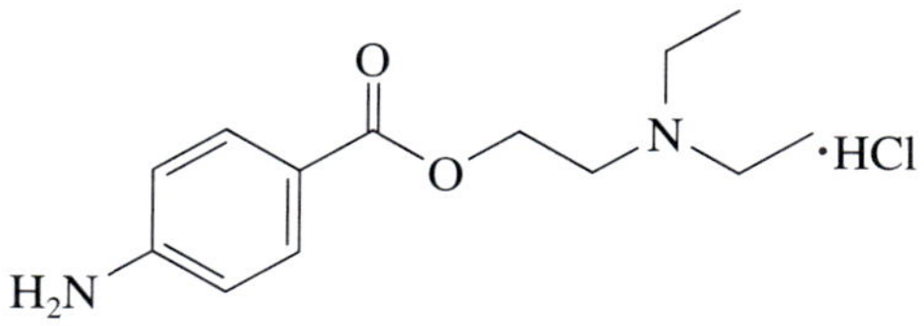

Procaína · HCl
(Novacaína, um anestésico local)

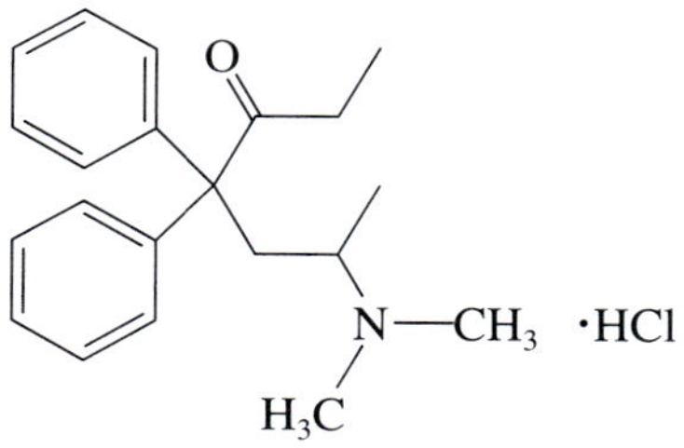

Além do aumento da solubilidade em água, existe outra razão para preparar essas e outras drogas de amino-compostos na forma de sais. As aminas são muito suscetíveis à oxidação e à decomposição pelo oxigênio atmosférico com a consequente perda da atividade biológica. Os sais das aminas, comparativamente, são muito menos suscetíveis à oxidação, mantendo sua eficácia por muito mais tempo.

Metadona · HCl

Exemplo 16.5 Basicidade das aminas

Complete a equação para cada reação ácido-base e nomeie o sal formado.

(a) $(CH_3CH_2)_2NH + HCl \longrightarrow$

(b) 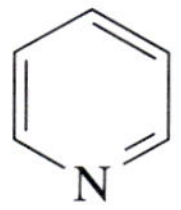 [piridina] $+ CH_3COOH \longrightarrow$

Estratégia

Cada reação ácido-base envolve a transferência de um próton do ácido para o grupo amina (uma base). O produto é denominado um sal de amônio.

Solução

(a) $(CH_3CH_2)_2NH_2{}^+Cl^-$
Cloreto de dietilamônio

(b) 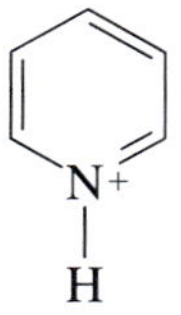 [piridínio] CH_3COO^-

Acetato de piridíneo

410 ■ Introdução à química orgânica

Problema 16.5

Complete a equação para cada reação ácido-base e nomeie o sal formado.

(a) $(CH_3CH_2)_3N + HCl \longrightarrow$

(b) ⬡NH + $CH_3COOH \longrightarrow$

Conexões químicas 16E

Epinefrina: um protótipo para o desenvolvimento de novos broncodilatadores

A epinefrina foi primeiramente isolada em sua forma pura em 1897 e sua estrutura determinada em 1901. Ela ocorre na glândula adrenal (daí vem o nome usual adrenalina) como um único enantiômero com a configuração R em seu estereocentro. Epinefrina é comumente referida como uma catecolamina: o nome usual do 1,2-di-hidroxibenzeno é catecol (Seção 13.14A), e aminas contendo um anel de benzeno com grupos *orto*-hidróxi são chamadas catecolaminas.

Logo após seu isolamento e identificação, foi constatado que a epinefrina é um vasoconstritor, um broncodilatador e um estimulante cardíaco. O fato de ela possuir esses três efeitos principais estimulou a realização de pesquisas para desenvolver compostos que são ainda mais broncodilatadores que a epinefrina, mas que, ao mesmo tempo, não apresentem os efeitos de estimulação cardíaca e de vasoconstrição presentes na epinefrina.

Depois de a epinefrina se tornar comercialmente disponível, ela emergiu como um importante tratamento para a asma e a rinite alérgica.

um grupo —OCH_3. Uma estratégia para evitar essa inativação catalisada por enzima foi substituir a unidade de catecol por uma outra unidade que permitisse que a droga se ligasse ao receptor catecolamina nos brônquios, mas não fosse inativada pela enzima.

Na terbutalina, a inativação é prevenida colocando o grupo —OH em *meta* no anel aromático. Adicionalmente, o grupo isopropil do isoproterenol é substituído por um grupo *terc*-butil. No albuterol (Proventil), a medicação antiasma comercialmente mais bem-sucedida, um grupo —OH da unidade catecol é substituída por um grupo —CH_2OH, e o grupo isopropil é substituído por um grupo *terc*-butil. Quando a terbutalina e o albuterol foram introduzidos na medicina clínica nos anos 1960, eles quase que imediatamente substituíram o isoproterenol como a droga de escolha para os ataques de asma. O enantiômero R do albuterol é 68 vezes mais efetivo no tratamento da asma que o enantiômero S.

Epinefrina

Terbutalina

(R)-isoproterenol

(R)-albuterol

Uma das mais importantes entre as primeiras catecolaminas sintéticas foi o isoproterenol, o enantiômero levorrotatório que retém o efeito broncodilatador da epinefrina, mas está isento do efeito de estimulação cardíaca da epinefrina. Em 1951, introduziu-se, na medicina clínica, o (R)-isoproterenol que foi, nas próximas duas décadas, a droga de escolha para o tratamento de ataques de asma. Vale mencionar que o cloridrato do (R)-isoproterenol é um descongestionante nasal.

Um problema com as primeiras catecolaminas (e com a própria epinefrina) é que elas são inativadas por uma reação catalisada por enzima que converte um dos dois grupos —OH da unidade de catecol em

Na busca de broncodilatadores de longa duração, os cientistas inferiram que, se aumentassem a cadeia lateral na qual se encontra o nitrogênio, poderiam fortalecer a ligação da droga aos adrenorreceptores nos pulmões, o que consequentemente aumentaria a duração da ação da droga. Essa linha de raciocínio levou à síntese e à introdução do salmeterol, um broncodilatador que é aproximadamente dez vezes mais potente que o albuterol e possui uma ação muito mais prolongada.

Salmeterol

A basicidade das aminas e a solubilidade dos sais das aminas em água nos fornecem uma maneira de separar aminas que são insolúveis em água de compostos que não são básicos e também insolúveis em água. A Figura 16.2 é um fluxograma que representa a separação da anilina do cicloexanol, um composto neutro.

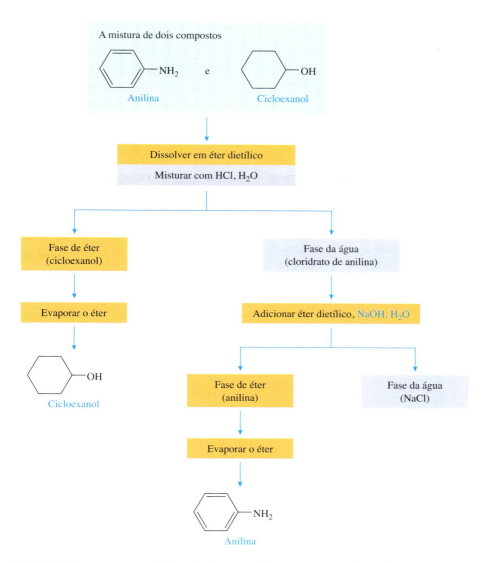

FIGURA 16.2 Separação e purificação de uma amina e um composto neutro.

Resumo das questões-chave

Seção 16.1 O que são aminas?

- Aminas são classificadas como **primárias**, **secundárias** ou **terciárias**, o que vai depender do número de átomos de carbono ligados ao nitrogênio.
- Nas **aminas alifáticas**, todos os carbonos ligados ao nitrogênio são derivados de grupos alquila.
- Nas **aminas aromáticas**, um ou mais grupos ligados ao nitrogênio são grupos arila.
- Nas **aminas heterocíclicas**, o átomo de nitrogênio faz parte de um anel.

Seção 16.2 Qual é a nomenclatura das aminas?

- Na nomenclatura Iupac, as aminas alifáticas são nomeadas mudando o final **-o** da cadeia principal do alcano para **-amina** e usando um número para localizar o grupo amina na correspondente cadeia.
- No sistema usual de nomenclatura, as aminas alifáticas são nomeadas listando em ordem alfabética os grupos carbônicos ligados ao nitrogênio e a palavra termina com o sufixo **-amina**.

412 ■ Introdução à química orgânica

Seção 16.3 Quais são as propriedades físicas das aminas?

- As aminas são compostos polares, e as aminas primárias e secundárias formam entre si ligações de hidrogênio.
- Todas as classes de aminas formam ligações de hidrogênio com a água e são mais solúveis que os hidrocarbonetos de comparável massa molecular.

Seção 16.4 Como descrevemos a basicidade das aminas?

- Aminas são bases fracas, e soluções aquosas das aminas são básicas.
- A constante de ionização básica de uma amina em água é denotada pelo símbolo K_b.

- Aminas alifáticas são bases mais fortes que as aminas aromáticas.

Seção 16.5 Quais são as reações características das aminas?

- Todas as aminas, tanto as solúveis como as insolúveis em água, reagem com ácidos fortes, formando sais solúveis em água.
- Essa propriedade pode ser usada para separar aminas insolúveis em água de compostos não básicos insolúveis em água.

Resumo das reações fundamentais

1. Basicidade das aminas alifáticas (Seção 16.4)

A maioria das aminas alifáticas tem aproximadamente a mesma basicidade (pK_b 3,0 – 4,0), e as bases são um pouco mais fortes que a amônia (pK_b 4,74).

$$CH_3NH_2 + H_2O \rightleftharpoons CH_3NH_3^+ + OH^- \quad pK_b = 3,36$$

2. Basicidade das aminas aromáticas (Seção 16.4)

A maioria das aminas aromáticas (pK_b 9,0 – 10,0) tem bases consideravelmente mais fracas que a amônia e as aminas alifáticas.

$$\text{⬡}-NH_2 + H_2O \rightleftharpoons \text{⬡}-NH_3^+ + OH^- \quad pK_b = 9,36$$

3. Reações com ácidos (Seção 16.5)

Todas as aminas, sejam solúveis ou insolúveis em água, reagem quantitativamente com ácidos fortes, formando sais aquossolúveis.

Insolúvel em água   +   HCl   →   Um sal solúvel em água

Problemas

Seção 16.1 O que são aminas?

16.6   Qual é a diferença estrutural entre uma amina alifática e uma aromática?

16.7   De que maneira a piridina e a pirimidina são relacionadas com o benzeno?

Seção 16.2 Qual é a nomenclatura das aminas?

16.8   Indique se a afirmação é verdadeira ou falsa.
(a) No sistema Iupac, as aminas alifáticas primárias são nomeadas como alcanaminas.
(b) O nome Iupac de $CH_3CH_2CH_2CH_2CH_2NH_2$ é 1-pentilamina.
(c) A 2-butanamina é quiral e apresenta enantiomerismo.
(d) A N,N-dimetilanilina é uma amina aromática terciária.

16.9   Desenhe a fórmula estrutural de cada uma das aminas.
(a) 2-butanamina
(b) 1-octanamina
(c) 2,2-dimetil-1-propanamina

(d) 1,5-pentanodiamina
(e) 2-bromoanilina
(f) Tributilamina

16.10   Classifique cada grupo amina como primário, secundário ou terciário, e se é alifático ou aromático.

(a)

Serotonina
(um neurotransmissor)

(b)

Benzocaína
(um anestésico tópico)

(c)

Difenidramina
(o cloridrato é o anti-histamínico
Benadril)

(d)

Cloroquina
(uma droga antimalária)

16.11 Existem oito isômeros constitucionais de fórmula molecular $C_4H_{11}N$.
(a) Nomeie e desenhe a fórmula estrutural de cada uma dessas aminas.
(b) Classifique cada amina como primária, secundária ou terciária.
(c) Quais são quirais?

16.12 Existem oito aminas primárias com a fórmula molecular $C_5H_{13}N$.
(a) Nomeie e desenhe a fórmula estrutural de cada uma dessas aminas.
(b) Quais são quirais?

Seção 16.3 Quais são as propriedades físicas das aminas?

16.13 Indique se a afirmação é verdadeira ou falsa.
(a) A ligação de hidrogênio entre aminas secundárias é mais forte que entre alcoóis secundários.
(b) Aminas primárias e secundárias geralmente têm maiores pontos de ebulição que os hidrocarbonetos de comparável esqueleto carbônico.
(c) O ponto de ebulição das aminas aumenta com o aumento de sua massa molecular.

16.14 Propilamina (p.e. 48 °C), etilmetilamina (p.e. 37 °C) e trietilamina (p.e. 3 °C) são isômeros constitucionais com fórmula molecular C_3H_9N. Explique por que a trietilamina tem o menor ponto de ebulição e a propilamina apresenta o maior ponto de ebulição entre as três aminas

16.15 Explique por que a 1-butanamina (p.e. 78 °C) tem um menor ponto de ebulição que o 1-butanol (pe 117 °C).

16.16 O 2-metilpropano (p.e. −12 °C), o 2-propanol (p.e. 82 °C) e a 2-propanamina (p.e. 32 °C) têm aproximadamente a mesma massa molecular, embora seus pontos de ebulição sejam bem diferentes. Explique essas diferenças.

16.17 Explique por que a maioria das aminas de baixa massa molecular é muito solúvel em água, enquanto os hi-drocarbonetos de baixa massa molecular não são solú-veis em água.

Seção 16.4 Como descrevemos a basicidade das aminas?

16.18 Indique se a afirmação é verdadeira ou falsa.
(a) Soluções aquosas de aminas são básicas.
(b) Aminas aromáticas, como a anilina, em geral são bases mais fracas que as aminas alifáticas, como a cicloexanamina.
(c) Aminas alifáticas são bases mais fortes que as bases inorgânicas, tais como NaOH e KOH.
(d) Aminas aquoinsolúveis reagem com ácidos fortes aquosos, como o HCl, para formar sais solúveis em água.
(e) Se o pH de uma solução aquosa de uma amina alifática primária, RNH_2, for ajustado para pH 2,0 pela adição de HCl concentrado, a amina vai estar presente em solução quase que inteiramente na forma de seu ácido conjugado, RNH_3^+.
(f) Se o pH de uma solução aquosa de uma amina alifática primária, RNH_2, for ajustado para pH 10,0 pela adição de NaOH concentrado, a amina vai estar presente em solução quase que inteiramente na forma de base livre, RNH_2.
(g) Para uma amina alifática primária, as concentrações de RNH_3^+ e RNH_2 vão ser iguais quando o pH da solução é igual ao pK_b da amina.

16.19 Compare a basicidade das aminas com a dos alcoóis.

16.20 Escreva a fórmula estrutural para cada sal de amina.
(a) Hidróxido de etiltrimetilamônio
(b) Iodeto de dimetilamônio
(c) Cloreto de tetrametilamônio
(d) Brometo de anilíneo

16.21 Nomeie estes sais de amina.
(a) $CH_3CH_2NH_3^+Cl^-$

(b) $(CH_3CH_2)_2NH_2^+Cl^-$

(c) $\text{—NH}_3^+HSO_4^-$

16.22 Para cada par de aminas, indique a base mais forte.

(a)   ou

(b)   ou

414 ■ Introdução à química orgânica

(c) (estrutura química: anel benzênico com NHCH$_3$ "ou" anel benzênico com CH$_2$NH$_2$)

16.23 O pK_b da anfetamina é aproximadamente 3,2.

Anfetamina

(a) Que forma da anfetamina (a base ou o seu ácido conjugado) deveria estar presente em pH 1,0, o pH do estômago?

(b) Que forma da anfetamina deveria estar presente em pH 7,40, o pH do plasma sanguíneo?

Seção 16.5 Quais são as reações características das aminas?

16.24 Suponha que você tenha dois tubos de ensaio – um contendo 2-metilcicloexanol e outro contendo 2-metilcicloexamina (ambos são insolúveis em água) – e não saiba qual dos tubos contém cada uma das substâncias. Descreva um teste químico simples que poderia dizer qual composto é a amina e qual é o álcool.

16.25 Complete as equações para as seguintes reações ácido--base.

(a) CH_3COH + (piridina) ⟶

Ácido acético *Piridina*

(b) (1-fenil-2-propanamina) + HCl ⟶

1-fenil-2-propanamina
(Anfetamina)

(c) (metanfetamina) + H$_2$SO$_4$ ⟶

Metanfetamina

16.26 Piridoxamina é uma forma da vitamina B$_6$.

Piridoxamina
(Vitamina B$_6$)

(a) Qual átomo de nitrogênio da piridoxamina é a base mais forte?

(b) Desenhe a fórmula estrutural para o sal formado quando a piridoxamina é tratada com um mol de HCl.

16.27 Vários tumores de seio estão correlacionados com os níveis de estrógeno no corpo. Drogas que interferem com a ligação de estrógeno têm atividade antitumor e podem até ajudar a prevenir a ocorrência do tumor. Uma droga antiestrógeno amplamente utilizada é o **tamoxifeno**.

Tamoxifeno

(a) Nomeie os grupos funcionais presentes no tamoxifeno.

(b) Classifique o grupo amina no tamoxifeno como primário, secundário ou terciário.

(c) Quantos estereoisômeros são possíveis levando-se em consideração a estrutura do tamoxifeno?

(d) O tamoxifeno é solúvel ou insolúvel em água? E no sangue?

Conexões químicas

16.28 (Conexões químicas 16A) Quais são as diferenças estruturais entre o hormônio natural epinefrina (ver "Conexões químicas 16E") e o estimulante sintético anfetamina? Quais são as diferenças entre anfetamina e metanfetamina?

16.29 (Conexões químicas 16A) Quais são os possíveis efeitos negativos do uso de anfetaminas ilegais como a metanfetamina?

16.30 (Conexões químicas 16B) O que é um alcaloide? A sua basicidade pode ser verificada utilizando o indicador tornassol?

16.31 (Conexões químicas 16B) Identifique todos os estereoisômeros na coniina e nicotina. Quantos estereoisômeros são possíveis para cada composto?

16.32 (Conexões químicas 16B) Qual dos dois nitrogênios na nicotina é convertido no correspondente sal pela reação com um mol de HCl? Desenhe a fórmula estrutural para esse sal.

16.33 (Conexões químicas 16B) A cocaína apresenta quatro estereocentros. Identifique cada um deles. Desenhe a fórmula estrutural para o sal formado pelo tratamento da cocaína com um mol de HCl.

16.34 (Conexões químicas 16C) Qual é o aspecto estrutural comum para todas as benzodiazepinas?

16.35 (Conexões químicas 16C) Librium é quiral? Valium é quiral?

16.36 (Conexões químicas 16C) As benzodiazepinas afetam os caminhos neurais no sistema nervoso central que são mediados por GABA, cujo nome Iupac é ácido 4-aminobutanoico. Desenhe a fórmula estrutural do GABA.

16.37 (Conexões químicas 16D) Suponha que você tenha visto esta informação em um rótulo de um descongestionante: fenilefrina • HCl. Você ficaria preocupado de ser exposto a um ácido forte como o HCl? Explique.

16.38 (Conexões químicas 16D) Mencione duas razões pelas quais drogas contendo aminas são mais comumente administradas como os seus respectivos sais.

16.39 (Conexões químicas 16E) Classifique cada grupo amina na epinefrina e no albuterol como primária, secundária ou terciária. Liste também as diferenças e as similaridades entre as fórmulas estruturais desses dois compostos.

Problemas adicionais

16.40 Desenhe a fórmula estrutural para o composto com a fórmula molecular indicada:
(a) Uma amina aromática secundária, C_7H_9N
(b) Uma amina aromática terciária, $C_8H_{11}N$
(c) Uma amina alifática primária, C_7H_9N
(d) Uma amina primária quiral, $C_4H_{11}N$
(e) Uma amina terciária heterocíclica, $C_5H_{11}N$
(f) Uma amina aromática primária trissubstituída, $C_9H_{13}N$
(g) Um sal de amônio quaternário quiral, $C_9H_{22}NCl$

16.41 Ordene estes três compostos em ordem decrescente de suas tendências em formar ligações de hidrogênio intermoleculares: CH_3OH, CH_3SH e $(CH_3)_2NH$.

16.42 Considere estes três compostos: CH_3OH, CH_3SH e $(CH_3)_2NH$.
(a) Qual é o ácido mais forte?
(b) Qual é a base mais forte?
(c) Qual possui o maior ponto de ebulição?
(d) Qual forma as ligações de hidrogênio intermoleculares mais fortes no estado puro?

16.43 Arranje estes compostos em ordem crescente de seus pontos de ebulição: $CH_3CH_2CH_2CH_3$, $CH_3CH_2CH_2OH$ e $CH_3CH_2CH_2NH_2$. Os valores dos pontos de ebulição do menor para o maior são $-0,5\ °C$, $7,2\ °C$ e $77,8\ °C$.

16.44 Explique por que as aminas apresentam aproximadamente a mesma solubilidade em água que os alcoóis de massa molecular similar.

16.45 O composto cloridrato de fenilpropanolamina é usado como um descongestionante e um anoréxico. O nome desse composto é 1-fenil-2-amino-1-propanol.
(a) Desenhe a fórmula estrutural do 1-fenil-2-amino-1-propanol.
(b) Quantos estereocentros estão presentes nessa molécula? Quantos estereoisômeros são possíveis para esse composto?

16.46 Várias plantas venenosas, como a *Atropa belladonna*, contêm o alcaloide atropina. O termo *belladonna* (que significa "mulher bonita") provavelmente deriva do fato que as mulheres romanas usavam extratos dessa

planta para se mostrarem mais atrativas. A atropina é amplamente usada pelos oftalmologistas e optometristas para dilatar as pupilas para o exame ocular.

Atropina

(a) Classifique o grupo amina na atropina como primário, secundário ou terciário.
(b) Localize todos os estereocentros na atropina.
(c) Explique por que a atropina é quase insolúvel em água (1 g em 455 mL de água fria), mas o **hidrogenossulfato** de atropina é muito solúvel (1 g em 5 mL de água fria).
(d) Explique por que soluções aquosas de atropina são básicas (pH de aproximadamente 10,0).

16.47 A **epibatadina**, um óleo incolor isolado da pele de um sapo equatoriano venenoso, o *Epipedobates tricolor*, tem uma potência analgésica várias vezes maior que a morfina. A epibatadina é o primeiro não opioide analgésico (não apresenta estrutura similar à morfina) contendo cloro que foi isolado de fontes naturais.
(a) Qual dos dois átomos de nitrogênio na epibatadina é a base mais forte?
(b) Assinale os três estereocentros nesta molécula.

Epibatadina

16.48 A seguir, são mostradas duas fórmulas estruturais para o ácido 4-aminobutanoico, que é um neurotransmissor. Esse composto é mais bem representado pela fórmula estrutural (A) ou (B)? Explique.

16.49 A alanina, $C_3H_7O_2N$, é um dos 20 aminoácidos constituintes das proteínas (Capítulo 22). Ela contém um grupo amina primário ($-NH_2$) e um grupo carboxila ($-COOH$) e tem um estereocentro. Com base nessas informações, escreva a fórmula estrutural da alanina.

Aldeídos e cetonas

O benzaldeído é encontrado na polpa de amêndoas amargas, e o cinamaldeído, nos óleos de canela-da-china e canela-do-ceilão.

Questões-chave

17.1 O que são aldeídos e cetonas?

17.2 Qual é a nomenclatura de aldeídos e cetonas?

17.3 Quais são as propriedades físicas de aldeídos e cetonas?

17.4 Quais são as reações características de aldeídos e cetonas?

17.5 O que é tautomerismo cetoenólico?

17.1 O que são aldeídos e cetonas?

Neste e nos próximos três capítulos, vamos estudar as propriedades físicas e químicas de compostos que contêm o **grupo carbonila**, C=O. Pelo fato de estar presente em aldeídos, cetonas e ácidos carboxílicos e seus derivados, assim como em carboidratos, o grupo carbonila é um dos mais importantes grupos funcionais em química orgânica. Suas propriedades químicas são simples, e um entendimento de suas reações características nos conduz facilmente à compreensão de uma ampla variedade de reações orgânicas e bioquímicas.

O grupo funcional de um **aldeído** é um grupo carbonila ligado a um átomo de hidrogênio (Seção 10.4C). No metanal, o aldeído mais simples, o grupo carbonila está ligado a dois átomos de hidrogênio. Em outros aldeídos, o grupo carbonila está ligado a um átomo de hidrogênio e a um átomo de carbono. O grupo funcional de uma **cetona** é um grupo carbonila ligado a dois átomos de carbono (Seção 10.4C). A acetona é a cetona mais simples.

418 ■ Introdução à química orgânica

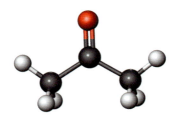

O‖HCH	O‖CH₃CH	O‖CH₃CCH₃
Metanal (Formaldeído)	Etanal (Acetaldeído)	Propanona (Acetona)

Pelo fato de os aldeídos sempre conterem ao menos um hidrogênio ligado ao grupo C=O, eles são frequentemente escritos da seguinte forma: RCH=O ou RCHO. Por sua vez, as cetonas são frequentemente escritas como RCOR'.

17.2 Qual é a nomenclatura de aldeídos e cetonas?

A. Nomes Iupac

Os nomes Iupac para aldeídos e cetonas seguem o padrão de selecionar a cadeia principal do alcano de cadeia mais longa que contém o grupo funcional (Seção 11.3A). Para nomear um aldeído, substituímos o sufixo -o da cadeia principal do alcano por -al. Como o grupo carbonila de um aldeído aparece somente no fim da cadeia, a numeração deve começar pelo carbono 1, e não há a necessidade de usar um número para especificar o grupo aldeído.

Para os **aldeídos insaturados**, a presença da dupla ligação carbono-carbono e a existência da função aldeído são indicadas substituindo a terminação do nome da cadeia principal do alcano de -ano por -enal: "-en-" para designar a dupla ligação carbono-carbono e "-al" para designar o aldeído. A localização da dupla ligação carbono-carbono é mostrada pelo número do seu primeiro carbono na cadeia.

Hexanal   3-metilbutanal   2-propenal (Acroleína)

No sistema Iupac, nomeiam-se as cetonas selecionando a cadeia principal do alcano de cadeia mais longa que contém o grupo carbonila, e então é indicada a presença desse grupo substituindo o -o da cadeia principal do alcano por -ona. A cadeia é numerada na direção que resulta no menor número para o carbono da carbonila. Enquanto o nome sistemático da cetona mais simples é 2-propanona, o sistema Iupac conserva o nome mais comum: acetona.

Acetona   5-metil-3-hexanona   2-metilcicloexanona

Exemplo 17.1 Nomes Iupac para aldeídos e cetonas

Escreva os nomes Iupac para cada composto.

(a)   (b)   (c)

Estratégia e solução

(a) A cadeia mais longa tem seis carbonos, mas a cadeia mais longa que contém o carbono da carbonila possui somente cinco carbonos. Portanto, o nome Iupac é 2-etil-3--metilpentanal.

(a)

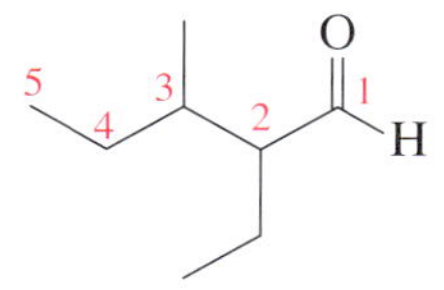

2-etil-3-metilpentanal

(b) Numere o anel de seis membros começando pelo carbono da carbonila. O nome Iupac é 3,3-dimetilcicloexanona.

(c) Essa molécula é derivada do benzaldeído. O seu nome Iupac é 2-etilbenzaldeído.

Problema 17.1

Escreva os nomes Iupac para cada composto.

(a) 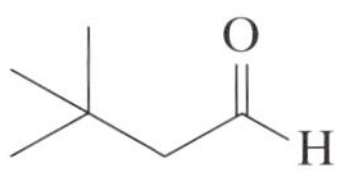   (b) 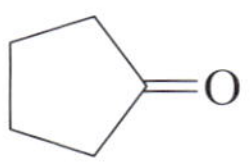   (c)

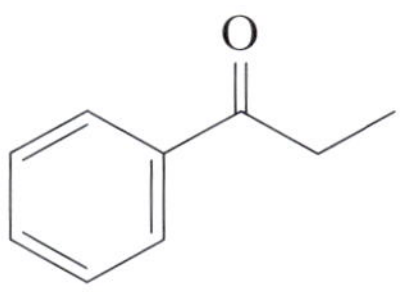

Exemplo 17.2 Fórmulas estruturais para cetonas

Escreva as fórmulas estruturais para todas as cetonas de fórmula molecular $C_6H_{12}O$ e os nomes Iupac para cada uma delas. Quais são quirais?

Estratégia e solução

Existem seis cetonas com essa fórmula molecular: duas com uma cadeia de seis carbonos, três com uma cadeia de cinco carbonos e uma ramificação metila, e uma com uma cadeia de quatro carbonos e duas ramificações metila. Somente a 3-metil-2-pentanona tem um estereocentro e é quiral.

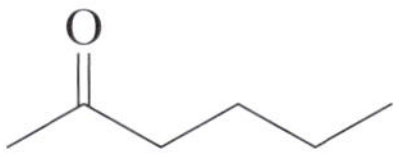

2-hexanona 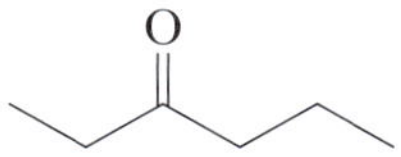   3-hexanona 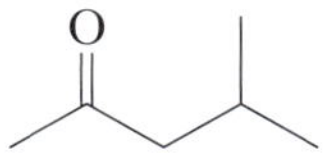   4-metil-2-pentanona

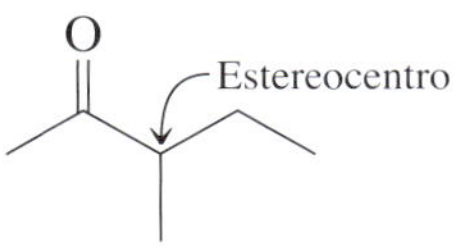

3-metil-2-pentanona 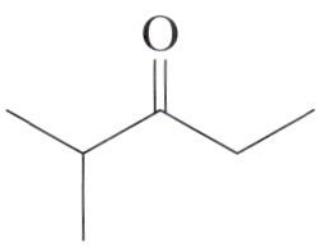   2-metil-3-pentanona 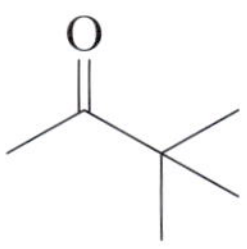   3,3-dimetil-2-butanona

Estereocentro

Problema 17.2

Escreva as fórmulas estruturais para todos os aldeídos de fórmula molecular $C_6H_{12}O$ e os nomes Iupac para cada uma delas. Quais são quirais?

Quando se nomeiam aldeídos e cetonas que também contêm um grupo —OH ou —NH₂ em qualquer parte da molécula, a cadeia principal é numerada de forma a resultar no menor número para o grupo carbonila. Um substituinte —OH é indicado por *hidróxi*, e um substituinte —NH₂, por *amino*. Os substituintes hidróxi e amino são numerados e colocados em ordem alfabética com qualquer outro substituinte presente no composto.

Exemplo 17.3 Denominação de aldeídos e cetonas bifuncionais

Escreva os nomes Iupac para cada composto.

(a) [estrutura: 3-hidróxi-4-metilpentanal] (b) [estrutura: 3-amino-4-etil-2-hexanona]

Estratégia e solução

(a) Numeramos a cadeia principal começando com CHO como o carbono 1. Existe um grupo hidroxila no carbono 3 e um grupo metila no carbono 4. O nome Iupac desse composto é 3-hidróxi-4-metilpentanal. Observe que esse hidroxialdeído é quiral e pode existir como um par de enantiômeros.

(b) A maior cadeia que contém a carbonila apresenta seis carbonos; o grupo carbonila está no carbono 2 e o grupo amina está no carbono 3. O nome Iupac desse composto é 3--amino-4-etil-2-hexanona. Observe que essa cetoamina também é quiral e pode existir como um par de enantiômeros.

Problema 17.3

Escreva o nome Iupac para cada composto.

(a) CH₂CHCH com O (carbonila) e OH OH
(b) [anel benzênico com CHO e NH₂]
(c) H₂N—CH₂CH₂CH₂—C(=O)—CH₃

B. Nomes comuns

Derivamos o nome comum de um aldeído do nome comum do correspondente ácido carboxílico. A palavra "ácido" é excluída, e o sufixo *-ico* ou *-oico*, substituído por *-aldeído*. Como ainda não estudamos os nomes comuns dos ácidos carboxílicos, não temos condições de discutir os nomes comuns para os aldeídos. Entretanto, podemos ilustrar como os nomes são derivados em relação a dois nomes comuns com os quais você já está familiarizado. O nome formaldeído é derivado de ácido fórmico, e acetaldeído, de ácido acético.

$$\underset{\text{Formaldeído}}{HCH(=O)} \quad \underset{\text{Ácido fórmico}}{HCOH(=O)} \quad \underset{\text{Acetaldeído}}{CH_3CH(=O)} \quad \underset{\text{Ácido acético}}{CH_3COH(=O)}$$

Derivamos os nomes comuns das cetonas nomeando o grupo alquila ou arila ligado ao grupo carbonila como uma palavra separada, seguido pela palavra "cetona". Os grupos alquila ou arila são elencados na ordem crescente de massa molecular.

Etil isopropil cetona   Metil etil cetona   Bicicloexil cetona

A 2-butanona, mais conhecida como metil etil cetona, é usada como solvente de tintas e vernizes.

Conexões químicas 17A

Alguns aldeídos e cetonas que ocorrem na natureza

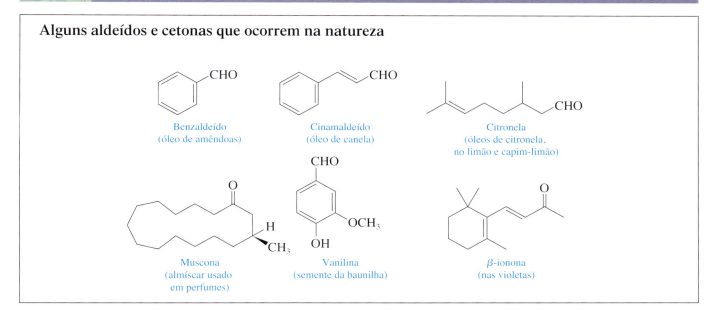

Benzaldeído
(óleo de amêndoas)

Cinamaldeído
(óleo de canela)

Citronela
(óleos de citronela,
no limão e capim-limão)

Muscona
(almíscar usado
em perfumes)

Vanilina
(semente da baunilha)

β-ionona
(nas violetas)

17.3 Quais são as propriedades físicas de aldeídos e cetonas?

O oxigênio é mais eletronegativo que o carbono (3,5 comparado com 2,5, ver Tabela 3.5). Portanto, uma dupla ligação carbono-oxigênio é polar: o oxigênio com uma carga negativa parcial e o carbono com uma carga positiva parcial (Figura 17.1).

Em aldeídos e cetonas líquidos, a atração intermolecular ocorre entre a carga parcial positiva no carbono carbonílico de uma molécula e a carga parcial negativa no oxigênio carbonílico de outra molécula. Não há a possibilidade de ligação de hidrogênio forte entre moléculas de aldeído ou cetona, o que explica por que esses compostos têm pontos de ebulição menores que os alcoóis (Seção 14.1C) e os ácidos carboxílicos (Seção 18.3D), compostos nos quais ocorrem as ligações de hidrogênio.

A Tabela 17.1 lista as fórmulas estruturais e os pontos de ebulição de seis compostos de massa molecular similar. Entre eles, pentano e éter dietílico têm os menores pontos de ebulição. O ponto de ebulição do 1-butanol, o qual pode se associar através da formação de ligações de hidrogênio intermoleculares, é mais alto que o do butanal ou da 2-butanona. O ácido propanoico, em que as ligações de hidrogênio são as mais fortes, tem o ponto de ebulição mais alto.

Pelo fato de o átomo de oxigênio de cada carbonila ser um aceptor de ligações de hidrogênio, os aldeídos e as cetonas de baixa massa molecular são mais solúveis em água do que em solventes apolares de comparável massa molecular.

Polaridade de um
grupo carbonila

FIGURA 17.1 Polaridade de um grupo carbonila. O oxigênio carbonílico possui uma carga parcial negativa e o carbono carbonílico apresenta uma carga parcial positiva.

TABELA 17.1 Pontos de ebulição de seis compostos de comparável massa molecular

Nome	Fórmula estrutural	Massa molecular	Ponto de ebulição (°C)
Éter dietílico	CH₃CH₂OCH₂CH₃	74	34
Pentano	CH₃CH₂CH₂CH₂CH₃	72	36
Butanal	CH₃CH₂CH₂CHO	72	76
2-butanona	CH₃CH₂COCH₃	72	80
1-butanol	CH₃CH₂CH₂CH₂OH	74	117
Ácido propanoico	CH₃CH₂COOH	74	141

Formaldeído, acetaldeído e acetona são infinitamente solúveis em água. À medida que a porção hidrocarbônica da molécula aumenta em tamanho, os aldeídos e as cetonas tornam-se menos solúveis em água.

A maioria de aldeídos e cetonas apresenta odores fortes. Os odores das cetonas são geralmente agradáveis, e várias são usadas em perfumes e como agentes flavorizantes. O odor dos aldeídos varia. Talvez você esteja familiarizado com o odor do formaldeído; se está, sabe que não é agradável. Vários outros aldeídos de maior massa molecular, entretanto, apresentam odores agradáveis e são usados em perfumes.

17.4 Quais são as reações características de aldeídos e cetonas?

A. Oxidação

Os aldeídos são oxidados aos respectivos ácidos carboxílicos por uma variedade de agentes oxidantes, incluindo dicromato de potássio (Seção 14.2C).

O corpo utiliza nicotinamida adenina dinucleotídeo, NAD^+, para este tipo de oxidação (Seção 27.3).

Hexanal → Ácido hexanoico

Os aldeídos são também oxidados aos ácidos carboxílicos pelo oxigênio do ar. Na verdade, aldeídos líquidos em temperatura ambiente são muito sensíveis à oxidação e devem ser protegidos do contato com o ar durante o seu armazenamento. Frequentemente, isso é realizado mantendo o aldeído sob uma atmosfera de nitrogênio e selando o recipiente que o contém.

Benzaldeído → Ácido benzoico

As cetonas, de forma contrastante, resistem à oxidação perante a maioria dos agentes oxidantes, incluindo dicromato de potássio e oxigênio.

O fato de os aldeídos serem facilmente oxidados e as cetonas, não, permite que usemos testes químicos simples para distinguir entre esses dois tipos de compostos. Suponha que tenhamos um composto que sabemos ser um aldeído ou uma cetona. Para determinar qual é cada um deles, podemos tratar uma amostra do composto com um oxidante brando. Caso ocorra a oxidação, ele é um aldeído, do contrário trata-se de uma cetona. Um reagente usado para esse propósito é o reagente de Tollens.

O reagente de Tollens contém nitrato de prata e amônia aquosa. Quando esses dois reagentes são misturados, íons prata se combinam com NH_3 para formar o íon complexo $Ag(NH_3)_2^+$. Quando essa solução é adicionada a um aldeído, este atua como um agente redutor e reduz o íon prata complexado à prata metálica. Caso essa reação seja executada adequadamente, a prata metálica vai precipitar de forma homogênea e gerar um depósito similar a um espelho na superfície interna do frasco de reação, recebendo, por isso, o nome de **teste**

do espelho de prata. Se a solução é acidificada com HCl, o ânion carboxílico, RCOO⁻, formado durante a oxidação do aldeído, é convertido no respectivo ácido carboxílico, RCOOH.

$$R-\underset{\text{Aldeído}}{\overset{\overset{O}{\|}}{C}}-H + 2Ag(NH_3)_2^+ + 3OH^- \longrightarrow R-\underset{\text{Ânion carboxílico}}{\overset{\overset{O}{\|}}{C}}-O^- + 2Ag + 4NH_3 + 2H_2O$$
$$\text{Reagente de Tollens} \qquad \qquad \text{Espelho de prata}$$

Hoje, a prata(I) é raramente usada para a oxidação de aldeídos por causa de seu alto custo e da disponibilidade de outros métodos mais convenientes para realizar essa oxidação. Essa reação, entretanto, ainda é usada na elaboração de espelhos prateados.

Exemplo 17.4 — Oxidação de aldeídos e cetonas

Desenhe a fórmula estrutural para o produto formado pelo tratamento de cada composto com o reagente de Tollens, seguido pela acidificação do meio com HCl aquoso.

(a) Pentanal (b) 4-Hidroxibenzaldeído

Estratégia e solução

Em cada composto, o grupo aldeído é oxidado ao ânion carboxílico —COO⁻. A acidificação com HCl converte o ânion em ácido carboxílico —COOH.

(a) Ácido pentanoico
(b) Ácido 4-hidroxibenzoico

Um espelho de prata foi formado no interior do frasco abaulado por meio da reação entre um aldeído e um reagente de Tollen.

Problema 17.4

Complete as equações para estas oxidações.
(a) Hexanodial + O₂ ⟶
(b) 3-fenilpropanal + Ag(NH₃)₂⁺ ⟶

B. Redução

Na seção 12.6D, vimos que a ligação dupla C=C de um alceno pode ser reduzida por hidrogênio na presença de um catalisador de um metal de transição para uma ligação simples C—C. Isso também é válido para a ligação dupla C=O de um aldeído ou uma cetona. Aldeídos são reduzidos aos alcoóis primários, e cetonas, aos alcoóis secundários.

Pentanal + H₂ —[Catalisador de um metal de transição]→ 1-pentanol

Ciclopentanona + H₂ —[Catalisador de um metal de transição]→ Ciclopentanol

A redução de uma dupla ligação C=O sob essas condições é mais lenta que a redução da ligação dupla C=C. Portanto, se a mesma molécula contém as duplas ligações C=O e C=C, a dupla ligação C=C é reduzida primeiro. O reagente mais comumente utilizado no laboratório para a redução de um aldeído ou uma cetona é o boroidreto de sódio, NaBH₄. Esse reagente se comporta como se fosse uma fonte de íons hidreto, H:⁻. No íon hidreto, o hidrogênio tem dois elétrons de valência e possui uma carga negativa. Na redução por boroidreto, o íon hidreto é direcionado e então adicionado ao carbono carbonílico, que apre-

424 ■ Introdução à química orgânica

senta um caráter parcial de carga positiva e origina uma carga negativa no oxigênio da carbonila. A reação do alcóxido intermediário com um ácido aquoso resulta no álcool.

Íon hidreto

Íon alcóxido

Dos dois hidrogênios adicionados ao grupo carbonila nessa redução, um é originário do agente redutor e o outro provém do ácido aquoso. A redução da cicloexanona, por exemplo, com esse reagente produz cicloexanol:

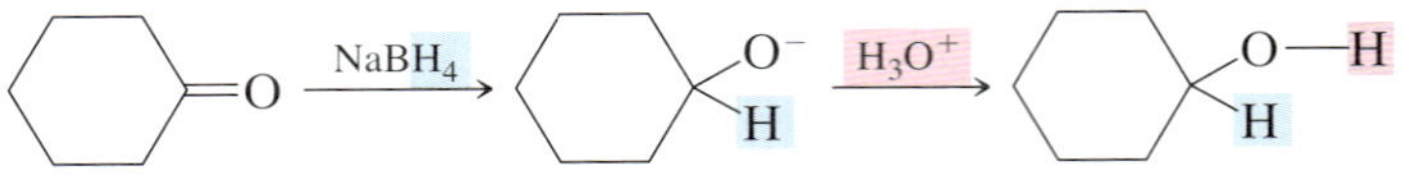

A vantagem da utilização de $NaBH_4$ em relação à redução com H_2/metal é que $NaBH_4$ não reduz as duplas ligações $C=C$. A razão para essa seletividade é muito simples. Os carbonos nas duplas ligações $C=C$ não são polares (não existe uma carga parcial positiva ou negativa). Por isso, a ligação dupla $C=C$ não apresenta um sítio de carga parcial positiva para atrair a carga negativa do íon hidreto. No exemplo a seguir, $NaBH_4$ reduz seletivamente o aldeído ao álcool primário:

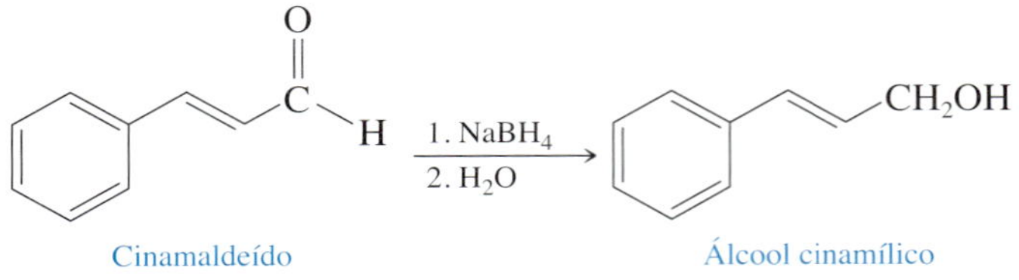

Cinamaldeído   Álcool cinamílico

Nos sistemas biológicos, o agente para a redução de aldeídos e cetonas é a forma reduzida da coenzima nicotinamida adenina dinucleotídeo, cuja abreviação é NADH (Seção 27.3). Esse agente redutor, assim como o $NaBH_4$, libera um íon hidreto para o carbono carbonílico do aldeído ou da cetona. Redução de piruvato, por exemplo, por NADH resulta em lactato:

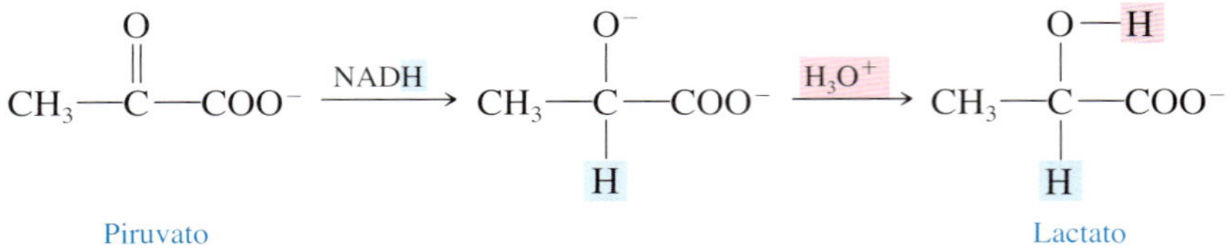

Piruvato   Lactato

Piruvato é o produto final da glicólise, um processo que envolve uma série de reações catalisadas por enzimas que convertem glicose em duas moléculas do seu cetoácido (Seção 28.1). Sob condições anaeróbicas, a NADH reduz piruvato a lactato. O aumento de lactato na circulação sanguínea leva à acidose, e no tecido muscular está associado ao processo de fadiga do músculo. Quando o lactato no sangue atinge a concentração de cerca de 0,4 mg/100 mL, o tecido muscular está praticamente exausto.

Exemplo 17.5 Redução de aldeídos e cetonas

Complete as equações para estas reduções.

(a) 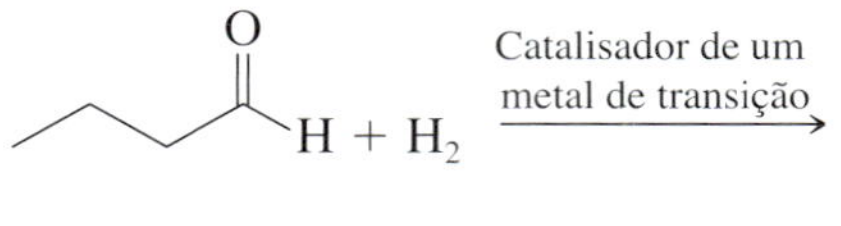 ... $H + H_2$ $\xrightarrow{\text{Catalisador de um metal de transição}}$

(b) 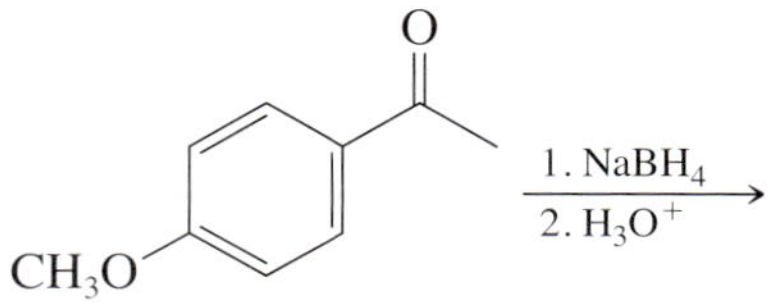 ... $\xrightarrow[\text{2. } H_3O^+]{\text{1. } NaBH_4}$

Estratégia e solução

O grupo carbonila do aldeído em (a) é reduzido ao álcool primário, e o da cetona em (b), ao álcool secundário.

(a)  [estrutura química] OH

(b) 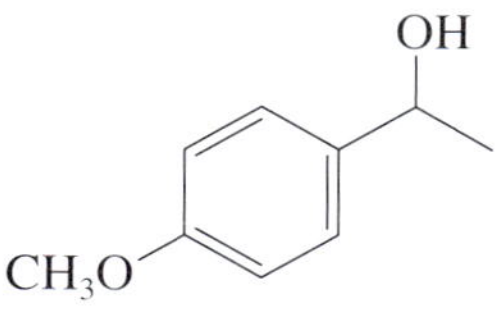 [estrutura química] com OH, CH$_3$O

Problema 17.5

Que aldeído ou cetona origina os alcoóis representados a seguir quando é utilizado o sistema catalítico H$_2$/metal?

(a) 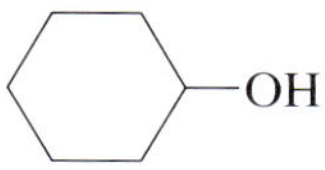 [estrutura química] OH

(b) 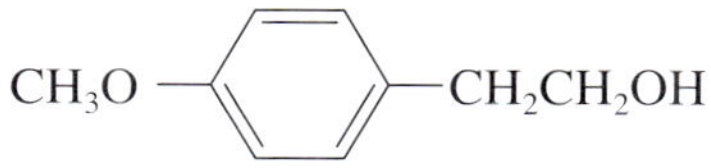 CH$_3$O—[anel]—CH$_2$CH$_2$OH

(c) 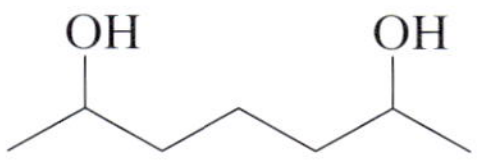 [estrutura química] OH OH

C. Adição de alcoóis

A adição de uma molécula de álcool a um aldeído ou uma cetona forma um **hemiacetal** (um acetal parcial). O grupo funcional de um hemiacetal é um carbono ligado a um grupo –OH e um grupo –OR. Ao formar o hemiacetal, o H do álcool se adiciona ao oxigênio carbonílico e o grupo OR do álcool se adiciona ao carbono carbonílico. A seguir, são mostrados os hemiacetais formados pela adição de uma molécula de etanol ao benzaldeído e à cicloexanona.

Hemiacetal Uma molécula que contém um carbono ligado a um grupo —OH e um grupo —OR; é o produto da adição de uma molécula de álcool ao grupo carbonila de um aldeído ou uma cetona.

[estrutura química]

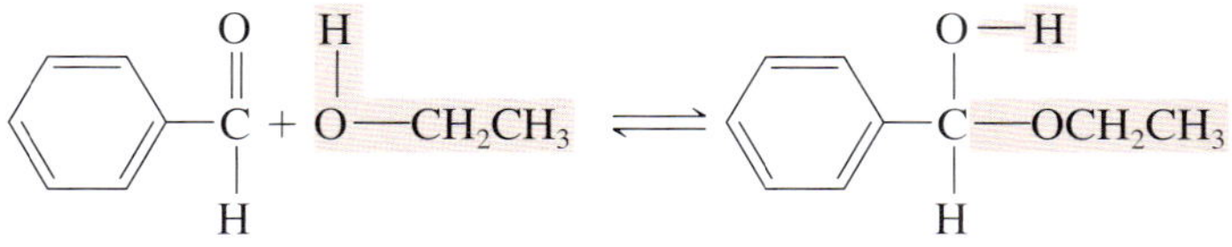

Benzaldeído   Etanol   Um hemiacetal

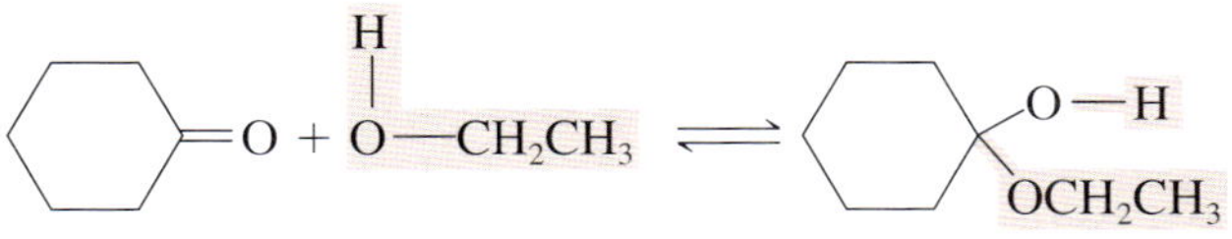

[estrutura química]

Cicloexanona   Etanol   Um hemiacetal

Hemiacetais são geralmente instáveis e componentes minoritários de uma mistura em equilíbrio, exceto em um tipo de molécula muito importante. Quando o grupo hidroxila é parte da mesma molécula que contém o grupo carbonila e pode formar um anel de cinco ou seis membros, o composto existe quase que exclusivamente na forma de um hemiacetal cíclico. Nesse caso, o grupo —OH se adiciona ao grupo C=O da mesma molécula. Mais comentários sobre os hemiacetais vão ser feitos ao ser abordada a química dos carboidratos no Capítulo 20.

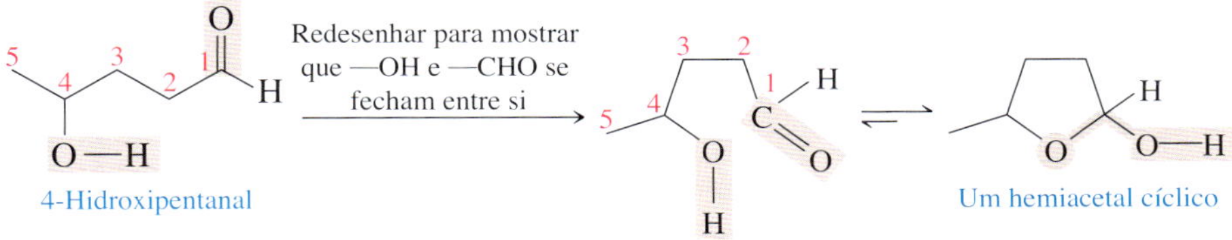

[estrutura química]

Redesenhar para mostrar que —OH e —CHO se fecham entre si

4-Hidroxipentanal   Um hemiacetal cíclico

426 ■ Introdução à química orgânica

Acetal Uma molécula que contém dois grupos —OR ligados ao mesmo carbono.

Os hemiacetais podem reagir posteriormente com alcoóis para formar **acetais** e água. Essa reação é catalisada por ácido. O grupo funcional de um acetal é um carbono ligado a dois grupos —OR.

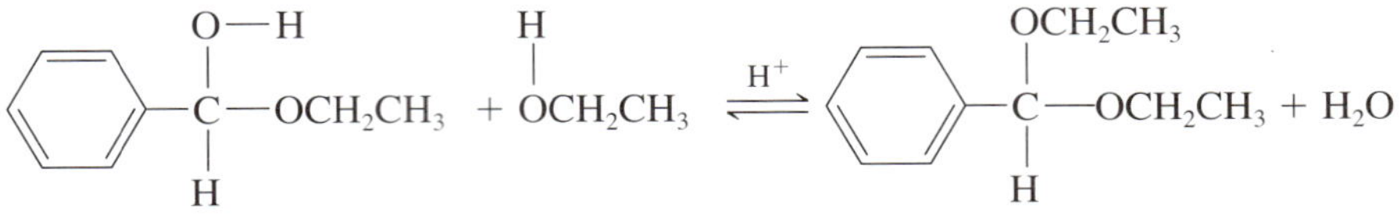

Um hemiacetal (obtido do benzaldeído) + Etanol ⇌ Um acetal + H_2O

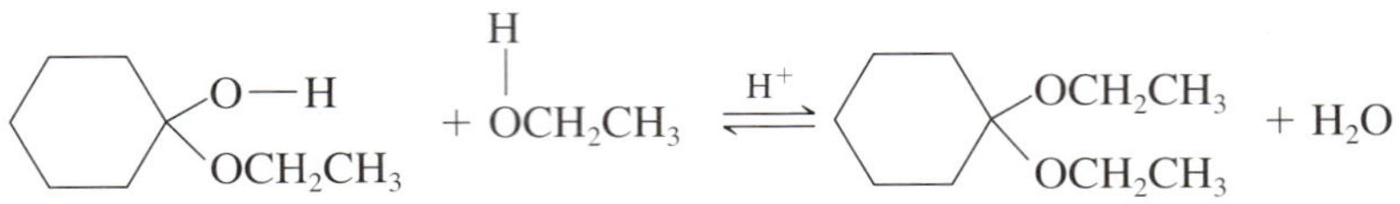

Um hemiacetal (obtido da cicloexanona) + Etanol ⇌ Um acetal + H_2O

Na formação de hemiacetais e acetais, todas as etapas são reversíveis. Assim como em qualquer outro equilíbrio em que se utilize o princípio de Le Chatelier (Seção 7.7), podemos fazer com que o equilíbrio se desloque em uma direção ou outra. Se queremos direcionar o equilíbrio para a direita (formação do acetal), usamos um grande excesso de álcool ou retiramos água da mistura em equilíbrio. Se queremos direcionar o equilíbrio para a esquerda (hidrólise do acetal para formar o aldeído ou a cetona originais e água), utilizamos um grande excesso de água.

> **Exemplo 17.6** Formação de hemiacetais e acetais

Mostre a reação de 2-butanona com uma molécula de etanol para formar um hemiacetal e então com uma segunda molécula de etanol para formar um acetal.

Estratégia e solução

A seguir, apresentam-se as fórmulas estruturais do hemiacetal e acetal originadas da reação da cetona com o álcool.

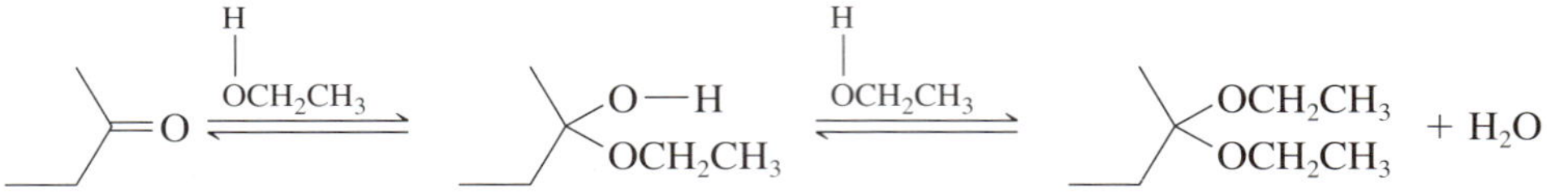

2-butanona ⇌ Um hemiacetal ⇌ Um acetal + H_2O

Problema 17.6

Mostre a reação de benzaldeído com uma molécula de etanol para formar um hemiacetal e então com uma segunda molécula de etanol para formar um acetal.

> **Exemplo 17.7** Reconhecimento da presença de um hemiacetal e um acetal

Nas estruturas apresentadas a seguir, identifique todos os hemiacetais e acetais, e indique, em cada caso, quando eles se originam de um aldeído ou de uma cetona.

(a) $CH_3CH_2C(OCH_3)_2CH_2CH_3$

(b) $CH_3CH_2OCH_2CH_2OH$

(c)

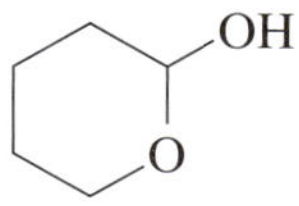

Estratégia

Um acetal possui um carbono ligado a dois grupos —OR, e um hemiacetal, um carbono ligado a um grupo —OH e um grupo —OR.

Solução

O composto (a) é um acetal derivado de uma cetona. O composto (b) não é nem um acetal nem um hemiacetal porque não apresenta nenhum carbono ligado a dois oxigênios (ou seja, grupos —OH e/ou —OR); seus grupos funcionais são um éter e um álcool primário. O composto (c) é um hemiacetal derivado de um aldeído.

(a) CH₃CH₂C(OCH₃)(OCH₃)CH₂CH₃ + H₂O →H⁺→ CH₃CH₂COCH₂CH₃ + 2 CH₃OH

Um acetal → 2-pentanona

(c) [tetra-hidropirano-2-ol] →H⁺/H₂O→ OHC-CH₂-CH₂-CH₂-CH₂-OH →Redesenhar a cadeia carbônica→ HO-CH₂-CH₂-CH₂-CH₂-CHO

Um hemiacetal → 5-hidroxipentanal

Problema 17.7

Nas estruturas apresentadas a seguir, identifique todos os hemiacetais e acetais, e indique, em cada caso, quando eles se originam de um aldeído ou de uma cetona.

(a) CH₃CH₂C(OH)(OCH₂CH₃)CH₂CH₃   (b) CH₃OCH₂CH₂OCH₃   (c) [tetra-hidropirano-2-il metil éter]

17.5 O que é tautomerismo cetoenólico?

Um átomo de carbono adjacente a um grupo carbonila é chamado carbono α, e um átomo de hidrogênio ligado nesse carbono adjacente é denominado hidrogênio α.

Hidrogênio-α
CH₃—C(=O)—CH₂—CH₃
Carbono-α

Um composto carbonílico que tem um hidrogênio em um carbono α em equilíbrio com um isômero constitucional é chamado um **enol**. O nome "enol" é derivado da designação Iupac de ser tanto um alceno (-*en*) como um álcool (-*ol*).

Enol Uma molécula que contém um grupo —OH ligado a um carbono da dupla ligação carbono-carbono.

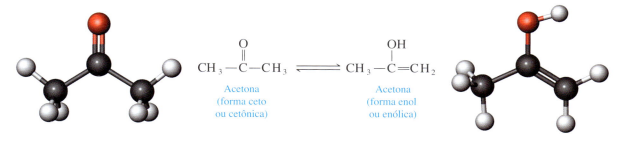

CH₃—C(=O)—CH₃ ⇌ CH₃—C(OH)=CH₂

Acetona (forma ceto ou cetônica) — Acetona (forma enol ou enólica)

428 ■ Introdução à química orgânica

Tautômeros Isômeros constitucionais que diferem na localização do átomo de hidrogênio e da dupla ligação.

As formas ceto e enol são exemplos de **tautômeros**, ou seja, isômeros constitucionais em equilíbrio que diferem na localização do átomo de hidrogênio e da dupla ligação. Esse tipo de isomerismo é chamado **tautomerismo cetoenólico**. Para qualquer par de tautômeros cetoenol, a forma cetônica geralmente predomina no equilíbrio.

Exemplo 17.8 Tautomerismo cetoenólico

Desenhe as fórmulas estruturais das formas enólicas para cada uma das cetonas.

(a)

(b)

Estratégia e solução

Qualquer aldeído ou cetona com um hidrogênio em seu carbono α pode apresentar tautomerismo cetoenólico.

(b)

Isômeros *cis* e *trans*

Problema 17.8

Desenhe a fórmula estrutural da forma cetônica a partir de cada enol.

(a)   (b)   (c)

Resumo das questões-chave

Seção 17.1 O que são aldeídos e cetonas?

- Um **aldeído** contém um grupo carbonila ligado a pelo menos um átomo de hidrogênio.
- Uma **cetona** contém um grupo carbonila ligado a dois átomos de carbono.

Seção 17.2 Qual é a nomenclatura de aldeídos e cetonas?

- Derivamos o nome Iupac de um aldeído substituindo o -*o* da cadeia principal do alcano por -*al*.
- Derivamos o nome Iupac de uma cetona substituindo o -*o* da cadeia principal do alcano por -*ona* e usando um número para localizar a posição do carbono carbonílico.

Seção 17.3 Quais são as propriedades físicas de aldeídos e cetonas?

- Aldeídos e cetonas são compostos polares que têm pontos de ebulição maiores e são mais solúveis em água do que compostos não polares de comparável massa molecular.

Seção 17.4 Quais são as reações características de aldeídos e cetonas?

- Os aldeídos são oxidados aos ácidos carboxílicos, mas as cetonas são resistentes à oxidação.
- O **reagente de Tollens** é usado para testar a presença de aldeídos.
- Os aldeídos podem ser reduzidos aos alcoóis primários, e as cetonas, aos alcoóis secundários.
- A adição de uma molécula de álcool a um aldeído ou uma cetona produz um **hemiacetal**, que pode reagir com outra molécula de álcool para produzir um **acetal**.

Seção 17.5 O que é tautomerismo cetoenólico?

- Uma molécula que contém um grupo —OH^- ligado ao carbono da dupla ligação carbono-carbono é chamada um **enol**.
- Isômeros constitucionais que diferem na posição do átomo de hidrogênio e uma dupla ligação são denominados **tautômeros**.

Resumo das reações fundamentais

1. Oxidação de um aldeído ao ácido carboxílico (Seção 17.4A)

O grupo aldeído está entre os grupos funcionais orgânicos mais facilmente oxidáveis. Agentes oxidantes incluem $K_2Cr_2O_7$, o reagente de Tollens e O_2.

C₆H₅—CHO + Ag(NH₃)₂⁺ (Reagente de Tollens) ⟶ C₆H₅—CO⁻ + Ag + 2NH₃

2. Redução (Seção 17.4B)

Os aldeídos são reduzidos aos alcoóis primários, e as cetonas, aos alcoóis secundários por H_2 na presença de um catalisador de um metal de transição tal como Pt ou Ni. Eles também são reduzidos aos alcoóis por boroidreto de sódio, $NaBH_4$, seguidos de protonação.

Cicloexanona + H_2 —(Catalisador de um metal de transição)→ Cicloexanol

PhCH=CH—CHO —(1. $NaBH_4$; 2. H_2O)→ PhCH=CH—CH₂OH

3. Adição de álcoois para formar hemiacetais (Seção 17.4C)

Hemiacetais são apenas componentes minoritários de uma mistura em equilíbrio de um aldeído ou cetona e um álcool, exceto quando os grupos —OH e C=O são partes da mesma molécula e anéis de cinco ou seis membros podem ser formados.

4. Adição de alcoóis para formar acetais (Seção 17.4C)

A formação de acetais é catalisada por ácido. Os acetais são hidrolisados em meio de ácido aquoso, originando um aldeído ou uma cetona e duas moléculas de álcool.

Cicloexanona + $2CH_3OH$ ⇌(H^+) Um acetal + H_2O

5. Tautomerismo cetoenólico (Seção 17.5)

Em geral, a forma cetônica predomina no equilíbrio.

CH_3CCH_3 (Forma cetônica, aproximadamente 99,9%) ⇌ $CH_3C=CH_2$ com OH (Forma enólica)

Problemas

Seção 17.1 O que são aldeídos e cetonas?

17.9 Indique se a afirmação é verdadeira ou falsa.
 (a) O aldeído e a cetona com a fórmula C_3H_6O são isômeros constitucionais.
 (b) Tanto aldeídos como cetonas contêm um grupo carbonila.
 (c) O **modelo VSPER** prediz ângulos de ligação de 120° na carbonila de aldeídos e cetonas.
 (d) O carbono carbonílico de uma cetona é um estereocentro.

17.10 Qual é a diferença estrutural entre um aldeído e uma cetona?

17.11 Qual é a diferença estrutural entre um aldeído aromático e um aldeído alifático?

17.12 É possível o átomo de carbono da carbonila ser um estereocentro? Explique.

17.13 Quais compostos contêm um grupo carbonila?
 (a) CH_3CHCH_3 com OH
 (b) CH_3CH_2CH com =O
 (c) C₆H₅—COCH₂CH₃
 (d) ciclopentanona
 (e) tetra-hidrofurano-2-ol
 (f) $CH_3CH_2CH_2COH$

17.14 A seguir, apresentam-se duas estruturas de hormônios esteroides.

Cortisona

430 ■ Introdução à química orgânica

Aldosterona

(a) Nomeie os grupos funcionais presentes em cada hormônio.

(b) Assinale todos os estereocentros em cada hormônio e aponte quantos estereoisômeros são possíveis para cada hormônio.

17.15 Desenhe as fórmulas estruturais para os quatro aldeídos com fórmula molecular $C_5H_{10}O$. Quais deles são quirais?

Seção 17.2 Qual é a nomenclatura de aldeídos e cetonas?

17.16 Indique se a afirmação é verdadeira ou falsa.

(a) Um aldeído é nomeado como um alcanal e a cetona como uma alcanona.

(b) Os nomes para os aldeídos e as cetonas são derivados do nome da cadeia de carbono mais longa que contém o grupo carbonila.

(c) Em um aldeído aromático, o carbono carbonílico está ligado a um anel aromático.

17.17 Desenhe as fórmulas estruturais para estes aldeídos.

(a) Formaldeído

(b) Propanal

(c) 3,7-dimetiloctanal

(d) Decanal

(e) 4-hidroxibenzaldeído

(f) 2,3-di-hidroxipropanal

17.18 Desenhe a fórmula estrutural para estas cetonas.

(a) Etil isopropil cetona

(b) 2-clorocicloexanona

(c) 2,4-dimetil-3-pentanona

(d) Di-isopropil cetona

(e) Acetona

(f) 2,5-dimetilcicloexanona

17.19 Escreva os nomes Iupac para estes compostos.

(a) $(CH_3CH_2CH_2)_2C{=}O$ (b)

(c)   (d) $CH_3{-}\overset{OH}{\underset{|}{CH}}{-}\overset{O}{\underset{\|}{C}}{-}H$

(e)   (f) $HC(CH_2)_4CH$ (com grupos O duplos)

17.20 Escreva os nomes Iupac para estes compostos.

(a)   (b)

(c)   (d)

Seção 17.3 Quais são as propriedades físicas de aldeídos e cetonas?

17.21 Indique se a afirmação é verdadeira ou falsa.

(a) Aldeídos e cetonas são compostos polares.

(b) Aldeídos apresentam pontos de ebulição menores que os alcoóis com comparável esqueleto carbônico.

(c) Aldeídos de baixa massa molecular e cetonas são muito solúveis em água.

(d) Não há a possibilidade de formação de ligação de hidrogênio entre moléculas de aldeídos e cetonas.

17.22 Em cada par de compostos, selecione aquele com maior ponto de ebulição.

(a) Acetaldeído ou etanol

(b) Acetona ou 3-pentanona

(c) Butanal ou butano

(d) Butanona ou 2-butanol

17.23 A acetona é completamente solúvel em água, mas a 4-heptanona é completamente insolúvel em água. Explique.

17.24 Explique por que a acetona tem um maior ponto de ebulição (56 °C) que o etil metil éter (11 °C), embora suas massas moleculares sejam aproximadamente as mesmas.

17.25 Pentano, 1-butanol e butanal têm aproximadamente as mesmas massas moleculares mas diferentes pontos de ebulição. Arranje esses compostos na ordem crescente de seus pontos de ebulição. Explique no que se baseia sua classificação.

17.26 Mostre como o acetaldeído pode formar ligações de hidrogênio com a água.

17.27 Por que duas moléculas de acetona não podem formar ligações de hidrogênio entre si?

Seção 17.4 Quais são as reações características de aldeídos e cetonas?

17.28 Desenhe a fórmula estrutural para o produto orgânico principal formado quando cada um dos compostos é tratado com $K_2Cr_2O_7/H_2SO_4$. Se não ocorrer reação, indique o caso.

(a) Butanal   (b) Benzaldeído

(c) Cicloexanona   (d) Cicloexanol

17.29 Desenhe a fórmula estrutural para o produto orgânico principal formado quando cada um dos compostos do Problema 17.28 é tratado com o reagente de Tollens. Se não ocorrer reação, indique o caso.

17.30 Que teste químico simples poderia ser usado para distinguir os membros de cada par de compostos? Indique o que você faria, o que esperaria observar e como interpretaria suas observações experimentais.
(a) Pentanal e 2-pentanona
(b) 2-Pentanona e 2-pentanol

17.31 Explique por que aldeídos líquidos são normalmente armazenados sob atmosfera de nitrogênio do que sob ar.

17.32 Suponha que você pegue uma garrafa de benzaldeído (um líquido, p.e. 179 °C) da prateleira e encontre um sólido branco no fundo da garrafa. Esse sólido é resultado da viragem do indicador tornassol para o vermelho, o que significa que ele é um ácido, embora aldeídos sejam neutros. Como você pode explicar essas observações?

17.33 Escreva a fórmula estrutural para o produto orgânico principal formado pelo tratamento de cada composto com H_2/catalisador de um metal de transição. Quais compostos são quirais?

(a) $CH_3CCH_2CH_3$
(b) $CH_3(CH_2)_4CH$

(c)
(d)

17.34 Desenhe a fórmula estrutural para o produto orgânico principal formado quando cada um dos compostos do Problema 17.33 é tratado com o $NaBH_4$, seguido da adição de H_2O.

17.35 1,3-di-hidróxi-2-propanona, mais comumente conhecida como di-hidroxiacetona, é o ingrediente ativo de bronzeadores artificiais?
(a) Escreva a fórmula estrutural para esse composto.
(b) Você esperaria que esse composto fosse solúvel ou insolúvel em água?
(c) Escreva a fórmula estrutural para o produto formado na reação desse composto com $NaBH_4$.

17.36 Desenhe a fórmula estrutural do produto formado do tratamento de butanal com cada grupo de reagentes.
(a) H_2/catalisador metálico
(b) $NaBH_4$, seguido de H_2O
(c) $Ag(NH_3)_2^+$ (reagente de Tollens)
(d) $K_2Cr_2O_7/H_2SO_4$

17.37 Desenhe a fórmula estrutural para o produto formado pelo tratamento de acetofenona, $C_6H_5COCH_3$, com o grupo de reagentes do Problema 17.36.

Seção 17.5 O que é tautomerismo cetoenólico?

17.38 Indique se a afirmação é verdadeira ou falsa.
(a) Tautômeros cetônicos e enólicos são isômeros constitucionais.

(b) Para um de par de tautômeros cetoenólicos, a forma cetônica é a forma predominante.

17.39 Quais destes compostos apresentam tautomerismo cetoenólico?

(a) CH_3CH
(b) CH_3CCH_3

(c)
(d)

(e)
(f)

17.40 Desenhe todas as formas enólicas para os aldeídos e as cetonas apresentados a seguir.

(a) CH_3CH_2CH
(b) $CH_3CCH_2CH_3$

(c)

17.41 Desenhe a forma cetônica para cada enol representado a seguir.

(a)
(b) $CH_3C=CHCH_2CH_2CH_3$ com OH

(c)

Adição de alcoóis

17.42 Qual é o aspecto estrutural característico de um hemiacetal? E de um acetal?

17.43 Quais compostos são hemiacetais, quais são acetais e quais não são nem um nem outro?

(a)
(b) $CH_3CH_2CHOCH_3$ com OH

(c) $CH_3OCH_2OCH_3$
(d)

(e)
(f)

17.44 Desenhe o hemiacetal e, na sequência, o acetal formado em cada reação. Em cada caso, assuma um excesso de álcool.
(a) Propanal + metanol $\longrightarrow$
(b) Ciclopentanona + metanol $\longrightarrow$

432 ■ Introdução à química orgânica

17.45 Desenhe a estrutura de aldeídos, cetonas e alcoóis formados quando cada um dos acetais é tratado em meio ácido aquoso e é hidrolisado.

(a) [estrutura]   (b) [estrutura]

(c) [estrutura]   (d) [estrutura]

17.46 O composto apresentado a seguir é um componente da fragrância do jasmim.

[estrutura]

De que composto carbonílico e de que álcool ele é derivado?

17.47 Qual é a diferença dos termos "hidratação" e "hidrólise"? Dê um exemplo de cada um deles.

17.48 Qual é a diferença dos termos "hidratação" e "desidratação"? Dê um exemplo de cada um deles.

17.49 Mostre os reagentes e as condições experimentais necessárias para converter cicloexanona em cada um dos seguintes compostos.

[esquema de reações (a) (b) (c) (d) (e)]

17.50 Desenhe a fórmula estrutural para um aldeído ou uma cetona que podem ser reduzidos para produzir cada álcool. Caso não exista, indique o(s) caso(s).

(a) CH_3CHCH_3 (com OH)   (b) [estrutura]—CH_2OH

(c) CH_3OH (d) [estrutura com OH e CH_3]

17.51 Desenhe a fórmula estrutural para um aldeído ou uma cetona que podem ser reduzidos para produzir cada álcool. Caso não exista, indique o(s) caso(s).

(a) [estrutura]—OH   (b) [estrutura]—CH_2OH

(c) $CH_3\overset{CH_3}{\underset{CH_3}{C}}OH$ (d) HO—[cadeia]—OH

17.52 O 1-propanol pode ser preparado pela redução de um aldeído, mas não pode ser preparado pela hidratação catalisada por ácido de um alceno. Explique por que ele não pode ser preparado a partir de um alceno.

17.53 Mostre como realizar estas transformações. Adicionalmente aos reagentes de partida, use qualquer outro reagente orgânico ou inorgânico necessário.

(a) $C_6H_5\overset{O}{\overset{\|}{C}}CH_2CH_3 \longrightarrow C_6H_5\overset{OH}{\underset{|}{C}}HCH_2CH_3$
$\longrightarrow C_6H_5CH{=}CHCH_3$

(b) [esquema de reações cetona → álcool → alceno → cloreto]

17.54 Mostre como realizar estas transformações. Adicionalmente aos reagentes de partida, use qualquer outro reagente orgânico ou inorgânico necessário.
(a) 1-penteno para 2-pentanona
(b) Cicloexeno para cicloexanona

17.55 Descreva um teste químico simples com o qual você poderia distinguir entre os membros de cada par de compostos.
(a) Cicloexanona e anilina
(b) Cicloexeno e cicloexanol
(c) Benzaldeído e cinamaldeído

Problemas adicionais

17.56 Indique o grupo aldeído ou cetona nestes compostos.

(a) $HCCH_2CH_2CH_2CCH_3$ (com dois O)   (b) [estrutura]

(c) $HOCH_2CHCH$ (com HO e O)   (d) [estrutura]

(e) [estrutura]—CCH_2CH_3 (com O)   (f) HO—[estrutura]—CH (com CH_3O e O)

17.57 Desenhe a fórmula estrutural dos produtos formados pelo tratamento de cada composto do Problema 17.56 com boroidreto de sódio, $NaBH_4$.

17.58 Desenhe a fórmula estrutural para (a) uma cetona e (b) dois aldeídos com fórmula molecular C_4H_8O.

17.59 Desenhe a fórmula estrutural para estes compostos.
(a) 1-cloro-2-propanona
(b) 3-hidroxibutanal
(c) 4-hidróxi-4-metil-2-pentanona
(d) 3-metil-3-fenilbutanal
(e) 1,3-cicloexanodiona
(f) 5-hidroxiexanal

17.60 Por que a acetona tem um ponto de ebulição menor (56 °C) que o 2-propanol (82 °C), embora eles tenham massas moleculares praticamente idênticas?

17.61 O propanal (p.e. 49 °C) e 1-propanol (p.e. 97 °C) têm aproximadamente a mesma massa molecular, porém seus pontos de ebulição diferem em aproximadamente 50 °C. Explique esse fato.

17.62 Por meio de que teste químico simples você poderia distinguir os membros de cada par de compostos? Aponte o que você faria, o que esperaria observar e como interpretaria suas observações experimentais.
(a) Benzaldeído e cicloexanona
(b) Acetaldeído e acetona

17.63 O 5-hidroxiexanal forma um hemiacetal cíclico de seis membros, que é predominante no equilíbrio em solução aquosa.
(a) Desenhe a fórmula estrutural para esse hemiacetal cíclico.
(b) Quantos estereoisômeros são possíveis para o 5-hidroxiexanal?
(c) Quantos estereoisômeros são possíveis para esse hemiacetal cíclico?

17.64 A molécula apresentada a seguir é um enodiol. Cada carbono da dupla ligação tem um grupo —OH. Desenhe as fórmulas estruturais para a α-hidroxicetona e para o α-hidroxialdeído com que o enodiol se encontra em equilíbrio.

α-hidroxialdeído ⇌
HC—OH
‖
C—OH
|
CH₃
⇌ α-hidroxicetona

Um enodiol

17.65 Alcoóis podem ser preparados pela hidratação catalisada por ácido de alcenos (Seção 12.6B) e pela redução de aldeídos e cetonas (Seção 17.4B). Mostre como você pode preparar cada um dos seguintes alcoóis por (1) hidratação catalisada por ácido de um alceno e (2) redução de um aldeído ou uma cetona.
(a) Etanol
(b) Cicloexanol
(c) 2-propanol
(d) 1-feniletanol

Antecipando

17.66 A glicose, $C_6H_{12}O_6$, contém um grupo aldeído mas existe predominantemente na forma de um hemiacetal cíclico mostrado a seguir. Abordamos a forma cíclica da glicose no Capítulo 20.

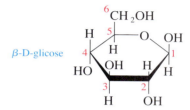

β-D-glicose

(a) Um hemiacetal cíclico é formado quando o grupo —OH de um carbono se liga ao grupo carbonila de outro carbono. Na glicose, qual carbono fornece o grupo —OH e qual fornece o grupo CHO?

17.67 A ribose, $C_5H_{10}O_5$, contém um grupo aldeído mas existe na forma predominante de um hemiacetal cíclico mostrado a seguir. Abordamos a forma cíclica da ribose no Capítulo 20.

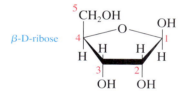

β-D-ribose

(a) Na ribose, qual carbono fornece o grupo —CH e qual fornece o grupo CHO na formação desse hemiacetal cíclico?

17.68 O boroidreto de sódio é um agente redutor de laboratório. A NADH é um agente redutor biológico. De que maneira eles são similares nos processos químicos de redução de aldeídos e cetonas?

17.69 Escreva uma equação para cada conversão.
(a) 1-pentanol para pentanal
(b) 1-pentanol para ácido pentanoico
(c) 2-pentanol para 2-pentanona
(d) 2-propanol para acetona
(e) Cicloexanol para cicloexanona

Ácidos carboxílicos

As frutas cítricas são fonte de ácido cítrico, um ácido tricarboxílico.

Questões-chave

18.1 O que são ácidos carboxílicos?

18.2 Qual é a nomenclatura dos ácidos carboxílicos?

18.3 Quais são as propriedades físicas dos ácidos carboxílicos?

18.4 O que são sabões e detergentes?

18.5 Quais são as reações características dos ácidos carboxílicos?

18.1 O que são ácidos carboxílicos?

Neste capítulo, estudamos os ácidos carboxílicos, outra classe de compostos orgânicos que contêm o grupo carbonila. O grupo funcional de um **ácido carboxílico** é um **grupo carboxila** (Seção 10.4D), que pode ser representado em qualquer uma das três formas:

$$-\overset{\overset{\displaystyle O}{\|}}{C}-OH \qquad -COOH \qquad -CO_2H$$

18.2 Qual é a nomenclatura dos ácidos carboxílicos?

A. Nomes Iupac

Derivamos o nome Iupac dos ácidos carboxílicos do nome da cadeia carbônica mais longa que contém o grupo carboxila. O nome é antecedido por ácido, e o *-o* final da cadeia principal do alcano é substituído por *-oico*. A numeração da cadeia começa com o carbono do grupo carboxila. Como o carbono da carboxila é o carbono 1, não existe a necessidade de ser numerado. Nos exemplos a seguir, os nomes comuns são apresentados entre parênteses.

Ácido hexanoico
(Ácido caproico)

Ácido 3-metilbutanoico
(Ácido isovalérico)

Quando um ácido carboxílico também contém um grupo —OH (hidroxila), indicamos a sua presença pela adição do prefixo *hidróxi* ao nome da cadeia carbônica principal que contém o grupo carboxila. Similarmente, quando o ácido carboxílico contém uma amina primária (1ª), indicamos a presença do grupo —NH$_2$ por *amino*.

Ácido 5-hidroxiexanoico

Ácido 4-aminobenzoico
(Ácido *p*-aminobenzoico)

Para nomear ácidos dicarboxílicos, adicionamos o sufixo *-dioico* ao nome da cadeia principal que contém ambos os grupos carboxila. Os números dos carbonos das carboxilas não são indicados porque eles só podem estar nas extremidades da cadeia principal.

Ácido etanodioico
(Ácido oxálico)

Ácido propanodioico
(Ácido malônico)

Ácido butanodioico
(Ácido succínico)

Ácido pentanodioico
(Ácido glutárico)

Ácido hexanodioico
(Ácido adípico)

O nome *ácido oxálico* é derivado de uma de suas fontes no mundo biológico: as plantas do gênero *Oxalis*, uma delas a planta do ruibarbo. O ácido oxálico também está presente na urina humana e dos animais, e o oxalato de cálcio é o principal componente das pedras dos rins (cálculos renais). O ácido succínico é um intermediário no ciclo do ácido cítrico (Seção 27.4). O ácido adípico é um dos monômeros necessários para a síntese do polímero do náilon-66 (Seção 19.6B).

B. Nomes comuns

Os nomes comuns para os ácidos carboxílicos alifáticos, muitos deles conhecidos muito tempo antes do desenvolvimento da nomenclatura Iupac, são frequentemente derivados do nome de uma substância natural da qual o ácido pode ser isolado. A Tabela 18.1 elenca vários ácidos carboxílicos alifáticos não ramificados encontrados no mundo biológico com seus respectivos nomes comuns.

O ácido fórmico foi primeiramente obtido em 1670 da destilação de macerados de formigas. O nome fórmico deriva do gênero das formigas expresso em latim: *formica*. Ele é um dos componentes do veneno das formigas que contêm ferrão.

TABELA 18.1 Vários ácidos carboxílicos alifáticos e seus nomes comuns

Estrutura	Nome Iupac	Nome comum	Derivação
HCOOH	Ácido metanoico	Ácido fórmico	Latim: *formica*, formiga
CH_3COOH	Ácido etanoico	Ácido acético	Latim: *acetum*, vinagre
CH_3CH_2COOH	Ácido propanoico	Ácido propiônico	Grego: *propion*, primeira gordura
$CH_3(CH_2)_2COOH$	Ácido butanoico	Ácido butírico	Latim: *butyrum*, manteiga
$CH_3(CH_2)_3COOH$	Ácido pentanoico	Ácido valérico	Latim: *valere*, ser forte
$CH_3(CH_2)_4COOH$	Ácido hexanoico	Ácido caproico	Latim: *caper*, cabra
$CH_3(CH_2)_6COOH$	Ácido octanoico	Ácido caprílico	Latim: *caper*, cabra
$CH_3(CH_2)_8COOH$	Ácido decanoico	Ácido cáprico	Latim: *caper*, cabra
$CH_3(CH_2)_{10}COOH$	Ácido dodecanoico	Ácido láurico	Latim: *laurus*, louro
$CH_3(CH_2)_{12}COOH$	Ácido tetradecanoico	Ácido mirístico	Grego: *myristikos*, perfumado
$CH_3(CH_2)_{14}COOH$	Ácido hexadecanoico	Ácido palmítico	Latim: *palma*, palmeira
$CH_3(CH_2)_{16}COOH$	Ácido octadecanoico	Ácido esteárico	Grego: *stear*, gordura sólida
$CH_3(CH_2)_{18}COOH$	Ácido eicosanoico	Ácido araquídico	Grego: *arachis*, amendoim

Os ácidos carboxílicos não ramificados que têm entre 12 e 20 átomos de carbono são conhecidos como ácidos graxos, que são estudados no Capítulo 21.

Os ácidos carboxílicos com 16, 18 e 20 átomos são particularmente abundantes nas gorduras animais e nos óleos vegetais (Seção 21.2) e são componentes dos fosfolipídios das membranas biológicas (Seção 21.5).

Quando os nomes comuns são usados, as letras gregas alfa (α), beta (β), gama (γ) etc. são frequentemente adicionadas como prefixo para indicar a posição dos substituintes.

GABA é um neurotransmissor no sistema nervoso central.

Ácido 4-aminobutanoico
(Ácido γ-aminobutírico; GABA)

Exemplo 18.1 Nomes Iupac para os ácidos carboxílicos

Escreva os nomes Iupac para cada ácido carboxílico:

(a) (b) HO—⟨ ⟩—COOH

(c)

Estratégia e solução

(a) A cadeia mais longa que contém o grupo carboxila tem cinco carbonos e, portanto, a cadeia principal do alcano é pentano. O nome Iupac é ácido 2-etilpentanoico.
(b) Ácido 4-hidroxibenzoico.
(c) Ácido *trans*-3-fenil-2-propenoico (ácido cinâmico).

Problema 18.1

Cada um dos compostos mostrados a seguir tem nomes comuns bem conhecidos e amplamente aplicados. Um derivado do ácido glicérico é um intermediário na glicólise (Seção 28.2). A β-alanina é um constituinte do ácido pantotênico (Seção 27.5). O ácido mevalônico é um intermediário na biossíntese de esteroides (Seção 27.4). Escreva os nomes Iupac para cada composto:

(a)
COOH
|
CHOH
|
CH₂OH

Ácido glicérico

(b) H₂NCH₂CH₂COOH

β-alanina

(c)
HO   CH₃
     |
HO   COOH

Ácido mevalônico

18.3 Quais são as propriedades físicas dos ácidos carboxílicos?

A principal característica dos ácidos carboxílicos é a polaridade do grupo carboxila (Figura 18.1). Esse grupo contém três ligações covalentes: C=O, C—O e O—H. A polaridade dessas ligações determina as principais propriedades físicas dos ácidos carboxílicos.

Ácidos carboxílicos apresentam pontos de ebulição maiores que outros tipos de compostos orgânicos de massa molar comparável (Tabela 18.2). Os maiores pontos de ebulição resultam da polaridade e do fato de que a ligação de hidrogênio entre grupos carboxila origina um dímero que se comporta como um composto de maior massa molar.

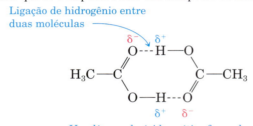

Um dímero de ácido acético formado por ligações de hidrogênio

Ácidos carboxílicos são mais solúveis em água que alcoóis, éteres, aldeídos e cetonas de comparável massa molecular. Esse aumento de solubilidade é em razão de sua forte associação com as moléculas de água através das ligações de hidrogênio formadas tanto pelo grupo carbonila como pelo grupo hidroxila. Os primeiros quatro ácidos carboxílicos alifáticos (fórmico, acético, propanoico e butanoico) são infinitamente solúveis em água. À medida que ocorre um aumento da cadeia hidrocarbônica do ácido carboxílico, a solubilidade em água diminui. A solubilidade do ácido hexanoico (seis carbonos) em água é de 1,0 g/100 mL de água.

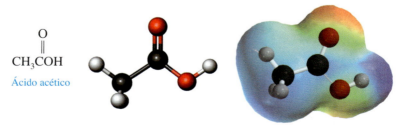

FIGURA 18.1 Polaridade de um grupo carboxila.

Devem-se mencionar outras duas propriedades dos ácidos carboxílicos. Primeiro, os ácidos carboxílicos líquidos, do ácido propanoico ao ácido decanoico, têm odores acentuados, normalmente desagradáveis. O ácido butanoico, por exemplo, é o responsável pelo mau odor da transpiração e o principal componente do "odor do quarto fechado". O ácido pentanoico cheira ainda pior, e cabras que secretam ácidos carboxílicos com C₆, C₈ e C₁₀ (Tabela 18.1) não são famosas por seu "odor agradável". Segundo, ácidos carboxílicos têm um gosto azedo característico. O gosto azedo de picles e chucrute, por exemplo, é por causa da presença de ácido lático. O gosto ácido de limas (pH 1,9), limões (pH 2,3) e toranja (pH 3,2) é causado por ácido cítrico e outros ácidos.

TABELA 18.2 Pontos de ebulição e solubilidades em água de dois grupos de compostos de comparável massa molecular

Estrutura	Nome	Massa molecular	Ponto de ebulição (°C)	Solubilidade (g/100 mL H_2O)
CH_3COOH	Ácido acético	60,1	118	Infinita
$CH_3CH_2CH_2OH$	1-propanol	60,1	97	Infinita
CH_3CH_2CHO	Propanal	58,1	48	16
$CH_3(CH_2)_2COOH$	Ácido butanoico	88,1	163	Infinita
$CH_3(CH_2)_3CH_2OH$	1-pentanol	88,1	137	2,3
$CH_3(CH_2)_3CHO$	Pentanal	86,1	103	Moderada

18.4 O que são sabões e detergentes?

A. Ácidos graxos

Mais de 500 **ácidos graxos** diferentes têm sido isolados de várias células e tecidos. A Tabela 18.3 apresenta os nomes comuns e as fórmulas estruturais dos ácidos graxos mais abundantes. O número de carbonos em um ácido graxo e o número de ligações duplas carbono-carbono na sua cadeia hidrocarbônica são mostrados por dois números separados por dois pontos.

Ácidos graxos são ácidos carboxílicos de cadeia longa não ramificada, compostos comumente de 12 a 20 carbonos. Eles são derivados da hidrólise de gorduras animais, óleos vegetais e de fosfolipídios das membranas biológicas (ver Capítulo 21).

TABELA 18.3 Os ácidos graxos mais abundantes em gorduras animais, óleos vegetais e membranas biológicas

Átomos de carbono: duplas ligações*	Estrutura	Nome comum	Ponto de fusão (°C)
Ácidos graxos saturados			
12:0	$CH_3(CH_2)_{10}COOH$	Ácido láurico	44
14:0	$CH_3(CH_2)_{12}COOH$	Ácido mirístico	58
16:0	$CH_3(CH_2)_{14}COOH$	Ácido palmítico	63
18:0	$CH_3(CH_2)_{16}COOH$	Ácido esteárico	70
20:0	$CH_3(CH_2)_{18}COOH$	Ácido araquídico	77
Ácidos graxos insaturados			
16:1	$CH_3(CH_2)_5CH=(CH_2)_7COOH$	Ácido palmitoleico	1
18:1	$CH_3(CH_2)_7CH=(CH_2)_7COOH$	Ácido oleico	16
18:2	$CH_3(CH_2)_4(CH=CHCH_2)_2(CH_2)_6COOH$	Ácido linoleico	−5
18:3	$CH_3CH_2(CH=CHCH_2)_3(CH_2)_6COOH$	Ácido linolênico	−11
20:4	$CH_3(CH_2)_4(CH=CHCH_2)_4(CH_2)_2COOH$	Ácido araquidônico	−49

* O primeiro número é o número de carbonos no ácido graxo, e o segundo número é o número de duplas ligações carbono-carbono na cadeia hidrocarbônica.

Nesta notação, ácido linoleico, por exemplo, é designado como um ácido graxo 18:2; sua cadeia de 18 carbonos contém duas duplas ligações carbono-carbono.

A seguir, apresentam-se várias características dos ácidos graxos mais abundantes nas plantas superiores e nos animais:

1. Praticamente todos os ácidos graxos apresentam um número par de átomos de carbono, a maioria entre 12 e 20, em uma cadeia que não é ramificada.
2. Os três ácidos graxos mais abundantes na natureza são o ácido palmítico (16:0), ácido esteárico (18:0) e ácido oleico (18:1).

3. Na maioria dos ácidos graxos insaturados, o isômero *cis* predomina; o isômero *trans* é raro.
4. Ácidos graxos insaturados têm menores pontos de fusão que os respectivos ácidos saturados. Quanto maior o grau de insaturação, menor é o ponto de fusão. Compare, por exemplo, os pontos de fusão dos seguintes ácidos graxos de 18 átomos de carbono: o ácido linoleico com três duplas ligação carbono-carbono tem o menor ponto de fusão entre os quatro ácidos graxos.

Ácido esteárico (18:0) (p.f. 70 °C)

Ácido oleico (18:1) (p.f. 16 °C)

Ácido linoleico (18:2) (p.f. –5 °C)

Ácido linolênico (18:3) (p.f. –11 °C)

Os ácidos graxos podem ser divididos em dois grupos: saturados e insaturados. Ácidos graxos saturados têm apenas ligações simples carbono-carbono em suas cadeias hidrocarbônicas. Ácidos graxos insaturados têm ao menos uma ligação dupla carbono-carbono na cadeia. Todos os ácidos graxos insaturados listados na Tabela 18.3 são os isômeros *cis*.

Os ácidos graxos saturados são todos sólidos em temperatura ambiente, porque a natureza de suas cadeias hidrocarbônicas permite que suas moléculas se empacotem de forma próxima em um alinhamento paralelo. Quando as moléculas se encontram empacotadas dessa forma, as interações atrativas entre as cadeias hidrocarbônicas adjacentes (forças de dispersão de London, Seção 5.7A) são maximizadas. Embora as forças de dispersão de London sejam interações fracas, o empacotamento regular das cadeias permite que essas forças operem por uma grande extensão de suas cadeias, garantindo que uma considerável quantidade de energia seja necessária para separá-las e resulte na fusão.

Todos os ácidos graxos insaturados *cis* comuns são líquidos em temperatura ambiente porque as duplas ligações *cis* interrompem o empacotamento regular das cadeias, e as forças de dispersão de London agora atuam somente em segmentos curtos das cadeias, logo, uma menor quantidade de energia é necessária para a fusão. Quanto maior for o grau de insaturação, menor vai ser o ponto de fusão, porque cada dupla ligação introduz maior desordem no empacotamento das moléculas de ácidos graxos.

Conexões químicas 18A

O que são ácidos graxos *trans* e como evitá-los?

As gorduras dos animais são ricas em ácidos graxos saturados, enquanto os óleos das plantas (por exemplo, óleos de milho, soja, canola, oliva e palma) são ricos em ácidos graxos insaturados. As gorduras são adicionadas aos alimentos processados para fornecer a consistência desejada, além de uma textura úmida e um sabor agradável. Para atender à demanda de gorduras usadas na alimentação processada com a consistência adequada, a dupla ligação *cis* dos óleos vegetais é parcialmente hidrogenada. Quanto maior for o grau de hidrogenação, maior vai ser o ponto de fusão do **triglicéride**. A extensão em que ocorre a hidrogenação é cuidadosamente controlada, usualmente utilizando um catalisador de Ni e calculando a quantidade de H_2 como um reagente limitante. Nessas condições, o H_2 é usado até antes que todas as duplas ligações sejam reduzidas, portanto a hidrogenação é parcial e a consistência desejada é obtida. Por exemplo, controlando o grau de hidrogenação, um óleo com um ponto de fusão abaixo da temperatura ambiente pode ser convertido em um produto semissólido ou mesmo sólido.

O mecanismo da hidrogenação catalítica de alcenos foi abordado na Seção 12.6D. Lembre-se de que uma etapa-chave nesse mecanismo envolve a interação da dupla ligação carbono-carbono do alceno com o catalisador metálico para formar uma ligação carbono-metal. Por causa da reversibilidade da interação da dupla ligação carbono-carbono com o catalisador de Ni, várias das duplas ligações no óleo podem ser isomerizadas convertendo a forma menos estável *cis* na configuração mais estável *trans*. Portanto, um equilíbrio entre as configurações *cis* e *trans* pode ocorrer quando o H_2 é o reagente limitante. Por exemplo, o ácido **elaídico** é o ácido graxo *trans* C_{18} análogo do ácido oleico, um ácido graxo C_{18} *cis*.

Os óleos usados para fritura nos restaurantes de *fast-food* são geralmente óleos de plantas parcialmente hidrogenados e, por isso, contêm quantidades consideráveis de ácidos graxos *trans* que são transferidos para os alimentos preparados. Outras fontes principais de ácidos graxos *trans* na dieta incluem a margarina, alguns produtos de panificadoras, biscoitos recheados, salgadinhos de batata e milho, alimentos congelados e misturas de bolo.

Estudos recentes têm mostrado que o consumo significativo de ácidos graxos *trans* pode provocar sérios problemas de saúde relacionados aos níveis de colesterol no sangue. Uma boa saúde cardiovascular está associada a baixos níveis de colesterol no sangue e à diminuição da relação entre o colesterol das lipoproteínas de baixa densidade (LDL) para o colesterol das lipoproteínas de alta densidade (HDL).

Altos níveis de colesterol no sangue e a predominância do colesterol LDL sobre o HDL estão associados à alta incidência de doenças cardiovasculares, especialmente arteriosclerose. Pesquisas têm indicado que dietas ricas tanto em ácidos graxos saturados como em ácidos graxos *trans* aumentam substancialmente o risco de doenças cardiovasculares.

Nos Estados Unidos, a FDA estabeleceu que alimentos processados devem indicar a quantidade de ácidos graxos *trans* que contêm para que os consumidores possam fazer melhores escolhas em relação aos alimentos que consomem. É recomendada uma dieta com baixos teores de ácidos graxos *trans*, na qual devem constar peixe, grãos integrais, frutas e vegetais. Além disso, recomenda-se a realização de exercícios diários, que são muito benéficos, independentemente da dieta adotada.

De acordo com a maioria dos estudos realizados, ácidos graxos monoinsaturados e poli-insaturados não têm demonstrado riscos similares à saúde, embora uma grande quantidade de qualquer tipo de gordura na dieta possa levar à obesidade, um problema de saúde associado com várias doenças, como o diabetes. Conforme vários estudos, alguns ácidos graxos poli-insaturados (*cis*) como aqueles encontrados em certos tipos de peixe são benéficos à saúde. Esses ácidos graxos são os também chamados ácidos graxos ômega-3.

Nos ácidos graxos ômega-3, o último carbono da última dupla ligação da cadeia hidrocarbônica é posicionado a três carbonos a partir do grupo metil terminal da cadeia. O último carbono da cadeia hidrocarbônica é chamado carbono ômega (ômega é a última letra do alfabeto grego), de onde então deriva a designação ômega-3. Os dois ácidos ômega-3 mais encontrados em suplementos alimentares são os ácidos eicosapentaenoico e docosaexaenoico.

O eicosapentaenoico, $C_{20}H_{30}O_2$, é um ácido graxo importante na cadeia alimentar marinha e serve como um precursor nos humanos de vários membros das famílias das prostaciclinas e dos tromboxanos (Capítulo 21). Note de que forma o nome desses ácidos graxos é construído: *eicosa-* é o prefixo que indica 20 carbonos na cadeia, *pentaeno-* indica cinco duplas ligações carbono-carbono e *ácido -oico* se relaciona ao grupo funcional ácido carboxílico.

Ácido docosaexaenoico, $C_{22}H_{32}O_2$, é encontrado em óleos de peixe e vários fosfolipídios. É o principal componente estrutural de membranas que recebem estimulação, como na retina e no cérebro, e sintetizado no fígado a partir do ácido linoleico.

Ácido elaídico p.f. 46 °C
(um ácido graxo *trans* C_{18})

Ácido eicosapentaenoico

Ácido eicosapentaenoico desenhado de forma mais compacta

Ácido docosaexaenoico

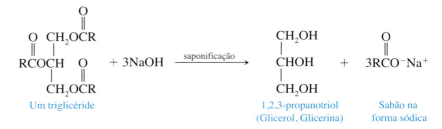

B. Estrutura e preparação de sabões

Saponificação A hidrólise de um éster em NaOH ou KOH que origina um álcool e um sal de sódio ou potássio de um ácido carboxílico (Seção 19.4A).

Os **sabões** são mais comumente preparados de uma mistura de sebo e óleos de coco. Na preparação do sebo, as gorduras sólidas de origem animal (geralmente de gado) são fundidas em vapor, e a camada de sebo que é formada no topo é removida. A preparação de sabões começa pela ebulição desses triglicérides com hidróxido de sódio. A reação que ocorre é chamada **saponificação** (do latim *saponem*, "sabão"):

$$\underset{\text{Um triglicéride}}{\begin{array}{c} \text{O} \\ \| \\ \text{O} \quad \text{CH}_2\text{OCR} \\ \| \quad | \\ \text{RCOCH} \quad \text{O} \\ | \quad \| \\ \text{CH}_2\text{OCR} \end{array}} + 3\text{NaOH} \xrightarrow{\text{saponificação}} \underset{\substack{\text{1,2,3-propanotriol} \\ \text{(Glicerol, Glicerina)}}}{\begin{array}{c} \text{CH}_2\text{OH} \\ | \\ \text{CHOH} \\ | \\ \text{CH}_2\text{OH} \end{array}} + \underset{\substack{\text{Sabão na} \\ \text{forma sódica}}}{3\text{RCO}^-\text{Na}^+}$$

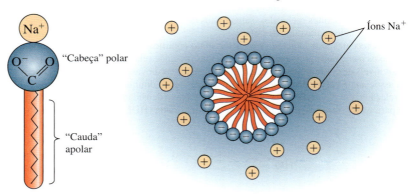

(a) Uma molécula de sabão   (b) Seção transversal de uma micela de sabão em água

FIGURA 18.2 Micelas de sabão. Cadeias hidrocarbônicas apolares (hidrofóbicas) se aglomeram no interior da micela, enquanto os grupos carboxilatos polares (hidrofílicos) estão na superfície da micela. Micelas se repelem entre si por causa de suas cargas superficiais negativas.

No nível molecular, a saponificação corresponde a uma hidrólise promovida por base (Seção 19.4A) dos grupos ésteres nos triglicérides. Um triglicéride é um triéster do glicerol. O sabão resultante contém principalmente os sais sódicos dos ácidos palmítico, esteárico e oleico provenientes do sebo, e os sais sódicos láurico e mirístico do óleo de coco.

Após a etapa de hidrólise, cloreto de sódio é adicionado para precipitar os sais sódicos na forma de finos flocos de sabão. A camada aquosa é retirada e o glicerol é removido por destilação a vácuo. O sabão bruto contém cloreto de sódio, hidróxido de sódio e outras impurezas, que são removidas pela ebulição dos flocos em água e pela reprecipitação posterior com mais cloreto de sódio. Após várias purificações, o sabão pode ser utilizado como um produto industrial barato sem necessidade de processamentos adicionais. Outros tratamentos transformam esse sabão em sabões de pH controlado usado em cosmética, sabões medicinais e assim por diante.

C. Como os sabões limpam

A notável propriedade dos sabões de limpar é em razão de sua habilidade de atuar como agentes emulsificantes. Por causa da insolubilidade em água das longas cadeias hidrocarbônicas dos sabões naturais, as moléculas de sabão tendem a se aglomerar de forma a minimizar o contato de suas cadeias hidrocarbônicas com as moléculas de água que as circundam. Os grupos carboxilatos, em contraste, tendem a permanecer em contanto com as moléculas de água. Então, em água, as moléculas espontaneamente se organizam em **micelas** (Figura 18.2).

Várias das coisas que comumente chamamos de sujeira (como graxa, óleo e manchas de gordura) são apolares e insolúveis em água. Quando o sabão e esse tipo de sujeira são misturados, como no caso das máquinas de lavar, as partes apolares hidrocarbônicas do interior das micelas "dissolvem" essas substâncias apolares da sujeira. Na realidade, novas micelas de sabão se formam, com as moléculas apolares de sujeira em seu interior (Figura 18.3). Dessa maneira, graxa, óleo e gordura – compostos orgânicos apolares – são dissolvidos e eliminados na água (polar) de lavagem.

Os sabões, entretanto, apresentam suas desvantagens; a mais importante entre elas é o fato de que eles formam sais insolúveis em água quando usados em água que contém íons Ca(II), Mg(II) ou Fe(III) (água dura):

$$2CH_3(CH_2)_{14}COO^-Na^+ + Ca^{2+} \longrightarrow [CH_3(CH_2)_{14}COO^-]_2Ca^{2+} + 2Na^+$$

Um sabão sódico
(solúvel em água como micela)

Um sal de cálcio do ácido graxo
(insolúvel em água)

Micela Um arranjo esférico de moléculas em solução aquosa que é organizado de forma que suas partes hidrofóbicas ("detestam" água), que são blindadas do meio aquoso, e suas partes hidrofílicas ("adoram" água), que estão na superfície do arranjo esférico, se encontrem em contato com o meio aquoso.

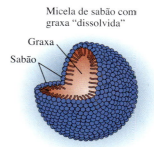

FIGURA 18.3 Uma micela de sabão com óleo ou graxa "dissolvidos".

Esses sais insolúveis em água dos ácidos graxos de cálcio, magnésio e ferro causam problemas, como placas que se formam nas banheiras, filmes que estragam o brilho dos cabelos e o acinzentado e a aspereza dos tecidos que são lavados repetidas vezes com sabões.

D. Detergentes sintéticos

Depois de conhecerem a maneira como ocorre a ação de limpeza dos sabões, os químicos puderam desenvolver os detergentes sintéticos. Alguns pontos racionalizados pelos químicos para o desenvolvimento de um bom detergente foram: a molécula deve ter uma cadeia hidrocarbônica longa – preferencialmente de 12 a 20 átomos de comprimento – e um grupo polar no fim da molécula que não forme sais insolúveis em água com íons Ca(II), Mg(II) ou Fe(III) que estão presentes na água dura. Essas características essenciais de um sabão poderiam ser obtidas em uma molécula contendo um grupo sulfonato (—SO_3^-), em vez de um grupo carboxilato (—COO^-). Sais de cálcio, magnésio e ferro dos ácidos alquilsulfônicos (R—SO_3H) são muito mais solúveis em água que os comparáveis sais dos ácidos graxos.

Os detergentes sintéticos mais amplamente utilizados hoje são os alquilbenzenossulfonatos lineares (ASL). Um dos mais comuns desses ASL é o 4-dodecilbenzenossulfonato de sódio. Para preparar esse tipo de detergente, um alquilbenzeno linear é tratado com ácido sulfúrico para formar um ácido alquilbenzenossulfônico (Seção 13.3C), seguido de neutralização do ácido sulfônico com hidróxido de sódio:

$$CH_3(CH_2)_{10}CH_2-\underset{\text{Dodecilbenzeno}}{\bigcirc} \xrightarrow[\text{2. NaOH}]{\text{1. } H_2SO_4} CH_3(CH_2)_{10}CH_2-\underset{\substack{\text{4-dodecilbenzenossulfonato de sódio}\\ \text{(um detergente aniônico)}}}{\bigcirc}-SO_3^-\ Na^+$$

O produto é misturado com "edificadores" e então seco em spray, resultando em um pó homogêneo. O "edificador" mais comum é o silicato de sódio. Detergentes de alquilbenzenossulfonatos foram introduzidos no fim dos anos 1950 e hoje correspondem a quase 90% do mercado, que já foi uma vez dominado pelos sabões naturais.

Entre os aditivos adicionados aos detergentes, há estabilizadores de espuma, branqueadores e introdutores de brilho. Um estabilizador de espuma comum adicionado aos sa-

444 ■ Introdução à química orgânica

bões líquidos, mas não aos detergentes de lavar roupa (por razões óbvias: imagine uma máquina de lavar roupa carregada, espumando pela tampa!), é a amida preparada a partir do ácido dodecanoico (ácido láurico) e 2-aminoetanol (etanolamina). O branqueador mais comum é o perborato tetraidrato de sódio, que se decompõe em temperaturas maiores que 50 °C, formando peróxido de hidrogênio (água oxigenada), que, na verdade, é o agente branqueador.

$$CH_3(CH_2)_{10}\overset{\overset{\text{O}}{\|}}{C}NHCH_2CH_2OH \qquad\qquad O{=}B{-}O{-}O^- \, Na^+ \, \bullet \, 4H_2O$$

N-(2-hidroxietil) dodecanamida
(um estabilizador de espuma)

Perborato tetraidrato de sódio
(um branqueador)

Aos detergentes de lavar roupa, também são adicionados introdutores de brilho (alvejantes ópticos). Essas substâncias são incorporadas nos tecidos e, após absorção de luz ambiente, emitem luz fluorescente azul, mascarando a cor amarela que é desenvolvida pelos tecidos à medida que eles envelhecem. Os alvejantes ópticos produzem uma aparência de "mais branco que branco". Você certamente já deve ter observado o brilho de camisetas ou blusas brancas quando elas são expostas à luz negra (radiação UV).

18.5 Quais são as reações características dos ácidos carboxílicos?

A. Acidez

Os ácidos carboxílicos são ácidos fracos. Para a maioria dos ácidos carboxílicos alifáticos e aromáticos não substituídos, os valores de K_a estão situados na faixa de 10^{-4} a 10^{-5} ($pK_a = 4,0 - 5,0$). O valor de K_a para o ácido acético, por exemplo, é $1,74 \times 10^{-5}$, e seu pK_a é 4,76 (Seção 8.5).

$$CH_3\overset{\overset{\text{O}}{\|}}{C}OH + H_2O \rightleftharpoons CH_3\overset{\overset{\text{O}}{\|}}{C}O^- + H_3O^+ \qquad K_a = \frac{[CH_3COO^-][H_3O^+]}{[CH_3COOH]} = 1,74 \times 10^{-5}$$

$$pK_a = 4,76$$

O ácido dicloroacético é usado como um adstringente tópico e como um tratamento para verrugas genitais masculinas.

Os dentistas usam uma solução aquosa a 50% de ácido tricloroacético para cauterizar gengivas. Esse ácido forte cessa o sangramento, mata o tecido doente e permite o crescimento do tecido saudável da gengiva.

Substituintes altamente eletronegativos (especialmente —OH, —Cl e —NH$_3^+$) próximos ao grupo carboxílico aumentam frequentemente a acidez dos ácidos carboxílicos em várias ordens de magnitude. Compare, por exemplo, a acidez do ácido acético e dos ácidos acéticos substituídos com cloro. Tanto o ácido dicloroacético como o tricloroacético são ácidos mais fortes que o ácido acético (pK_a 4,75) e H_3PO_4 (pK_a 2,12).

Fórmula:	CH_3COOH	$ClCH_2COOH$	$Cl_2CHCOOH$	Cl_3CCOOH
Nome:	Ácido acético	Ácido cloroacético	Ácido dicloroacético	Ácido tricloroacético
pK_a:	4,76	2,86	1,48	0,70

→ Aumento da força ácida

Átomos eletronegativos no carbono adjacente ao grupo carboxílico aumentam a acidez porque eles atraem densidade eletrônica da ligação O—H e, portanto, facilitam a ionização do grupo carboxila, tornando-o um ácido mais forte.

Uma consideração final sobre os ácidos carboxílicos: quando um ácido carboxílico é dissolvido em solução aquosa, a forma em que ele se encontra depende do pH dessa solução. Considere um ácido carboxílico típico que apresenta valores de pK_a na faixa de 4,0 a 5,0. Quando o pH da solução é igual ao pK_a do ácido carboxílico (isto é, quando o pH da solução se encontra na faixa de 4,0 a 5,0), o ácido, RCOOH, e sua base conjugada,

RCOO⁻, estão presentes em concentrações iguais, o que pode ser demonstrado pela utilização da equação de Henderson-Hasselbach (Seção 8.11).

$$pH = pK_a + \log \frac{[A^-]}{[HA]} \quad \text{Equação de Henderson-Hasselbach}$$

Considere a ionização de um ácido fraco, HA, em solução aquosa. Quando o pH da solução é igual ao pK_a do ácido carboxílico, a equação de Henderson-Hasselbach se reduz a

$$\log \frac{[A^-]}{[HA]} = 0$$

A razão entre $[A^-]$ e $[HA]$ é obtida aplicando o antilog, e o resultado nos mostra que as concentrações das duas espécies são iguais.

$$\frac{[A^-]}{[HA]} = 1$$

Se o pH é ajustado a 2,0 ou a um pH mais baixo pela adição de um ácido forte, o ácido carboxílico está então presente em solução quase que inteiramente como a espécie RCOOH. Se o pH é ajustado a 7,0 ou a um valor maior, o ácido carboxílico está presente quase que inteiramente como seu ânion. Portanto, mesmo em uma solução neutra (pH 7,0), um ácido carboxílico está presente predominantemente na forma de seu ânion.

B. Reações com bases

Todos os ácidos carboxílicos, tanto os solúveis como os insolúveis em água, reagem com NaOH, KOH e outras bases fortes para formar sais aquossolúveis.

Benzoato de sódio, um inibidor do crescimento de fungos, é frequentemente adicionado aos produtos que usam fermento (pães, bolos etc.) para retardar o processo de deterioração. Propanoato de cálcio é usado para o mesmo propósito. Os ácidos carboxílicos também formam sais solúveis em água com amônia e aminas.

Ácidos carboxílicos reagem com bicarbonato de sódio e carbonato de sódio para formar sais de sódio aquossolúveis e ácido carbônico (um ácido fraco). O ácido carbônico, por sua vez, se decompõe em água e dióxido de carbono, que se desprende como gás (Seção 8.6E).

$$CH_3COOH(aq) + NaHCO_3(aq) \longrightarrow CH_3COO^-Na^+(aq) + CO_2(g) + H_2O(l)$$

Os sais dos ácidos carboxílicos são nomeados da mesma maneira que os sais dos ácidos inorgânicos: o ânion é nomeado primeiro e então o cátion. O nome do ânion é derivado do nome do ácido carboxílico substituindo o sufixo *-ico* por *-ato*.

Exemplo 18.2 — Acidez dos ácidos carboxílicos

Complete cada reação ácido-base e nomeie o sal do carboxilato formado.

(a) CH₃CH₂CH₂COOH + NaOH ⟶

(b) CH₃CH(OH)COOH + NaHCO₃ ⟶
 (s)-ácido lático

Estratégia e solução

Cada ácido carboxílico é convertido em seu sal de sódio. Em (b), o ácido carbônico é formado e decomposto em dióxido de carbono e água.

(a) CH₃CH₂CH₂COOH + NaOH ⟶ CH₃CH₂CH₂COO⁻ Na⁺ + H₂O
 Ácido butanoico   Benzoato de sódio

(b) CH₃CH(OH)COOH + NaHCO₃ ⟶ CH₃CH(OH)COO⁻ Na⁺ + H₂O + CO₂
 (s)-ácido lático   (s)-lactato de sódio

Problema 18.2

Escreva as equações para as reações de cada ácido no Exemplo 18.2 com amônia e nomeie os sais dos carboxilatos formados.

Uma consequência da solubilidade dos sais dos ácidos carboxílicos em água é que os ácidos carboxílicos insolúveis em água podem ser convertidos em sais aquossolúveis de amônio ou metais alcalinos e então extraídos da solução aquosa. Os sais, por sua vez, podem ser transformados novamente nos respectivos ácidos carboxílicos pelo tratamento com HCl, H₂SO₄ ou outro ácido forte. Essas reações permitem uma separação fácil dos ácidos carboxílicos insolúveis em água dos compostos insolúveis em água que não são ácidos.

Na Figura 18.4, é mostrado um fluxograma da separação do ácido benzoico, um ácido carboxílico insolúvel em água, do álcool benzílico, um composto não ácido.

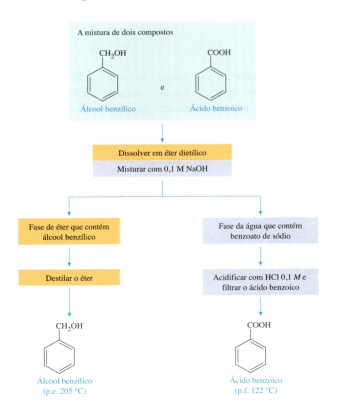

FIGURA 18.4 Fluxograma da separação do ácido benzoico de álcool benzílico.

Inicialmente, a mistura de ácido benzoico e álcool benzílico é dissolvida em éter dietílico. Quando a solução de éter é agitada com NaOH aquoso ou outra base forte, o ácido benzoico é convertido no seu sal de sódio solúvel em água. Então, o éter e a fase aquosa são separados. A solução de éter é destilada, resultando primeiro no éter dietílico (p.e. 35 °C) e então no álcool benzílico (p.e. 205 °C). A solução aquosa é acidificada com HCl, e o ácido benzoico precipita como um sólido cristalino branco (p.f. 122 °C), o qual é recuperado por filtração.

C. Redução

O grupo carboxila é um dos grupos orgânicos funcionais mais resistentes à redução. Ele não é afetado pela redução catalítica sob condições que prontamente reduzem alcenos aos alcanos (Seção 12.6D) ou por boroidreto de sódio ($NaBH_4$), o qual prontamente reduz aldeídos aos alcoóis primários e cetonas aos alcoóis secundários (Seção 17.4B).

O reagente mais comum para a redução de um ácido carboxílico ao álcool primário é o hidreto de lítio e alumínio, $LiAlH_4$, um agente redutor muito forte. A redução de um grupo carboxila com esse reagente é normalmente realizada em éter dietílico. O produto inicial é um alcóxido de alumínio, que é então tratado com água para resultar no álcool primário, lítio e hidróxidos de alumínio. Esses dois hidróxidos são insolúveis em éter dietílico e removidos por filtração. A evaporação do solvente éter permite a recuperação do álcool primário.

Ácido 3-ciclopenteno-
-carboxílico

4-Hidroximetil-
-ciclopenteno

D. Esterificação de Fisher

O tratamento de um ácido carboxílico com um álcool na presença de um catalisador ácido, de forma mais geral, ácido sulfúrico concentrado, resulta na formação de um **éster**. Esse método de obter um éster recebe o nome especial de **esterificação de Fisher**, em homenagem ao químico alemão Emil Fisher (1852-1919). Um exemplo da esterificação de Fisher é o tratamento de ácido acético com etanol na presença de ácido sulfúrico concentrado, resultando em acetato de etila e água:

Éster Um composto no qual o —OH do grupo carboxila, RCOOH, é substituído por um grupo alcóxi ou arilóxi.

Esterificação de Fisher
O processo de formação de um éster pelo refluxo de um ácido carboxílico e um álcool em presença de um catalisador ácido, geralmente o ácido sulfúrico.

No Capítulo 19, vamos estudar em detalhe a estrutura, a nomenclatura e as reações dos ésteres. Neste capítulo, abordamos somente a sua preparação a partir dos ácidos carboxílicos.

No processo da esterificação de Fisher, o álcool se adiciona ao grupo carbonila do ácido carboxílico para formar um intermediário tetraédrico de adição na carbonila. Observe como essa etapa se assemelha à adição de um álcool ao grupo carbonila de um aldeído ou uma cetona para formar um hemiacetal (Seção 17.4C). No caso da esterificação de Fisher, o intermediário perde uma molécula de água para originar o éster.

Um intermediário tetraédrico
de adição na carbonila

448 ■ Introdução à química orgânica

A esterificação catalisada por ácido é reversível e, no equilíbrio, as quantidades remanescentes dos ácidos carboxílicos e alcoóis são geralmente consideráveis. Pelo controle das condições experimentais, entretanto, podemos usar a esterificação de Fisher para preparar ésteres com altos rendimentos. Caso o álcool seja barato se comparado com o ácido carboxílico, podemos usar um grande excesso do álcool (um dos reagentes de partida) para direcionar o equilíbrio para a direita e conseguir uma alta conversão do ácido carboxílico no respectivo éster. Alternativamente, podemos remover água (um dos produtos de reação) à medida que ela se forma na reação e direcionar o equilíbrio para a direita (rever o princípio de Le Chatelier, Seção 7.7).

Conexões químicas 18B

Ésteres como agentes de sabor

Os agentes de sabor são a maior classe de aditivos alimentares. Até agora, mais de 1.000 sabores sintéticos e naturais estão disponíveis. A maioria deles é encontrada na forma de concentrados ou extratos do material cujo sabor é desejado; frequentemente eles são misturas complexas de dezenas a centenas de compostos. Os agentes de sabor também são sintetizados industrialmente. Muitos apresentam sabores muito próximos do sabor que se quer alcançar. Um ou alguns poucos agentes de sabor sintéticos são suficientes para deixar sorvetes, refrigerantes ou doces com um gosto natural. A tabela mostra as estruturas de apenas alguns ésteres usados como agentes de sabor.

Estrutura	Nome	Sabor
H–C(=O)–OEt	Formato de etila	Rum
CH₃–C(=O)–O–CH₂CH₂CH(CH₃)₂	Acetato de isopentila	Banana
CH₃–C(=O)–O–(CH₂)₇CH₃	Acetato de octila	Laranja
CH₃CH₂CH₂–C(=O)–OMe	Butanoato de metila	Maçã
CH₃CH₂CH₂–C(=O)–OEt	Butanoato de etila	Abacaxi
2-NH₂–C₆H₄–C(=O)–OMe	2-aminobenzoato de metila (Antranilato de metila)	Uva

Exemplo 18.3 Esterificação de Fisher

Complete estas reações de esterificação de Fisher (assuma um excesso do álcool). A estequiometria de cada reação é indicada no problema.

(a) C₆H₅–COH(=O) + CH₃OH $\rightleftharpoons^{H^+}$

Ácido benzoico

(b) HO(O=)C–CH₂CH₂–C(=O)OH + 2 EtOH $\rightleftharpoons^{H^+}$

Ácido butanodioico (Ácido succínico)   (excesso)

Estratégia e solução

A substituição do grupo —OH do ácido carboxílico pelo grupo —OR do álcool resulta no éster. Aqui são mostrados as fórmulas estruturais e os nomes dos ésteres produzidos em cada reação.

(a)

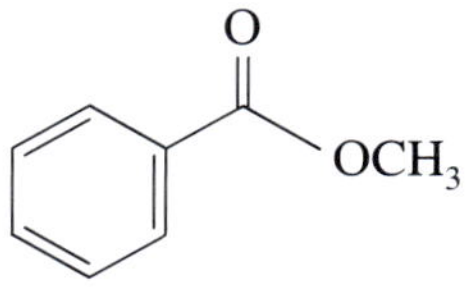

Benzoato de metila

(b)

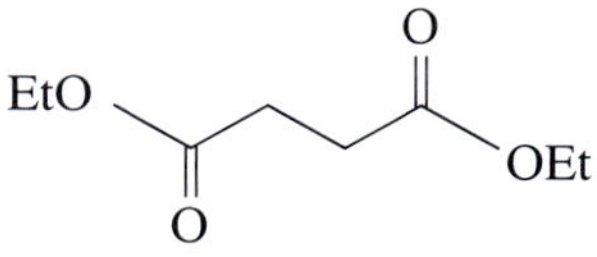

Butanodioato de dietila
(Succinato de dietila)

Problema 18.3

Complete as reações de esterificação de Fisher.

(a)

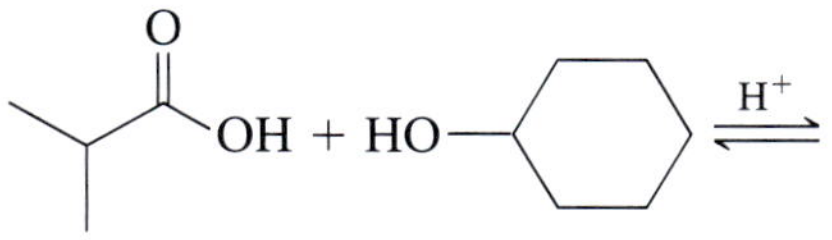

(b) HO⟍⟍⟍⟍⟍OH $\overset{H^+}{\rightleftharpoons}$ (um éster cíclico)

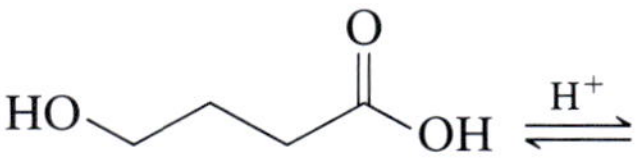

E. Descarboxilação

A **descarboxilação** é a perda de CO_2 do grupo carboxila. Quase todos os ácidos carboxílicos, quando aquecidos a uma temperatura muito alta, sofrem uma descarboxilação térmica:

$$\text{RCOH} \xrightarrow[\text{alta temperatura}]{\text{descarboxilação}} \text{RH} + CO_2$$

A maioria dos ácidos carboxílicos, entretanto, é muito resistente ao aquecimento moderado e funde ou mesmo ferve (temperatura de ebulição) sem que ocorra a descarboxilação. Exceções são os ácidos carboxílicos que têm a sua carbonila na posição β em relação ao grupo carboxila. Esse tipo de ácido carboxílico apresenta descarboxilação muito prontamente em condições de aquecimento brandas. Por exemplo, quando o ácido 3-oxobutanoico (ácido acetoacético) é aquecido moderadamente, ele sofre descarboxilação para gerar acetona e dióxido de carbono:

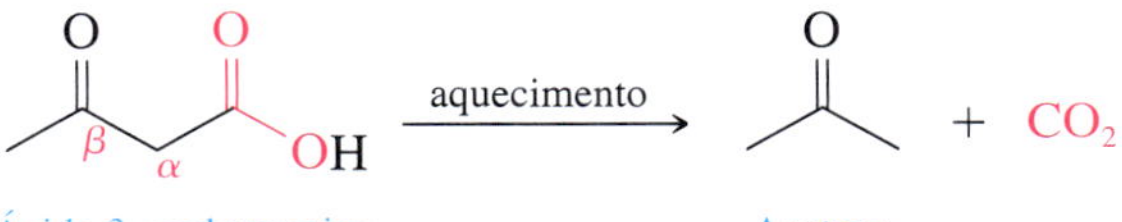

Ácido 3-oxobutanoico
(Ácido acetoacético)
(um β-cetoácido)

Acetona

A descarboxilação sob aquecimento moderado é exclusiva para os β-cetoácidos e não é observada para outras classes de cetoácidos.

Mecanismo: Descarboxilação de um β-cetoácido

Etapa 1: Redistribuição de seis elétrons em um estado de transição de seis membros cíclicos, resultando em um dióxido de carbono e um enol:

Etapa 2: O tautomerismo cetoenólico (Seção 17.5) do enol resulta na forma cetônica mais estável do produto:

No mundo biológico, um exemplo importante da descarboxilação de um β-cetoácido ocorre durante a oxidação de alimentos no ciclo do ácido tricarboxílico (CAT) (Capítulo 28). O ácido oxalossuccínico, um dos intermediários nesse ciclo, sofre descarboxilação espontânea para produzir ácido α-cetoglutárico. Somente um dos três grupos carboxila do ácido oxalossuccínico tem um grupo na posição β, e esse grupo carboxila é perdido na forma de CO_2:

Conexões químicas 18C

Corpos cetônicos e diabetes

O ácido 3-oxobutanoico (ácido acetoacético) e seu produto de redução, o ácido 3-hidroxibutanoico, são sintetizados no fígado a partir de acetilCoA (Seção 28.5), um produto do metabolismo dos ácidos graxos e um aminoácido,

Ácido 3-oxobutanoico
(Ácido acetoacético)

Ácido 3-hidroxibutanoico
(Ácido β-hidroxibutírico)

Os ácidos 3-oxobutanoico e 3-hidroxibutanoico são conhecidos coletivamente como corpos cetônicos.

A concentração das corpos cetônicos no sangue de uma pessoa saudável e bem alimentada é de aproximadamente 0,01 mM/L. Entretanto, em pessoas desnutridas ou com diabetes, a concentração das corpos cetônicos pode aumentar até 500 vezes o nível normal. Nessas condições, a concentração do ácido acetoacético aumenta até o ponto em que ele sofre descarboxilação espontânea, formando acetona e dióxido de carbono. A acetona não é metabolizada pelos humanos e é excretada através dos rins e pulmões. O odor de acetona é o responsável pelo "cheiro adocicado" que ocorre na respiração de vários pacientes com diabetes.

Somente esta carboxila tem um grupo C=O na posição β

Ácido oxalossuccínico

Ácido α-cetoglutárico

Ácidos carboxílicos ■ 251

Note que a descarboxilação térmica é uma reação exclusiva dos β-cetoácidos, ela não ocorre com α-cetoácidos. Nos capítulos de bioquímica deste livro, entretanto, veremos exemplos de descarboxilação de α-cetoácidos, como a descarboxilação de α-cetoglutarato. Como a descarboxilação de α-cetoácidos requer um agente oxidante (NAD$^+$), essa reação é chamada descarboxilação oxidativa.

Resumo das questões-chave

Seção 18.1 O que são ácidos carboxílicos?

- O grupo funcional de um **ácido carboxílico** é o **grupo carboxila**, —COOH.

Seção 18.2 Qual é a nomenclatura dos ácidos carboxílicos?

- Os nomes Iupac dos ácidos carboxílicos são derivados do nome da cadeia carbônica mais longa que contém o grupo carboxila. O nome é antecedido por *ácido* e o *-o* final da cadeia principal do alcano é substituído por *-oico*.
- Os ácidos dicarboxílicos são nomeados como *ácidos dioicos*.
- Os nomes comuns de vários ácidos carboxílicos e dicarboxílicos são ainda amplamente utilizados.

Seção 18.3 Quais são as propriedades físicas dos ácidos carboxílicos?

- Ácidos carboxílicos são compostos polares. Consequentemente, eles apresentam altos pontos de ebulição e são mais solúveis em água que alcoóis, aldeídos, cetonas e éteres de comparável massa molecular.

Seção 18.4 O que são sabões e detergentes?

- Ácidos graxos são ácidos carboxílicos de cadeia longa não ramificada. Eles podem ser saturados ou insaturados.
- Um **triglicéride** é um triéster do glicerol.
- Uma **micela** é um arranjo esférico de moléculas em meio aquoso que é organizado da seguinte forma: as partes hidrofóbicas estão no interior do arranjo esférico, e as partes hidrofílicas, na superfície.

Seção 18.5 Quais são as reações características dos ácidos carboxílicos?

- Os ácidos carboxílicos são ácidos fracos que reagem com bases fortes para formar sais solúveis em água.
- O tratamento de um ácido carboxílico com um álcool na presença de um catalisador ácido resulta em um éster.
- Quando expostos a temperaturas muito altas, os ácidos carboxílicos podem sofrer descarboxilação.

Resumo das reações fundamentais

1. **Acidez dos ácidos carboxílicos (Seção 18.5A)** Valores de pK_a para a maioria dos ácidos carboxílicos não substituídos se situam no intervalo de 4 a 5.

$$CH_3COH + H_2O \rightleftharpoons CH_3CO^- + H_3O^+$$

$$K_a = \frac{[CH_3COO^-][H_3O^+]}{[CH_3COOH]} = 1,74 \times 10^{-5}$$

$$pK_a = 4,76$$

2. **Reações dos ácidos carboxílicos com bases (Seção 18.5B)** Todos os ácidos carboxílicos, tanto os solúveis como os insolúveis em água, reagem com hidróxidos dos metais alcalinos, carbonatos, bicarbonatos, amônia e aminas para formar sais aquossolúveis.

Ácido benzoico
(moderadamente solúvel em água)

$$\rightarrow \text{ } \langle \text{C}_6\text{H}_5 \rangle -COO^-Na^+ + H_2O$$

Benzoato de sódio
(60 g/100 mL de água)

$$CH_3COOH + NaHCO_3 \longrightarrow$$

$$CH_3COO^-Na^+ + CO_2 + H_2O$$

3. **Redução por hidreto de alumínio e lítio (Seção 18.5C)** Hidreto de alumínio e lítio reduz o grupo carboxila a um álcool primário. Esse reagente normalmente não reduz as duplas ligações carbono-carbono, mas reduz aldeídos aos alcoóis primários e cetonas aos alcoóis secundários.

Ácido 3-ciclopenteno-
-carboxílico

$$\xrightarrow[\text{2. } H_2O]{\text{1. } LiAlH_4, \text{ éter}}$$

4-Hidroximetil-
-ciclopenteno

$$-CH_2OH + LiOH + Al(OH)_3$$

452 ■ Introdução à química orgânica

4. Esterificação de Fisher (Seção 18.5D) A esterificação de Fisher é reversível.

$$CH_3COH + CH_3CH_2OH \xrightleftharpoons{H_2SO_4}$$

Ácido etanoico (Ácido acético) Etanol (Álcool etílico)

$$\rightleftharpoons CH_3COCH_2CH_3 + H_2O$$

Etanoato de etila (Acetato de etila)

Uma maneira de forçar o equilíbrio para a direita é usar um excesso de álcool. Alternativamente, a água pode ser retirada da mistura de reação à medida que é formada.

5. Descarboxilação (Seção 18.5E) A descarboxilação térmica é uma propriedade exclusiva dos β-cetoácidos. Os produtos da descarboxilação térmica dos β-cetoácidos são o dióxido de carbono e um enol. A perda de CO_2 é seguida imediatamente pelo tautomerismo cetoenólico.

$$\xrightarrow{aquecimento} + CO_2$$

Ácido 3-oxobutanoico (Ácido acetoacético) (um β-cetoácido)   Acetona

---

Problemas

Para a preparação de ácidos carboxílicos, revise os Capítulos 14 e 17.

Seção 18.2 Qual é a nomenclatura dos ácidos carboxílicos?

18.4 Nomeie e desenhe as fórmulas estruturais para os quatro ácidos carboxílicos de fórmula $C_5H_{10}O_2$. Quais desses ácidos carboxílicos são quirais?

18.5 Escreva o nome Iupac para cada ácido carboxílico.

(a) (b) (c)

18.6 Escreva o nome Iupac para cada ácido carboxílico.

(a) HOOC (b)

(c) CCl_3COOH

18.7 Desenhe a fórmula estrutural para cada ácido carboxílico.
(a) Ácido 4-nitrofenilacético
(b) Ácido 4-aminobutanoico
(c) Ácido 4-fenilbutanoico
(d) Ácido *cis*-3-hexenodioico

18.8 Desenhe a fórmula estrutural para cada ácido carboxílico.
(a) Ácido 2-aminopropanoico
(b) Ácido 3,5-dinitrobenzoico
(c) Ácido dicloroacético
(d) Ácido *o*-aminobenzoico

18.9 Desenhe a fórmula estrutural para cada sal.
(a) Benzoato de sódio
(b) Acetato de lítio
(c) Acetato de amônio
(d) Adipato disódico
(e) Salicilato de sódio
(f) Butanoato de cálcio

18.10 Oxalato de cálcio é o principal componente dos cálculos renais (pedras dos rins). Desenhe a fórmula estrutural para esse composto.

18.11 O sal monopotássico do ácido oxálico está presente em certos vegetais, incluindo o ruibarbo. Tanto o ácido oxálico como os seus sais são venenosos em altas concentrações. Desenhe a fórmula estrutural para o oxalato monopotássico.

Seção 18.3 Quais são as propriedades físicas dos ácidos carboxílicos?

18.12 Indique se a afirmação é verdadeira ou falsa.
(a) Ácidos carboxílicos são compostos polares.
(b) A ligação mais polar do grupo carboxila é a ligação simples C—O.
(c) Ácidos carboxílicos têm pontos de ebulição significativamente mais altos que aldeídos, cetonas e alcoóis de comparável massa molecular.
(d) Ácidos carboxílicos de baixa massa molecular (ácidos fórmico, acético, propanoico e butanoico) são infinitamente solúveis em água.

18.13 Desenhe a fórmula estrutural do dímero formado quando duas moléculas de ácido fórmico interagem através de ligações de hidrogênio.

18.14 O ácido propanodioico (malônico) forma uma ligação de hidrogênio interna na qual o H de um grupo COOH forma uma ligação de hidrogênio com um O de outro grupo COOH. Desenhe a fórmula estrutural para mostrar essa ligação de hidrogênio interna. (Existem duas respostas possíveis.)

18.15 O ácido hexanoico (caproico) tem solubilidade em água de 1 g/100 mL de água. Qual parte da molécula contribui e qual dificulta respectivamente a solubilidade em água dessa molécula?

Ácidos carboxílicos ■ 453

18.16 O ácido propanoico e acetato de metila são isômeros constitucionais, sendo ambos líquidos em temperatura ambiente. Um desses compostos tem ponto de ebulição de 141 °C e o outro de 57 °C. Correlacione cada composto com os pontos de ebulição fornecidos. Explique.

$$CH_3—CH_2—\overset{\overset{\textstyle O}{\|}}{C}—OH \qquad CH_3—\overset{\overset{\textstyle O}{\|}}{C}—OCH_3$$

Ácido propanoico   Acetato de metila

18.17 Os seguintes compostos têm aproximadamente a mesma massa molecular: ácido hexanoico, heptanal e 1-heptanol. Arranje esses compostos em ordem crescente de seus pontos de ebulição.

18.18 Os seguintes compostos têm aproximadamente a mesma massa molecular: ácido propanoico, 1-butanol e éter dietílico. Arranje esses compostos em ordem crescente de seus pontos de ebulição.

18.19 Arranje estes compostos em ordem crescente de solubilidade em água: ácido acético, ácido pentanoico e ácido decanoico.

Seção 18.4 O que são sabões e detergentes?

18.20 Indique se a afirmação é verdadeira ou falsa.
(a) Ácidos graxos são ácidos carboxílicos de cadeia longa, e a maioria é composta de 12 a 20 átomos de carbono em uma cadeia não ramificada.
(b) Um ácido graxo insaturado contém uma ou mais ligações duplas carbono-carbono na sua cadeia hidrocarbônica.
(c) Na maioria dos ácidos graxos insaturados encontrados em gorduras animais, óleos vegetais e membranas biológicas, o isômero cis é predominante.
(d) De forma geral, ácidos graxos insaturados apresentam menores pontos de fusão que os ácidos graxos saturados com o mesmo número de átomos de carbono.
(e) Os sabões naturais são os sais de sódio ou potássio dos ácidos graxos.
(f) Os sabões removem graxa, óleo e manchas de gordura pela incorporação dessas substâncias no interior apolar das micelas de sabão.
(g) "Água dura", por definição, é a água que contém íons Ca^{2+}, Mg^{2+} ou Fe^{3+}; todos eles reagem com as moléculas de sabão para formar sais insolúveis em água.
(h) A estrutura dos detergentes sintéticos é baseada na dos sabões naturais.
(i) Os detergentes sintéticos mais amplamente utilizados são os alquilbenzenossulfonatos de cadeia linear (ASL).
(j) Os detergentes sintéticos atuais não formam sais insolúveis em água dura.
(k) A maioria das formulações de detergentes contém estabilizantes de espuma, um branqueador e introdutores de brilho (alvejantes ópticos).

Seção 18.5 Quais são as reações características dos ácidos carboxílicos?

18.21 Indique se a afirmação é verdadeira ou falsa.
(a) Ácidos carboxílicos são ácidos fracos comparados com ácidos minerais, como HCl, H_2SO_4 e HNO_3.
(b) Fenóis, alcoóis e ácidos carboxílicos têm em comum a presença de um grupo —OH.
(c) Ácidos carboxílicos são ácidos mais fortes que alcoóis, porém mais fracos do que os fenóis.
(d) A ordem de acidez dos seguintes ácidos carboxílicos é:

(e) A reação de ácido benzoico com hidróxido de sódio aquoso origina benzoato de sódio.
(f) A mistura dos seguintes compostos é extraída na sequência com (1) 1 M HCl, (2) 1 M NaOH e (3) éter dietílico. Somente o composto II é extraído na camada (fase) básica.

(g) O éster indicado a seguir pode ser preparado pelo tratamento de ácido benzoico com 1-butanol na presença de quantidades catalíticas de H_2SO_4:

(h) A descarboxilação térmica deste β-cetoácido resulta em ácido benzoico e dióxido de carbono:

(i) A descarboxilação térmica deste β-cetoácido resulta em ácido 2-pentanona e dióxido de carbono:

$$CH_3CH_2CH_2\overset{\overset{\textstyle O}{\|}}{C}CH_2\overset{\overset{\textstyle O}{\|}}{C}OH$$

454 ■ Introdução à química orgânica

18.22 Alcoóis, fenóis e ácidos carboxílicos contêm o grupo —OH. Qual deles é o ácido mais forte? Qual é o ácido mais fraco?

18.23 Arranje estes compostos em ordem crescente de acidez: ácido benzoico, álcool benzílico e fenol.

18.24 Complete as equações para estas reações ácido-base:

(a) $\langle\text{C}_6\text{H}_5\rangle$—$CH_2COOH + NaOH \longrightarrow$

(b) $\diagdown\diagup\diagdown COOH + NaHCO_3 \longrightarrow$

(c) benzeno com COOH e OCH₃ $+ NaHCO_3 \longrightarrow$

(d) $\underset{\underset{OH}{|}}{CH_3CHCOOH} + H_2NCH_2CH_2OH \longrightarrow$

(e) $\diagdown\diagup\diagdown COO^-Na^+ + HCl \longrightarrow$

18.25 Complete as equações para estas reações ácido-base:

(a) benzeno com OH e CH₃ $+ NaOH \longrightarrow$

(b) benzeno com COO⁻Na⁺ e OH $+ HCl \longrightarrow$

(c) benzeno com COOH e OCH₃ $+ H_2NCH_2CH_2OH \longrightarrow$

(d) ciclohexano—$COOH + NaHCO_3 \longrightarrow$

18.26 O ácido fórmico é um dos componentes responsáveis pela dor causada pela picada das formigas e é injetado sob a pele também por abelhas e vespas. A dor pode ser aliviada pela aplicação de uma pasta de bicarbonato de sódio ($NaHCO_3$) e água que neutraliza o ácido. Escreva a equação dessa reação.

18.27 Começando com a definição de K_a de um ácido fraco, HA, como
$$HA + H_2O \rightleftharpoons A^- + H_3O^+ \quad K_a = \frac{[A^-][H_3O^+]}{[HA]}$$
mostre que
$$\frac{[A^-]}{[HA]} = \frac{K_a}{[H_3O^+]}$$

18.28 Usando a equação do Problema 18.27 que mostra a relação entre K_a, $[H_3O^+]$, $[A^-]$ e $[HA]$, calcule a razão entre $[A^-]$ e $[HA]$ em solução cujo pH é
(a) 2,0   (b) 5,0
(c) 7,0   (d) 9,0

(e) 11,0
Assuma que o pK_a do ácido fraco é 5,0.

18.29 O intervalo de pH do plasma sanguíneo é de 7,35 a 7,45. Nessas condições, o grupo carboxila do ácido lático (pK_a 4,07) pode existir na forma de carboxila ou do ânion carboxilato? Explique.

18.30 O pK_a do ácido ascórbico ("Conexões químicas 20B") é 4,10. O ácido ascórbico dissolvido no plasma sanguíneo, pH 7,35-7,45, pode existir essencialmente como ácido ascórbico ou como ânion ascorbato? Explique.

18.31 Complete as equações para as seguintes reações ácido-base. Assuma um mol de NaOH por mol de aminoácido. (*Sugestão*: Reveja a Seção 8.4)

(a) $\underset{\underset{NH_3^+}{|}}{CH_3CHCOOH} + NaOH \xrightarrow{H_2O}$

(b) $\underset{\underset{NH_3^+}{|}}{CH_3CHCOO^-Na^+} + NaOH \xrightarrow{H_2O}$

18.32 Qual é a base mais forte: $CH_3CH_2NH_2$ ou $CH_3CH_2COO^-$? Explique.

18.33 Complete as equações para as seguintes reações ácido-base. Assuma um mol de HCl por mol de aminoácido.

(a) $\underset{\underset{NH_2}{|}}{CH_3CHCOO^-Na^+} + HCl \xrightarrow{H_2O}$

(b) $\underset{\underset{NH_3^+}{|}}{CH_3CHCOO^-Na^+} + HCl \xrightarrow{H_2O}$

18.34 Defina e dê um exemplo da esterificação de Fisher.

18.35 Complete estas equações que representam esterificações de Fisher. Em cada caso, assuma um excesso do álcool.

(a) $CH_3COOH + HO\diagdown\diagup\diagdown \rightleftharpoons^{H^+}$

(b) $CH_3COOH + HO$—ciclohexano $\rightleftharpoons^{H^+}$

(c) benzeno com COOH e COOH $+ CH_3CH_2OH \rightleftharpoons^{H^+}$

18.36 De que ácido carboxílico e de que álcool cada um dos ésteres apresentados a seguir é obtido?

(a) $CH_3\overset{\overset{O}{\|}}{C}O$—ciclohexano—$O\overset{\overset{O}{\|}}{C}CH_3$

(b) ciclohexano—$\overset{\overset{O}{\|}}{C}OCH_3$

Ácidos carboxílicos ▪ 455

(c) $CH_3OCCH_2CH_2COCH_3$ (with two C=O groups)

(d) 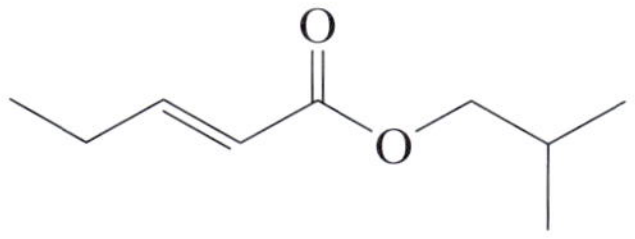 (structure: pent-2-enoate de isobutila)

18.37 O 2-hidroxibenzoato de metila (salicilato de metila) tem o odor do óleo de gaultéria. Esse composto é preparado pela esterificação de Fisher do ácido 2-hidroxibenzoico (ácido salicílico) com metanol. Desenhe a fórmula estrutural para o 2-hidroxibenzoato de metila.

18.38 Mostre como você poderia converter ácido cinâmico em cada um dos seguintes compostos.

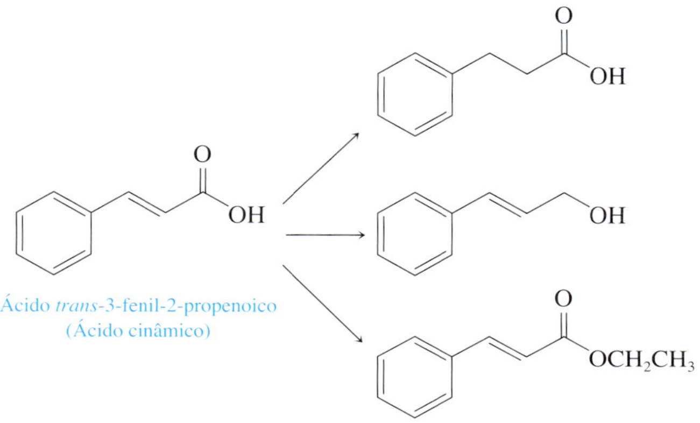

Ácido *trans*-3-fenil-2-propenoico
(Ácido cinâmico)

4-Aminobenzoato de metila
(Metilparabeno)

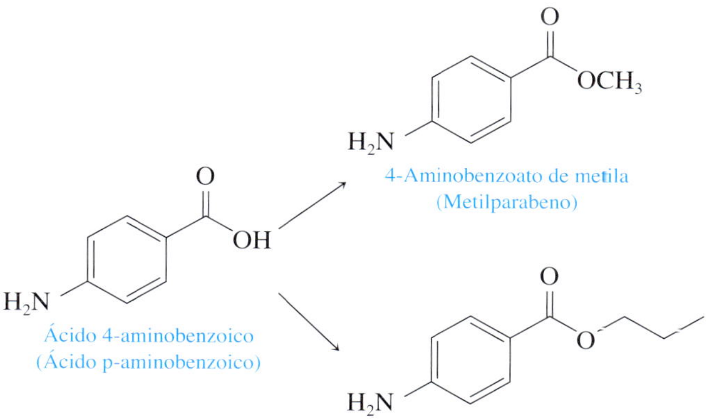

Ácido 4-aminobenzoico
(Ácido p-aminobenzoico)

4-Aminobenzoato de propila
(Propilparabeno)

Mostre qual desses conservantes pode ser preparado usando o ácido 4-aminobenzoico.

18.41 O ácido 4-aminobenzoico é preparado a partir do ácido benzoico, segundo as seguintes etapas.

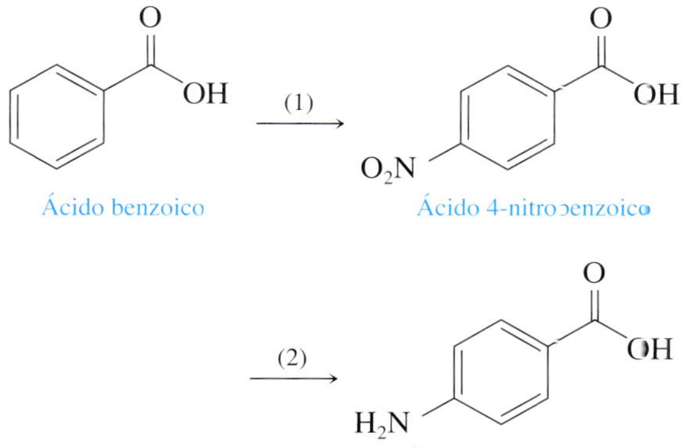

Ácido benzoico

(1)

Ácido 4-nitrobenzoico

(2)

Ácido 4-aminobenzoico

Mostre os reagentes e as condições experimentais para realizar cada etapa.

Antecipando

18.42 Quando o ácido 5-hidroxipentanoico é tratado com um catalisador ácido, ele forma uma lactona (um éster cíclico). Desenhe a fórmula estrutural dessa lactona.

18.43 Vimos que os ésteres podem ser preparados pelo tratamento de um ácido carboxílico e um álcool na presença de um catalisador. Suponha que você inicie com um

Problemas adicionais

18.39 Escreva o produto orgânico esperado quando o ácido fenilacético, $C_6H_5CH_2COOH$, é tratado com cada um dos seguintes reagentes.
(a) $NaHCO_3$, H_2O
(b) $NaOH$, H_2O
(c) NH_3, H_2O
(d) $LiAlH_4$ e então H_2O
(e) $NaBH_4$ e então H_2O
(f) $CH_3OH + H_2SO_4$ (catalisador)
(g) H_2/Ni

18.40 Metilparabeno e propilparabeno são usados como conservantes em alimentos, bebidas e cosméticos.

ácido dicarboxílico, tal como o ácido 1,6-hexanodioico (ácido adípico), e um diol, tal como o 1,2-etanodiol (etileno glicol).

$$HO-\overset{\overset{\displaystyle O}{\|}}{C}CH_2CH_2CH_2CH_2\overset{\overset{\displaystyle O}{\|}}{C}OH \ +$$

Ácido 1,6-hexanodioico
(Ácido adípico)

$$+ \ HOCH_2CH_2OH \longrightarrow \text{um poliéster}$$

1,2-etanodiol
(Etileno glicol)

Nesse caso, mostre como a esterificação de Fisher pode produzir um polímero (uma macromolécula com massa molecular milhares de vezes maior que a dos materiais de partida).

18.44 Desenhe as fórmulas estruturais de um composto, cu-

jas fórmulas moleculares são apresentadas, que, sob oxidação por dicromato de potássio em ácido sulfúrico aquoso, origina os ácidos carboxílicos ou dicarboxílicos mostrados.

(a) $C_6H_{14}O \xrightarrow{\text{oxidação}}$

(b) $C_6H_{12}O \xrightarrow{\text{oxidação}}$

(c) $C_6H_{14}O_2 \xrightarrow{\text{oxidação}}$

Anidridos carboxílicos, ésteres e amidas

19

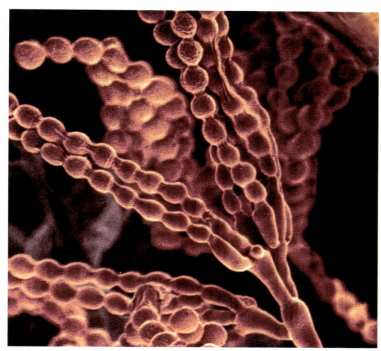

Fotografia colorida do fungo *Penicillium* obtida com a técnica de microscopia eletrônica de varredura. As estruturas em forma de hastes são condióforos aos quais estão ligadas numerosas condias circulares. As condias são órgãos específicos para a produção de esporos do fungo. Ver "Conexões químicas 19B".

Questões-chave

- **19.1** O que são anidridos carboxílicos, ésteres e amidas?
- **19.2** Como se preparam os ésteres?
- **19.3** Como se preparam as amidas?
- **19.4** Quais são as reações características de anidridos, ésteres e amidas?
- **19.5** O que são anidridos e ésteres fosfóricos?
- **19.6** O que é polimerização por crescimento em etapas?

19.1 O que são anidridos carboxílicos, ésteres e amidas?

No Capítulo 18, estudamos a estrutura e preparação de ésteres, uma classe de compostos orgânicos derivados de um ácido carboxílico. Neste capítulo, vamos estudar anidridos e amidas, duas outras classes de compostos derivadas dos ácidos carboxílicos. A seguir, abaixo da fórmula geral de cada derivado de ácido carboxílico, há um desenho para ajudar você a compreender como cada derivado é formalmente relacionado com um ácido carboxílico. A perda de —OH de um grupo carboxila e —H de um álcool, por exemplo, origina um éster. A perda de —OH de um grupo carboxila e —H da amônia ou amina origina uma amida.

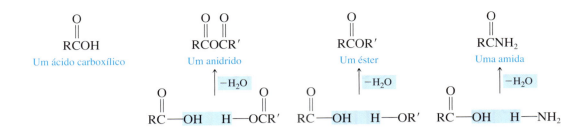

Entre esses derivados dos ácidos carboxílicos, os anidridos são tão reativos que eles raramente são encontrados na natureza. Ésteres e amidas, entretanto, são amplamente distribuídos no mundo biológico.

A. Anidridos

O grupo funcional de um **anidrido** é composto de dois grupos carbonila ligados a um átomo de oxigênio. O anidrido pode ser simétrico (a partir de dois **grupos acila** idênticos) ou misto (a partir de dois grupos acila diferentes). Para nomear os anidridos, substituímos a palavra *ácido* do ácido carboxílico do qual o anidrido é derivado e adicionamos a palavra *anidrido*.

$$CH_3C(=O)-O-C(=O)CH_3$$
Anidrido acético

B. Ésteres

O grupo funcional de um éster é um grupo carbonila ligado a um grupo —OR. Tanto os nomes Iupac como os nomes comuns são derivados dos nomes dos correspondentes ácidos carboxílicos (ver Capítulo 18). O nome do éster segue o nome do ácido, no qual o sufixo **-ico** (comum) ou **-oico** (Iupac) é substituído por **-ato**, seguido do nome do grupo alquila ligado ao oxigênio do grupo —OR.

CH₃COCH₂CH₃
Etanoato de etila
(Acetato de etila)

Pentanodioato de dietila
(Glutarato de dietila)

Lembre-se de que ésteres cíclicos são chamados de **lactonas**.

C. Amidas

O grupo funcional de uma **amida** é um grupo carbonila ligado a um átomo de nitrogênio. As amidas são nomeadas substituindo o sufixo **-ico** (comum) ou **-oico** (Iupac) do ácido correlacionado e adicionando **-amida**. Caso o nitrogênio da amida esteja ligado a grupos alquílicos ou arílicos, o grupo é nomeado e, por estar ligado ao nitrogênio, o nome do grupo alquila ou anila é colocado após *N*-. Caso existam dois grupos alquílicos ligados ao nitrogênio da amida, eles serão indicados por *N,N*-di-.

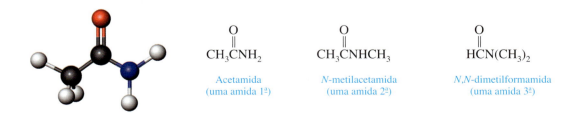

Conexões químicas 19A

Piretrinas: inseticidas naturais provenientes das plantas

A piretrina é um inseticida natural obtido das flores trituradas e pulverizadas de várias espécies de *Chrysanthemum*, particularmente *C. cinerariaefolium*. As substâncias ativas no piretro, principalmente piretrinas I e II, são venenos de contato para insetos e vertebrados de sangue frio.

Uma vez que a concentração dessas substâncias no piretro não é tóxica para plantas e animais superiores, o piretro pode ser utilizado em produtos de uso doméstico, *sprays* veterinários e inseticida na cultura de plantas comestíveis. As piretrinas naturais são ésteres do ácido crisantêmico.

Embora o piretro seja um inseticida eficiente, as substâncias ativas nele contidas são rapidamente destruídas no meio ambiente. Com o intuito de desenvolver compostos sintéticos que sejam eficientes como esses inseticidas naturais, mas que adicionalmente apresentem uma grande bioestabilidade, os químicos têm preparado uma série de ésteres de estrutura relacionada ao ácido crisantêmico. Permetrin é um dos compostos sintéticos que apresentam uma estrutura correlata aos compostos do tipo piretrina, e hoje é uma das substâncias piretroides mais comumente usadas em aplicações domésticas e agrícolas

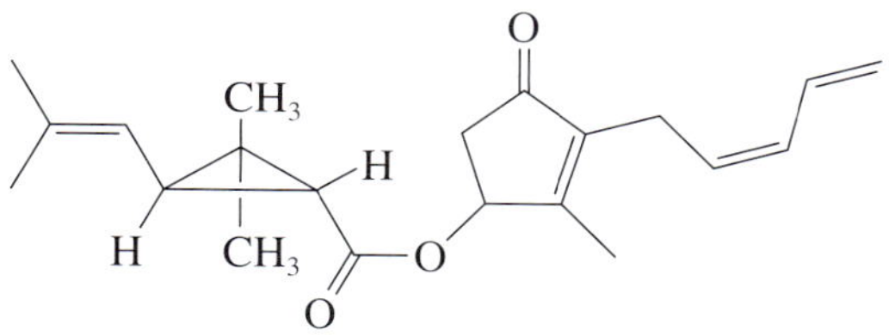

Piretrina I

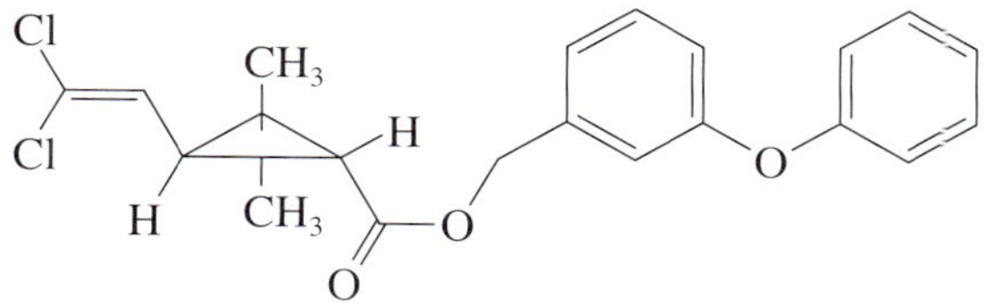

Permetrin

Amidas cíclicas são chamadas **lactamas**. A seguir, são mostradas as fórmulas estruturais de lactamas de quatro e sete membros. Uma lactama de quatro membros é essencial para o funcionamento de antibióticos da penicilina e cefalosporina (ver "Conexões químicas 19B").

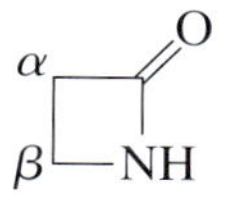

Uma lactama de quatro membros (α, β-lactama)

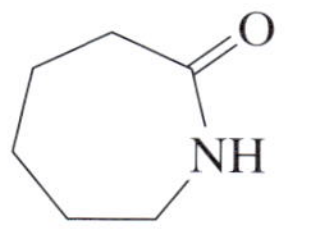

Uma lactama de sete membros

Exemplo 19.1 Nomes Iupac das amidas

Escreva os nomes Iupac para cada amida.

(a) $CH_3CH_2CH_2CNH_2$ (b) 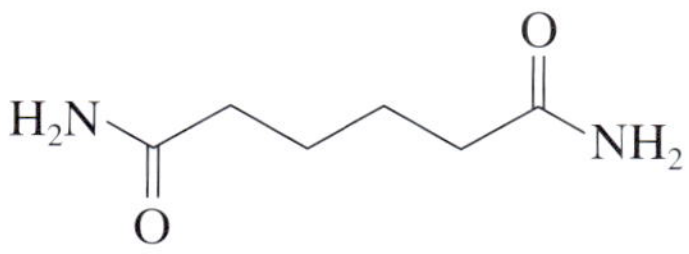 H_2N—...—NH_2

Estratégia e solução

Para nomear uma amida, comece com o nome sistemático do correspondente ácido carboxílico – obviamente não é necessário utilizar a palavra ácido. Substitua o sufixo **-oico** por **-amida**. A seguir, são apresentados os nomes Iupac e, entre parênteses, os nomes comuns.

(a) Butanamida (butiramida, nome derivado de ácido butírico)
(b) Hexanamida (adipamida, nome derivado de ácido adípico)

Problema 19.1

Desenhe a fórmula estrutural para cada amida.
(a) *N*-cicloexilacetamida   (b) Benzamida

Conexões químicas 19B

Antibióticos β-lactâmicos: penicilinas e cefalosporinas

As **penicilinas** foram descobertas em 1928 pelo bacteriologista escocês *Sir* Alexander Fleming. Graças ao trabalho experimental brilhante de *Sir* Howard Florey, um patologista australiano, e Ernst Chain, um químico alemão que escapou da Alemanha nazista, a penicilina G foi introduzida na medicina em 1943. Pelo trabalho pioneiro no desenvolvimento de um dos antibióticos mais eficientes de todos os tempos, Fleming, Florey e Chain foram agraciados com o Prêmio Nobel de Fisiologia ou Medicina.

Fleming descobriu a penicilina ao utilizar o bolor *Penicillium notatum*, uma variedade que produz a penicilina com baixos rendimentos. Esse bolor foi substituído para a produção industrial pelo *Penicillium chrysogenum*, uma variedade produzida de um bolor encontrado em uma toranja de um mercado da cidade de Peoria, em Illinois, nos Estados Unidos. O aspecto estrutural comum a todas as penicilinas é um anel β-lactâmico de quatro membros, ligado a um anel de cinco membros que contém enxofre. As penicilinas devem sua atividade antibacteriana a um mecanismo comum que inibe a biossíntese de uma parte essencial da parede celular das bactérias.

variedades resistentes é sintetizar novas penicilinas mais eficazes, tais como a ampicilina, meticilina e amoxicilina.

Outra abordagem é encontrar novos antibióticos β-lactâmicos mais eficazes. O antibiótico mais eficiente dessa classe descoberto até agora são as **cefalosporinas**, a primeira das quais foi isolada do fungo *Cephalosporium acremonium*. Essa classe de antibióticos β-lactâmicos apresenta um espectro mais amplo de atividade antibacteriana que as penicilinas e é eficaz contra variedades de bactérias resistentes à penicilina. Cefalexina (Keflex) é atualmente um dos antibióticos cefalosporínicos mais amplamente prescritos.

Cefalexina
(antibiótico β-lactâmico)

A formulação comumente prescrita Augmentin é uma combinação de amoxicilina tri-hidrato, uma penicilina e ácido clavulânico, um inibidor da β-lactamase isolado de *Streptomyces clavuligerus*.

Ácido clavulânico

O ácido clavulânico, que também contém um anel β-lactâmico, reage e inibe a enzima β-lactamase antes que a enzima possa catalisar a inativação da penicilina. O Augmentin é usado como uma segunda linha de defesa contra infecções do ouvido na infância quando existe a suspeita de bactérias resistente à penicilina. Muitas crianças o conhecem como um líquido branco com um sabor de banana.

Penicilina G

Amoxicilina

Logo após a introdução das penicilinas na medicina, variedades resistentes à penicilina começaram a aparecer. Essas variedades desde então proliferaram significativamente. Uma abordagem para combater as

19.2 Como se preparam os ésteres?

O método mais comum para a preparação dos ésteres é a esterificação de Fisher (Seção 18.5D). Um exemplo da esterificação de Fisher é o tratamento de ácido acético com etanol na presença de ácido sulfúrico concentrado, resultando em acetato de etila e água:

$$CH_3COH + CH_3CH_2OH \underset{}{\overset{H_2SO_4}{\rightleftharpoons}} CH_3COCH_2CH_3 + H_2O$$

Ácido etanoico (Ácido acético) + Etanol (Álcool etílico) → Etanoato de etila (Acetato de etila)

Conexões químicas 19C

Da casca do salgueiro à aspirina e muito mais

A história desse analgésico moderno remonta a mais de dois mil anos. Em 400 a.C., o médico grego Hipócrates recomendava que se mastigasse a casca da árvore do salgueiro para aliviar as dores do parto e para tratar infecções oculares.

O componente ativo da casca do salgueiro foi identificado como sendo a salicina, uma substância composta de álcool salicílico ligado a uma unidade de β-D-glicose (Seção 20.4A). A hidrólise da salicina em meio aquoso ácido seguida de oxidação resultou no ácido salicílico. Constatou-se que o ácido salicílico é mais eficiente no alívio de dor, febre e inflamações que a salicina, além de não ter o gosto extremamente amargo desta. Infelizmente, os pacientes logo perceberam o principal efeito colateral do ácido salicílico: a irritação da membrana que recobre o estômago.

matoide. A aspirina, entretanto, também irrita o estômago e seu uso frequente pode causar úlceras duodenais em pessoas suscetíveis.

Na década de 1960, a busca por analgésicos ainda mais eficazes e menos irritantes e por anti-inflamatórios não esteroides levou químicos que trabalhavam na companhia inglesa Boots Pure Drug Company a descobrir um composto ainda mais potente relacionado ao ácido salicílico, que foi chamado ibuprofeno. Imediatamente após essa descoberta, a Syntex Corporation nos Estados Unidos desenvolveu o naproxeno. Tanto o ibuprofeno como o naproxeno têm um centro estéreo e podem existir como um par de enantiômeros. Para cada uma dessas drogas, o enantiômero ativo é a forma S. O naproxeno é administrado na forma de seu sal sódico solúvel em água.

Com o propósito de obter um derivado do ácido salicílico eficiente, porém menos irritante, químicos da divisão I. G. Farben da Bayer na Alemanha trataram, em 1883, o ácido salicílico com anidrido acético e prepararam o ácido acetilsalicílico. Eles deram a esse novo composto o nome de aspirina.

A aspirina provou ser menos irritante ao estômago que o ácido salicílico e mais eficaz no alívio da dor e da inflamação da artrite reumatoide.

Na mesma década, pesquisadores descobriram que a aspirina atua como um inibidor da ciclo-oxigenase (COX), uma enzima-chave na conversão de ácido araquidônico em prostaglandinas (ver "Conexões químicas 21H"). Com essa descoberta, ficou claro por que somente um enantiômero do ibuprofeno e do naproxeno é ativo: somente o isômero S tem a orientação correta para se ligar à COX e inibir a sua atividade.

19.3 Como se preparam as amidas?

Em princípio, podemos formar uma amida tratando um ácido carboxílico com uma amina e remover o grupo —OH do ácido e um —H da amina. Na prática, misturando esses dois reagentes, ocorre uma reação ácido-base que forma um sal de amônio. Se esse sal for aquecido a uma temperatura alta o suficiente, a água será liberada e uma amida se formará.

É muito mais comum, entretanto, preparar amidas pelo tratamento de um anidrido com uma amina (Seção 19.4C).

462 ■ Introdução à química orgânica

$$CH_3C-O-CCH_3 + H_2NCH_2CH_3 \longrightarrow CH_3C-NHCH_2CH_3 + CH_3COH$$

Anidrido
acético

Uma amida

19.4 Quais são as reações características de anidridos, ésteres e amidas?

A reação mais comum de cada um desses três grupos funcionais é com compostos que contêm um grupo —OH, como na água (H—OH), um álcool (H—OR), um grupo H—N, como na amônia (H—NH$_2$) ou em uma amina primária ou secundária (H—NR$_2$ ou H—NHR). Essas reações têm em comum a adição do átomo de oxigênio ou nitrogênio ao carbono carboxílico e o átomo de hidrogênio ao oxigênio da carbonila, resultando em um intermediário tetraédrico de adição à carbonila. Esse intermediário então colapsa para regenerar o grupo carbonila e também gerar um novo derivado carboxílico ou um ácido carboxílico propriamente dito. Esse processo é ilustrado pela reação de um éster com água.

$$R-C \atop OCH_3 + OH \rightleftharpoons \left[R-C-OH \atop OCH_3 \right] \rightleftharpoons R-C-OH + H-OCH_3$$

Compare a formação desse intermediário tetraédrico de adição à carbonila com o formado pela adição de um álcool ao grupo carbonila de um aldeído ou cetona e com a formação de um hemiacetal (Seção 17.4C) e com aquele formado pela adição de um álcool ao grupo carbonila da carboxila de um ácido carboxílico durante a esterificação de Fisher (Seção 18.5D).

A. Reação com água: hidrólise

Hidrólise é uma decomposição química que envolve a quebra de uma ligação e a adição de elementos da água.

Anidridos

Anidridos carboxílicos, particularmente aqueles de baixa massa molecular, reagem prontamente com água para formar dois ácidos carboxílicos. Na hidrólise de um anidrido, uma das ligações C—O se quebra, OH é adicionado ao carbono e H é adicionado ao oxigênio que pertencia à ligação C—O. A hidrólise do anidrido acético forma duas moléculas de ácido acético.

$$CH_3COCCH_3 + H_2O \longrightarrow CH_3COH + HOCCH_3$$

Anidrido acético

Ácido acético   Ácido acético

Ésteres

Os ésteres são hidrolisados muito lentamente, mesmo em água em ebulição. Entretanto, a hidrólise torna-se consideravelmente mais rápida quando o éster é aquecido em meio aquoso ácido ou básico. Quando abordamos a esterificação de Fisher catalisada por ácido na Seção 18.5D, ressaltamos que se trata de uma reação em equilíbrio. A hidrólise de ésteres em meio aquoso ácido também é uma reação em equilíbrio e corresponde à reação de Fisher no sentido contrário. Um excesso de água direciona o equilíbrio para a direita para formar o ácido carboxílico e um álcool (princípio de Le Chatelier, Seção 7.7).

Anidridos carboxílicos, ésteres e amidas ▪ 453

$$CH_3COCH_2CH_3 + H_2O \underset{H^+}{\rightleftharpoons} CH_3COH + CH_3CH_2OH$$

Acetato de etila   Ácido acético   Etanol

A hidrólise de um éster pode também ser conduzida pela utilização de solução aquosa básica aquecida, como solução aquosa de NaOH. Essa reação é frequentemente chamada **saponificação** por causa de seu uso na manufatura de sabões (Seção 18.4B). O ácido carboxílico formado na hidrólise reage com hidróxido de sódio para formar o ânion do ácido carboxílico. Portanto, cada mol de éster hidrolisado necessita de um mol de base, como mostrado na equação balanceada:

$$CH_3COCH_2CH_3 + NaOH \xrightarrow{H_2O} CH_3CO^-Na^+ + CH_3CH_2OH$$

Acetato de etila   Hidróxido de sódio   Acetato de sódio   Etanol

Existem duas diferenças principais entre a hidrólise de ésteres em solução aquosa ácida e básica:

1. Na hidrólise de um éster em meio aquoso ácido, o ácido é necessário apenas em quantidades catalíticas. Na hidrólise em meio aquoso básico, a base é necessária em quantidades estequiométricas (um mol de base para um mol de éster) porque a base é um reagente, e não simplesmente um catalisador.
2. A hidrólise de um éster em meio aquoso ácido é reversível. A hidrólise em meio aquoso básico é irreversível porque o ânion carboxilato não reage com água ou íon hidróxido.

Exemplo 19.2 Hidrólise de um éster

Complete a equação para cada reação de hidrólise. Mostre os produtos de reação na forma ionizada sob as condições experimentais fornecidas.

(a)

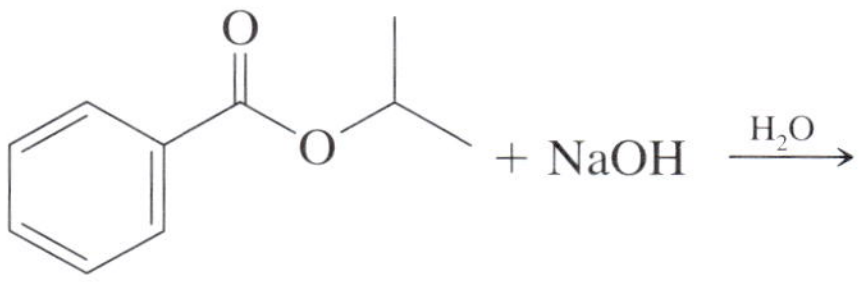

(b) $CH_3COCH_2CH_2OCCH_3 + 2NaOH \xrightarrow{H_2O}$

Estratégia

Os produtos de hidrólise de um éster são um ácido carboxílico e um álcool. Nesse caso, a hidrólise é conduzida em solução aquosa de NaOH, portanto o ácido carboxílico é convertido em seu sal de sódio.

Solução

Os produtos de hidrólise do composto (a) são ácido benzoico e 2-propanol. Em solução aquosa de NaOH, o ácido benzoico é convertido em seu sal sódico. Nesta reação, um mol de NaOH é necessário para a hidrólise de cada mol de éster. O composto (b) é um diéster do etileno glicol e necessita de dois mols de NaOH para que a hidrólise seja completa.

(a)

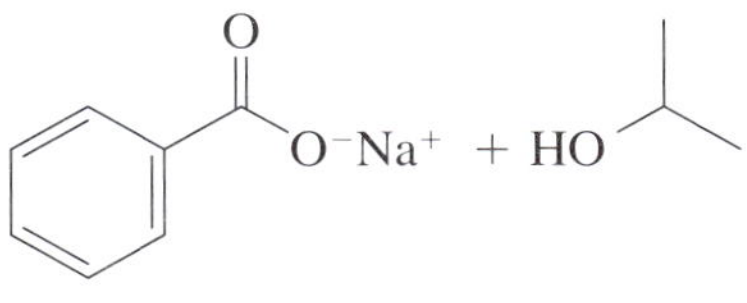

Benzoato de sódio   2-propanol (Álcool isopropílico)

(b) $2CH_3CO^-Na^+ + HOCH_2CH_2OH$

Acetato de sódio   1,2-etanodiol
(Etileno glicol)

Problema 19.2

Complete a equação para cada reação de hidrólise. Mostre os produtos de reação na forma ionizada sob as condições experimentais fornecidas.

(a) $+ 2NaOH \xrightarrow{H_2O}$

(b) $+ H_2O \xrightarrow{HCl}$

Amidas

As amidas requerem condições mais vigorosas para a hidrólise, tanto em meio básico como ácido do que no caso da hidrólise dos ésteres. A hidrólise em solução aquosa ácida aquecida resulta em um ácido carboxílico e em um íon amônio. Essa reação é concluída com a reação ácido-base entre amônia ou a amina e o ácido para formar um íon amônio. A hidrólise requer um mol do ácido por mol da amida.

$$CH_3CH_2CH_2CNH_2 + H_2O + HCl \xrightarrow[calor]{H_2O} CH_3CH_2CH_2COH + NH_4^+ Cl^-$$

Butanamida   Ácido butanoico

Os produtos da hidrólise da amida em meio aquoso básico são o sal do ácido carboxílico e amônia ou uma amina. A reação é concluída pela reação ácido-base entre o ácido carboxílico e a base que resulta na formação do sal carboxílico.

Acetanilida   Acetato de sódio   Anilina

Exemplo 19.3 Hidrólise de uma amida

Escreva a equação balanceada para a hidrólise de cada amida em solução aquosa concentrada de HCl. Mostre todos os produtos na forma em que eles se apresentam em meio de HCl aquoso.

(a) $CH_3CN(CH_3)_2$ (b)

Conexões químicas 19D

Filtros e bloqueadores solares da luz ultravioleta

A radiação ultravioleta que atravessa a camada de ozônio da Terra é classificada arbitrariamente em duas regiões: UVB (290-320 nm) e UVA (320-400 nm). A região UVB apresenta radiação eletromagnética de maior energia que a região UVA, o que torna esse tipo de radiação capaz de formar mais radicais e, portanto, mais danos oxidativos aos tecidos (Seção 25.7). A radiação UVB interage diretamente com as biomoléculas da pele e dos olhos, e pode causar câncer, envelhecimento da pele, danos oculares que levam às cataratas e queimaduras de sol que aparecem após 12-24 horas após a exposição ao Sol. A radiação UVA, diferentemente da UVB, resulta no bronzeamento da pele. Ela também pode danificar a pele, embora muito menos severamente que a radiação UVB. O papel da radiação UVA na eventual formação do câncer de pele é ainda pouco entendido.

Protetores solares comerciais são classificados de acordo com o seu fator de proteção solar (FPS), o qual é definido como a dose mínima da radiação UV que produz a queimadura de pele na pele protegida comparada com a pele desprotegida. Dois tipos de ingredientes ativos são encontrados nos bloqueadores e filtros solares. O agente mais comum nos bloqueadores solares é o óxido de zinco, ZnO, que reflete e espalha a radiação UV. O segundo tipo de agente, os filtros solares, absorve a radiação UV, que então é dissipada na forma de calor. Esses compostos são mais eficazes na proteção em relação à radiação UVB, mas eles não filtram a radiação UVA. Portanto, eles permitem o bronzeamento enquanto previnem os danos associados à radiação UVB. A seguir, apresentam-se as fórmulas de três ésteres usados como agentes de proteção UVB e as denominações mencionadas nos rótulos dos produtos comerciais.

p-Metoxicinamato de octila   Homossalato   Padimato A

Estratégia

A hidrólise de uma amida resulta em um ácido carboxílico e uma amina. Quando a hidrólise é conduzida em meio ácido aquoso, a amina é convertida em seu sal de amônio. A hidrólise de uma amida requer um mol do ácido por mol da amida.

Solução

(a) A hidrólise de *N,N*-dimetilacetamida resulta no ácido acético e no íon dimetilamônio, mostrado aqui como cloreto de dimetilamônio.

$$CH_3CN(CH_3)_2 + H_2O + HCl \xrightarrow{\text{Calor}} CH_3COH + (CH_3)_2NH_2^+Cl^-$$

(b) A hidrólise desta lactama resulta na forma protonada do ácido 5-amino-pentanoico.

Problema 19.3

Escreva a equação balanceada de cada amida no Exemplo 19.3 em NaOH aquoso concentrado. Mostre todos os produtos na forma em que eles se encontram em meio de NaOH aquoso.

466 ■ Introdução à química orgânica

B. Reações com alcoóis

Anidridos

Os anidridos reagem com alcoóis e fenóis, o que resulta em um mol do éster e um mol do ácido carboxílico.

$$CH_3COCCH_3 \quad + \quad HOCH_2CH_3 \quad \longrightarrow \quad CH_3COCH_2CH_3 \quad + \quad HOCCH_3$$

| Anidrido acético | Etanol | Acetato de etila | Ácido acético |

Logo, a reação de um álcool com um anidrido é um método conveniente para a síntese de ésteres. A aspirina ("Conexões químicas 19C") é sintetizada em escala industrial pela reação de anidrido acético com ácido salicílico.

Ácido salicílico   Anidrido acético   Ácido acetilsalicílico (Aspirina)   Ácido acético

C. Reações com amônia e aminas

Anidridos

Os anidridos reagem com amônia e com aminas 1ª e 2ª para formar amidas. Dois mols da amina são necessários: um para formar a amida e um para neutralizar o subproduto, o ácido carboxílico. Essa reação é aqui mostrada em duas etapas: (1) a formação da amida e do subproduto ácido carboxílico, e (2) a reação ácido-base do subproduto ácido carboxílico com o segundo mol de amônia formando um sal de amônio.

$$CH_3C-O-CCH_3 + NH_3 \longrightarrow CH_3CNH_2 + CH_3C-OH$$

$$CH_3C-OH + NH_3 \longrightarrow CH_3CO^-NH_4^+$$

$$CH_3C-O-CCH_3 + 2NH_3 \longrightarrow CH_3CNH_2 + CH_3CO^-NH_4^+$$

Anidrido acético   Acetamida   Acetato de amônio

Ésteres

Ésteres reagem com amônia e com aminas 1ª e 2ª para formar amidas.

$$OCH_2CH_3 + NH_3 \longrightarrow NH_2 + CH_3CH_2OH$$

Acetato de 2-feniletila   2-fenilacetamida

Como visto nesta Seção, amidas podem ser preparadas prontamente a partir dos ésteres. Uma vez que ácidos carboxílicos podem ser facilmente convertidos em ésteres pela esterificação de Fisher, temos uma boa maneira de converter um ácido carboxílico em uma amida. Esse

Conexões químicas 19E

Barbituratos

Em 1864, Adolph von Baeyer (1835-1917) descobriu que, quando se aquece o éster dietílico do ácido malônico com ureia na presença de etóxido de sódio (uma base forte como o hidróxido de sódio), forma-se um composto cíclico que ele denominou ácido barbitúrico. Alguns dizem que Baeyer deu esse nome ao composto em homenagem a uma amiga chamada Barbara. Outros afirmam que foi em homenagem a Santa Bárbara, a padroeira do Exército.

Propanodioato de dietila (Malonato de dietila) + Ureia → Ácido barbitúrico + 2CH₃CH₂OH

Pentobarbital

Pentobarbital sódico (Nembutal)

Fenobarbital

Vários derivados do ácido barbitúrico têm um poderoso efeito sedativo e hipnótico. Um desses derivados é o pentobarbital. Como outros derivados do ácido barbitúrico, o pentobarbital é muito insolúvel em água e nos fluidos corporais. Para aumentar a sua solubilidade nesses fluidos, o pentobarbital é convertido no seu sal de sódio, o qual recebe o nome Nembutal. O fenobarbital, também administrado como um sal de sódio, é um anticonvulsionante, sedativo e hipnótico.

Tecnicamente, somente os sais de sódio desses compostos devem ser chamados de barbituratos. Na prática, entretanto, todos os derivados do ácido barbitúrico são chamados de barbituratos, tanto aqueles não ionizados como os que se apresentam na forma iônica solúvel em água.

Os barbituratos têm dois efeitos principais. Em doses pequenas, eles são sedativos (tranquilizantes); em doses elevadas, induzem o sono. O ácido barbitúrico, por sua vez, não apresenta nenhum desses efeitos. Os barbituratos são perigosos porque viciam, o que significa que o usuário regular sofrerá recaídas quando o uso for interrompido. Eles são particularmente perigosos quando são tomados conjuntamente com álcool porque o efeito combinado (chamado de efeito sinérgico) é normalmente maior que o efeito da soma do efeito de cada droga tomada separadamente.

---

método de formação de amidas, na verdade, é muito mais prático e aplicável que converter um ácido carboxílico em um sal de amônio e então aquecer esse sal para formar a amida.

Amidas

Amidas não reagem com amônia ou aminas primárias ou secundárias.

19.5 O que são anidridos e ésteres fosfóricos?

A. Anidridos fosfóricos

Por causa da importância especial dos anidridos fosfóricos em sistemas bioquímicos, eles serão aqui discutidos para mostrar a similaridade que apresentam com os anidridos carboxílicos. O grupo funcional de um **anidrido fosfórico** é composto de dois grupos fosforila (P=O) ligados ao mesmo átomo de oxigênio. A seguir, são mostradas as fórmulas estruturais de dois anidridos fosfóricos e os íons derivados da ionização dos hidrogênios ácidos de cada um deles:

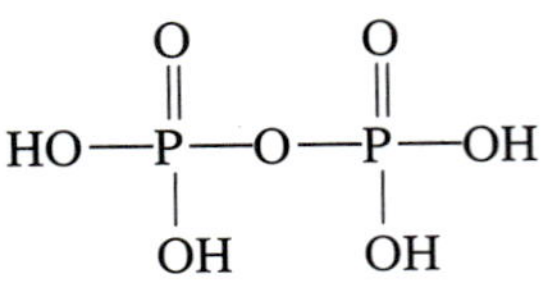

468 ■ Introdução à química orgânica

Ácido difosfórico
(Ácido pirofosfórico)

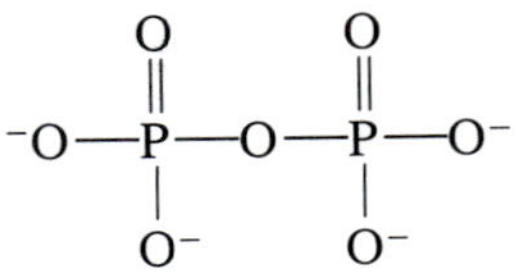

Íon difosfato
(Íon pirofosfato)

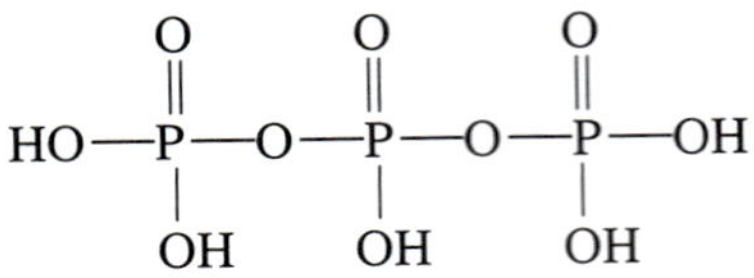

Ácido trifosfórico

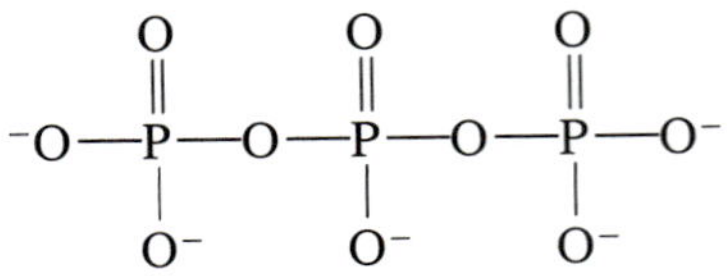

Íon trifosfato

B. Ésteres fosfóricos

O ácido fosfórico possui três grupos —OH e forma ésteres mono, di e trifosfóricos, os quais são assim nomeados: atribui-se o(s) nome(s) do(s) grupo(s) alquila ligados ao oxigênio, seguido da palavra "fosfato" (por exemplo, dimetil fosfato). Nos **ésteres fosfóricos** mais complexos, nomeia-se, em geral, a molécula orgânica e indica-se a presença do éster fosfórico, incluindo a palavra "fosfato" ou o prefixo *fosfo-*. A diidroxiacetona fosfato, por exemplo, é uma intermediária na glicólise (Seção 28.2). O piridoxal fosfato é um das formas metabólicas ativas da vitamina B_6. Esses dois últimos fosfatos são aqui mostrados ionizados, uma vez que é essa forma a encontrada em pH 7,4, o pH do plasma sanguíneo.

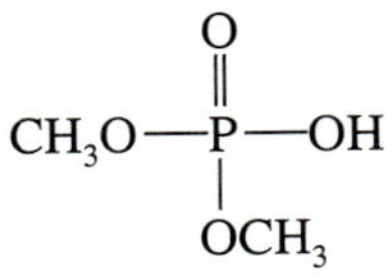

Dimetil fosfato

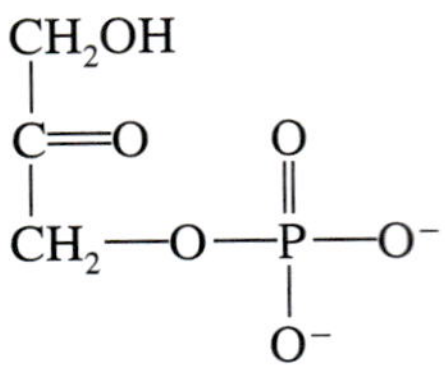

Diidroxiacetona fosfato

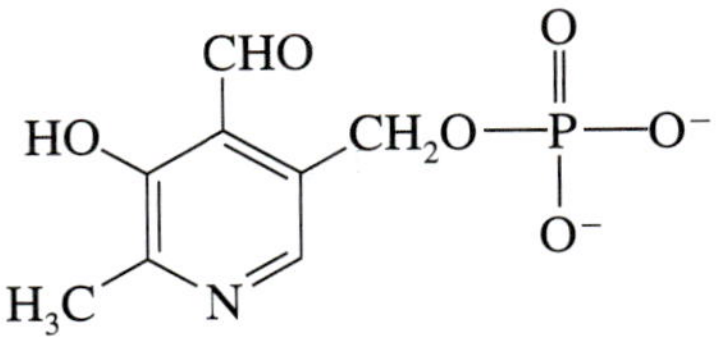

Piridoxal fosfato

19.6 O que é polimerização por crescimento em etapas?

Polímeros de crescimento em etapas são formados pela reação de moléculas que contêm dois grupos funcionais, em que cada nova ligação é criada em uma etapa separada. Nesta Seção, abordaremos três tipos de polímeros de crescimento em etapas: poliamidas, poliésteres e policarbonatos.

A. Poliamidas

No início da década de 1930, químicos da Companhia E. I. DuPont de Nemours iniciaram a pesquisa fundamental nas reações entre ácidos dicarboxílicos e diaminas para formar **poliamidas**. Em 1934, eles sintetizaram o náilon-66, a primeira fibra realmente sintética. O náilon-66 é assim chamado porque é sintetizado de dois monômeros diferentes, cada um contendo seis átomos de carbono.

Na síntese do náilon-66, o ácido hexanodioico e 1,6-hexanodiamina são dissolvidos em etanol aquoso e então aquecidos até 250 °C em autoclave a uma pressão de 15 atm. Nessas condições, os grupos —COOH e —NH₂ reagem com a perda de água para formar uma poliamida, de forma similar à formação de amidas descrita na Seção 19.3.

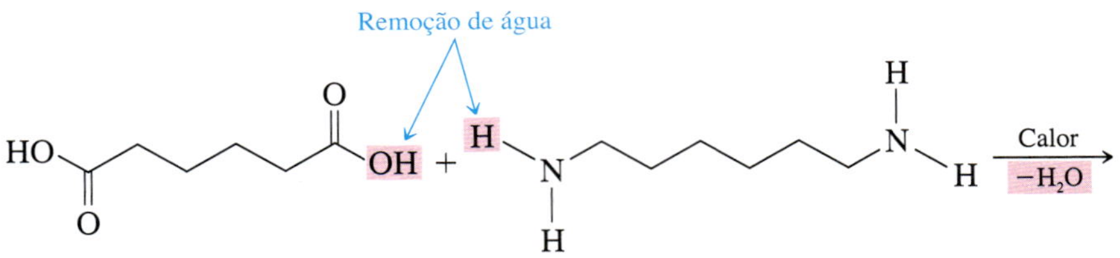

Remoção de água

Calor
$-H_2O$

Ácido hexanidioico
(Ácido adípico)

1,6-hexanodiamina
(Hexametilenodiamina)

Náilon-66
(uma poliamida)

Com base no conhecimento das relações entre a estrutura molecular e as propriedades físicas macroscópicas, os cientistas da DuPont racionalizaram que uma poliamida que contém anéis benzênicos seria ainda mais resistente que o náilon-66. De acordo com esse princípio, produziu-se uma poliamida que foi chamada pela DuPont de Kevlar.

Ácido 1,4-benzenodicarboxílico (Ácido tereftálico) + 1,4-benzenodiamina (*p*-fenilenodiamina) → Kevlar (uma amida poliaromática)

Um aspecto notável do Kevlar é que ele pesa menos que outros materiais de similar resistência. Por exemplo, um cabo feito pelo entrelaçamento de fios de Kevlar apresenta apenas 20% do peso de um cabo de aço! Atualmente o Kevlar é utilizado em cabos de ancoramento de plataformas marítimas de perfuração e em fibras para conferir maior resistência aos pneus automotivos. Ele também é usado em tecidos à prova de balas, jaquetas e capas de chuva.

B. Poliésteres

O primeiro **poliéster** foi desenvolvido na década de 1940, pela polimerização do ácido 1,4--benzenodicarboxílico com 1,2-etanodiol para produzir poli(etileno tereftalato), cuja abreviação é PET. Praticamente todo PET é atualmente feito do éster dimetílico do ácido tereftálico pela seguinte reação:

Tereftalato de dimetila + 1,2-etanodiol (Etileno glicol) → Poli(etileno tereftalato) (Dacron, Mylar)

O poliéster bruto pode ser fundido, extrudado e então feito na forma de fibras têxteis chamadas poliéster Dracon. As propriedades excepcionais do Dacron incluem dureza (cerca de quatro vezes maior que a do náilon-66), alta força de tensão e notável resistência contra a formação de vincos e amassamentos. Pelo fato de as primeiras fibras de Dacron serem ásperas ao toque por causa de sua dureza, elas normalmente eram misturadas com fibras de algodão ou lã para torná-las fibras têxteis adequadas. Novas técnicas de fabricação agora produzem fibras têxteis de Dacron menos ásperas. O PET também é fabricado em películas de Mylar e recipientes recicláveis de bebidas.

C. Policarbonatos

Um **policarbonato** (o mais conhecido é o Lexan) é formado da reação entre o sal dissódico do bisfenol A e fosgênio. Fosgênio é um derivado do ácido carbônico, H_2CO_3, em que os dois grupos —OH foram substituídos por átomos de cloro. Um éster do ácido carbônico é chamado carbonato.

Mylar pode ser feito na forma de películas extremamente fortes. Pelo fato de a película possuir poros extremamente pequenos, ele é usado na fabricação de balões que podem ser inflados com hélio. Os átomos de hélio se difundem apenas lentamente através dos poros da película.

Máscara e capacete de hóquei feitos em policarbonato.

Ácido carbônico (H₂CO₃)   Fosgênio   Dietil carbonato (um éster carbonato)

Ao formar um policarbonato, cada mol de fosgênio reage com dois mols do sal de sódio de um fenol chamado bisfenol A (BFA).

sal dissódico do bisfenol A + Fosgênio → Lexan (um policarbonato) + NaCl

Remoção de Na⁺Cl⁻

Lexan é um polímero forte, transparente, resistente ao impacto e à tensão que mantém suas propriedades em uma ampla faixa de temperatura. Ele é usado em equipamentos esportivos (capacetes e protetores faciais), em recipientes domésticos resistentes ao impacto e na manufatura de vidros de segurança e janelas inquebráveis.

Conexões químicas 19F

Suturas cirúrgicas que dissolvem

À medida que as técnicas da medicina têm evoluído, a demanda por materiais sintéticos que podem ser usados no interior do corpo tem aumentado. Os polímeros já têm muitas das características ideais de um biomaterial: são leves, resistentes e inertes ou biodegradáveis, o que vai depender de sua estrutura química. Apresentam ainda características físicas (leveza, rigidez e elasticidade) que são facilmente adequadas e se assemelham às dos tecidos naturais.

Embora a maioria dos usos medicinais dos materiais poliméricos requeira bioestabilidade, algumas dessas aplicações necessitam que os polímeros sejam biodegradáveis. Um exemplo são os poliésteres de ácidos glicólicos e lácticos usados em suturas absorvíveis, que são comercializadas com o nome de Lactomer.

Materiais de sutura devem ser removidos depois de usados. Os pontos cirúrgicos de Lactomer, entretanto, são hidrolisados de forma lenta ao longo de um período de aproximadamente duas semanas. Nesse tempo, o tecido aberto está cicatrizado, os pontos estão hidrolisados, e não é necessário remover a sutura. O corpo metaboliza e excreta os ácidos glicólicos e lácticos formados durante a hidrólise.

Ácido glicólico + Ácido láctico →(Polimerização, −nH₂O)→ Um polímero do ácido glicólico e do ácido láctico

Remoção de água

Anidridos carboxílicos, ésteres e amidas ■ 471

Resumo das questões-chave

Seção 19.1 O que são anidridos carboxílicos, ésteres e amidas?

- Um **anidrido carboxílico** contém dois grupos carbonila ligados ao mesmo oxigênio.
- Um **éster** carboxílico contém um grupo carbonila ligado a um grupo —OR derivado de um álcool ou fenol.
- Uma **amida** carboxílica contém um grupo carbonila ligado ao átomo de nitrogênio derivado de uma amina.

Seção 19.2 Como se preparam os ésteres?

- O método de laboratório mais comum para a preparação de ésteres é a esterificação de Fisher (Seção 18.5D).

Seção 19.3 Como se preparam as amidas?

- Amidas podem ser preparadas pela reação de uma amina com um anidrido carboxílico.

Seção 19.4 Quais são as reações características de anidridos, ésteres e amidas?

- A hidrólise é um processo no qual uma ligação é quebrada e os elementos da H_2O são adicionados.

- A hidrólise de um anidrido carboxílico resulta em duas moléculas de ácido carboxílico.
- A hidrólise de um éster carboxílico requer a presença de ácidos ou bases aquosos concentrados. O ácido é um catalisador, e a reação corresponde à reação inversa da esterificação de Fisher. A base é um reagente e são necessárias quantidades estequiométricas.
- A hidrólise de uma amida carboxílica requer a presença de ácidos ou bases aquosos. Tanto o ácido como a base são reagentes e são necessárias quantidades estequiométricas.

Seção 19.5 O que são anidridos e ésteres fosfóricos?

- Anidridos fosfóricos são compostos de dois grupos fosforila (P=O) ligados ao mesmo átomo de oxigênio.

Seção 19.6 O que é polimerização por crescimento em etapas?

- A polimerização de crescimento por etapa envolve a reação em etapas de monômeros bifuncionais. Polímeros comerciais importantes sintetizados por crescimento por etapa incluem poliamidas, poliésteres e policarbonatos.

Resumo das reações fundamentais

1. **Esterificação de Fisher (Seção 19.2)** A esterificação de Fisher é reversível. Para obter altos rendimentos do éster, é necessário forçar o equilíbrio para a direita. Uma maneira de maximizar o rendimento do éster é usar um excesso de álcool. Outra maneira é remover água à medida que ela é formada.

$$CH_3\overset{O}{\overset{\|}{C}}OH \ + \ CH_3CH_2CH_2OH$$

$$\underset{H_2SO_4}{\rightleftharpoons} \ CH_3\overset{O}{\overset{\|}{C}}OCH_2CH_2CH_3 \ + \ H_2O$$

2. **Preparação de uma amida (Seção 19.3)** A reação de um anidrido com amônia ou com aminas 1ª e 2ª resulta em uma amida.

$$CH_3\overset{O}{\overset{\|}{C}}{-}O{-}\overset{O}{\overset{\|}{C}}CH_3 \ + \ H_2NCH_2CH_3$$

$$\longrightarrow \ CH_3\overset{O}{\overset{\|}{C}}{-}NHCH_2CH_3 \ + \ CH_3\overset{O}{\overset{\|}{C}}OH$$

3. **Hidrólise de um anidrido (Seção 19.4A)** Os anidridos, particularmente os de baixa massa molecular, reagem prontamente com água para formar dois ácidos carboxílicos.

$$CH_3\overset{O}{\overset{\|}{C}}O\overset{O}{\overset{\|}{C}}CH_3 \ + \ H_2O \ \longrightarrow \ CH_3\overset{O}{\overset{\|}{C}}OH \ + \ HO\overset{O}{\overset{\|}{C}}CH_3$$

4. **Hidrólise de um éster (Seção 19.4A)** Os ésteres são hidrolisados rapidamente somente na presença de ácidos ou bases. A hidrólise catalisada por ácido corresponde ao inverso da esterificação de Fisher. O ácido é um catalisador. A base é um reagente e, por isso, ela é necessária em quantidades equimolares.

$$CH_3\overset{O}{\overset{\|}{C}}OCH_2CH_3 \ + \ H_2O \ \underset{}{\overset{H^+}{\rightleftharpoons}} \ CH_3\overset{O}{\overset{\|}{C}}OH \ + \ HOCH_2CH$$

$$CH_3\overset{O}{\overset{\|}{C}}OCH_2CH_3 \ + \ NaOH$$

$$\overset{H_2O}{\longrightarrow} \ CH_3\overset{O}{\overset{\|}{C}}O^-Na^+ \ + \ CH_3CH_2OH$$

5. **Hidrólise de uma amida (Seção 19.4A)** Amidas requerem condições mais vigorosas para que ocorra a hidrólise do que no caso dos ésteres. Ácidos ou bases são necessários em uma quantidade equivalente à da amida: os ácidos convertem a resultante amina em um sal de amônio, e a base converte o ácido carboxílico resultante no sal do carboxilato.

$$CH_3CH_2CH_2\overset{O}{\overset{\|}{C}}NH_2 \ + \ H_2O \ + \ HCl$$

$$\underset{calor}{\overset{H_2O}{\longrightarrow}} \ CH_3CH_2CH_2\overset{O}{\overset{\|}{C}}OH \ + \ NH_4^+Cl^-$$

472 ■ Introdução à química orgânica

$$CH_3CH_2CH_2\overset{\overset{\displaystyle O}{\|}}{C}NH_2 \ + \ NaOH$$

$$\xrightarrow[\text{calor}]{H_2O} \ CH_3CH_2CH_2\overset{\overset{\displaystyle O}{\|}}{C}O^-Na^+ \ + \ NH_3$$

6. **Reação de anidridos com alcoóis (Seção 19.4B)** Anidridos reagem com alcoóis para resultar em um mol de éster e um mol de um ácido carboxílico.

$$CH_3\overset{\overset{\displaystyle O}{\|}}{C}O\overset{\overset{\displaystyle O}{\|}}{C}CH_3 + HOCH_2CH_3$$

$$\longrightarrow \ CH_3\overset{\overset{\displaystyle O}{\|}}{C}OCH_2CH_3 \ + \ HO\overset{\overset{\displaystyle O}{\|}}{C}CH_3$$

7. **Reação de anidridos com amônia e aminas (Seção 19.4C)** Anidridos reagem com amônia e com aminas 1ª ou 2ª, resultando em amidas. Dois mols da amina são neces-

sários: um para formar a amida e um para neutralizar o subproduto de ácido carboxílico.

$$CH_3\overset{\overset{\displaystyle O}{\|}}{C}-O-\overset{\overset{\displaystyle O}{\|}}{C}CH_3 \ + \ 2NH_3$$

$$\longrightarrow \ CH_3\overset{\overset{\displaystyle O}{\|}}{C}NH_2 \ + \ CH_3\overset{\overset{\displaystyle O}{\|}}{C}O^-NH_4^+$$

8. **Reação de ésteres com amônia e aminas 1ª e 2ª (Seção 19.4C)** Ésteres reagem com amônia e com aminas 1ª ou 2ª, resultando em uma amida e um álcool.

[estrutura: benzil-CH₂-C(=O)-OCH₂CH₃ + NH₃]

$$\longrightarrow$$

[estrutura: benzil-CH₂-C(=O)-NH₂ + CH₃CH₂OH]

Problemas

Seção 19.1 O que são anidridos carboxílicos, ésteres e amidas?

19.4 Desenhe a fórmula estrutural para cada composto.
   (a) Dimetil carbonato
   (b) *p*-Nitrobenzamida
   (c) 3-Hidroxibutanoato de etila
   (d) Oxalato de dietila
   (e) *Trans*-2-pentenoato de etila
   (f) Anidrido butanoico

19.5 Escreva o nome Iupac para cada composto.

(a) [estrutura: fenil-C(=O)-O-C(=O)-fenil]

(b) $CH_3(CH_2)_8\overset{\overset{\displaystyle O}{\|}}{C}OCH_3$

(c) $CH_3(CH_2)_4\overset{\overset{\displaystyle O}{\|}}{C}NHCH_3$

(d) H_2N-[anel]$-\overset{\overset{\displaystyle O}{\|}}{C}NH_2$

(e) $CH_3\overset{\overset{\displaystyle O}{\|}}{C}O-$[ciclopentano]

(f) $CH_3\overset{\overset{\displaystyle OH}{|}}{C}HCH_2\overset{\overset{\displaystyle O}{\|}}{C}OCH_2CH_3$

Seção 19.4 Quais são as reações características de anidridos, ésteres e amidas?

19.6 Qual é o produto formado quando benzoato de etila é tratado com cada um dos seguintes reagentes?
   (a) H_2O, NaOH, calor   (b) H_2O, HCl, calor

19.7 Que produto se forma quando a benzamida, $C_6H_5CONH_2$, é tratada com cada um dos seguintes reagentes?
   (a) H_2O, NaOH, calor   (b) H_2O, HCl, calor

19.8 Complete as equações para estas reações:

(a) CH_3O-[anel]$-NH_2 + CH_3\overset{\overset{\displaystyle O}{\|}}{C}O\overset{\overset{\displaystyle O}{\|}}{C}CH_3 \longrightarrow$

(b) [piperidina]$NH + CH_3\overset{\overset{\displaystyle O}{\|}}{C}O\overset{\overset{\displaystyle O}{\|}}{C}CH_3 \longrightarrow$

19.9 O analgésico fenacetin é sintetizado pelo tratamento de 4-etoxianilina com anidrido acético. Desenhe a fórmula estrutural do fenacetin.

$$CH_3CH_2O-[\text{anel}]-NH_2$$

4-etoxianilina

19.10 Fenobarbital é um sedativo de longa duração, um hipnótico e um anticonvulsionante.
   (a) Dê o nome de todos os grupos funcionais presentes nesse composto.
   (b) Desenhe a fórmula estrutural para os produtos da hidrólise completa de todos os grupos amida em NaOH aquoso.

Fenobarbital

19.11 A seguir, apresenta-se a fórmula do aspartame, um adoçante artificial cerca de 180 vezes mais doce que a sacarose.

Aspartame

(a) O aspartame é quiral? Em caso afirmativo, quantos estereoisômeros são possíveis para esse composto?
(b) Dê o nome de todos os grupos funcionais presentes no aspartame.
(c) Estime a carga total de uma molécula de aspartame em solução aquosa de pH 7,0.
(d) O aspartame é solúvel em água? Explique.
(e) Desenhe a fórmula estrutural dos produtos da hidrólise completa do aspartame em HCl aquoso. Mostre como cada produto estaria ionizado nessa solução.
(f) Desenhe a fórmula estrutural dos produtos da hidrólise completa do aspartame em NaOH aquoso. Mostre como cada produto estaria ionizado nessa solução.

19.12 Por que náilon-66 e Kevlar são chamados poliamidas?

19.13 Desenhe duas partes pequenas de duas cadeias paralelas de náilon-66 (cada uma caminhando na mesma direção) e mostre como é possível alinhá-las de forma que exista ligação de hidrogênio entre os grupos N—H de uma das cadeias e o grupo C=O da cadeia paralela.

19.14 Por que Dacron e Mylar são chamados poliésteres?

Seção 19.5 O que são anidridos e ésteres fosfóricos?

19.15 Que tipo de característica estrutural os anidridos do ácido fosfórico e dos ácidos carboxílicos têm em comum?

19.16 Desenhe as fórmulas estruturais dos mono, di e trietil ésteres do ácido fosfórico.

19.17 O 1,3-diidroxi-2-propanona (diidroxiacetona) e ácido fosfórico formam um monoéster chamado diidróxiacetona fosfato, que é um intermediário na glicólise (Seção 28.2). Desenhe a fórmula estrutural para esse éster monofosfato.

19.18 Escreva a equação para a hidrólise do trimetil fosfato para formar dimetil fosfato e metanol em solução aquosa básica. Mostre como cada produto estaria ionizado nessa solução.

Conexões químicas

19.19 (Conexões químicas 19A) Localize o grupo éster na piretrina I e desenhe a fórmula estrutural do ácido cri-

santêmico, o ácido carboxílico do qual o éster é derivado.

19.20 (Conexões químicas 19A) Quais são as características estruturais comuns entre o piretrina I (um inseticida natural) e o permetrin (um piretroide sintético)?

19.21 (Conexões químicas 19A) Um repelente comercial traz as seguintes informações em seu rótulo sobre o permetrin, seu princípio ativo:
Razão *cis/trans*: mínimo 35% $(+/-)$ *cis* e máximo 65% $(+/-)$ *trans*
(a) A que razão *cis/trans* o rótulo se refere?
(b) A que se refere a designação "$(+/-)$"?

19.22 (Conexões químicas 19B) Identifique a β-lactama da amoxicilina e da cefalexina.

19.23 (Conexões químicas 19C) Qual é o composto na casca do salgueiro que é responsável pelo alívio da dor? Qual é a relação estrutural entre esse composto e o ácido salicílico?

19.24 (Conexões químicas 19C) Uma vez que um frasco de aspirina é aberto e principalmente quando fica exposto ao ar, pode ser desenvolvido um odor parecido com o do vinagre. Explique esse fato.

19.25 (Conexões químicas 19C) Qual é a relação estrutural entre a aspirina e o ibuprofeno? E entre aspirina e naproxeno?

19.26 (Conexões químicas 19D) Qual é a diferença entre um *bloqueador solar* e um *filtro solar*?

19.27 (Conexões químicas 19D) Como os filtros solares previnem a pele da radiação UV?

19.28 (Conexões químicas 19D) Que aspectos estruturais têm em comum os três filtros solares apresentados na "Conexão química 19D"?

19.29 (Conexões químicas 19E) Os barbituratos são derivados da ureia. Identifique a porção da estrutura do pentobarbital e fenobarbital que é derivada da ureia.

19.30 (Conexões químicas 19F) Por que os pontos cirúrgicos feitos de Lactomer se dissolvem em um período de 2 a 3 semanas após o procedimento cirúrgico?

Problemas adicionais

19.31 A benzocaína, um anestésico tópico, é preparada pelo tratamento do ácido 4-aminobenzoico com etanol na presença de um catalisador ácido seguido de neutralização. Desenhe a fórmula estrutural da benzocaína.

19.32 O analgésico acetaminofen é sintetizado pelo tratamento de 4-aminofenol com um equivalente de anidrido acético. Escreva a equação para a formação de acetaminofen. (Dica: O grupo —NH$_2$ é mais reativo com anidrido acético que com o grupo —OH.)

19.33 O 1,3-difosfoglicerato, um intermediário na glicólise (Seção 28.2), contém um anidrido misto (um anidrido de um ácido carboxílico e do ácido fosfórico) e um éster fosfórico. Desenhe as fórmulas estruturais para os produtos formados pela hidrólise das ligações do anidrido e do éster nessa molécula. Mostre a forma de cada produto em solução de pH 7,4.

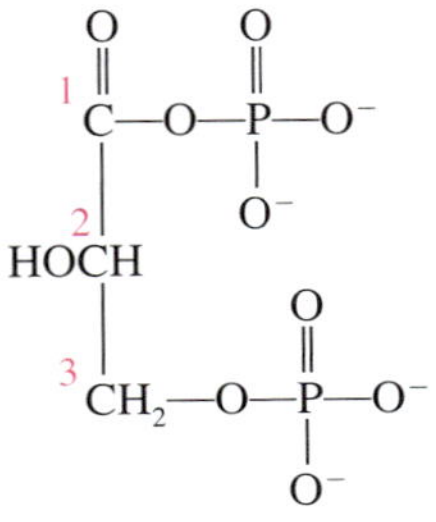

474 ■ Introdução à química orgânica

1,3-difosfoglicerato

19.34 O *N,N*-dietil *m*-toluamida (DEET) é o ingrediente ativo em vários inseticidas e repelentes. A partir de que ácido e de que amina o DEET pode ser sintetizado?

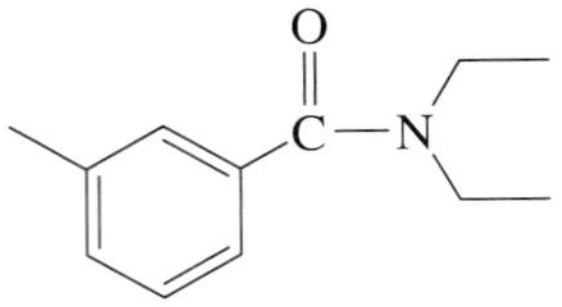

N,N-dietil *m*-toluamida
(DEET)

19.35 A seguir, apresentam-se as fórmulas estruturais de dois anestésicos locais usados em odontologia. A lidocaína foi introduzida em 1948 e atualmente é o anestésico local mais utilizado em infiltrações e anestesia local. O seu cloridrato é comercializado com o nome de Xylocaína. A mepivacaína atua mais prontamente e apresenta maior duração dos efeitos que a lidocaína. O seu cloridrato é comercializado com o nome de Carbocaína.

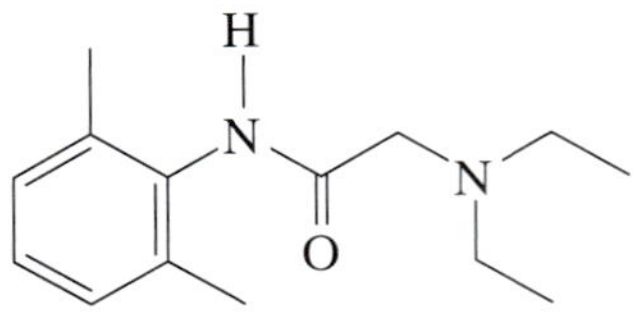

Lidocaína
(Xilocaína)

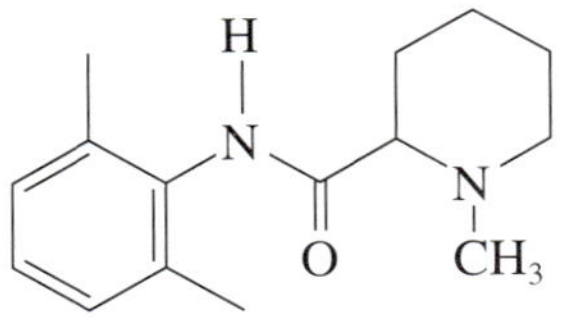

Mepivacaína
(Carbocaína)

(a) Nomeie os grupos funcionais presentes em cada anestésico.

(b) Quais são as similaridades estruturais entre esses dois compostos?

Antecipando

19.36 Vimos que uma amida pode ser formada de um ácido carboxílico e de uma amina. Suponha agora que, em vez do ácido carboxílico e da amina, você tenha como material de partida um aminoácido como a alanina. Mostre como a formação da amida nesse caso pode conduzir à formação de um produto com massa molecular milhares de vezes superior à do produto de partida. Estudaremos essas poliamidas no Capítulo 22 (proteínas).

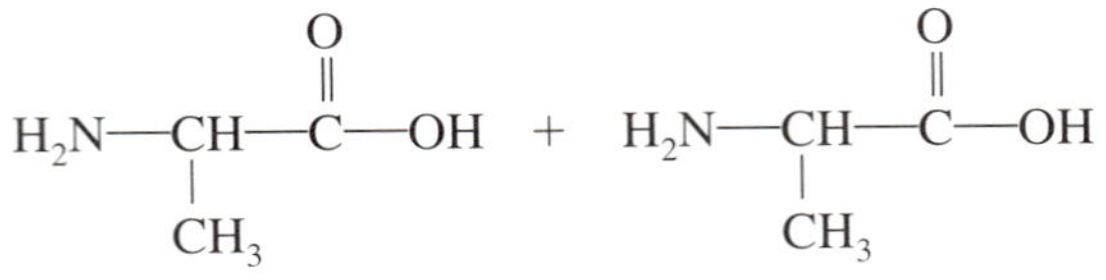

Alanina   Alanina

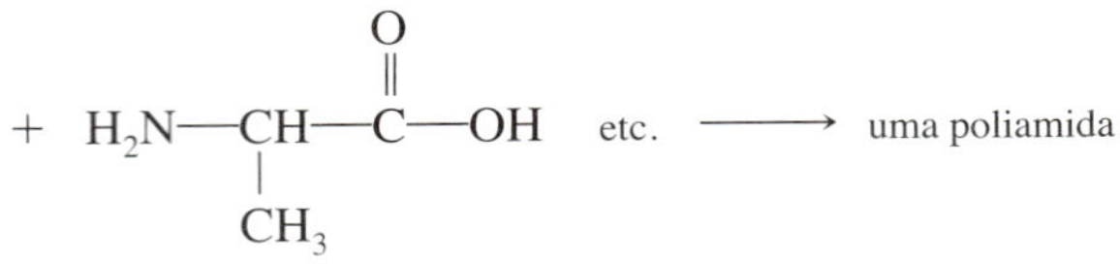

+ etc. ⟶ uma poliamida

Alanina

19.37 Veremos a molécula apresentada a seguir na nossa discussão sobre a glicólise, o caminho biológico que converte glicose em ácido pirúvico (Seção 28.2).

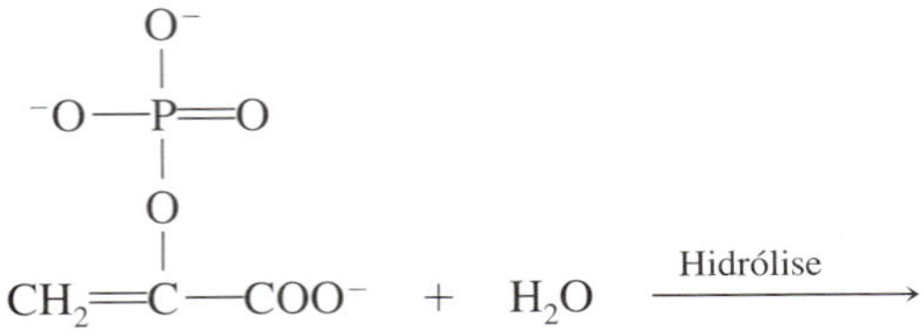

Fosfoenolpiruvato

$CH_2{=}C{-}COO^- + H_2O \xrightarrow{\text{Hidrólise}}$

(a) Desenhe as fórmulas estruturais para os produtos da hidrólise das ligações éster no fosfoenolpiruvato.

(b) Por que a palavra *enol* faz parte do nome desse composto?

APÊNDICE I

Notação exponencial

O sistema de **notação exponencial** baseia-se em potências de 10 (ver tabela). Por exemplo, se multiplicarmos $10 \times 10 \times 10 = 1.000$, isso será expresso como 10^3. Nessa expressão, o 3 é chamado de **expoente** ou **potência** e indica quantas vezes multiplicamos 10 por ele mesmo e quanto zeros se seguem ao 1.

Existem também potências negativas de 10. Por exemplo, 10^{-3} significa 1 dividido por 10^3:

$$10^{-3} = \frac{1}{10^3} = \frac{1}{1.000} = 0,001$$

Números são frequentemente expressos assim: $6,4 \times 10^3$. Em um número desse tipo, 6,4 é o **coeficiente**, e 3, o expoente ou a potência de 10. Esse número significa exatamente o que ele expressa:

$$6,4 \times 10^3 = 6,4 \times 1.000 = 6.400$$

Do mesmo modo, podemos ter coeficientes com expoentes negativos:

$$2,7 \times 10^{-5} = 2,7 \times \frac{1}{10^5} = 2,7 \times 0,00001 = 0,000027$$

Para representar um número maior que 10 na notação exponencial, procedemos da seguinte maneira: colocamos a vírgula decimal logo depois do primeiro dígito (da esquerda para a direita) e então contamos quantos dígitos existem após a vírgula. O expoente (neste caso positivo) é igual ao número de dígitos encontrados após a vírgula. Na representação de um número na notação exponencial são excluídos os zeros finais, a não ser que seja necessário mantê-los devido à representação dos respectivos algarismos significativos.

Exemplo

$37500 = 3,75 \times 10^4$ — 4 porque existem quatro dígitos após o primeiro dígito do número

Coeficiente

$628 = 6,28 \times 10^2$

Dois dígitos após o primeiro dígito do número (expoente 2)

Coeficiente

$859.600.000.000 = 8,596 \times 10^{11}$

Onze dígitos após o primeiro dígito do número (expoente 11)

Coeficiente

Não precisamos colocar a vírgula decimal após o primeiro dígito, mas, ao fazê-lo, obtemos um coeficiente entre 1 e 10, e esse é o costume.

Utilizando a notação exponencial, podemos dizer que há $2,95 \times 10^{22}$ átomos de cobre em uma moeda de cobre. Para números grandes, o expoente é sempre *positivo*.

Para números pequenos (menores que 1), deslocamos a vírgula decimal para a direita, para depois do primeiro dígito diferente de zero, e usamos um *expoente negativo*.

A notação exponencial também é chamada de notação científica.

Por exemplo, 10^6 significa 1 seguido de seis zeros, ou 1.000.000, e 10^2 significa 100.

AP. 1.1 Exemplos de notação exponencial

$$
\begin{aligned}
10.000 &= 10^4 \\
1.000 &= 10^3 \\
100 &= 10^2 \\
10 &= 10^1 \\
1 &= 10^0 \\
0,1 &= 10^{-1} \\
0,01 &= 10^{-2} \\
0,001 &= 10^{-3}
\end{aligned}
$$

Exemplo

$$0,00346 = 3,46 \times 10^{-3}$$

Três dígitos até o primeiro número diferente de zero

$$0,000004213 = 4,213 \times 10^{-6}$$

Seis dígitos até o primeiro número diferente de zero

Em notação exponencial, um átomo de cobre pesa $1,04 \times 10^{-22}$ g.

Para converter notação exponencial em números por extenso, fazemos a mesma coisa no sentido inverso.

Exemplo

Escrever por extenso: (a) $8,16 \times 10^7$ (b) $3,44 \times 10^{-4}$

Solução

(a) $8,16 \times 10^7 = 81.600.000$

Sete casas para a direita
(adicionar os zeros correspondentes)

(b) $3,44 \times 10^{-4} = 0,000344$

Quatro casas para a esquerda

Quando os cientistas somam, subtraem, multiplicam e dividem, são sempre cuidadosos em expressar suas respostas com o número apropriado de dígitos, o que chamamos de algarismos significativos. Esse método é descrito no Apêndice II.

A. Somando e subtraindo números na notação exponencial

Podemos somar ou subtrair números expressos em notação exponencial *somente se eles tiverem o mesmo expoente*. Tudo que fazemos é adicionar ou subtrair os coeficientes e deixar o expoente como está.

Exemplo

Somar $3,6 \times 10^{-3}$ e $9,1 \times 10^{-3}$.

Uma calculadora com notação exponencial muda o expoente automaticamente.

Solução

$$\begin{array}{r} 3,6 \times 10^{-3} \\ + 9,1 \times 10^{-3} \\ \hline 12,7 \times 10^{-3} \end{array}$$

A resposta também poderia ser escrita em outras formas igualmente válidas:

$$12,7 \times 10^{-3} = 0,0127 = 1,27 \times 10^{-2}$$

Quando for necessário somar ou subtrair dois números com diferentes expoentes, primeiro devemos mudá-los de modo que os expoentes sejam os mesmos.

Exemplo

Somar $1,95 \times 10^{-2}$ e $2,8 \times 10^{-3}$.

Solução

Para somar esses dois números, transformamos os dois expoentes em -2. Assim, $2,8 \times 10^{-3} = 0,28 \times 10^{-2}$. Agora podemos somar:

$$\begin{array}{r} 1,95 \times 10^{-2} \\ + 0,28 \times 10^{-2} \\ \hline 2,33 \times 10^{-2} \end{array}$$

Apêndice I ■ A3

B. Multiplicando e dividindo números na notação exponencial

Para multiplicar números em notação exponencial, primeiro multiplicamos os coeficientes da maneira usual e depois algebricamente *somamos* os expoentes.

Exemplo

Multiplicar $7,40 \times 10^5$ por $3,12 \times 10^9$.

Solução

$$7,40 \times 3,12 = 23,1$$

Somar todos os expoentes:

$$10^5 \times 10^9 = 10^{5+9} = 10^{14}$$

Resposta:

$$23,1 \times 10^{14} = 2,31 \times 10^{15}$$

Exemplo

Multiplicar $4,6 \times 10^{-7}$ por $9,2 \times 10^4$.

Solução

$$4,6 \times 9,2 = 42$$

Somar todos os expoentes:

$$10^{-7} \times 10^4 = 10^{-7+4} = 10^{-3}$$

Resposta:

$$42 \times 10^{-3} = 4,2 \times 10^{-2}$$

Para dividir números expressos em notação exponencial, primeiro dividimos os coeficientes e depois algebricamente *subtraímos* os expoentes.

Exemplo

Dividir: $\dfrac{6,4 \times 10^8}{2,57 \times 10^{10}}$

Solução

$$6,4 \div 2,57 = 2,5$$

Subtrair expoentes:

$$10^8 \div 10^{10} = 10^{8-10} = 10^{-2}$$

Resposta:

$$2,5 \times 10^{-2}$$

Exemplo

Dividir: $\dfrac{1,62 \times 10^{-4}}{7,94 \times 10^7}$

Solução

$$1,62 \div 7,94 = 0,204$$

Subtrair expoentes:

$$10^{-4} \div 10^7 = 10^{-4-7} = 10^{-11}$$

Resposta:

$$0,204 \times 10^{-11} = 2,04 \times 10^{-12}$$

Calculadoras científicas fazem esses cálculos automaticamente. Só é preciso digitar o primeiro número, pressionar $+$, $-$, $\times$ ou $\div$, digitar o segundo número e pressionar $=$. (O método para digitar os números pode variar; leia as instruções que acompanham a calculadora.) Muitas calculadoras científicas também possuem uma tecla que automaticamente converte um número como $0,00047$ em notação científica ($4,7 \times 10^{-4}$) e vice-versa. Para problemas relativos à notação exponencial, ver Capítulo 1, Problemas 1.17 a 1.24.

APÊNDICE II

Algarismos significativos

Se você medir o volume de um líquido em um cilindro graduado, poderá constatar que é 36 mL, até o mililitro mais próximo, mas não poderá saber se é 36,2 ou 35,6 ou 36,0 mL, porque esse instrumento de medida não fornece o último dígito com certeza. Uma bureta fornece mais dígitos. Se você usá-la, será capaz de dizer, por exemplo, que o volume é 36,3 mL e não 36,4 mL. Mas, mesmo com uma bureta, você não poderá saber se o volume é 36,32 ou 36,33 mL. Para tanto, precisará de um instrumento que lhe forneça mais dígitos. Esse exemplo mostra que *nenhum número medido pode ser conhecido com exatidão*. Não importa a qualidade do instrumento de medida, sempre haverá um limite para o número de dígitos que podem ser medidos com certeza.

Definimos o número de **algarismos significativos** como o número de dígitos de um número medido cuja incerteza está somente no último dígito.

Qual é o significado dessa definição? Suponha que você esteja pesando um pequeno objeto em uma balança de laboratório cuja resolução é de 0,1 g e constate que o objeto pesa 16 g. Como a resolução da balança é de 0,1 g, você pode estar certo de que o objeto não pesa 16,1 g ou 15,9 g. Nesse caso, você deve registrar o peso como 16,0 g. Para um cientista, há uma diferença entre 16 g e 16,0 g. Escrever 16 g significa que você não sabe qual é o dígito depois do 6. Escrever 16,0 significa que você sabe: é o 0. Mas não sabe qual o dígito que vem depois do 0. Existem várias regras para o uso dos algarismos significativos no registro de números medidos.

A. Determinando o número de algarismos significativos

Na Seção 1.3, vimos como calcular o número de algarismos significativos de um número. Resumimos aqui as orientações:

1. Dígitos diferentes de zero sempre são significativos.
2. Zeros no começo de um número nunca são significativos.
3. Zeros entre dígitos diferentes de zero são sempre significativos
4. Zeros no final de um número que contém uma vírgula decimal sempre são significativos.
5. Zeros no final de um número que não contém vírgula decimal podem ou não ser significativos.

Neste livro consideraremos que nos números terminados em zero todos os algarismos são significativos. Por exemplo, 1.000 mL têm quatro algarismos significativos, e 20 m, têm dois algarismos significativos.

B. Multiplicando e dividindo

A regra em multiplicação e divisão é que a resposta final deve ter o mesmo número de algarismos significativos que o número com *menos* algarismos significativos.

Exemplo

Fazer as seguintes multiplicações e divisões:
(a) $3,6 \times 4,27$
(b) $0,004 \times 217,38$
(c) $\dfrac{42,1}{3,695}$
(d) $\dfrac{0,30652 \times 138}{2,1}$

Solução

(a) 15 (3,6 tem dois algarismos significativos)
(b) 0,9 (0,004 tem um algarismo significativo)
(c) 11,4 (42,1 tem três algarismos significativos)
(d) $2,0 \times 10^1$ (2,1 tem dois algarismos significativos)

C. Somando e subtraindo

Na adição e na subtração, a regra é completamente diferente. O número de algarismos significativos em cada número não importa. A resposta é dada com o *mesmo número de casas decimais* do termo com menos casas decimais.

Exemplo

Somar ou subtrair:

(a) 320,0|84
    80,4|7
  200,2|3
   20,0|
  620,8|

(b) 61|4532
   13|7
   22|
    0|003
   97|

(c) 14,26|
 −1,05|041
  13,21|

Solução

Em cada caso, somamos ou subtraímos normalmente, mas depois arredondamos de modo que os únicos dígitos que aparecerão na resposta serão aqueles das colunas em que todos os dígitos são significativos.

D. Arredondando

Quando temos muitos algarismos significativos em nossa resposta, é preciso arredondar. Neste livro, usamos a seguinte regra: se *o primeiro dígito eliminado* for 5, 6, 7, 8 ou 9, aumentamos *o último dígito* em uma unidade; de outro modo, fica como está.

Exemplo

Fazer o arredondamento em cada caso considerando a eliminação dos dois últimos dígitos:

(a) 33,679   (b) 2,4715   (c) 1,1145   (d) 0,001309   (e) 3,52

Solução

(a)   33,679 = 33,7
(b)   2,4715 = 2,47
(c)   1,1145 = 1,11
(d) 0,001309 = 0,0013
(e)   3,52 = 4

E. Números contados ou definidos

Todas as regras precedentes aplicam-se a números *medidos* e **não** a quaisquer números que sejam *contados* ou *definidos*. Números contados e definidos são conhecidos com exatidão. Por exemplo, um triângulo é definido como tendo 3 lados, e não 3,1 ou 2,9. Aqui tratamos o número 3 como se tivesse um número infinito de zeros depois da vírgula decimal.

Exemplo

Multiplicar 53,692 (um número medido) $\times$ 6 (um número contado).

Solução

$$322,15$$

Como 6 é um número contado, nós o conhecemos com exatidão, e 53,692 é o número com menos algarismos significativos; o que estamos fazendo é somar 53,692 seis vezes.

Para problemas sobre algarismos significativos, ver Capítulo 1, Problemas 1.25 a 1.30.

Respostas

Capítulo 10 Química orgânica

10.1 A seguir, apresentam-se as estruturas de Lewis que mostram todos os elétrons de valência, com todos os ângulos de ligação marcados.

(a)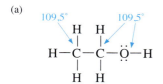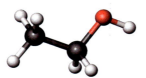

(b)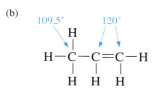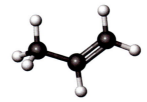

10.2 Dos quatro alcoóis com fórmula molecular $C_4H_{10}O$, dois são 1º, um é 2º e um é 3º. Para as estruturas de Lewis do álcool 3º e de um dos alcoóis 1º, algumas ligações C—CH₃ são desenhadas mais longas para evitar que as estruturas fiquem amontoadas.

$CH_3CH_2CH_2CH_2OH$ — Primário (1º)

$CH_3CH_2CHCH_3$ com OH — Secundário (2º)

CH_3CHCH_2OH com CH₃ — Primário (1º)

CH_3COH com CH₃ e CH₃ — Terciário (3º)

10.3 As três aminas secundárias (2ª) de fórmula molecular $C_4H_{11}N$ são

$CH_3CH_2CH_2NHCH_3$ $CH_3CHNHCH_3$ (com CH₃) $CH_3CH_2NHCH_2CH_3$

10.4 As três cetonas de fórmula molecular $C_5H_{10}O$ são

$CH_3CH_2CH_2\overset{O}{\underset{\|}{C}}CH_3$ $CH_3CH_2\overset{O}{\underset{\|}{C}}CH_2CH_3$ $CH_3\overset{O}{\underset{\|}{C}}CHCH_3$ (com CH₃)

10.5 A seguir, apresentam-se os dois ácidos carboxílicos de fórmula molecular $C_4H_8O_2$. A segunda estrutura desenhada para cada um deles mostra o grupo —CO₂H totalmente condensado.

$CH_3CH_2CH_2\overset{O}{\underset{\|}{C}}OH$ ou $CH_3CH_2CH_2CO_2H$ e

$CH_3\overset{O}{\underset{\|}{C}}HCOH$ (com CH₃) ou CH_3CHCO_2H (com CH₃)

10.6 Os quarto ésteres de fórmula molecular $C_4H_8O_2$ são

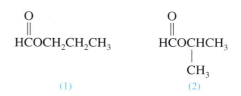

(1) (2)

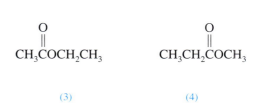

(3) (4)

10.7 (a) V (b) V (c) F (d) F

10.9 Supondo que cada um seja puro, não há diferenças em termos de propriedades químicas ou físicas.

10.11 Wöhler aqueceu cloreto de amônio e cianato de prata, ambos compostos inorgânicos, e obteve ureia, um composto orgânico.

10.13 Os quatro elementos mais comuns na composição dos compostos orgânicos e o número de ligações tipicamente formado por eles são
H: forma uma ligação
C: forma quatro ligações
O: forma duas ligações
N: forma três ligações

10.15 A seguir, apresentam-se as estruturas de Lewis para cada elemento. Sob cada uma delas, o número de elétrons da camada de valência.

(a) ·Ċ·   (b) ·Ö·   (c) ·N̈·   (d) :F̈·
     (4)   (6)   (5)   (7)

R2 ■ Repostas

10.17 (a) H—Ö—Ö—H
Peróxido de hidrogênio

(b) H—N̈—N̈—H com H embaixo de cada N
Hidrazina

(c) H—C—Ö—H com H acima e abaixo do C
Metanol

(d) H—C—S̈—H com H acima e abaixo do C
Metanotiol

(e) H—C—N̈—H com H acima e abaixo do C, e H abaixo do N
Metilamina

(f) H—C—C̈l: com H acima e abaixo do C
Clorometano

10.19 A seguir, apresenta-se a estrutura de Lewis para cada íon.

(a) H—Ö—C(=O)—Ö:⁻

(b) ⁻:Ö—C(=O)—Ö:⁻

(c) CH₃-C(=O)—Ö:⁻

(d) :C̈l:⁻

10.21 Para usar o modelo VSEPR e prever os ângulos de ligação e a geometria em torno dos átomos de carbono, nitrogênio e oxigênio, (1) escrever a estrutura de Lewis para cada molécula-alvo mostrando todos os elétrons de valência; (2) determinar o número de regiões de densidade eletrônica em torno do átomo de C, N ou O; (3) se você encontrar quatro regiões de densidade eletrônica, preveja ângulos de ligação de 109,5 °C; se encontrar três regiões, preveja ângulos de ligação de 120°; se encontrar duas, preveja ângulos de ligação de 180°.

10.23 Você encontraria duas regiões de densidade eletrônica em torno do oxigênio e, portanto, deve prever 180° para o ângulo da ligação C—O—H. Se aparecerem apenas duas regiões de densidade eletrônica, preveja

$$H_3C-CH_2-O-H$$ (estrutura completa com todos os H)

10.25 (a) 120° em torno de C e 109,5° em torno de O.
(b) 109,5° em torno de N.
(c) 120° em torno de N.
(d) Esse é um modelo molecular de (c) e mostra um ângulo de ligação de 120° em torno de N.

10.27 Grupo funcional é uma parte da molécula orgânica submetida a um conjunto de reações químicas previsíveis.

10.29 (a) —C(=O)—
(b) —C(=O)—Ö—H
(c) —Ö—H
(d) —N̈—H com H embaixo
(e) —C(=O)—Ö—

10.31 Quando aplicado a alcoóis, terciário (3º) significa que o carbono do grupo —OH está ligado a três outros átomos de carbono.

10.33 Quando aplicado a aminas, terciária (3ª) significa que o nitrogênio da amina está ligado a três grupos carbônicos.

10.35 (a) Os quatro alcoóis primários (1º) de fórmula molecular $C_5H_{12}O$ são

$$CH_3CH_2CH_2CH_2CH_2OH$$

$$CH_3CH_2CHCH_2OH \quad (CH_3)$$

$$CH_3CCH_2OH \quad (CH_3, CH_3)$$

$$CH_3CHCH_2CH_2OH \quad (CH_3)$$

(b) Os três alcoóis secundários (2º) de fórmula molecular $C_5H_{12}O$ são

$$CH_3CHCH_2CH_2CH_3 \quad (OH)$$

$$CH_3CH_2CHCH_2CH_3 \quad (OH)$$

$$CH_3CHCHCH_3 \quad (OH, CH_3)$$

(c) O único álcool terciário (3º) de fórmula molecular $C_5H_{12}O$ é

$$CH_3CH_2C—OH \quad (CH_3, CH_3)$$

10.37 Os oito ácidos carboxílicos de fórmula molecular $C_6H_{12}O_2$ são:

Respostas ▪ R3

uma cadeia de seis carbonos

uma cadeia de cinco carbonos e uma ramificação

uma cadeia de quatro carbonos e dois carbonos como ramificações

$CH_3CH_2CH_2CH_2CH_2CO_2H$

$CH_3CHCH_2CH_2CO_2H$
|
CH_3

$CH_3CHCHCO_2H$
| |
CH_3 CH_3

$CH_3CH_2CHCH_2CO_2H$
|
CH_3

$CH_3CH_2CHCO_2H$
|
CH_2CH_3

$CH_3CH_2CH_2CHCO_2H$
|
CH_3

CH_3
|
$CH_3CH_2CCO_2H$
|
CH_3

CH_3
|
$CH_3CCH_2CO_2H$
|
CH_3

10.39 O Taxol foi descoberto graças a uma pesquisa sobre plantas nativas financiada pelo Instituto Nacional do Câncer, com o objetivo de encontrar novas substâncias químicas para combater o câncer.

10.41 As setas apontam para átomos e mostram ângulos de ligação em torno de cada átomo.

(a) $109,5°$ $CH_3 - CH_2 - CH_2 - \ddot{O}H$

(b) $109,5°$ $120°$ $CH_3 - CH_2 - \overset{\overset{O}{\|}}{C} - H$

(c) $109,5°$ $120°$ $CH_3 - C = CH_2$

(d) $109,5°$ $180°$ $CH_3 - C \equiv C - CH_3$

(e) $109,5°$ $120°$ $109,5°$ $CH_3 - \overset{\overset{O}{\|}}{C} - \ddot{O} - CH_3$

(f) $109,5°$ $CH_3 - \underset{\cdot\cdot}{N} - CH_3$, com CH_3 acima do N

10.43 A previsão para o ângulo da ligação C-P-C é de $109,5°$.

$109,5°$ $CH_3 - \underset{|}{\overset{\cdot\cdot}{P}} - CH_3$, com CH_3 abaixo do P

10.45 A seguir, apresentam-se os oito aldeídos de fórmula molecular $C_6H_{12}O$. O grupo funcional do aldeído é o CHO.

uma cadeia de seis carbonos

uma cadeia de cinco carbonos e uma ramificação com um carbono

uma cadeia de quatro carbonos e dois carbonos como ramificações

$CH_3CH_2CH_2CH_2CH_2CHO$

$CH_3CHCH_2CH_2CHO$
|
CH_3

$CH_3CHCHCHO$
| |
CH_3 CH_3

$CH_3CH_2CHCH_2CHO$
|
CH_3

CH_3CH_2CHCHO
|
CH_2CH_3

$CH_3CH_2CH_2CHCHO$
|
CH_3

CH_3
|
CH_3CH_2CCHO
|
CH_3

CH_3
|
CH_3CCH_2CHC
|
CH_3

10.47 (a) covalente apolar (b) covalente apolar (c) covalente apolar (d) covalente polar (e) covalente polar (f) covalente polar (g) covalente polar (h) covalente polar

10.49 Sob cada fórmula é dada a diferença de eletronegatividade entre os átomos da ligação mais polar.

(a) $H - \overset{\overset{H}{|}}{\underset{\underset{H}{|}}{C}} - \overset{\delta-}{O} - \overset{\delta+}{H}$

$O - H$ $(3,5 - 2,1 = 1,4)$

(b) $H - \overset{\overset{H}{|}}{\underset{\underset{H}{|}}{C}} - \overset{\delta-}{N} - \overset{\delta+}{H}$, com $H^{\delta+}$ abaixo do N

$N - H$ $(3,0 - 2,1 = 0,9)$

(c) $H - S - \overset{\overset{H}{|}}{\underset{\underset{H}{|}}{C}} - \overset{\overset{H}{|}}{\underset{\underset{H^{\delta+}}{|}}{\overset{\delta-}{C}}} - \overset{\delta+}{N} - N$

$N - H$ $(3,0 - 2,1 = 0,9)$

(d) $H - \overset{\overset{H}{|}}{\underset{\underset{H}{|}}{C}} - \overset{\overset{\delta-}{O}}{\underset{}{\overset{\|}{C}}}{}^{\delta-} - \overset{\overset{H}{|}}{\underset{\underset{H}{|}}{C}} - H$

$C = O$ $(3,5 - 2,5 = 1,0)$

(e) $\overset{\overset{H}{}}{\underset{\underset{H}{}}{{}^{\delta+}C}} = O^{\delta-}$

$C = O$ $(3,5 - 2,5 = 1,0)$

(f) $H - \overset{\overset{H}{|}}{\underset{\underset{H}{|}}{C}} - \overset{\overset{O}{\|}}{C} - \overset{\delta-}{O} - \overset{\delta+}{H}$

$O - H$ $(3,5 - 2,1 = 1,4)$

10.51 A seguir, apresenta-se uma fórmula estrutural para cada parte. Mais de uma resposta é possível para as partes a, b e c.

(a) $CH_3CH_2CH_2\overset{\overset{O}{\|}}{C} - OH$

(b) $CH_3CH_2 - \overset{\overset{O}{\|}}{C} - O - CH_3$

(c) $CH_3 - \underset{\underset{OH}{|}}{CH} - \overset{\overset{O}{\|}}{C} - CH_3$

(d) $H - \overset{\overset{O}{\|}}{C} - \underset{\underset{CH_3}{|}}{\overset{\overset{CH_3}{|}}{C}} - OH$

(e) CH₂=CH—CH₂OH

Capítulo 11 Alcanos

11.1 Esse composto é o octano, e sua fórmula molecular é C₈H₁₈.

11.2 (a) isômeros constitucionais (b) o mesmo composto

11.3 A seguir, apresentam-se as fórmulas estruturais e de linha-ângulo para os três isômeros constitucionais de fórmula molecular C₅H₁₂.

CH₃CH₂CH₂CH₂CH₃ CH₃CHCH₂CH₃ CH₃CCH₃
                      | |
                     CH₃   CH₃
                                      |
                                     CH₃

11.4 (a) 5-isopropil-2-metiloctano. Sua fórmula molecular é C₁₂H₂₆.
(b) 4-isopropil-4-propiloctano. Sua fórmula molecular é C₁₄H₃₀.

11.5 (a) isobutilciclopentano, C₉H₁₈
(b) *sec*-butilcicloeptano, C₁₁H₂₂
(c) 1-etil-1-metilciclopropano, C₆H₁₂

11.6 A estrutura com os três grupos metila equatorial é

11.7 Cicloalcanos (a) e (c) apresentam isomeria *cis-trans*.

(a) *cis*-1,3-Dimetilciclopentano

trans-1,3-Dimetilciclopentano

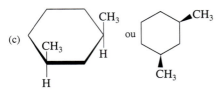

(c) *cis*-1,3-Dimetilcicloexano

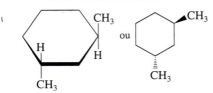

trans-1,3-Dimetilcicloexano

11.8 Em ordem crescente de ponto de ebulição, são eles
(a) 2,2-dimetilpropano (9,5 °C), 2-metilbutano (27,8 °C), pentano (36,1 °C)

(b) 2,2,4-trimetilexano, 3,3-dimetileptano, nonano

11.9 Os dois cloroalcanos com seus nomes comuns e Iupac são

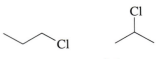

1-cloropropano (Cloreto de propila)   2-cloropropano (Cloreto de isopropila)

11.11 (a) Hidrocarboneto é um composto que contém somente carbono e hidrogênio.
(b) Alcano é um hidrocarboneto saturado.
(c) Um hidrocarboneto saturado contém somente ligações simples C—C e C—H.

11.13 Na fórmula linha-ângulo, cada linha terminal e cada vértice representam um átomo de carbono. As ligações são representadas por combinações de uma, duas ou três linhas paralelas.

11.15 (a) C₁₀H₂₂ (b) C₈H₁₈ (c) C₁₁H₂₄

11.17 (a) V (b) V (c) F (d) F

11.19 Nenhuma delas representa o mesmo composto. Há três grupos de isômeros constitucionais. Os compostos (a), (d) e (e) têm fórmula molecular C₄H₈O e constituem um grupo; os compostos (c) e (f) têm fórmula molecular C₅H₁₀O e formam um segundo grupo; e os compostos (g) e (h) têm fórmula molecular C₆H₁₀O e são o terceiro grupo.

11.21 (a) V (b) V (c) V

11.23 2-metilpropano e 2-metilbutano.

11.25 (a) V (b) F (c) V

11.27

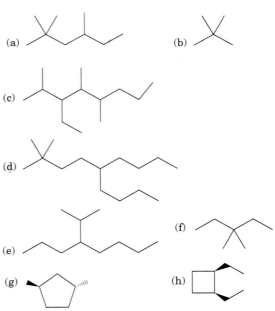

11.29 Uma fórmula estrutural condensada mostra apenas a ordem de ligação dos átomos de um composto. Ela não mostra ângulos de ligação nem o formato da molécula.

11.31 (a) F (b) F (c) V (d) V (e) F

11.33 Não

11.35 As fórmulas estruturais para os seis cicloalcanos de fórmula molecular C₅H₁₀ são

Ciclopentano   Metilciclobutano   1,1-dimetilciclopropano

trans-1,2-dimetilciclopropano   cis-1,2-dimetilciclopropano   Etilciclopropano

11.37 (a) V (b) F (c) F (d) F (e) V (f) V

11.39 O ponto de ebulição do heptano, C_7H_{16}, é 98 °C, e a massa molecular, 100. Sua massa molecular é aproximadamente 5,5 vezes a da água. Embora sejam consideravelmente menores, as moléculas de água se associam na fase líquida por meio de ligações de hidrogênio relativamente fortes, enquanto as moléculas de heptano, bem maiores, se associam apenas por forças de dispersão de London, relativamente fracas.

11.41 Os alcanos são insolúveis em água.

11.43 Os pontos de ebulição dos alcanos não ramificados estão relacionados à sua área superficial; quanto maior a área superficial, maior a intensidade das forças de dispersão, e mais alto o ponto de ebulição. O aumento relativo no tamanho da molécula por grupo CH_2 é maior entre CH_4 e CH_3CH_3, e torna-se progressivamente menor à medida que aumenta a massa molecular. Portanto, o aumento no ponto de ebulição por grupo CH_2 adicionado é maior entre CH_4 e CH_3CH_3, e torna-se progressivamente menor para alcanos maiores.

11.45 (a) F (b) V (c) V

11.47 O calor de combustão do metano é 212 kcal/mol ou 212/16 = 13,3 kcal/grama. O calor de combustão do propano é 530 kcal/mol ou 530/44 = 12,0 kcal/grama. Portanto, a energia calorífica por grama é maior para o metano.

11.49

1-cloropentano   2-cloropentano   3-cloropentano

11.51 (a) Um anel contém apenas átomos de carbono.
(b) Um anel contém dois átomos de nitrogênio.
(c) Um anel contém dois átomos de oxigênio.

11.53 O octano produzirá mais detonação no motor que o heptano.

11.55 Os Freons são uma classe de clorofluorcarbonos. Eles foram considerados ideais como agentes transferidores de calor em sistemas de refrigeração por serem não tóxicos, não corrosivos, não inflamáveis e inodoros. (c) Os dois Freons usados para esse fim foram o Freon-11 (CCl_3F) e o Freon-12 (CCl_2F_2).

11.57 São eles os hidrofluorocarbonos e os hidroclorofluorocarbonos. Esses compostos são muito mais quimicamente reativos na atmosfera que os Freons originais, sendo destruídos antes de alcançar a estratosfera.

11.59 (a) A cadeia mais longa é pentano. Seu nome Iupac é 2-metilpentano.
(b) A cadeia do pentano está incorretamente numerada. Seu nome Iupac é 2-metilpentano.
(c) A cadeia mais longa é pentano. Seu nome Iupac é 3-etil-3-metilpentano.
(d) A cadeia mais longa é hexano. Seu nome Iupac é 3,4-dimetilexano.
(e) A cadeia mais longa é heptano. Seu nome Iupac é 4-metileptano.
(f) A cadeia mais longa é octano. Seu nome Iupac é 3-etil-3-metiloctano.
(g) O anel está incorretamente numerado. Seu nome Iupac é 1-etil-3-metilcicloexano.
(h) O anel está incorretamente numerado. Seu nome Iupac é 1-etil-3-metilcicloexano.

11.61 O tetradecano é um líquido em temperatura ambiente.

11.63 À esquerda, a representação hexagonal planar. À direita, a conformação cadeira mais estável desse isômero

2-isopropil-5-metilcicloexanol   Nessa conformação cadeira, todos os grupos do anel estão em posições equatoriais

11.65 A seguir, a representação da alternativa 2-desoxi-D-ribose.

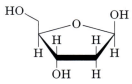

Capítulo 12 Alcenos e alcinos

12.1 (a) 3,3-dimetil-1-penteno (b) 2,3-dimetil-2-buteno
(c) 3,3-dimetil-1-butino

12.2 (a) *trans*-3,4-dimetil-2-penteno
(b) *cis*-4-etil-3-hepteno

12.3 (a) 1-isopropil-4-metilcicloexeno (b) ciclo-octeno
(c) 4-*terc*-butilcicloexeno

12.4 As fórmulas linha-ângulo para os outros dois heptadienos são

cis,trans-2,4-heptadieno   cis,cis-2,4-heptadieno

12.5 Quatro estereoisômeros são possíveis (dois pares de isômeros *cis-trans*).

12.6

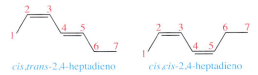

12.7 Propor um mecanismo em duas etapas semelhante ao da adição de HCl ao propeno.

1ª etapa: A reação de H^+ com dupla ligação carbono-carbono produz um carbocátion 3º intermediário.

Carbocátion
3º intermediário

2ª etapa: A reação do carbocátion 3º intermediário com o íon brometo completa a camada de valência do carbono, gerando o produto.

12.8 O produto de cada hidratação catalisada por ácido é o mesmo álcool.

$$CH_3\overset{\overset{\displaystyle CH_3}{|}}{\underset{\underset{\displaystyle OH}{|}}{C}}CH_2CH_3$$

12.9 Propor um mecanismo em três etapas semelhante ao da hidratação, catalisada por ácido, do propeno.

1ª etapa: A reação da dupla ligação carbono-carbono com H^+ produz um carbocátion 3º intermediário.

Carbocátion
3º intermediário

2ª etapa: A reação do carbocátion 3º intermediário com a água completa a camada de valência do carbono e produz um íon oxônio.

Íon oxônio

3ª etapa: A perda do H^+ do íon oxônio completa a reação e gera um novo catalisador H^+.

12.10 (a) $CH_3-\overset{\overset{\displaystyle CH_3}{|}}{\underset{\underset{\displaystyle H_3C}{|}}{C}}-\overset{\overset{\displaystyle }{}}{\underset{\underset{\displaystyle Br}{|}}{CH}}-\overset{}{\underset{\underset{\displaystyle Br}{|}}{CH_2}}$ (b)

12.11 (a) F   (b) F   (c) F   (d) V

12.13 Um hidrocarboneto saturado contém apenas ligação simples carbono-carbono e carbono-hidrogênio. Um

hidrocarboneto insaturado contém uma ou mais ligações duplas ou triplas carbono-carbono (Capítulo 13).

12.15

(a)   109,5°   120°

(b)   120°   CH₂OH

(c) $HC\equiv C-CH=CH_2$ 180°   120°

(d)   120°

12.17

(a)

(b) $CH_3\overset{\overset{\displaystyle CH_3}{|}}{CH}C\equiv CCH_2CH_3$

(c) $CH_2=\overset{\overset{\displaystyle CH_3}{|}}{C}CH_2CH_3$

(d) $HC\equiv C\overset{\overset{\displaystyle CH_3}{|}}{\underset{\underset{\displaystyle CH_2CH_3}{|}}{C}}CH_2CH_3$

(e) $CH_3\overset{\overset{\displaystyle H_3C}{|}}{C}=\overset{\overset{\displaystyle CH_3}{|}}{C}CH_2CH_3$

12.19 (a) 2,5-dimetil-1-hexeno
(b) 1,3-dimetilciclopenteno
(c) 2-metil-1-buteno
(d) 2-propil-1-penteno

12.21 (a) A cadeia mais longa tem quatro átomos de carbono. O nome correto é 2-metil-1-buteno.
(b) O anel está incorretamente numerado. O nome correto é 4-isopropilcicloexeno.
(c) A cadeia mais longa tem seis carbonos. O nome correto é 3-metil-2-hexeno.
(d) A cadeia mais longa que contém $C=C$ tem cinco átomos de carbono. O nome correto é 2-etil-3-metil-1-penteno.
(e) O anel está incorretamente numerado. O nome correto é 3,3-dimetilcicloexeno.
(f) A cadeia mais longa tem sete átomos de carbono. O nome correto é 3-metil-3-hepteno.

12.23 Somente (b) 2-hexeno, (c) 3-hexeno e (e) 3-metil-2-hexeno apresentam isomeria *cis-trans*.

12.25 O ácido araquidônico é o isômero todo *cis*.

Ácido araquidônico

12.27 Somente as partes (b) e (d) apresentam isomeria *cis-trans*.

(b)

(d)

12.29 A seguir, apresenta-se uma fórmula estrutural para o β-ocimeno.

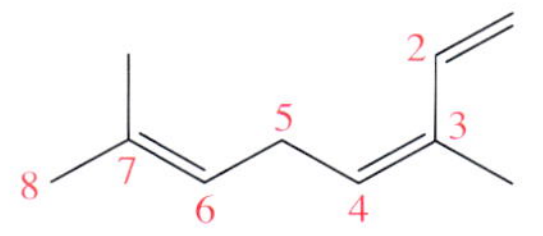

β-ocimeno

12.31 (a) V (b) V (c) F (d) F

12.33 As quatro unidades do isopreno aparecem realçadas com linhas mais grossas.

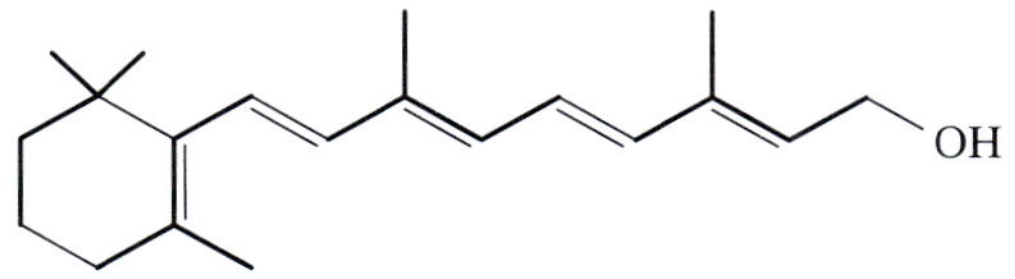

Vitamina A (retinol)

12.35 Na reação de adição do alceno, uma das ligações da dupla ligação carbono-carbono é rompida, formando em seu lugar ligações simples com dois novos átomos ou grupos de átomos.

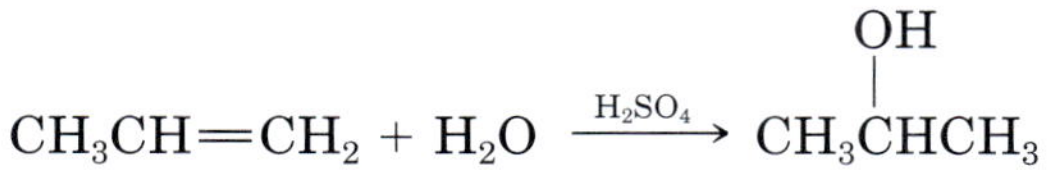

$$CH_3CH{=}CH_2 + H_2O \xrightarrow{H_2SO_4} CH_3\overset{\overset{\displaystyle OH}{|}}{C}HCH_3$$

12.37

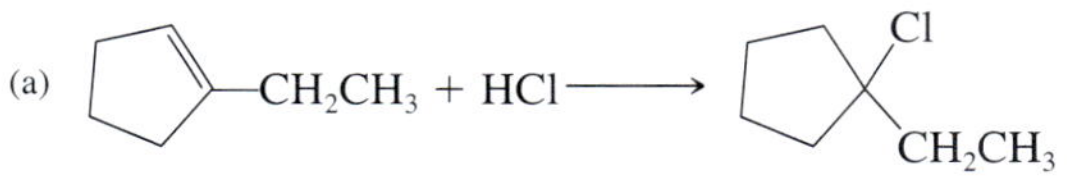

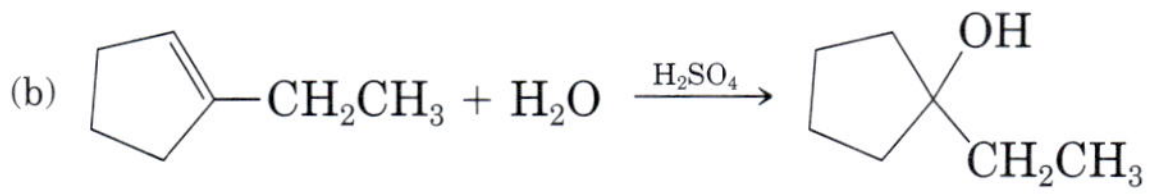

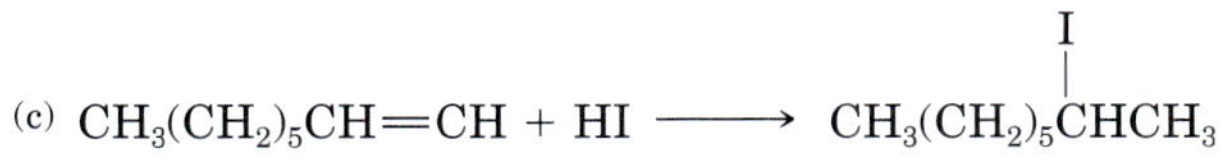

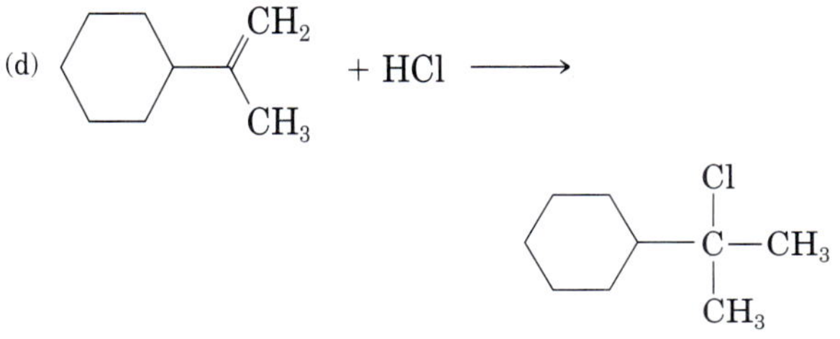

(a) cyclopentene–CH_2CH_3 + HCl ⟶ product with Cl and CH_2CH_3

(b) cyclopentene–CH_2CH_3 + H_2O $\xrightarrow{H_2SO_4}$ product with OH and CH_2CH_3

(c) $CH_3(CH_2)_5CH{=}CH$ + HI ⟶ $CH_3(CH_2)_5\overset{\overset{\displaystyle I}{|}}{C}HCH_3$

(d) cyclohexane with $\overset{CH_2}{\underset{CH_3}{\big|}}$ + HCl ⟶ product cyclohexane–$\overset{\overset{\displaystyle Cl}{|}}{\underset{\displaystyle CH_3}{C}}$–$CH_3$

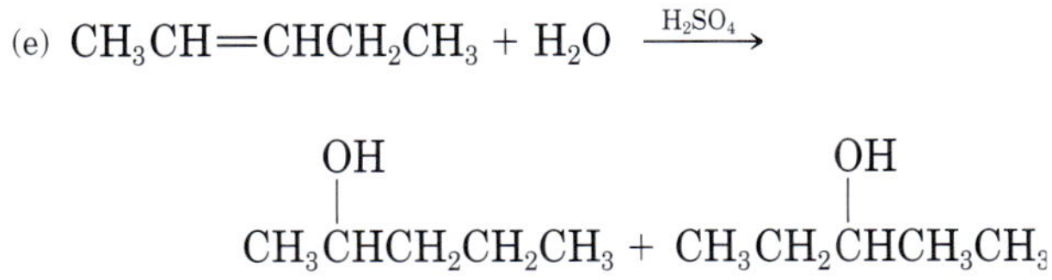

(e) $CH_3CH{=}CHCH_2CH_3 + H_2O \xrightarrow{H_2SO_4}$

$CH_3\overset{\overset{\displaystyle OH}{|}}{C}HCH_2CH_2CH_3 + CH_3CH_2\overset{\overset{\displaystyle OH}{|}}{C}HCH_3CH_3$

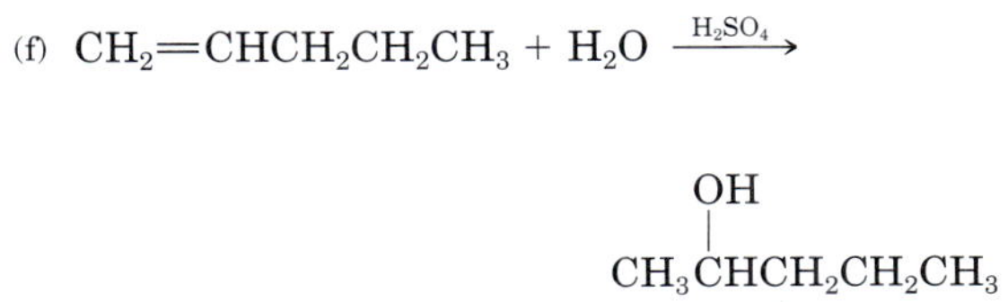

(f) $CH_2{=}CHCH_2CH_2CH_3 + H_2O \xrightarrow{H_2SO_4}$

$CH_3\overset{\overset{\displaystyle OH}{|}}{C}HCH_2CH_2CH_3$

12.39

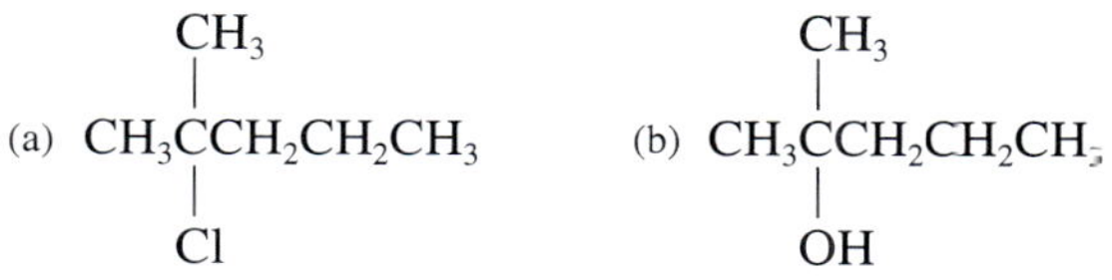

(a) $CH_3\overset{\overset{\displaystyle CH_3}{|}}{\underset{\underset{\displaystyle Cl}{|}}{C}}CH_2CH_2CH_3$

(b) $CH_3\overset{\overset{\displaystyle CH_3}{|}}{\underset{\underset{\displaystyle OH}{|}}{C}}CH_2CH_2CH_3$

12.41

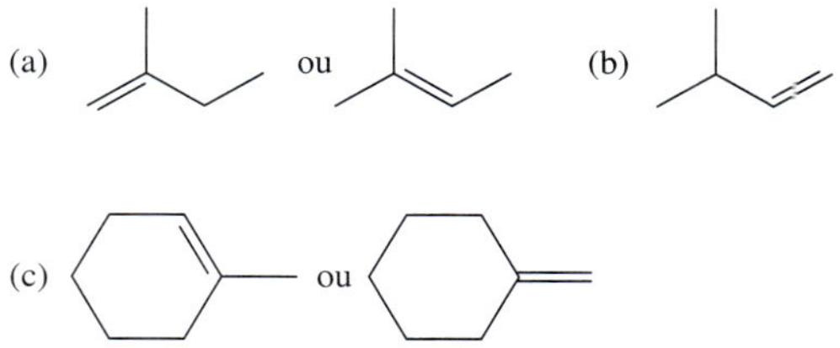

(a) ou (b)

(c) ou

12.43

(a) $CH_2{=}\overset{\overset{\displaystyle CH_3}{|}}{C}CH_2CH_3$ ou $CH_3\overset{\overset{\displaystyle CH_3}{|}}{C}{=}CHCH_3$

(b) $CH_3\overset{\overset{\displaystyle CH_3}{|}}{C}HCH{=}CH_2$

(c) $CH_2{=}CHCH_2CH_2CH_3$

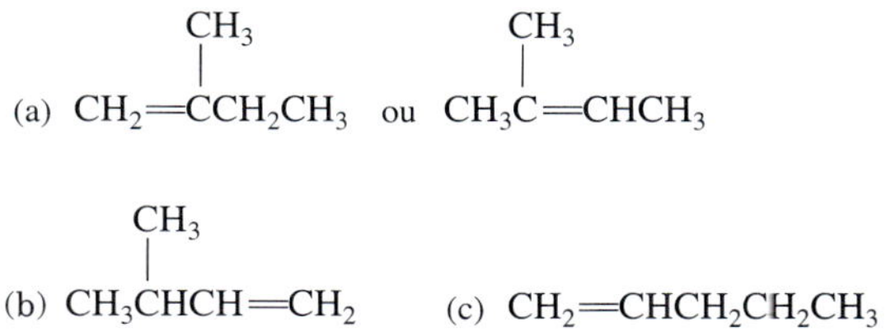

12.45 A reação envolve a hidratação, catalisada por ácido, de cada ligação dupla. São dois isômeros *cis-trans*. A fórmula estrutural do hidrato de terpina é mostrada a seguir na conformação em cadeira, mais estável, com o grupo —$(CH_3)_2$CHOH em posição equatorial.

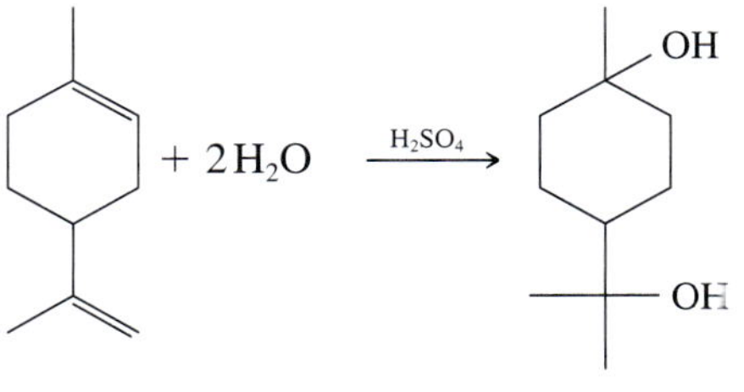

Limoneno + $2\,H_2O$ $\xrightarrow{H_2SO_4}$ Terpina

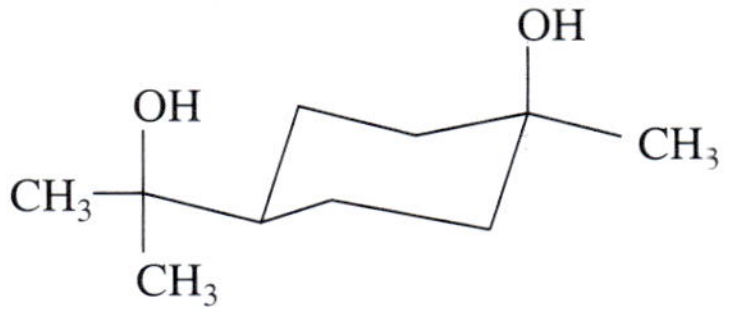

12.47 O composto A é o 2-metil-1,3-butadieno.

12.49 Os reagentes aparecem acima das setas.

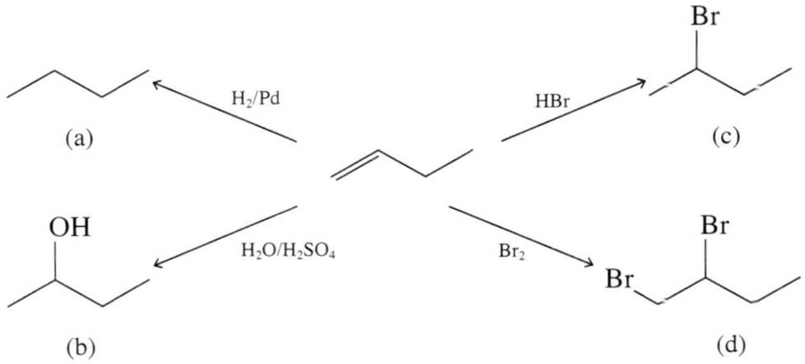

(a) H_2/Pd (b) H_2O/H_2SO_4 (c) HBr (d) Br_2

12.51 O etileno é um agente maturador natural para frutas.

12.53 Sua fórmula molecular é $C_{16}H_{30}O_2$.

12.55 Os bastonetes são usados na visão periférica e noturna. Os cones funcionam à luz do dia e são usados na visão das cores.

12.57 Entre os itens de consumo feitos de polietileno de alta densidade (HDPE), as jarras para leite e água, os sacos de mercearia e as garrafas comprimíveis (*squeeze*) são os mais comuns. No caso do polietileno de baixa densidade (LDPE), os itens mais comuns são as embalagens para acondicionar alimentos assados, verduras, legumes e outros produtos, e também sacos de lixo. Atualmente, apenas os materiais de HDPE são recicláveis.

12.59 São cinco os compostos de fórmula molecular C_4H_8. Todos os isômeros são constitucionais. Os únicos isômeros *cis-trans* são o *cis*-2-buteno e o *trans*-2-buteno.

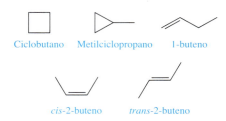

12.61 (a) O esqueleto carbônico do licopeno pode ser dividido em oito unidades de isopreno, que aqui aparecem realçadas com linhas mais grossas.

(b) Onze das treze ligações duplas poderão apresentar isomeria *cis-trans*. As ligações duplas em ambas as extremidades da molécula não podem apresentar isomeria *cis-trans*.

12.63

(a) (b) —CH₃

(c) (d)

12.65 Toda reação de hidratação do alceno segue a regra de Markovnikov. O H é adicionado preferencialmente ao carbono-3 e o OH ao carbono-4, produzindo 3-hexanol. Cada carbono da ligação dupla tem novamente o mesmo padrão de substituição, portanto 3-hexanol é o único produto.

12.67 Os reagentes aparecem acima das setas.

12.69 O ácido oleico tem uma ligação dupla em torno da qual é possível a isomeria *cis-trans*, portanto são possíveis $2^1 = 2$ isômeros (um par de isômeros *cis-trans*). O ácido linoleico tem duas ligações duplas em torno das quais é possível a isomeria *cis-trans*, portanto são possíveis $2^2 = 4$ isômeros (dois pares de isômeros *cis-trans*).
O ácido linolênico tem três ligações duplas em torno das quais é possível a isomeria *cis-trans*, portanto são possíveis $2^3 = 8$ isômeros (quatro pares de isômeros *cis-trans*).

Capítulo 13 Benzeno e seus derivados

13.1 (a) 2,4,6-tri-*terc*-butilfenol
(b) 2,4-dicloroanilina
(c) ácido 3-nitrobenzoico

13.3 Um composto saturado contém somente ligações covalentes simples. Um composto insaturado contém uma ou mais ligações duplas ou triplas, ou anéis aromáticos. As ligações duplas mais comuns são C═C, C═O e C═N. A ligação tripla mais comum é C≡C.

13.5 Os membros de cada classe de hidrocarbonetos contêm menos hidrogênios que um alcano ou cicloalcano com o mesmo número de átomos de carbono. Ou então, cada classe de hidrocarbonetos contém uma ou mais ligações duplas ou triplas carbono-carbono.

13.7 Não.

13.9 (a) CH₄ (b) CH₂═CH₂
Metano   Eteno (Etileno)

(c) HC≡CH   (d) Benzeno
Etino (Acetileno)

13.11 O benzeno consiste em seis carbonos, cada um circundado por três regiões de densidade eletrônica, o que resulta em ângulos de 120° para todas as ligações. A presença unicamente de carbonos trigonais planares no anel significa que todos os substituintes do anel são co-planares (estão no mesmo plano) e que a isomeria *cis-trans* não é possível. Por sua vez, o cicloexano consiste em seis carbonos, cada um circundado por quatro regiões de densidade eletrônica, o que resulta em ângulos de 109,5° para todas as ligações. A natureza tetraédrica dos átomos do anel é que permite substituintes acima e abaixo do anel e, portanto, isomeria *cis-trans* (porque nenhuma rotação C—C é possível nesse sistema cíclico).

13.13 (a) V   (b) F   (c) F   (d) V   (e) F   (f) F

13.15

(a) (b) (c) (d) (e) (f)

13.17 Somente o cicloexeno reagirá com uma solução de bromo em diclorometano. A solução de Br_2/CH_2Cl_2 apresenta uma coloração púrpura avermelhada, enquanto o 1,2-dibromocicloexano é incolor. Para identificar os compostos, coloque uma pequena quantidade de cada composto num tubo de ensaio e adicione algumas gotas da solução de Br_2/CH_2Cl_2. Se a cor vermelha desaparecer, o composto é o cicloexeno, que foi convertido em 1,2-dibromocicloexano. Se permanecer a cor púrpura avermelhada, o composto é o benzeno porque, na ausência de um catalisador, os compostos aromáticos não reagem com o Br_2 em diclorometano.

Cicloexeno (incolor)   +   Bromo (vermelho) $\xrightarrow{CH_2Cl_2}$ 1,2-dibromocicloexano (incolor)

Benzeno   + Br_2 $\xrightarrow{CH_2Cl_2}$ Nenhuma reação

13.19

2-bromotolueno (*o*-bromotolueno)   3-bromotolueno (*m*-bromotolueno)   4-bromotolueno (*p*-bromotolueno)

13.21 (a) Nitração com HNO_3/H_2SO_4, seguida de sulfonação com H_2SO_4. A ordem das etapas pode ser invertida
(b) Bromação com $Br_2/FeCl_3$, seguida de cloração com $Cl_2/FeCl_3$. A ordem das etapas pode ser invertida.

13.23 (a) V   (b) V   (c) F   (d) F   (e) F
(f) V   (g) V   (h) V   (i) V

13.25 Auto-oxidação é a reação de um grupo C—H com oxigênio, O_2, formando hidroperóxido C—O—O—H.

13.27 A vitamina E participa em uma das etapas de propagação da cadeia na auto-oxidação e forma um radical estável, interrompendo o ciclo de etapas na propagação da cadeia.

13.29 Por definição, um carcinógeno é uma substância que causa câncer. Os carcinógenos mais importantes presentes na fumaça do cigarro pertencem a uma classe de compostos chamada hidrocarbonetos aromáticos polinucleares (PAHs).

13.31 Os grupos nitro contribuem com a maior parte da massa molecular da ciclonita (RDX).

Explosivo	MM	Grupos NO_2	% Grupos NO_2
TNT	227,1	138	60,77
Nitroglicerina	227,1	138	60,77
Ciclonita	222,1	138	62,13
PETN	316,1	184	58,21

13.33 Os grupos funcionais mais responsáveis pela solubilidade em água desses corantes são os dois grupos iônicos —SO_3^- e Na^+.

13.35 A capsaicina é isolada de várias espécies de pimenta (*Capsicum* e *Solanaecae*).

13.37 A seguir, apresentam-se as três possíveis estruturas contribuintes de ressonância para o naftaleno.

13.39 O BHT participa em uma das etapas de propagação da cadeia na auto-oxidação. Ele forma um radical estável e assim finaliza a reação da cadeia radical.

13.41 O estireno reage com o bromo por adição à dupla ligação carbono-carbono.

$+ Br_2 \longrightarrow$

R10 ■ Repostas

Capítulo 14 Alcoóis, éteres e tióis

14.1 (a) 2-heptanol
(b) 2,2-dimetil-1-propanol
(c) *cis*-3-isopropilcicloexanol

14.2 (a) Primário (b) Secundário (c) Primário (d) Terciário

14.3 A estrutura do alceno como produto principal de cada reação aparece enquadrada.
Em cada caso, o produto principal contém a ligação dupla mais substituída.

(a) $CH_3C\!=\!CHCH_3$ (enquadrado, com CH_3 no carbono) $+\; CH_2\!=\!CCH_2CH_3$ (com CH_3)

(b) [estrutura de ciclopentano com CH_3, enquadrada] $+$ [ciclopentano com $=CH_2$]

14.4

[esquema de reações]

2-metilci-cloexanol $\xrightarrow{H_2SO_4}$ 1-metilci-cloexeno (C) $\xrightarrow[H_2SO_4]{H_2O}$ 1-metilci-cloexanol (D)

14.5 Cada álcool secundário é oxidado à cetona.

(a) [cicloexanona com $=O$]
(b) $CH_3\overset{O}{\overset{\|}{C}}CH_2CH_2CH_3$

14.6 (a) Etil-isobutiléter (b) Ciclopentil-metiléter

14.7 (a) 3-metil-1-butanotiol (b) 3-metil-2-butanotiol

14.9 A diferença está no número de átomos de carbono ligados ao carbono do grupo OH. Para alcoóis primários, é um; para alcoóis secundários, dois; e para alcoóis terciários, três.

14.11
(a) [estrutura com OH]
(b) [estrutura com dois OH]
(c) [estrutura com OH]
(d) HO—[estrutura]—OH
(e) [cadeia com OH]
(f) [cicloexano com OH e dois metil]

14.13 (a) A prednisona contém três cetonas, um álcool primário, um álcool terciário, uma ligação dupla carbono-carbono dissubstituída e uma ligação dupla carbono-carbono trissubstituída.

(b) O estradiol contém um álcool secundário e um fenol dissubstituído.

14.15 Alcoóis de baixa massa molecular formam ligações de hidrogênio com moléculas de água, tanto através do oxigênio quanto do hidrogênio de seus grupos —OH. Éteres de baixa massa molecular formam ligações de hidrogênio com moléculas de água somente através do átomo de oxigênio de seu grupo —O—. A maior extensão da ligação de hidrogênio entre álcool e moléculas de água torna os alcoóis de baixa massa molecular mais solúveis em água que os éteres de baixa massa molecular.

14.17 Ambos os tipos de ligação de hidrogênio aparecem na seguinte ilustração.

[ilustração de ligações de hidrogênio com CH_3—O, O—CH_3, H—O, etc.]

14.19 Em ordem crescente de ponto de ebulição, são eles:

$$CH_3CH_2CH_3 \quad CH_3CH_2OH$$
$$-42\ °C \qquad\quad 78\ °C$$

$$CH_3CH_2CH_2CH_2OH \quad HOCH_2CH_2OH$$
$$117\ °C \qquad\qquad 198\ °C$$

14.21 A espessura (viscosidade) desses três líquidos está relacionada à força da ligação de hidrogênio entre suas moléculas no estado líquido. A ligação de hidrogênio é mais forte entre moléculas de glicerol, mais fraca entre moléculas de etilenoglicol, e mais fraca ainda entre moléculas de etanol.

14.23 Em ordem decrescente de solubilidade em água, são eles:
(a) etanol > dietiléter > butano
(b) 1,2-hexanodiol > 1-hexanol > hexano

14.25 (a) V (b) V (c) F (d) F (e) F (f) F (g) V
(h) F (i) V (j) F

14.27 Fenóis são ácidos fracos, com valores de pK_a aproximadamente igual a 10. Alcoóis são ácidos consideravelmente mais fracos, cuja acidez é quase igual à da água (valores de pK_a em torno de 16).

14.29

(a) $CH_3CH_2CH_2CH_2OH \xrightarrow[\text{calor}]{H_2SO_4} CH_3CH_2CH\!=\!CH_2 + H_2O$

(b) $CH_3CH_2CH_2CH_2OH \xrightarrow[H_2SO_4]{K_2Cr_2O_7} CH_3CH_2CH_2CO_2H$

14.31

(a) [cadeia]—OH $\xrightarrow[H_2SO_4]{K_2Cr_2O_7}$ [cadeia]—$\overset{O}{\overset{\|}{C}}$—OH

(b) $HOCH_2CH_2CH_2CH_2OH \xrightarrow[H_2SO_4]{K_2Cr_2O_7}$

$$\underset{O}{\overset{O}{\parallel}} \quad \underset{O}{\overset{O}{\parallel}}$$
$$HOCCH_2CH_2COH$$

14.33 (a) H_2SO_4, calor (b) H_2O/H_2SO_4
(c) $K_2Cr_2O_7/H_2SO_4$ (d) HBr (e) Br_2
(f) H_2/Pd (g) $K_2Cr_2O_7/H_2SO_4$
(h) $K_2Cr_2O_7/H_2SO_4$ (i) $K_2Cr_2O_7/H_2SO_4$

14.35 O 2-propanol (álcool isopropílico) e a glicerina (glicerol) são derivados do propeno. O 2-propanol é o álcool usado para fricção. O glicerol é usado principalmente em produtos para cuidados da pele e em cosméticos. É também o material de partida para a síntese da nitroglicerina.

14.37 (a) Diciclopentiléter   (b) Dipentiléter
(c) Di-isopropiléter

14.39 (a) 2-butanotiol   (b) 1-butanotiol
(c) Cicloexantiol

14.41 Como as moléculas de 1-butanol se associam por ligação de hidrogênio no estado líquido, seu ponto de ebulição é mais alto (117 °C). Há pouca polaridade na ligação S—H. As únicas interações entre as moléculas de 1-butanotiol no estado líquido são as forças de dispersão de London, consideravelmente mais fracas. Por essa razão, o 1-butanotiol tem o ponto de ebulição mais baixo (98°).

14.43 (a) V   (b) V   (c) V   (d) V   (e) V   (f) V

14.45 Nobel descobriu que a terra diatomácea absorve nitroglicerina, de modo que não explodirá sem um detonador.

14.47 O íon dicromato é de coloração laranja-avermelhada; o íon crômio (III) é verde. Quando a expiração que contém etanol atravessa uma solução que contém íons dicromato, o etanol é oxidado e o íon dicromato é reduzido ao íon crômio (III), de cor verde.

14.49 Ângulos de ligação normais em torno do carbono tetraédrico e do oxigênio divalente são de 109,5°. No óxido de etileno, os ângulos das ligações C—C—O e C—O—C são comprimidos a aproximadamente 60°, o que resulta numa tensão angular no interior da molécula.

14.51 A fórmula molecular de cada um é $C_3H_2ClF_5O$. Eles têm a mesma fórmula molecular, mas conectividade diferente entre seus átomos.

Enflurano

Isoflurano

14.53 $CH_3CH_2OH + 3O_2 \longrightarrow 2CO_2 + 3H_2O$

14.55 Os oito alcoóis isoméricos de fórmula molecular $C_5H_{12}O$ são:

14.57 O etilenoglicol tem dois grupos –OH pelos quais cada molécula participa da ligação de hidrogênio, enquanto o 1-propanol só tem um. As forças intermoleculares de atração entre as moléculas de etilenoglicol, mais intensas, dão a ele um ponto de ebulição mais alto.

14.59 Dispostos em ordem crescente de ponto de ebulição, são eles:

$CH_3CH_2CH_2CH_2CH_2CH_3$
Hexano
(Insolúvel)

$CH_3CH_2CH_2CH_2CH_2OH$
1-pentanol
(2,3 g/100 ml)

$HOCH_2CH_2CH_2CH_2OH$
1,4-butanodiol
(Infinitamente solúvel)

14.61 Cada um é preparado a partir do 2-metil-1-propanol (enquadrado), conforme mostra este diagrama de fluxo.

14.63 Os três grupos funcionais são um tiol, uma amina primária e um grupo carboxílico.
A oxidação do tiol forma um dissulfeto.

Cistina

Capítulo 15 Quiralidade: a lateralidade das moléculas

15.1 Os enantiômeros de cada parte são desenhados com dois grupos no plano do papel, um terceiro grupo acima do plano do papel, e o quarto grupo abaixo do plano do papel.

R12 ■ Repostas

(a) [structures of COOH-C(H)(CH₃)-cyclopentyl enantiomer pair]

(b) [structures of HO-C(H)(CH₃CH(CH₃))-CH₃ enantiomer pair]

15.2 O grupo de maior prioridade em cada par aparece enquadrado.

(a) ⌐—CH₂OH⌐ e —CH₂CH₂COH (com O=)

(b) ⌐—CH₂NH₂⌐ e —CH₂COH (com O=)

15.3 A configuração é *R*, e o composto é o *R*-gliceraldeído.

15.4 (a) As estruturas 1 e 3 são um par de enantiômeros. As estruturas 2 e 4 formam um segundo par de enantiômeros.
(b) Os compostos 1 e 2, 1 e 4, 2 e 3, e 3 e 4 são diastereômeros.

15.5 Quatro estereoisômeros são possíveis para o 3-metilcicloexanol. O isômero *cis* é um par de enantiômeros. O isômero *trans* é um segundo par de enantiômeros.

15.6 Cada estereocentro é marcado por um asterisco e o número de estereoisômeros possíveis aparece abaixo da fórmula estrutural.

(a) HO-HO-C₆H₃-CH₂CH(NH₂)COOH   2¹ = 2

(b) CH₂=CHCH(OH)CH₂CH₃   2¹ = 2

(c) ciclohexano com OH e NH₂   2² = 4

15.7 (a) V (b) V (c) V (d) F (e) V (f) V (g) V (h) V (i) V

15.9 Um objeto aquiral não tem lateralidade. Trata-se de um objeto cuja imagem especular é sobreponível ao original. Um exemplo é o metano, CH₄.

15.11 Tanto os isômeros constitucionais quanto os estereoisômeros têm a mesma fórmula molecular. Enquanto os estereoisômeros têm a mesma conectividade, nos isômeros constitucionais a conectividade entre os átomos é diferente.

15.13 O 2-pentanol tem um estereocentro (carbono 2). O 3-pentanol não tem estereocentro.

15.15 O carbono de um grupo carbonila está ligado a apenas três grupos. Para ser um estereocentro, o carbono deve estar ligado a quatro grupos diferentes.

15.17 Os compostos (b), (c) e (d) contêm estereocentros, aqui assinalados por asteriscos, e são quirais.

(b) Cl-CH₂-*CH(OH)-CH₃

(c) 2-metilciclopentanol (com dois *)

(d) Ph-*CH(OH)-CH₂CH₃

15.19 A seguir, apresentam-se as imagens especulares de cada um deles.

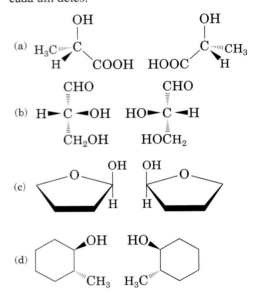

15.21 (a) V (b) F (c) V (d) F (e) V (f) V

15.23 Somente as partes (b) e (c) contêm estereocentros.

(b) HO-CH₂-*CH(OH)-CH₂CH₃

(c) CH₂=CH-*CH(OH)-CH₂CH₃

15.25 Os estereocentros estão marcados com um asterisco. Abaixo de cada um, o número possível de estereoisômeros.

(a) 2-metilciclopentanol   (2² = 4) (dois pares de enantiômeros)

(b) geraniol/nerol   2 (*cis + trans*)

(c) tetra-hidrofurano-2-ol   (2¹ = 2) (um par de enantiômeros)

(d) decalinona   (2² = 4) (dois pares de enantiômeros)

15.27 A rotação específica de seu enantiômero é +41°.

15.29 (a) V (b) V (c) F (d) V

15.31 Dos oito alcoóis de fórmula molecular $C_5H_{12}O_2$, somente três são quirais.

2-pentanol   2-metil-1-butanol   3-metil-2-butanol

15.33 Dos oito ácidos carboxílicos de fórmula molecular $C_6H_{12}O_2$, somente três são quirais.

15.35 A amoxicilina tem quatro estereocentros.

Amoxicilina

15.37 Compartilhe suas descobertas com os outros. Verá que é interessante compará-las.

15.39 Esta molécula tem oito estereocentros, aqui assinalados com asteriscos. São $2^8 = 256$ estereoisômeros possíveis.

Triancinolona acetonida

Capítulo 16 Aminas

16.1 A pirrolidina tem nove hidrogênios e sua fórmula molecular é C_4H_9N. A purina tem quatro hidrogênios e sua fórmula molecular é $C_5H_4N_4$.

16.2
(a)   (b)   (c)

16.3
(a)   (b)   (c)

16.4 A base mais forte aparece enquadrada.

(a)   ou

(b) CH_3NH_2 ou

16.5 O produto de cada reação é um sal de amônio.

(a) $(CH_3CH_2)_3\overset{+}{N}HCl^-$
Cloreto de trietilamônio

(b)
Acetato de piperidínio

16.7 Cada composto tem um anel de seis membros com três ligações duplas.

16.9 A seguir, apresenta-se uma fórmula estrutural para cada amina.

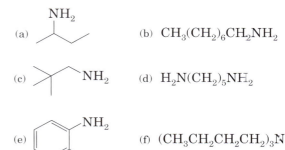

16.11 Para esta fórmula molecular, existem quatro aminas primárias, três aminas secundárias e uma amina terciária. Somente a 2-butanamina é quiral.

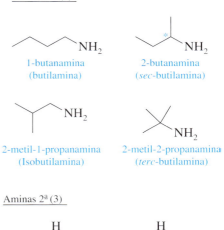

Dietilamina

Amina 3ª (1)

Etildimetilamina

16.13 (a) F   (b) V   (c) V

16.15 A associação das moléculas de 1-butanol, por ligação de hidrogênio, é mais forte que a associação das moléculas de 1-butanamina, por ligação de hidrogênio, por causa da maior polaridade da ligação O—H se comparada à polaridade da ligação N—H.

16.17 Aminas de baixa massa molecular são moléculas polares e solúveis em água porque formam ligações de hidrogênio relativamente fortes com as moléculas de água. Hidrocarbonetos são moléculas apolares e não interagem com moléculas de água.

16.19 As aminas são mais básicas que os alcoóis porque o nitrogênio é menos eletronegativo que o oxigênio e, portanto, mais inclinado a doar seu par de elétrons não compartilhados ao H^+, numa reação ácido-base, para formar um sal.

16.21 (a) Cloreto de etilamônio
(b) Cloreto de dietilamônio
(c) Hidrogenossulfato de anilínio

16.23 A forma da anfetamina presente tanto em pH 1,0 quanto em pH 7,4 é seu ácido conjugado.

Ácido conjugado da anfetamina

16.25

(a)
(b)

16.27 (a) O tamoxifeno contém três anéis aromáticos (benzeno), uma ligação dupla carbono-carbono, um éter e uma amina terciária.
(b) A amina é terciária.
(c) Dois estereoisômeros são possíveis: um par de isômeros *cis-trans*.
(d) Insolúvel em água e no sangue.

16.29 Possíveis efeitos negativos são longos períodos de insônia, perda de peso e paranoia.

16.31 Tanto a coniina quanto a nicotina têm um estereocentro; dois estereoisômeros (um par de enantiômeros) são possíveis para cada uma. O enantiômero *S* de cada uma aparece logo abaixo.

(*S*)-Coniina   (*S*)-Nicotina

16.33 Os quatro estereoisômeros do hidrocloreto de cocaína estão assinalados com asteriscos. A seguir, apresenta-se a fórmula estrutural do sal formado pela reação da cocaína com HCl.

Cocaína•HCl

16.35 Nem o Librium nem o Valium são quirais. Ambos são aquirais (sem lateralidade).

16.37 Não. Nenhum HCl ficou sem reagir.

16.39 O grupo amino de cada composto é secundário. Cada composto tem um anel benzênico, um grupo fenólico —OH, um álcool secundário em carbono ligado ao anel benzênico e a mesma configuração em seu estereocentro único. A amina da epinefrina é substituída por um grupo metila, enquanto aquela do albuterol tem um grupo butila terciário.

16.41 Em ordem de capacidade decrescente de formar ligações de hidrogênio intermoleculares, são eles: $CH_3OH > (CH_3)_2NH > CH_3SH$. Uma ligação O—H é mais polar que uma ligação N—H, que, por sua vez, é mais polar que uma ligação S—H.

16.43 Butano, a molécula menos polar, tem o menor ponto de ebulição; 1-propanol, a molécula mais polar, tem o maior ponto de ebulição.

$$CH_3CH_2CH_2CH_3 \quad CH_3CH_2CH_2NH_2 \quad CH_3CH_2CH_2OH$$
$$-0,5\,°C \qquad\qquad 7,2\,°C \qquad\qquad 77,8\,°C$$

16.45 (a) A seguir, apresenta-se uma fórmula estrutural para o 1-fenil-2-amino-1-propanol.

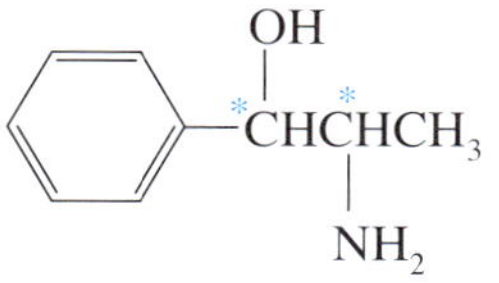

1-fenil-2-amino-1-propanol

(b) Essa molécula tem dois estereocentros. $2^2 = 4$ estereoisômeros são possíveis.

16.47 (a) O nitrogênio mais básico é o da amina alifática secundária.

(b) Os três estereocentros estão assinalados por asteriscos.

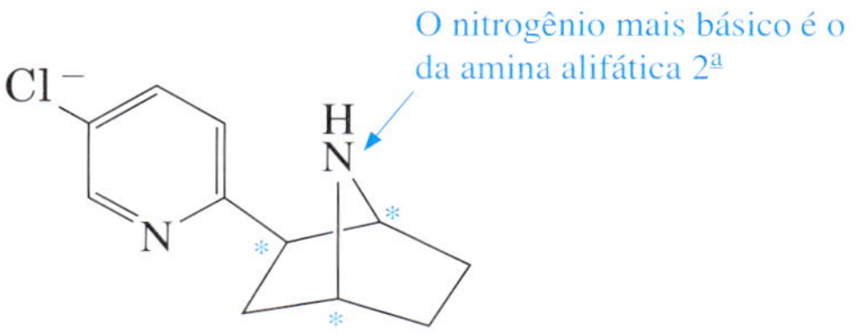

O nitrogênio mais básico é o da amina alifática 2ª

16.49 A fórmula estrutural da alanina aparece à esquerda e mostra um grupo amino livre (—NH$_2$) e um grupo carboxila livre (—CO$_2$H). Uma reação ácido-base entre esses dois grupos produz o sal interno que aparece à direita.

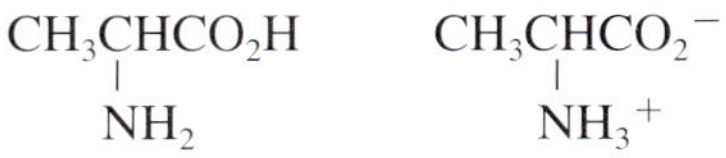

$$CH_3CHCO_2H \qquad\qquad CH_3CHCO_2^-$$
$$\quad | \qquad\qquad\qquad\qquad | $$
$$\quad NH_2 \qquad\qquad\qquad\quad NH_3{}^+$$
sal interno

Capítulo 17 Aldeídos e cetonas

17.1 (a) 3,3-dimetilbutanal   (b) ciclopentanona
(c) 1-fenil-1-propanona

17.2 A seguir, apresentam-se fórmulas linha-ângulo para os oito aldeídos de fórmula molecular $C_6H_{12}O$. Naqueles que são quirais, o estereocentro está assinalado por um asterisco.

Hexanal

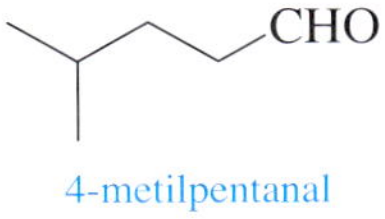

4-metilpentanal

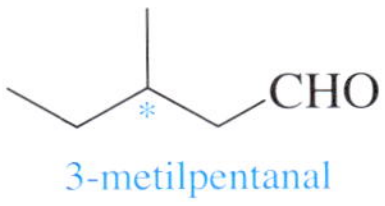

3-metilpentanal

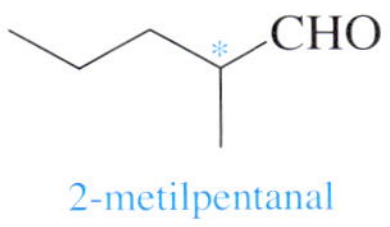

2-metilpentanal

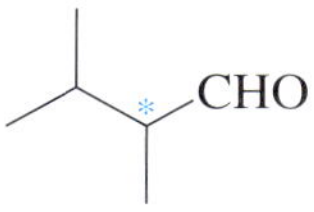

2,3-dimetilbutanal

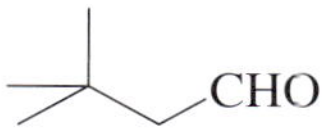

3,3-dimetilbutaral

2,2-dimetilbutanal

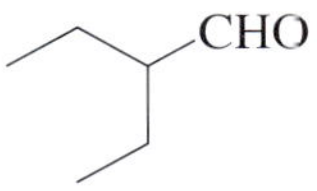

2-etilbutanal

17.3 (a) 2,3-di-hidroxipropanal   (b) 2-aminobenzaldeído
(c) 5-amino-2-pentanona

17.4 Cada aldeído é oxidado a um ácido carboxílico.

(a)

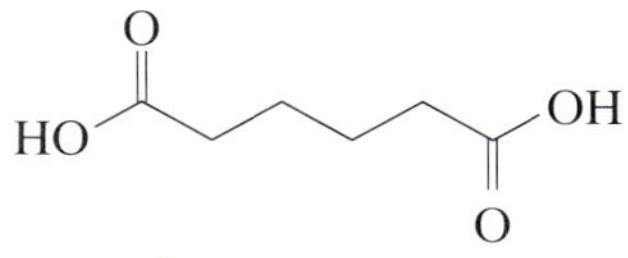

Ácido hexanodioico
(Ácido adípico)

(b)

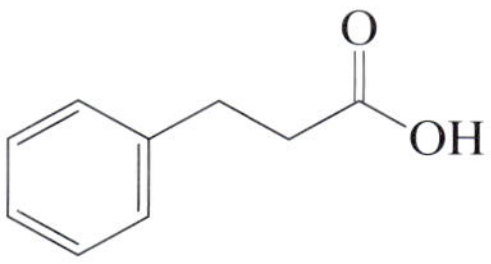

Ácido 3-fenilpropanoico

17.5 Todo álcool primário vem da redução de um aldeído. Todo álcool secundário vem da redução de uma cetona.

(a)

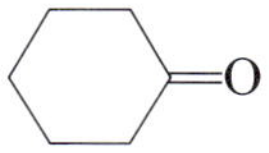

(b) 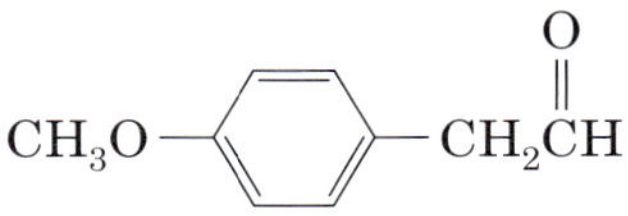 CH_3O ——— CH_2CH

(c)

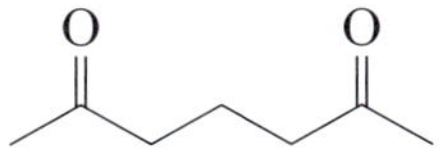

17.6 Primeiro aparece o hemiacetal, depois o acetal.

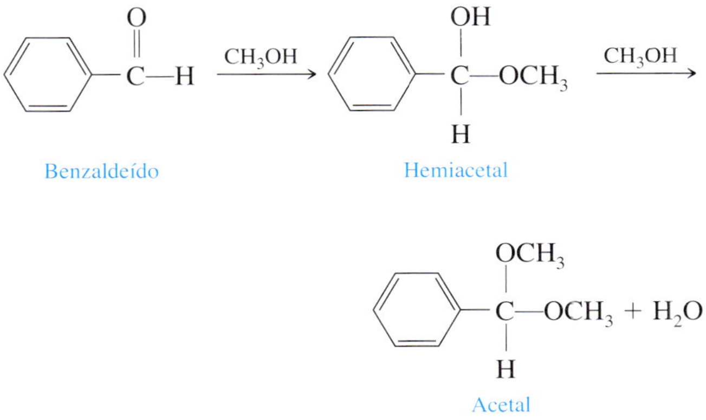

Benzaldeído   Hemiacetal

Acetal

17.7 (a) Derivado hemiacetal da 3-pentanona (uma cetona) e do etanol.

R16 ■ Repostas

(b) Nem hemiacetal nem acetal. Esse composto é o dimetiléter do etilenoglicol.
(c) Acetal derivado do 5-hidroxipentanal e do metanol.

17.8 A seguir, apresenta-se a forma cetônica de cada enol.

17.9 (a) V   (b) V   (c) V   (d) F

17.11 Num aldeído aromático, o grupo —CHO está ligado a um anel aromático. Num aldeído alifático, ele está ligado a um átomo de carbono tetraédrico.

17.13 Os compostos (b), (c), (d) e (f) contêm um grupo carbonila.

17.15 Dos quatro aldeídos de fórmula molecular $C_5H_{10}O$, somente um é quiral. Seu estereocentro está assinalado com um asterisco.

Pentanal   3-metilbutanal

2-metilbutanal   2,2-dimetilpropanal

17.17

(a) H—C—H   (b) CH_3CH_2CH

(c)

(d) $CH_3(CH_2)_8CHO$

(e)   (f) $HOCH_2CHCHO$

17.19 (a) 4-heptanona   (b) 2-metilciclopentanona
(c) cis-2-metil-2-butanona   (d) 2-hidroxipropanal
(e) 1-fenil-2-propanona   (f) hexanodial

17.21 (a) V   (b) V   (c) V   (d) V

17.23 O grupo carbonila da acetona forma ligações de hidrogênio com a água. Essas ligações de hidrogênio são suficientes para tornar a acetona solúvel em água em todas as proporções. A 4-heptanona contém uma carbonila que, por meio de sua ligação de hidrogênio com a água, promove a solubilidade em água. Também contém dois grupos hidrocarboneto de três carbonos ligados ao carbono da carbonila, o que inibe a solubilidade em água. Na 4-heptanona, o efeito hidrofóbico combinado dos dois grupos hidrocarboneto é maior que o efeito hidrofílico do grupo carbonila, tornando a 4-heptanona insolúvel em água.

17.25 O pentano é um hidrocarboneto apolar, e as únicas forças de atração entre suas moléculas no estado líquido são as forças de dispersão de London, muito fracas. O pentano, portanto, tem o ponto de ebulição mais baixo. O pentanal e o 1-butanol são, ambos, moléculas polares. Como o 1-butanol tem um grupo polar OH, suas moléculas podem associar-se por ligação de hidrogênio. A atração intermolecular nas moléculas do 1-butanol é maior que entre as moléculas do pentanal. Portanto, o ponto de ebulição do 1-butanol é mais alto que o do pentanal.

17.27 As moléculas da acetona não têm grupos O—H nem N—H pelos quais possam formar ligações de hidrogênio intramoleculares.

17.29 Somente um aldeído é oxidado pelo reagente de Tollens. Nas condições básicas da reação, o produto da oxidação é um sal de sódio de um ácido carboxílico. Na neutralização com HCl aquoso, o produto da oxidação é isolado como ácido carboxílico. Cada produto da oxidação é mostrado como seria antes do tratamento com HCl.

(a) $CH_3CH_2CH_2CO_2^-Na^+$ (b)

(c) Nenhuma reação   (d) Nenhuma reação

17.31 Os aldeídos líquidos são muito suscetíveis à oxidação pelo oxigênio atmosférico. Para impedir essa oxidação, geralmente eles são armazenados sob uma atmosfera de nitrogênio.

17.33 Essas condições experimentais reduzem o aldeído a um álcool primário e a cetona a um álcool secundário. Os produtos (a) e (c) são quirais.

(a) $CH_3CHCH_2CH_3$ (b) $CH_3(CH_2)_4CH_2OH$

(c)   (d)

17.35

(a) $HOCH_2$—C—CH_2OH (b) Solúvel

(c) $HOCH_2CHCH_2OH$

17.37

(a) [estrutura: anel aromático com —CHCH₃ e OH acima] (b) [estrutura: anel aromático com —CHCH₃ e OH acima]

(c) Nenhuma reação   (d) Nenhuma reação

17.39 Somente os compostos (a), (b), (d) e (f) sofrerão tautomeria cetoenólica porque todos têm um H num carbono α.

17.41 A seguir, apresentam-se as formas cetônicas de cada enol.

(a) [ciclopentanona]   (b) $CH_3CCH_2CH_2CH_2CH_3$ (com O acima do segundo C)

(c) [anel aromático]—CH_2CCH_3 (com O acima)

17.43 Os compostos (a), (c), (d) e (e) são acetais. O composto (b) é um hemiacetal. O composto (f) não é nem acetal nem hemiacetal.

17.45 A seguir, apresentam-se as fórmulas estruturais para os produtos de cada hidrólise.

(a) $CH_3CH_2CCH_2CH_3 + HOCH_2CH_2OH$ (com O acima do C central)

(b) [anel aromático com —CH (O acima) e —OCH₃] $+ 2CH_3OH$

(c) [ciclohexano]$=O + 2CH_3OH$

(d) [ciclohexano com —OH e —CHO] $+ CH_3OH$

17.47 A *hidratação* refere-se à adição de uma ou mais moléculas de água a uma substância. Um exemplo de hidratação é a hidratação, catalisada por ácido, do propeno, produzindo 2-propanol. A *hidrólise* refere-se à reação de uma substância com a água seguida de quebra (lise) de uma ou mais ligações na substância. Um exemplo de hidrólise é a reação, catalisada por ácido, de um acetal com uma molécula de água, produzindo um aldeído ou uma cetona e duas moléculas de álcool.

17.49 (a) Para reduzir a cetona a álcool, deve-se usar $NaBH_4$ seguido de H_2O ou H_2/M.
(b) Para efetuar a desidratação do álcool a um alceno, devem-se usar H_2SO_4 e calor.
(c) Para adicionar HBr à ligação dupla carbono-carbono, deve-se usar HBr concentrado.
(d) Para reduzir a ligação dupla carbono-carbono, deve-se usar H_2/Pd.

(e) Para adicionar bromo à ligação dupla carbono-carbono, deve-se usar uma solução de Br_2 em CH_2Cl_2.

17.51 Os compostos (a), (b) e (d) podem ser formados pela redução de um aldeído ou uma cetona.

(a) [ciclopentanona]   (b) [ciclohexano com —C(=O)H]

(d) H—[cadeia com dois grupos C=O]—H

17.53

(a) $C_6H_5CCH_2CH_3 \xrightarrow[\text{depois } H_2O]{NaBH_4} C_6H_5CHCH_2CH_3 \xrightarrow[\text{calor}]{H_2SO_4}$ (primeiro com O acima, depois com OH acima)

$C_6H_5CH=CHCH_3$

(b) [ciclopentanona]$=O \xrightarrow{H_2/Pd}$ [ciclopentano]—$OH \xrightarrow{H_2SO_4}$

[ciclopenteno] $\xrightarrow{HCl}$ [ciclopentano]—Cl

17.55 (a) Todos os compostos são insolúveis em água. Tratar cada um com HCl aquoso diluído. A anilina, uma amina aromática, reage com HCl, formando um sal solúvel em água. A cicloexanona não reage com esse reagente e é insolúvel em HCl aquoso.
(b) Tratar todos com uma solução de Br_2/CH_2Cl_2. O cicloexeno reage descorando o vermelho do Br_2 e formando 1,2-dibromocicloexano, um composto incolor. O cicloexanol não reage com esse reagente.
(c) Tratar todos com uma solução de Br_2/CH_2Cl_2. O cinamaldeído, que contém uma ligação dupla carbono-carbono, reage descorando o vermelho do Br_2 e formando 2,3-dibromo-3-fenilpropanal, um composto incolor.

17.57 Cada aldeído ou cetona será reduzido a um álcool.

(a) $HOCH_2CH_2CH_2CH_2CHCH_3$ (com OH acima do penúltimo C)

(b) [ciclohexano com OH]—CH_2OH

(c) $HOCH_2CHCH_2OH$ (com OH acima do C central)   (d) [naftaleno parcialmente hidrogenado com OH]

(e) [anel aromático]—$CHCH_2CH_3$ (com OH acima)

R18 ■ Repostas

(f) 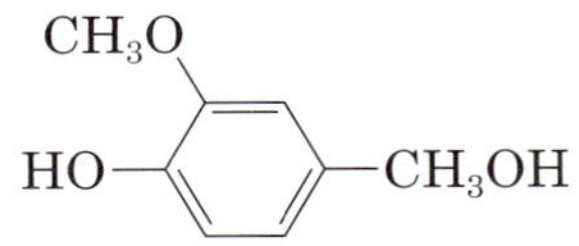 CH_3O — HO — — CH_3OH

17.59

(a) CH_2CCH_3 com O e Cl

(b) CH_3CHCH_2CH com OH e O

(c) $CH_3CCH_2CCH_3$ com O, OH e CH_3

(d) CCH_2CH com CH_3 e O e CH_3

(e)

(f) OH ... O ... H

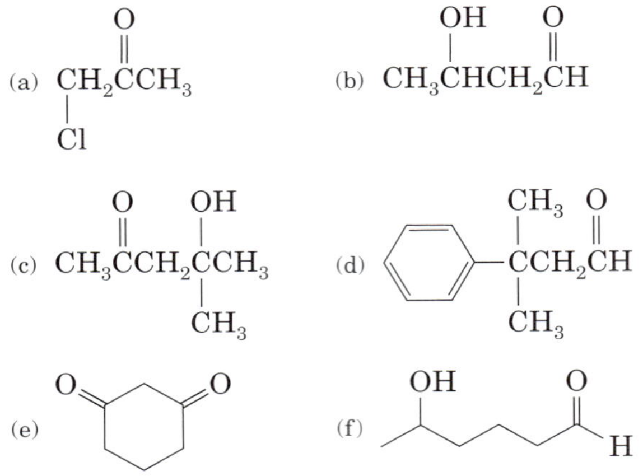

17.61 O 1-propanol tem o ponto de ebulição mais alto por causa da maior atração entre suas moléculas, resultante da ligação de hidrogênio através de seu grupo hidroxila.

17.63 (a) O hidroxialdeído primeiro é redesenhado para mostrar o grupo OH mais próximo do grupo CHO. O fechamento do anel na formação hemiacetal produz o hemiacetal cíclico.
(b) O 5-hidroxiexanal tem um estereocentro, e dois estereoisômeros (um par de enantiômeros) são possíveis.
(c) O hemiacetal cíclico tem dois estereocentros, e quatro estereoisômeros (dois pares de enantiômeros) são possíveis.

$$CH_3CHCH_2CH_2CH_2CH \xrightarrow[\text{OH mais próximo de CHO}]{\text{Redesenhado para mostrar}}$$

5-hidroxiexanal

$$ \rightleftharpoons^{H^+} $$

O hemiacetal cíclico

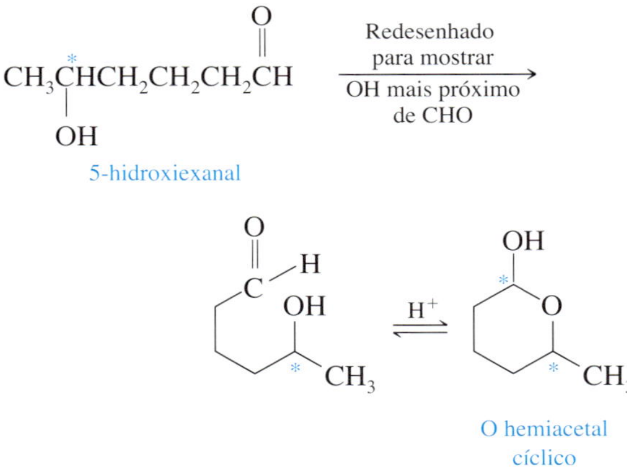

17.65 Primeiro aparece o alceno que sofre hidratação catalisada por ácido para produzir o álcool desejado, depois o aldeído ou cetona que sofre redução para produzir o álcool desejado.

(a) 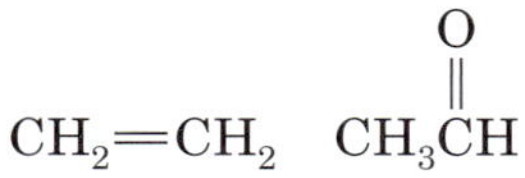 $CH_2{=}CH_2$ CH_3CH com O

(b)

(c) $CH_2{=}CHCH_3$ CH_3CCH_3 com O

(d) $CH{=}CH_2$ CCH_3 com O

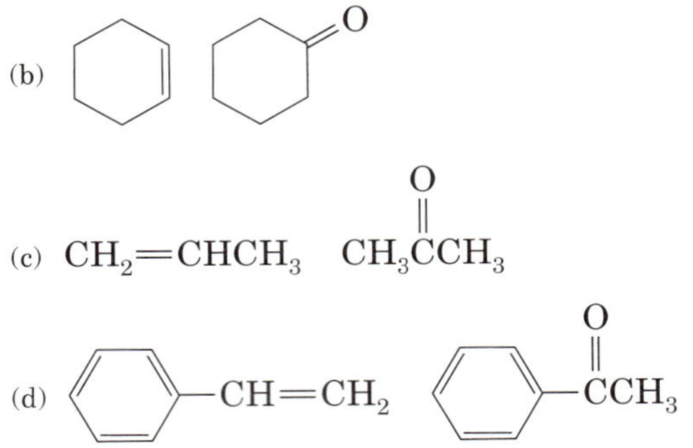

17.67 O carbono 4 fornece o grupo —OH, e o carbono 1 fornece o grupo —CHO.
A seguir, apresenta-se uma fórmula estrutural para o aldeído livre.

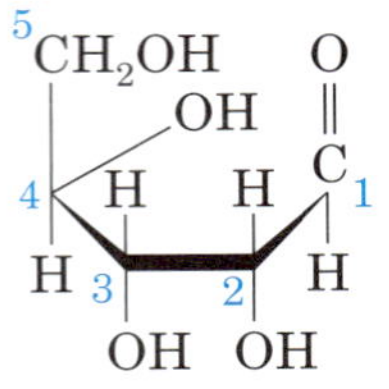

17.69

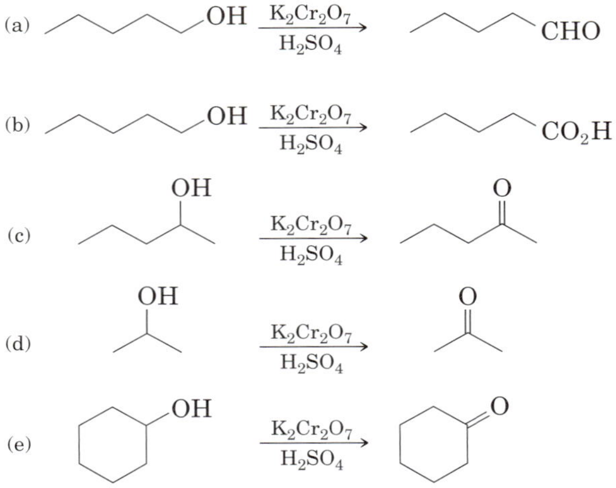

(a) $\diagdown$ OH $\xrightarrow[H_2SO_4]{K_2Cr_2O_7}$ $\diagdown$ CHO

(b) $\diagdown$ OH $\xrightarrow[H_2SO_4]{K_2Cr_2O_7}$ $\diagdown$ CO_2H

(c) OH $\xrightarrow[H_2SO_4]{K_2Cr_2O_7}$ O

(d) OH $\xrightarrow[H_2SO_4]{K_2Cr_2O_7}$ O

(e) OH $\xrightarrow[H_2SO_4]{K_2Cr_2O_7}$ O

Capítulo 18 Ácidos carboxílicos

18.1 (a) ácido 2,3-di-hidroxipropanoico
(b) ácido 3-aminopropanoico
(c) ácido 3,5-di-hidróxi-3-metilpentanoico

18.2 Cada ácido é convertido ao seu sal de amônio. São dados tanto o nome Iupac quanto o nome comum de cada ácido e seu sal de amônio.

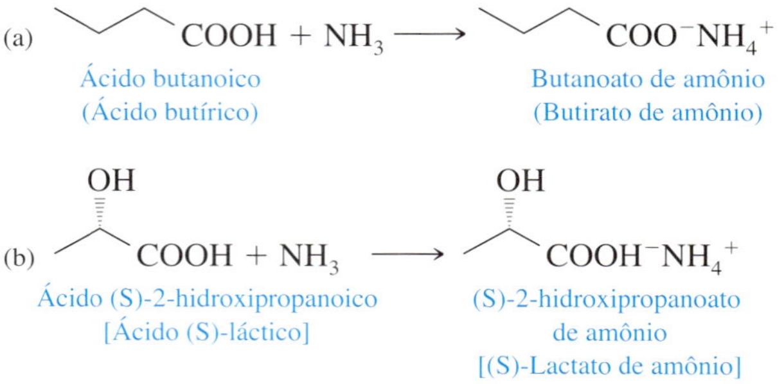

(a) $\diagdown$ COOH $+ NH_3 \longrightarrow$ $\diagdown$ $COO^-NH_4^+$
Ácido butanoico
(Ácido butírico)
Butanoato de amônio
(Butirato de amônio)

(b) OH $\diagdown$ COOH $+ NH_3 \longrightarrow$ OH $\diagdown$ $COOH^-NH_4^+$
Ácido (S)-2-hidroxipropanoico
[Ácido (S)-láctico]
(S)-2-hidroxipropanoato de amônio
[(S)-Lactato de amônio]

18.3

(a)

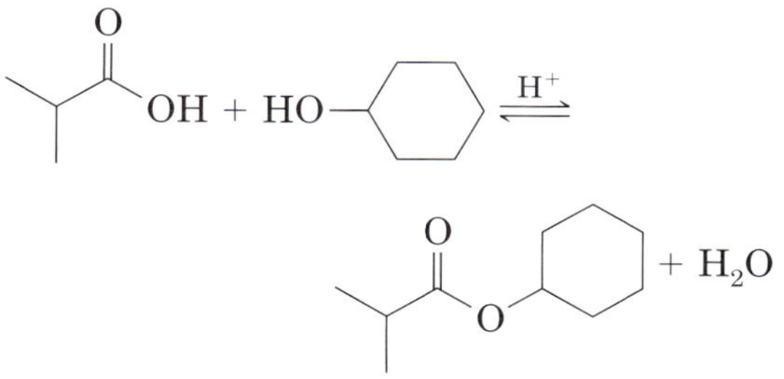

(b)

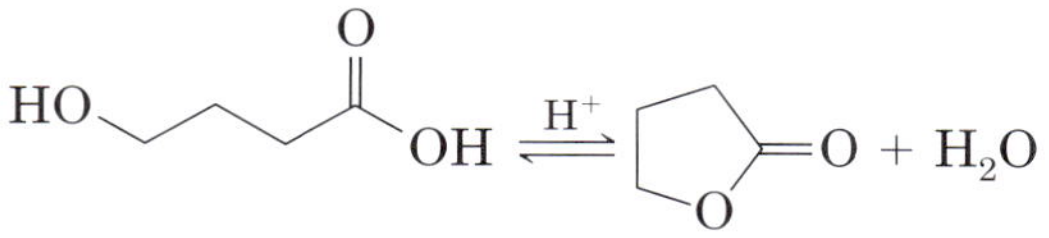

18.5 (a) ácido 3,4-dimetilpentanoico
(b) ácido 2-aminobutanoico
(c) ácido hexanoico

18.7

(a)

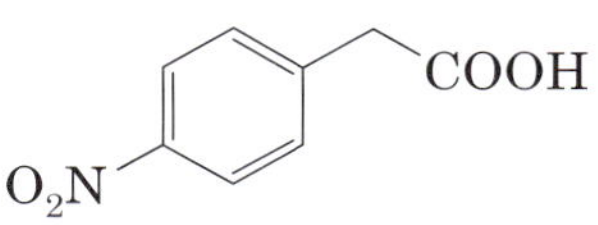

(b) $H_2NCH_2CH_2CH_2COOH$

(c)

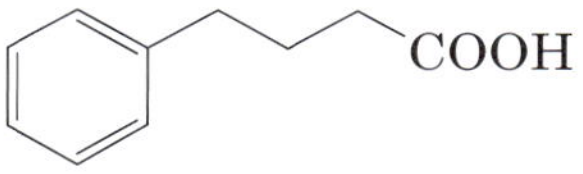

(d)

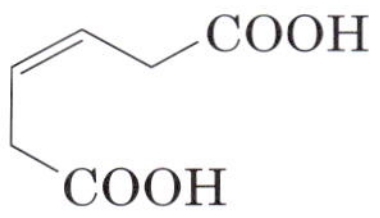

18.9

(a)

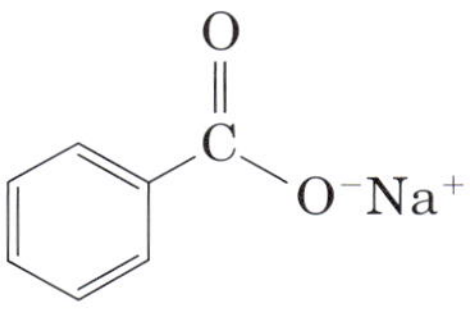

(b) $CH_3-C(=O)-O^-Li^+$

(c) $CH_3-C(=O)-O^-NH_4^+$

(d)

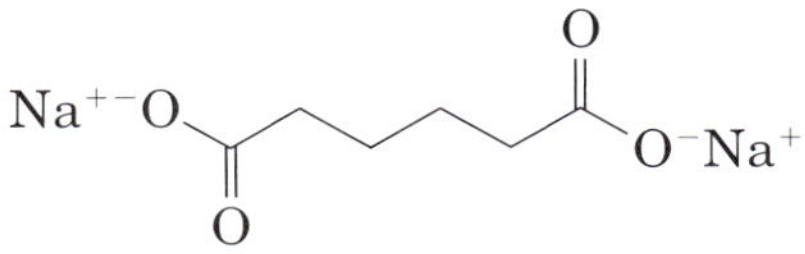

(e)

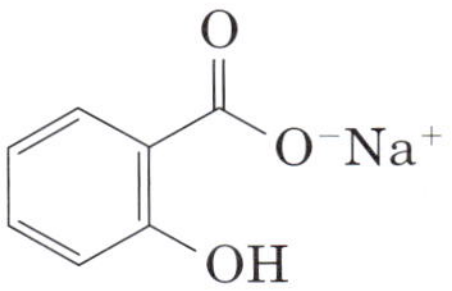

(f) $(CH_3CH_2CH_2COO^-)_2Ca^{2+}$

18.11 O ácido oxálico (nome Iupac: ácido etanodioico) é um ácido dicarboxílico. No oxalato de monopotássio, um de seus grupos carboxílicos está presente como seu ânion carboxílico, proporcionando uma carga -1.

Oxalato de monopotássio

18.13 O dímero aqui desenhado mostra duas ligações de hidrogênio.

Ligações de hidrogênio

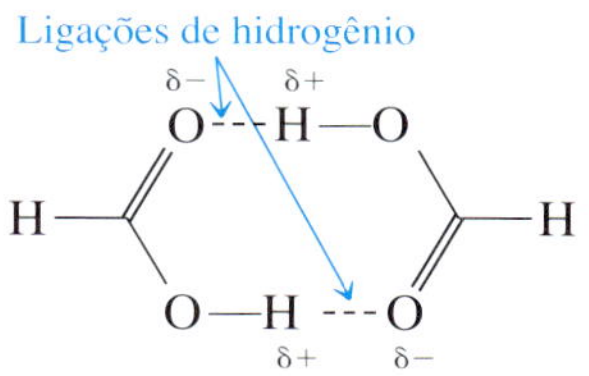

18.15 O grupo carboxílico contribui para a solubilidade em água; a cadeia hidrocarbônica impede a solubilidade em água.

18.17 Em ordem decrescente de ponto de ebulição, são eles o heptanal, 1-heptanol e ácido heptanoico.

Heptanal
(p.e. 153 ºC)

$CH_3CH_2CH_2CH_2CH_2CH_2CH_2OH$

1-heptanol
(p.e. 176 ºC)

Ácido heptanoico
(p.e. 223 ºC)

18.19 Em ordem crescente de solubilidade em água, são eles o ácido decanoico, ácido pentanoico e ácido acético.

18.21 (a) V   (b) V   (c) F   (d) F   (e) V
(f) F   (g) V   (h) F   (i) V

18.23 Em ordem crescente de acidez, são eles o álcool benzílico, fenol e ácido benzoico.

18.25 A seguir, apresentam-se equações completas para estas reações ácido-base.

(a)

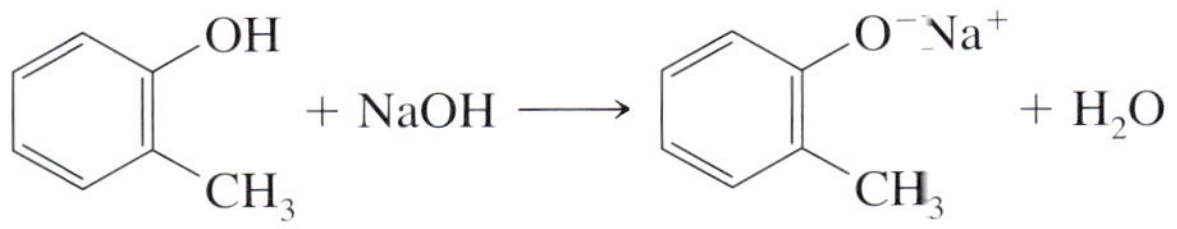

(b)

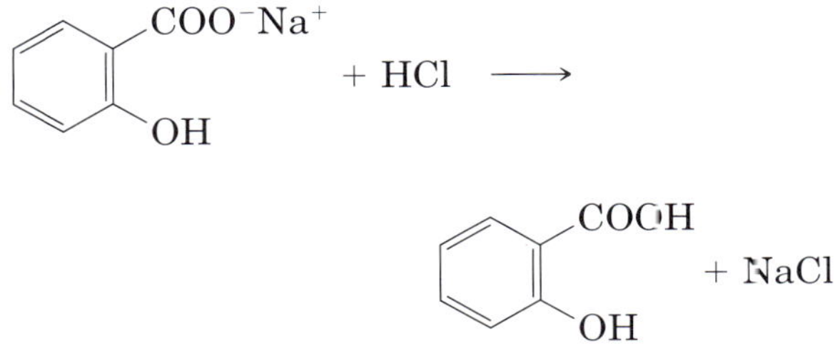

(c)

$$\text{(benzeno com COOH e OCH}_3\text{)} + H_2NCH_2CH_2OH \longrightarrow$$

$$\text{(benzeno com COO}^-\text{ , }\overset{+}{H_3}NCH_2CH_2OH\text{ e OCH}_3\text{)}$$

(d)

$$\text{(cicloexil)}-COOH + NaHCO_3 \longrightarrow$$

$$\text{(cicloexil)}-COO^-Na^+ + CO_2 + H_2O$$

18.27 Dividindo ambos os lados da equação de K_a por $[H_3O^+]$, teremos a relação desejada.

18.29 O pK_a do ácido láctico é 4,07. Nesse pH, o ácido láctico está presente como 50% $CH_3CH(OH)COOH$ e 50% $CH_3CH(OH)COO^-$. Em pH 7,45, que é mais básico que o pH 4,07, o ácido láctico está presente principalmente como o ânion, $CH_3CH(OH)COO^-$.

18.31 Na parte (a), o grupo $-COOH$ é um ácido mais forte que o $-NH_3^+$.

(a)
$$CH_3CHCOOH + NaOH \longrightarrow$$
$$\quad\quad |$$
$$\quad\quad NH_3^+$$

$$CH_3CHCOO^-Na^+ + H_2O$$
$$\quad\quad |$$
$$\quad\quad NH_3^+$$

(b)
$$CH_3CHCOO^-Na^+ + NaOH \longrightarrow$$
$$\quad\quad |$$
$$\quad\quad NH_3^+$$

$$CH_3CHCOO^-Na^+ + H_2O$$
$$\quad\quad |$$
$$\quad\quad NH_2$$

18.33 Na parte (a), o grupo $-NH_2$ é uma base mais forte que o grupo $-COO^-$.

(a)
$$CH_3CHCOO^-Na^+ + HCl \longrightarrow$$
$$\quad\quad |$$
$$\quad\quad NH_2$$

$$CH_3CHCOO^-Na^+ + NaCl$$
$$\quad\quad |$$
$$\quad\quad NH_3^+$$

(b)
$$CH_3CHCOO^-Na^+ + HCl \longrightarrow$$
$$\quad\quad |$$
$$\quad\quad NH_3^+$$

$$CH_3CHCOOH + NaCl$$
$$\quad\quad |$$
$$\quad\quad NH_3^+$$

18.35 A seguir, apresenta-se uma fórmula estrutural para o éster formado em cada reação.

(a) (éster de isoamila)

(b) CH_3CO-(cicloexil)

(c) (benzeno com dois grupos $COOCH_2CH_3$)

18.37 A seguir, apresenta-se uma fórmula estrutural para 2-hidroxibenzoato de metila.

(benzeno com $COOCH_3$ e OH)

2-hidroxibenzoato de metila
(Salicilato de metila)

18.39 A seguir, apresentam-se os produtos orgânicos esperados.

(a) (benzeno)$-CH_2-CO_2^-Na^+$

(b) (benzeno)$-CH_2-CO_2^-Na^+$

(c) (benzeno)$-CH_2-CO_2^-NH_4^+$

(d) (benzeno)$-CH_2CH_2OH$

(e) Nenhuma reação

(f) (benzeno)$-CH_2-CO_2CH_3$

(g) Nenhuma reação

18.41 1ª etapa: O tratamento do ácido benzoico com HNO_3/H_2SO_4 resulta na nitração do anel aromático.

2ª etapa: O tratamento do ácido 4-nitrobenzoico com H_2/M produz a redução catalítica do grupo $-NO_2$ a um grupo $-NH_2$.

18.43 Cada material de partida é bifuncional e pode formar ésteres em ambas as extremidades. A seguinte equação mostra a reação de duas moléculas de ácido adípico e duas moléculas de etilenoglicol formando um triéster. O produto tem um grupo carboxila livre em uma das extremidades e um grupo hidroxila livre na outra, e a formação do éster pode continuar em cada extremidade da cadeia.

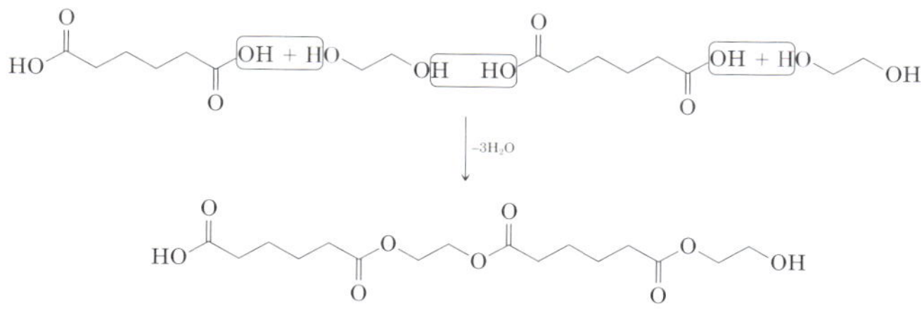

Respostas ▪ 321

Capítulo 19 Anidridos carboxílicos, ésteres e amidas

19.1

(a) 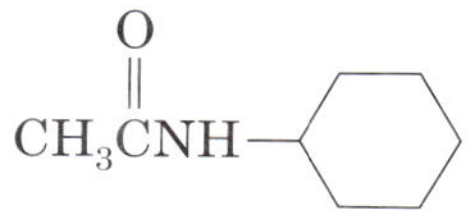 CH_3CNH-cyclohexyl

(b) 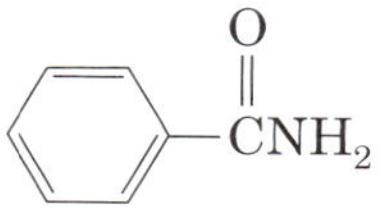 benzene$-CNH_2$

19.2 Em condições básicas, como na parte (a), cada grupo carboxila está presente como um ânion carboxilato. Em condições ácidas, como na parte (b), cada grupo carboxila está presente na forma não ionizada.

(a) 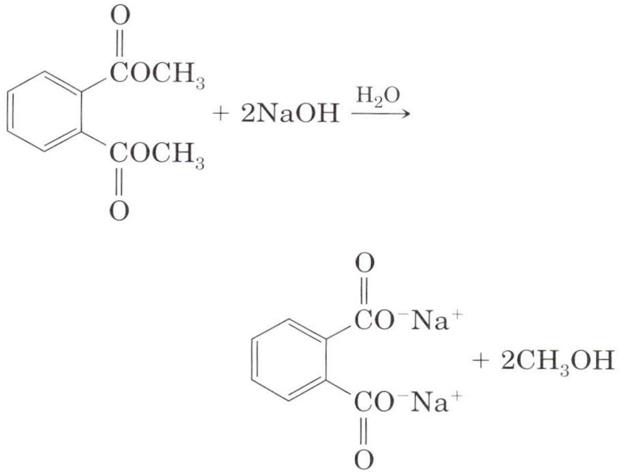 phthalic diacetyl $+ 2NaOH \xrightarrow{H_2O}$ dicarboxylate $+ 2CH_3OH$

(b) 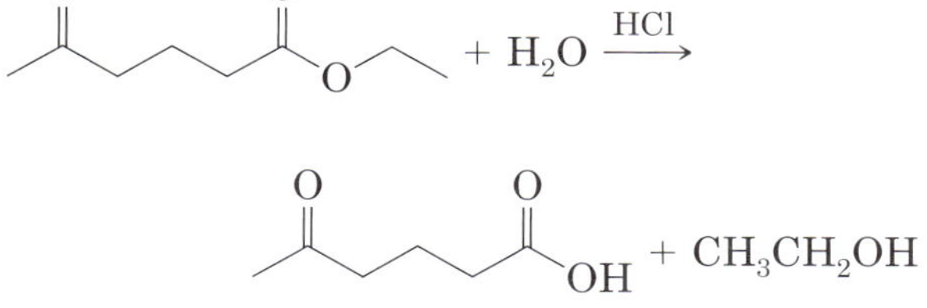 ethyl ester $+ H_2O \xrightarrow{HCl}$ carboxylic acid $+ CH_3CH_2OH$

19.3 No NaOH aquoso, cada grupo carboxila está presente como um ânion carboxilato, e cada amina está presente na forma não protonada.

(a) 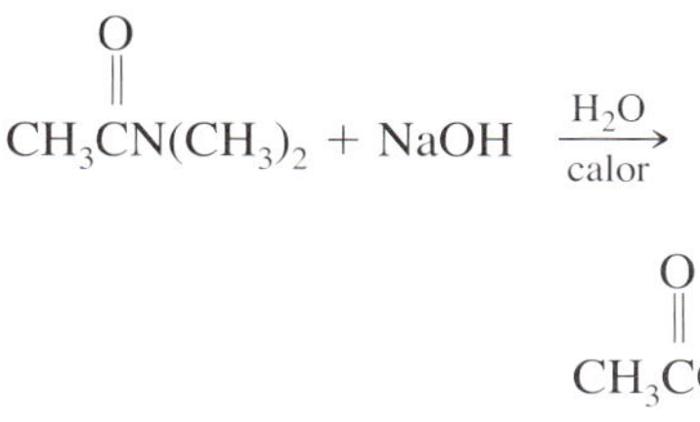 $CH_3CN(CH_3)_2 + NaOH \xrightarrow[\text{calor}]{H_2O}$

$$CH_3CO^-Na^+ + (CH_3)_2NH$$

(b) 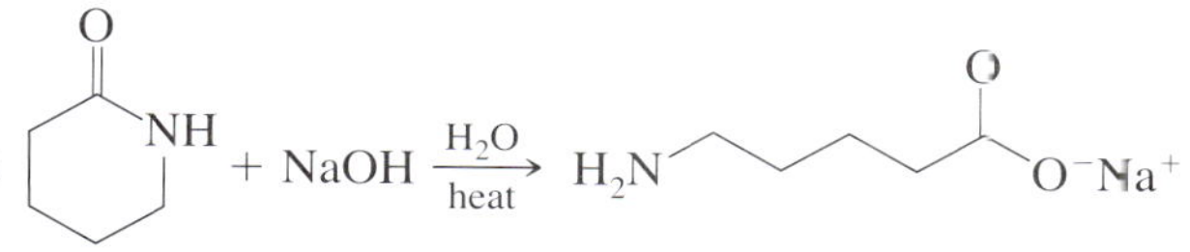 lactam $+ NaOH \xrightarrow[\text{heat}]{H_2O} H_2N-$chain$-O^-Na^+$

19.5 (a) anidrido benzoico
(b) decanoato de metila
(c) N-metil-hexanamida
(d) 4-aminobenzamida ou p-aminobenzamida
(e) etanoato de ciclopentila ou acetato ciclopentila
(f) 3-hidroxibutanoato de etila

19.7 Cada reação produz a hidrólise da amida. Cada produto é mostrado como ele existiria sob as condições especificadas da reação.

(a) 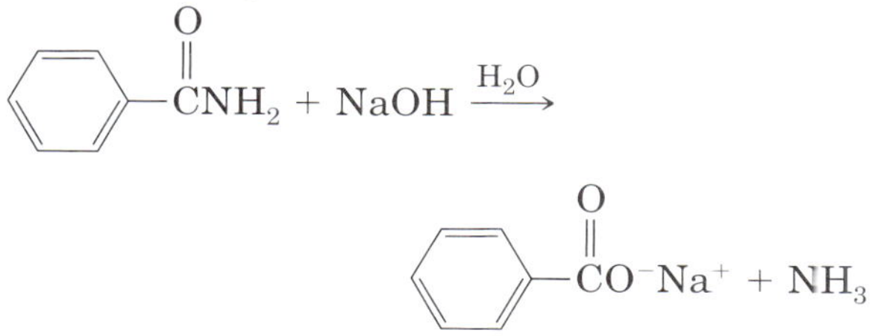 $CNH_2 + NaOH \xrightarrow{H_2O}$

$$CO^-Na^+ + NH_3$$

(b) 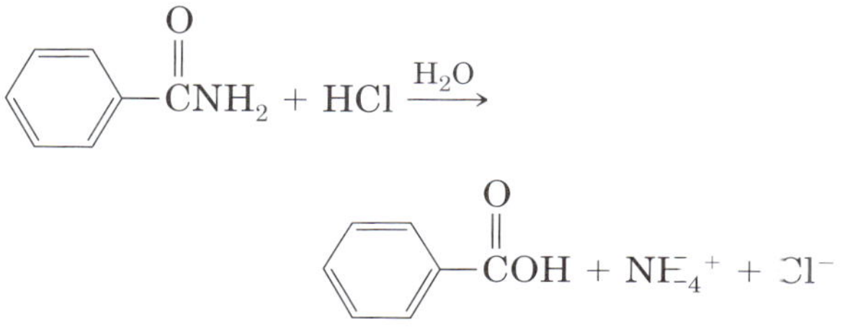 $CNH_2 + HCl \xrightarrow{H_2O}$

$$COH + NH_4^+ + Cl^-$$

19.9 O produto é uma amida.

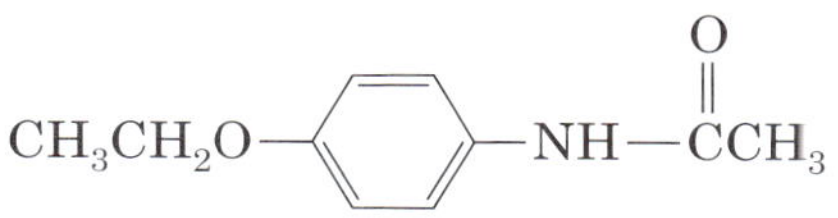

$$CH_3CH_2O-\text{(benzene)}-NH-CCH_3$$

19.11 (a) O aspartame é quiral e tem dois estereocentros. Quatro estereoisômeros são possíveis.

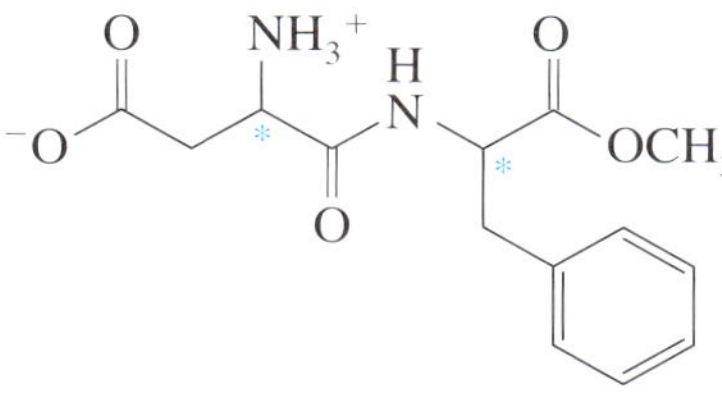

Aspartame

(b) O aspartame contém um ânion carboxilato, um íon amônio 1°, um grupo amida e um grupo éster.
(c) A carga efetiva é zero.
(d) É um sal interno. Portanto, espera-se que seja solúvel em água.
(e) A seguir, apresentam-se os produtos da hidrólise das ligações do éster e da amida.

Hidrólise em NaOH

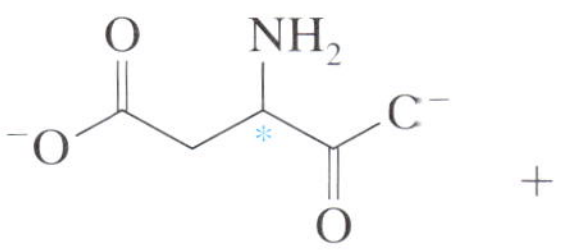

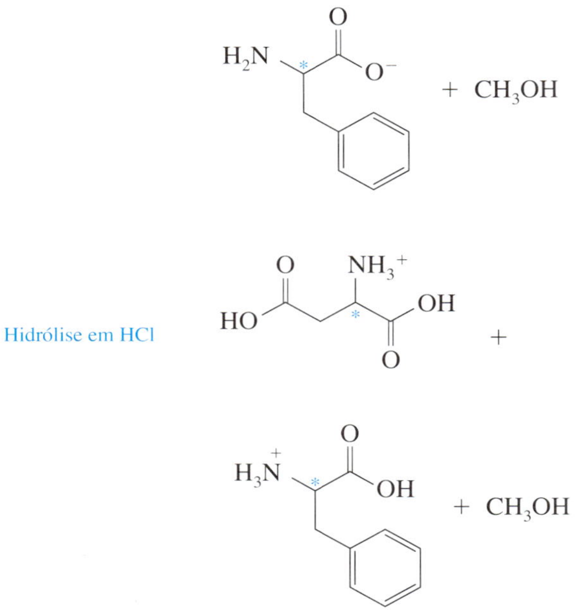

R22 ■ Repostas

Hidrólise em HCl

19.13 A seguir, vemos segmentos das duas cadeias paralelas do náilon-66, com ligações de hidrogênio entre os grupos N—H e C=O indicados pelas linhas tracejadas.

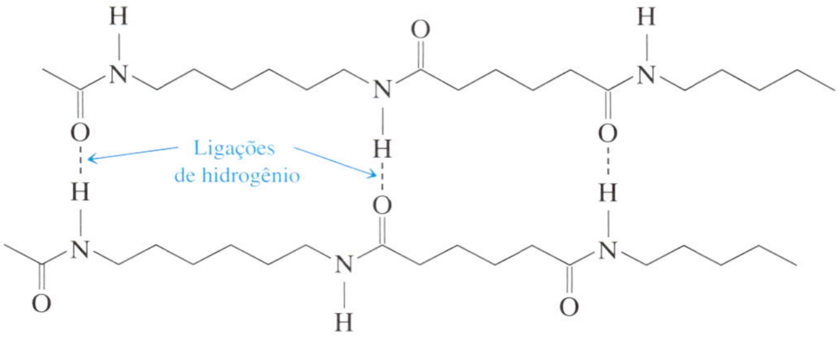

19.15 Nos anidridos dos ácidos carboxílicos, os grupos funcionais são dois grupos carbonila (C=O) ligados a um átomo de oxigênio. Num anidrido do ácido fosfórico, os grupos funcionais são dois grupos fosforila (P=O) ligados a um átomo de oxigênio.

19.17 O grupo fosfato éster é mostrado aqui em sua forma duplamente ionizada e com carga efetiva -2.

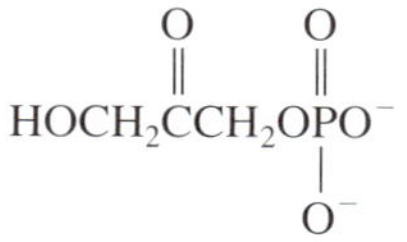

Fosfato de di-hidroxiacetona

19.19 No composto de cima, destaca-se o COO do grupo éster. Abaixo, vemos a fórmula estrutural do ácido crisantêmico.

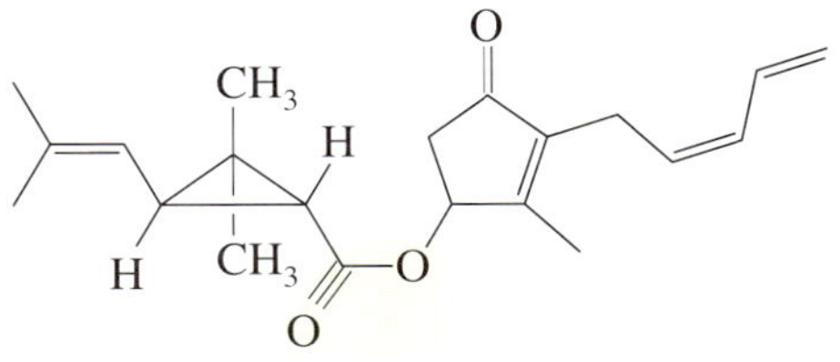

Piretrina I

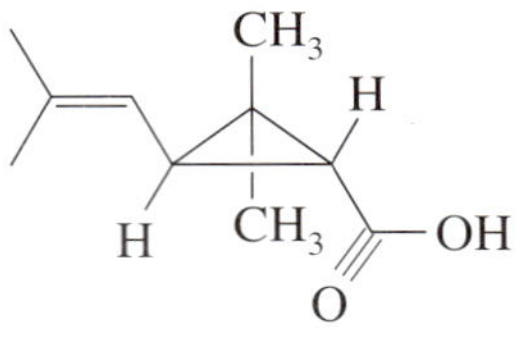

Ácido crisantêmico

19.21 (a) A proporção *cis/trans* refere-se à relação *cis-trans* entre o grupo éster e a cadeia de quatro carbonos no anel do ciclopropano. Na preparação comercial, o repelente é composto especificamente de um mínimo de 35% do isômero *cis* e um máximo de 65% do isômero *trans*.
(b) A permetrina tem dois estereocentros, e quatro estereoisômeros (dois pares de enantiômeros) são possíveis. A designação "$(+/-)$" refere-se ao fato de que o isômero *cis* está presente como mistura racêmica, como no isômero *trans*.

19.23 O composto é a salicina. A hidrólise da unidade de glicose e a oxidação do álcool primário a um grupo carboxila produzem o ácido salicílico.

19.25 Tanto a aspirina quanto o ibuprofeno contêm ácido carboxílico e um anel benzênico. O naproxeno também contém um ácido carboxílico e um anel benzênico.

19.27 O *bloqueador solar* impede, por reflexão, que qualquer radiação ultravioleta atinja a pele. O *filtro solar* absorve a radiação UV e depois reirradia essa energia na forma de calor.

19.29 A porção derivada da ureia contém os átomos —NH—CO—NH—.

19.31 A seguir, apresenta-se a fórmula estrutural da benzocaína.

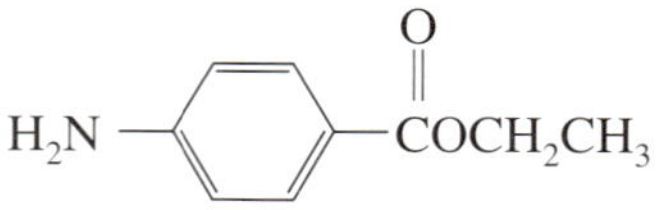

Benzocaína
4-aminobenzoato de etila

19.33 A reação envolve a hidrólise de um éster de fosfato e um anidrido misto de ácido carboxílico e de ácido fosfórico. São necessários dois equivalentes de água.

$$\text{(structure with two phosphate groups)} \quad + 2H_2O \longrightarrow$$

$$\text{(structure)} \quad + 2HPO_4{}^{2-}$$

19.35 (a) Tanto a lidocaína quanto a carbocaína têm um grupo amida, uma amina alifática terciária e um anel aromático.

(b) Ambos são derivados do 2,6-dimetilalinina e de um ácido carboxílico 2-alquilamino substituído.

19.37 A hidrólise produz o íon hidrogenofosfato e o enol do piruvirato. O enol então sofre uma rápida tautomeria cetoenólica, produzindo o íon piruvato. Como consta no Capítulo 17, a forma cetônica geralmente predomina em casos de tautomeria cetoenólica.

$$\text{Fosfoenolpiruvato} \quad + H_2O \xrightarrow{\text{hidrólise}}$$

$$\text{(structure)} \quad - HPC_4{}^{2-}$$

Glossário

Acetal (*Seção 17.4C*) Molécula que contém dois grupos —OR ligados ao mesmo carbono.

Ácido carboxílico (*Seção 10.4D*) Composto que contém um grupo —COOH.

Ácido graxo (*Seção 18.4A*) Ácido carboxílico de cadeia longa e sem ramificações, geralmente com 10 a 20 átomos de carbono, derivado de gorduras animais, óleos vegetais ou fosfolipídeos de membranas biológicas. A cadeia hidrocarbônica pode ser saturada ou insaturada. Na maioria dos ácidos graxos insaturados, predomina o isômero *cis*. Os isômeros *trans* são raros.

Alcaloide (*Conexões químicas 16B*) Composto básico, de origem vegetal, que contém nitrogênio. Muitos apresentam atividade fisiológica quando administrados a humanos.

Alcano (*Seção 11.1*) Hidrocarboneto saturado cujos átomos de carbono estão arranjados em cadeia aberta – isto é, não estão arranjados em anel.

Alceno (*Seção 12.1*) Hidrocarboneto insaturado que contém uma ligação dupla carbono-carbono.

Alcino (*Seção 12.1*) Hidrocarboneto insaturado que contém uma ligação tripla carbono-carbono.

Álcool (*Seção 10.4C*) Composto que contém um grupo —OH (hidroxila) ligado a um átomo de carbono tetraédrico.

Álcool primário (1º) (*Seção 10.4A*) Álcool em que o átomo de carbono do grupo —OH está ligado a apenas um outro grupo carbônico, o grupo —CH_2OH.

Álcool secundário (2º) (*Seção 10.4A*) Álcool em que o átomo de carbono do grupo —OH está ligado a dois outros grupos carbônicos.

Álcool terciário (3º) (*Seção 10.4A*) Álcool em que o átomo de carbono do grupo —OH está ligado a três outros grupos carbônicos.

Aldeído (*Seção 10.4C*) Composto que contém um grupo carbonila ligado a um hidrogênio; um grupo —CHO.

Alquila, grupo (*Seção 11.3A*) Grupo formado pela remoção de um átomo de hidrogênio de um alcano; seu símbolo é R—.

Amina (*Seção 10.4*) Composto orgânico em que um, dois ou três hidrogênios da amônia são substituídos por grupos carbônicos: RNH_2, R_2NH ou R_3NH.

Amina alifática (*Seção 16.1*) Amina em que o nitrogênio está ligado somente a grupos alquila.

Amina alifática heterocíclica (*Seção 16.1*) Amina heterocíclica em que o nitrogênio está ligado somente a grupos alquila.

Amina aromática (*Seção 16.1*) Amina em que o nitrogênio está ligado a um ou mais anéis aromáticos.

Amina aromática heterocíclica (*Seção 16.1*) Amina em que o nitrogênio é um dos átomos de um anel aromático.

Amina heterocíclica (*Seção 16.1*) Amina em que o nitrogênio é um dos átomos do anel.

Amina primária (1ª) (*Seção 10.4B*) Amina em que o nitrogênio está ligado a um grupo carbônico e a dois hidrogênios.

Amina secundária (2ª) (*Seção 10.4B*) Amina em que o nitrogênio está ligado a dois grupos carbônicos e a um hidrogênio.

Amina terciária (3ª) (*Seção 10.4B*) Amina em que o nitrogênio está ligado a três grupos carbônicos.

Aquiral (*Seção 15.1*) Objeto ao qual falta quiralidade; objeto sobreponível a sua imagem especular.

Ar- (*Seção 13.1*) Símbolo usado para um grupo arila.

Areno (*Seção 13.1*) Composto que contém um ou mais anéis benzênicos.

Arila, grupo (*Seção 13.1*) Grupo derivado de um areno pela remoção de um átomo de hidrogênio. Seu símbolo é Ar-.

Aromático, composto (*Seção 13.1*) Termo usado para classificar o benzeno e seus derivados.

Auto-oxidação (*Seção 13.4C*) Reação de um grupo C—H com oxigênio, O_2, formando hidroperóxido, R—OOH.

Axial, posição (*Seção 11.6B*) Posição numa conformação cadeira de um anel de cicloexano que se estende paralelamente ao eixo imaginário do anel.

Carbocátion (*Seção 12.6A*) Espécie que contém um átomo de carbono com apenas três ligações e carga positiva.

Carbonila, grupo (*Seção 10.4C*) Um grupo C=O.

Carboxila, grupo (*Seção 10.4D*) Um grupo —CCOH.

Cetona (*Seção 10.4C*) Composto que contém um grupo carbonila ligado a dois carbonos.

Cicloalcano (*Seção 11.5*) Hidrocarboneto saturado que contém átomos de carbono ligados de modo a formar um anel.

Cis (*Seção 11.7*) Prefixo que significa "do mesmo lado".

Cis-Trans, isômeros (*Seção 11.7*) Isômeros que têm a mesma (1) fórmula molecular e (2) conectividade entre seus átomos, mas (3) diferentes arranjos de seus átomos no espaço, devido à presença seja de um anel ou de uma ligação dupla carbono-carbono.

Configuração (*Seção 11.7*) Arranjo de átomos em torno de um estereocentro – isto é, os arranjos relativos das partes de uma molécula no espaço.

Conformação (*Seção 11.5A*) Qualquer arranjo tridimensional de átomos numa molécula resultante da rotação em torno de uma ligação simples.

Conformação cadeira (*Seção 11.6*) A conformação mais estável do anel de cicloexano; todos os ângulos de ligação são de aproximadamente 109,5º.

Corpo cetônico (*Conexões químicas 18C*) Uma das várias moléculas com base na cetona – por exemplo, acetona, ácido 3-hidroxibutanoico (ácido β-hidroxibutírico) e ácido acetoacético (ácido 3-oxobutanoico) – produzido no fígado durante a superutilização de ácidos graxos, quando o suprimento de carboidratos é limitado.

Descarboxilação (*Seção 18.5E*) Perda de CO_2 de um grupo carboxila (—COOH).

Desidratação (*Seção 14.2B*) Eliminação de uma molécula de água de um álcool. Um OH é removido de um carbono e um H é removido de um carbono adjacente.

Detergente (*Seção 18.4D*) Sabão sintético. Os mais comuns são os ácidos alquilbenzenosulfônicos lineares (LAS).

Dextrorrotatório (*Seção 15.4B*) O movimento no sentido horário (para a direita) do plano da luz polarizada num polarímetro.

Diastereômeros (*Seção 15.3A*) Estereoisômeros que não são imagens especulares um do outro.

Diol (*Seção 14.1B*) Composto que contém dois grupos —OH (hidroxila).

Dissulfeto (*Seção 14.4D*) Composto que contém um grupo —S—S—.

Enantiômeros (*Seção 15.1*) Estereoisômeros que não são imagens especulares sobreponíveis; refere-se a uma relação entre pares de objetos.

Enol (*Seção 17.5*) Molécula que contém um grupo —OH ligado a um carbono de uma ligação dupla carbono-carbono.

Equatorial, posição (*Seção 11.6B*) Na conformação cadeira de um anel de cicloexano, posição que se estende quase perpendicularmente ao eixo imaginário do anel.

Éster (*Seção 18.5D*) Composto em que o —OH de um grupo carboxila, RCOOH, é substituído por um grupo —OR′ (alcoxi) ou um grupo —OAr (ariloxi).

Éster carboxílico (*Seção 10.4*) Um derivado de um ácido carboxílico em que o H do grupo carboxila é substituído por um átomo de carbono.

Estereocentro (*Seção 11.7*) Átomo, geralmente o carbono tetraédrico, em que a troca de dois grupos produz um estereoisômero.

Estereoisômeros (*Seção 11.7*) Isômeros que têm a mesma conectividade (a mesma ordem de ligação de seus átomos), mas diferentes orientações de seus átomos no espaço.

Esterificação de Fischer (*Seção 18.5D*) Processo de formação de um éster por refluxo de um ácido carboxílico e um álcool, na presença de um catalisador ácido, geralmente ácido sulfúrico.

Éter (*Seção 14.3A*) Composto que contém um átomo de oxigênio ligado a dois átomos de carbono.

Éter cíclico (*Seção 14.3B*) Éter em que o oxigênio é um dos átomos do anel.

Fenila, grupo (*Seção 13.2*) C_6H_5 – o grupo arila derivado por remoção de um átomo de hidrogênio do benzeno.

Fenol (*Seção 13.4*) Composto que contém um grupo —OH ligado a um anel benzênico.

Feromônio (*Conexões químicas 12B*) Substância química secretada por um organismo para influenciar o comportamento de outro membro da mesma espécie.

Fórmula linha-ângulo (*Seção 11.1*) Modo abreviado de desenhar fórmulas estruturais em que cada vértice e terminal de linha representa um átomo de carbono e cada linha representa uma ligação.

Grupo funcional (*Seção 10.4*) Átomo ou grupo de átomos numa molécula que apresentam um conjunto característico de propriedades físicas e químicas.

Hemiacetal (*Seção 17.4C*) Molécula que contém um carbono ligado a um grupo —OH e a um grupo —OR; o produto da adição de uma molécula de álcool ao grupo carbonila de um aldeído ou cetona.

Hidratação (*Seção 12.6C*) A adição de água.

Hidrocarboneto (*Seção 11.1*) Composto que contém átomos de carbono e de hidrogênio.

Hidrocarboneto alifático (*Seção 11.1*) Um alcano.

Hidrocarboneto aromático polinuclear (*Seção 13.2D*) Hidrocarboneto que contém dois ou mais anéis benzênicos, cada um deles compartilhando duas unidades de carbono com outro anel benzênico.

Hidrocarboneto saturado (*Seção 11.1*) Hidrocarboneto que contém somente ligações simples carbono-carbono.

Hidrogenação (*Seção 12.6B*) Adição de átomos de hidrogênio a uma ligação dupla ou tripla com o uso de H_2 na presença de um metal de transição como catalisador, geralmente Ni, Pd ou Pt. Também chamada redução catalítica ou hidrogenação catalítica.

Hidrolase (*Seção 23.2*) Enzima que catalisa uma reação de hidrólise.

Hidroxila, grupo (*Seção 10.4A*) Grupo —OH ligado a um átomo de carbono tetraédrico.

Imagem especular (*Seção 15.1*) O reflexo de um objeto no espelho.

LDPE (*Seção 12.7B*) Polietileno de baixa densidade.

Levorrotatório (*Seção 15.4B*) Rotação em sentido anti-horário do plano da luz polarizada num polarímetro.

Mecanismo da reação (*Seção 12.6A*) Descrição passo a passo de como ocorre uma reação química.

Mercaptana (*Seção 14.4B*) Nome comum para toda célula que contém um grupo —SH.

Micela (*Seção 18.4*) Arranjo esférico de moléculas em solução aquosa em que suas partes hidrofóbicas (que não têm afinidade pela água) estão protegidas do ambiente aquoso e as partes hidrofílicas (que têm afinidade pela água) estão na superfície da esfera e em contato com o ambiente aquoso.

Mistura racêmica (*Seção 15.1*) Mistura em quantidades iguais de dois enantiômeros.

Monômero (*Seção 12.7A*) Do grego *mono*, "único", e *meros*, "parte"; a unidade não redundante mais simples a partir da qual é sintetizado um polímero.

Orto (o) (*Seção 13.2B*) Refere-se aos grupos que ocupam as posições 1 e 2 do anel benzênico.

Oxônio, íon (*Seção 12.6B*) Íon em que o oxigênio está ligado a três outros átomos e tem carga positiva.

Para (p) (*Seção 13.2B*) Refere-se aos grupos que ocupam as posições 1 e 4 no anel benzênico.

Peróxido (*Seção 12.7B*) Composto que contém uma ligação —O—O—. O peróxido de hidrogênio, H—O—O—H, é um exemplo.

Polarímetro (*Seção 15.4B*) Instrumento para medir a capacidade de um composto em fazer girar o plano da luz polarizada.

Polimerização por etapas (*Seção 19.6*) Polimerização em que o crescimento da cadeia ocorre passo a passo entre monômeros bifuncionais – como, por exemplo, entre ácido adípico e hexametilenodiamina para formar náilon-66.

Polímero (*Seção 12.7A*) Do grego *poli*, "muitos", e *meros*, "partes"; qualquer molécula de cadeia longa sintetizada pela junção de muitas partes chamadas monômeros.

Química orgânica (*Seção 10.1*) O estudo dos compostos de carbono.

Quiral (*Seção 15.1*) Do grego *cheir*, que significa "mão"; objeto não sobreponível a sua imagem especular.

R— (*Seção 11.3A*) Símbolo usado para representar um grupo alquila.

R (*Seção 15.2*) Do latim *rectus*, que significa "direto, correto"; usado no sistema *R,S* para indicar que, quando o grupo de menor prioridade está afastado de você, a ordem de prioridade dos grupos de um estereocentro é no sentido horário.

Reação regiosseletiva (*Seção 12.6A*) Reação em que a formação ou quebra de uma ligação ocorre preferencialmente numa direção e não em outras.

Regra de Markovnikov (*Seção 12.6A*) Na adição de HX ou H_2O a um alceno, o hidrogênio é adicionado ao carbono na dupla ligação que tiver o maior número de hidrogênios.

S (*Seção 15.2*) Do latim *sinistro*, que significa "esquerdo"; usado no sistema *R,S* para indicar que, quando o grupo de menor prioridade está afastado de você, a ordem de prioridade dos grupos de um estereocentro é no sentido anti-horário.

Saponificação (*Seção 18.4B*) Hidrólise de um éster em NaOH ou KOH aquoso, formando um álcool e o sal de sódio ou potássio de um ácido carboxílico.

Sexteto aromático (*Seção 13.1B*) Os seis elétrons da estrutura de ressonância (dois de cada uma das duplas ligações) que são característicos de um anel benzênico e que são normalmente representados por um círculo.

Sistema *R,S* (*Seção 15.2*) Conjunto de regras para especificar a configuração em torno de um estereocentro.

Sulfidrila, grupo (*Seção 14.4A*) Um grupo —SH.

Tautômeros (*Seção 17.5*) Isômeros constitucionais que diferem na localização de um átomo de H.

Terpeno (*Seção 12.5*) Composto cujo esqueleto carbônico pode ser dividido em duas ou mais unidades idênticas ao esqueleto carbônico do isopreno.

Tiol (*Seção 14.4A*) Composto que contém um grupo —SH (sulfidrila) ligado a um átomo de carbono tetraédrico.

Índice remissivo

Números de página em **negrito** referem-se a termos em negrito no texto. Números de página em *itálico* referem-se a figuras. Tabelas são indicadas com um *t* após o número da página. O material que aparece nos quadros é indicado por um *q* após o número da página.

A

Acetaldeído, 281, 420
Acetamida, 458, 466
Acetato de amônio, 466
Acetato de sódio, 464
Acetileno (C_2H_2), *290*, 318, 321
    fórmula estrutural, 276*t*
Acetona (CH_3CO_2), 282, 418
       formas cetônicas e enólicas, 427
Acidez (pK_a)
    ácidos carboxílicos, 444, 451
    alcoóis, 363-364
    fenóis, 352
    tióis, 372, 375
Ácido acético (CH_3COOH), 420, *438*, 447, 463, 466
    reação com etanoamina, 461
    reação com etanol, 460
Ácido acetilsalicílico, 461*q*, 466
Ácido acetoacético, 450*q*
Ácido 4-aminobenzoico, 350, 436
Ácido 1,4-benzenodicarboxílico (ácido tereftálico), 469
Ácido benzenossulfônico, 350
Ácido benzoico, (C_6H_5COOH), 347, 422, 445
    separando do álcool benzílico, 446, *446*
Ácido 4-bromobenzoico, 347
Ácido butanodioico (ácido succínico), 436
Ácido butanóico, 439, 464
Ácido 3-ciclopentenocarboxílico, 447
Ácido clavulânico, 460*q*
Ácido clorídrico (HCl),
    adição a 2-buteno, a alcanos, 329
    reação com norepinefrina, 408
Ácido dicloroacético, 444
Ácido difosfórico, 468
Ácido-dioico, 436
Ácido eicosapentaenoico ($C_{20}H_{30}O_2$), 442*q*
Ácido etanodioico (ácido oxálico), 436
Ácido glicólico, 470*q*
Ácido hexanodioico (ácido adípico), 436, 469
Ácido hexanoico (ácido caproico), 422, 436
Ácido 3-hidroxibutanoico, 450*q*
Ácido 5-hidroxihexanoico, 436
Ácido láctico, 439, 469
    rotação para enantiômeros, 395
    tecido muscular e produção de, 395
Ácido 3-metilbutanoico (ácido isovalérico), 436
Ácido 4-nitrobenzoico, 350
Ácido octanoico, 367
Ácido oxálico, 436
Ácido 3-oxobutanoico, 450*q*
Ácido oxalosuccínico, 450
Ácido pentanodioico (ácido glutárico), 436

Ácido pentanoico, 439
Ácido propanodioico (ácido malônico), 436
Ácidos carboxílicos, **435**, 435-455
    ácidos graxos *trans*, 441*q*-442*q*
    compostos derivados. *Ver* Amidas; Anidridos; Ésteres
    grupo funcional, 278*t*, **282**, 282-283, 435
    nomenclatura, 435-436
    oxidação de aldeído a, 422, 429
    oxidação do álcool primário, 367
    propriedades físicas, 438
    reações características, 444-451
    sabões, detergentes, 439-443
Ácidos carboxílicos alifáticos, 436, 437*t*
Ácidos graxos, 439-442
    mais abundantes, 439*t*
    ômega-3, 441*q*
    saturados e insaturados, 439*t*, 440
    trans, 441*q*-441*q*
Ácido succínico, 436
Ácido sulfúrico (H_2SO_4)
    esterificação de Fischer, 460
Ácido(s), *Ver também* Acidez (pK_a)
    catabolismo da esterificação, 447-448, 452
    catabolismo da reação de hidratação, 330-332, 364-366
    graxos, 439-443
    reação com aminas, 407, 412
Ácido tricarboxílico (TCA), ciclo do, 450
Ácido tricloroacético, 444
Acila, grupos, **458**
Adição, reações de, nos alcenos, 327*t*
Aditivos em alimentos, 448*q*
Água (H_2O)
    reações de hidrólise envolvendo a, 462-466
    solubilidade de alcoóis e alcanos, 363*t*
Albuterol, 275, 410*q*
Alcaloides, **403***q*
Alcanos, **289**, 289-310, **310**
    cicloalcanos. *Ver* Cicloalcano(s)
    densidade, 306
    etano como. *Ver* Etano
    fontes, 297
    formatos, 299
    fórmulas estruturais, 289-291
    haloalcanos, 309-310
    isômeros constitucionais, 291-294
    nomenclatura, 294-296
    os primeiros dez, com cadeias ramificadas, 291*t*
    pontos de ebulição, 305*t*
    pontos de fusão, 305*t*
    propriedades físicas, 305-307, 362*t*
    reações características, 307-309
    solubilidade, 306, 363*t*

Alcenos, *290*, **317**, 317-343
  conversão de álcool em, por desidratação, 364-366
  estrutura, 319
  etileno como. *Ver* Etileno (C_2H_4)
  nomenclatura, 319-323
  polimerização, 334-335
  propriedades físicas, 326
  reações características, 327-333
  terpenos, 326-327
Alcila, grupo, **295**, **310**
  os oito principais, 295*t*
Alcinos, *290*, **317-318**, 317-343
  acetileno como. *Ver* Acetileno (C_2H_2)
  estrutura, 319
  nomenclatura, 319-323
  propriedades físicas, 326
Álcool (alcoóis), 359-379, **360**, **374**
  anidros e, reação entre, 466, 471
  comercialmente importantes, 373-374
  estrutura, 360
  formação de acetal por adição de, 426-427, 429
  formação hemiacetálica por adição de, 425-426, 429
  grupo funcional (—OH grupo hidroxila), **278**, 278*t*, 278-279, 360
  nomenclatura, 360
  primário, secundário e terciário, **279**, 361
  propriedades físicas, 362, 372*t*
  rastreamento na expiração, 368*q*
  reações características, 363-367
Álcool benzílico, separando o ácido benzoico do, 446, *446*
Álcool cinamílico, 424
Álcool isopropílico, **374**
Álcool primário (1º), **279**, **361**, **374**
  oxidação, 366-367, 375
Álcool secundário (2º), **279**, **361**, **374**
  oxidação, 367
Álcool terciário (3º), **361**, **374**
  oxidação, 367
Aldeídos, 417-433, **418**
  grupo funcional, 278*t*, **281**, 281-282, 418
  insaturados, **418**
  nomenclatura, 418-421
  ocorrência natural, 421*q*
  propriedades físicas, 421
  reações características, 422-428
Aldeídos insaturados, **418**
α-cetoglutáratoo, 450
Alquilbenzenosulfonatos lineares (LAS), 443
Ambientais, problemas
  depleção do ozônio atmosférico, 310*q*
Amida carboxílica, 458, **471**
Amidas, **458**, 458-459, **471**
Amina alifática heterocíclica, **402**
Amina aromática heterocíclica, **402**
Amina heterocíclica, **402**, **411**
Amina primária (1ª), **280**, **401**, **411**, 436
Aminas, **402**, 402-415
  alcaloides, **403***q*
  alifáticas e aromáticas, **402**

-amina (sufixo), **403**, **404**, **405**, **411**, 458
  basicidade, 406-408, 407*t*, 412
  classificação, 401-403
  grupo funcional, 278*t*, **280**, 280-281
  heterocíclicas, **402**
  ligação de hidrogênio entre moléculas de, 406
  nomenclatura, 403-404
  primárias, secundárias e terciárias, 280, 401, **411**
  propriedades físicas, 405
  reação com ésteres e amônia, 466-468, 471
  reações características, 408-412
  separação e purificação, *411*
Aminas alifáticas, **402**, **411**
  força básica, 406, 407*t*, 412
Aminas aromáticas, **402**, **411**
  força básica, 407*t*, 407, 412
Amina secundária (2ª), **280**, **401**, **411**
Amina terciária (3ª), **280**, **401**, **411**
Amino, grupo
  grupo funcional, **280**, 280-281
Amino- (prefixo), 420, 436
Amônia (NH_3)
  força básica, 407*t*
  reação com anidridos e aminas, 467, 471
-amônio (sufixo), **405**
Amoxicilina, 460*q*
Anestesia, éteres e, 370*q*
Anfetaminas, 402*q*
Angina, 362*q*
Ângulos de ligação
  em compostos de carbono, 276*t*
Anidrido acético, 458, 462, 466
Anidrido carboxílico, 458, **471**
Anidridos, **458**, **471**
  fosfórico, 467
  hidrólise, 462, 471
  reação com alcoóis, 466, 471
  reações com amônia e aminas, 467, 471
Anidridos fosfóricos, **469**
Anilina ($C_6H_5NH_2$), 347, **403**, 464
Animal(is)
  ácidos graxos em gorduras de, 439*t*
Anisol, 347
-ano (sufixo), 294, **294**, **310**
Antibióticos
  β-lactama (penicilinas, cefalosporinas), 460*q*
  quirais, 385*q*
Antioxidantes, fenóis como, 352-355
Antraceno, 349
Aquirais, objetos, **385**, **397**
Arenos, *290*, **346**, **355**. *Ver também* Benzeno (C_6H_6)
Arila, grupo, **347**
Aromas e odores, 372, 405
  ácidos carboxílicos, 439
  compostos aromáticos. *Ver* Aromáticos, compostos
Aromáticos, compostos, **345**
  estruturas benzênicas, 345-346
  nomenclatura, 347-348

Índice remissivo ■ IR3

Aspirina, 277, 461*q*, 466
Atmosfera
configuração no estereocentro, 304
-ato (sufixo), **458**
Auto-oxidação, **352**

B

Bactérias, 351
Base(s),
aminas, 406-408, 407
reação com ácidos carboxílicos, 445-447, 452
Benzaldeído, 347, 421*q*, 422
Benzeno (C_6H_6), *290*, 345-347, **355**
descoberta, 345
estrutura, 345-347
fenóis, 352-355
nomenclaturas dos derivados (compostos aromáticos), 347-349
reações características, 350-352
1,4-Benzenodiamina, 469
Benzenodiol, 352
Benzo[a]pireno, 349*q*
Benzoato de amônio,445
Benzoato de sódio, 445
Benzodiazepina, 406
β-cetoácido, descarboxilação do, 450
BHA (hidroxianisol butilado), 355
BHT (hidroxitolueno butilado), 355
Biomoléculas, quiralidade em, 396. *Ver também* Enzima(s)
Bioquímica, 274
Borohidreto de sódio ($NaBH_{4)}$), 423
Broca do milho, feromônios sexuais na, 322*q*
Bromação, reações de, nos alcenos, 327*t*, 332-333
Bromo
adição a alcenos, 332, 338
Broncodilatadores, 410*q*
conformações, 300, *300*
fórmula estrutural condensada, modelo e fórmula linha--ângulo, *291*
isômeros constitucionais, 291
1,4-Butanodiamina (putrescina), 405
1-Butanol, 360
2-Butanol, 360, 364, 382
2-Butanona (metil etil cetona (MEK)), 421
Buteno, 364
isômeros *cis-trans*, 319, 332, 382
Butilamina, 405

C

Câncer
carcinógeno, **349** *q*
tabagismo, 349*q*
taxol, 276*q*
Capsaicina, 354*q*
Captopril, 394*q*
Carbocátion, **329**, **338**
Carbonato de dietila, 470

Carbonila, grupo, **281**, 282, **417**, 435
polaridade, 421
Carbono (C)
geometrias de compostos de, 276*t*
ligações simples, duplas e triplas, 276*t*
Carboxila, grupo, **282**, 282-283, **435**, 458
perda de CO_2, 449-450
polaridade, 438
Carcinógenos, **349** *q*
Carvão, 373
Ceras
parafina, 305, *305*
Cetoenólica, tautomeria, 427-428, 429, 450
α-Cetoglutarato, 451
Cetona(s), 417-433, **418**
grupo funcional, 278*t*, **281**, 281-282, 418
nomenclatura, 418-421
ocorrência natural, 421*q*
oxidação de álcool secundário a, 367, 375
propriedades físicas, 421
reações características, 422-428
tautomeria cetoenólica, 427-428
Cianato de prata, ureia produzida a partir da reação entre cloreto de amônio e, 274
Cianeto de hidrogênio, fórmula estrutural, 276*t*
Cicloalcano(s), *298*, 298, 310
exemplos, *298*
formatos, 300
isomeria *cis-trans*, 302-304
nomenclatura, 276
Cicloalcenos, 323
Ciclobutano, *298*
Cicloexano, *298*, 300-302, 333
Cicloexanoamina, 403
Cicloexanol, 360, 424
Cicloexanona, 425
Cicloexeno, 333, 364
Cicloexilamina, 405
1.3-Ciclopentadieno, 323
Ciclopentano, *298*, 300, *300*
Ciclopentanol, 423
Ciclopentanona, 423
Cinamaldeído (óleo de canela), 421*q*, 424
Cis (prefixo), **303**, 310
Cis-trans, isômeros, 302-304, 310, **338**, *382*
de alcenos, 319, 322, 324
na visão humana, 325*q*
Citronelal (óleo de citronela), 421*q*
Cloreto de polivinila (PVC), 335
Cloreto de vinila, 334
3-Cloroanilina, 348
Clorobenzeno, 350
Cloro (Cl_2),
adição a alcenos, 332, 338
reação com metano, 308
Clorodiazepóxido (Librium), 406*q*
Cloroetano, 277*t*
1-Cloro-4-etilbenzeno, 347
Clorofluorcarbonos CFCs)

4-Cloro-2-nitrotolueno, 348

Cocaína, 403*q*

Colesterol
  estereocentros, 385
  lipoproteína de alta densidade, 441*q*
  lipoproteína de baixa densidade, 441*q*
  níveis no sangue, 441*q*

Collins, Robert John, 370*q*

Combustão,
  reação alcano-oxigênio, 307

Conexões químicas
  ácidos graxos *trans*, 441*q*-442*q*
  alcaloides, **403** *q*
  álcool na expiração, rastreamento de, 368*q*
  aldeídos, 421*q*
  analgésicos, 461*q*
  anestesia, 370*q*
  anfetaminas, 402*q*
  antibióticos, 460*q*
  baiacu venenoso, 303*q*
  barbituratos, 467*q*
  capsaicina em chilies, 354*q*
  carcinógenos, 349*q*
  cetonas, 421*q*
  corantes em alimentos, 353*q*
  corpos cetônicos, 450*q*
  diabetes melito, 450*q*
  dissolvendo pontos cirúrgicos, 470*q*
  epinefrina, 410*q*
  ésteres como agentes flavorizantes em alimentos, 448*q*
  éteres, 370*q*
  etileno, 318*q*
  feromônios sexuais em duas espécies de broca do milho, 322*q*
  Freons, 310*q*
  gota, 350*q*
  íon iodo, 350*q*
  isomeria *cis-trans*, 325*q*
  nitroglicerina, 362*q*
  octanagem da gasolina, 308*q*
  óxido de etileno como esterilizante químico, 369*q*
  piretrinas, 459*q*
  proteção contra radiação UV, 465*q*
  reciclagem de plásticos, 336*q*
  reciclagem, 336*q*
  solubilidade de fármacos, 409*q*
  tabagismo, 349*q*
  taxol, 276*q*
  tranquilizantes, 406*q*
  visão, 325*q*

Configuração de átomos em estereocentros, **303**

Conformação cadeira, **300**, *300*, **311**

Conformação envelope, **300**, 311

Conformações moleculares, **300**, *300*, 310
  cicloalcanos, 300-302

Coniina, 403*q*

Conteúdo alcoólico no sangue (BAC), 368*q*

Coração humano
  angina, 362*q*

Corantes em alimentos, 353*q*

Corpo humano
  anestesia e efeito de éteres, 370*q*
  bócio e íon iodeto, 350*q*
  efeitos de aromáticos polinucleares, 349*q*
  efeitos do tabagismo, 349*q*
  isomeria *cis-trans* na visão humana, 325*q*
  obesidade, 441*q*
  proteção contra o sol, 465*q*
  rastreamento de álcool na expiração, 368*q*
  solubilidade de drogas, 409*q*
  toxinas, 303*q*
  venenos, 303*q*

Craqueamento térmico, **318**

Crutzen, Paul, 310*q*

D

Dacron, poliéster, 469

Densidade
  alcanos, 306

Descarboxilação, reações de, 449-450, 452

Descarboxilação térmica, 449-450

Desidratação catalisada por ácido, convertendo alcoóis em alcenos pela, 364-366, 375

Detergentes
  sabões, 439-443
  sintéticos, 351, 443

Dextrorotatória, rotação, **395**, **399**

Diabetes melito,
  corpos cetônicos, 450*q*

Diastereômeros, *382*, **391**

Diazepam (Valium), 406*q*

Diclorometano, 308, 309

Dieta humana. *Ver também* Nutrição humana
  ácidos graxos *trans*, 441*q*-442*q*
  aditivos e flavorizantes alimentares, 448*q*
  baiacu, 303*q*
  corantes em alimentos, 353*q*

Dietil éter ($CH_3CH_2OCH_2CH_3$), 359, 368, 372, **374**

Dietilmetilamina, 405

Difosfato, íon, 468

Dimetilacetileno, 321

Dimetilamina, 281, 401

1,3-Dimetilbenzeno, 348

1,2-Dimetilcicloexano, formas *cis-trans* do, 382

1,4-Dimetilcicloexano, formas *cis-trans* do, 304

1,2-Dimetilciclopentano, formas *cis-trans* do, 303

Dimetil éter (CH_3OCH), *368*

Dimetilfosfato, 468

6,6-Dimetil-3-heptino, 320

Diol, **361**

Diol epóxido, 349*q*

Dissulfeto, oxidação do tiol em, 373, **373**, 375

Dodecilbenzeno, 351, 443

4-Dodecilbenzenosulfonato de sódio, 352, 443

Doenças e condições
  bócio, 350*q*

Índice remissivo ▪ IR5

Drogas. *Ver também* Fármacos
    anfetaminas, 402*q*
    antibióticos, 394*q*, 460*q*
    cocaína, 403*q*
    contraceptivos orais
    ibuprofeno, 276, 387, 390, 397, 461*q*
    naproxeno, 397
    nicotina, 403*q*
    quirais, 385*q*
    solubilidade, 409*q*
    taxol, 276*q*

E

Elemento(s),
    a crosta terrestre, 274, *274*
Enantiomeria, 304, 381-387
Enantiômeros, *382*, **385**, **397**
    ação de enzimas, 396-397
    representação, 385-386
    imagens especulares, 382-383
    opticamente ativos, **394**, 394-395
-eno (sufixo), **320**
Enzima(s)
    ação e enantiômero da molécula, 396-397
    quiralidade, 396-397
    sítio de ligação, 396-397
Epinefrina, 410*q*
Equatoriais, ligações, **300**, 310
Eritrose, **391**
Espelho de prata, teste do, **422**
Éster carboxílico, **283**, 458, **471**
Estereocentros, **304**, **385**, **397**
    configuração específica, 387-390
    estereoisômeros, 390-394
Estereoisômeros, **304**, 382
    alcenos, 319, 324, 337
    cis-trans, 302-304. *Ver também* Isômeros *cis-trans*
    diastereômeros, 382, **391**
    enantiomeria, 304, 381-387
    para moléculas com dois ou mais estereocentros, 390-394
Ésteres, 458, **471**
    como agentes flavorizantes em alimentos para humanos, 448*q*
    de ácidos graxos poli-insaturados, 352
    esterificação de Fischer do ácido carboxílico e formação dos, 447-449, 452, 460, 471
    fosfóricos, 467
    grupos funcionais, 278*t*, **283**, **283**
    hidrólise, 462-463, 471
    reações com amônia e aminas, 467
Ésteres fosfóricos, **469**
Esterificação de Fischer dos ácidos carboxílicos, 447-449, 452, 460, 471
Estimulantes cardíacos, 410*q*
Estireno, 347
Estrutura de ressonância (contribuintes de ressonância), 346-347
Etanal, 418
Etano
    craqueamento térmico, 318
    fórmula estrutural, 276*t*, *290*

Etanoamina (Etilamina), reação com ácido acético, 461
Etanol (CH_3CH_2OH), 359, 360, **373**, 426, 447, 463, 466
    desidratação a alceno, 364, 375
    e água em solução, 181
    fórmula estrutural, 276
    ligação de hidrogênio no estado líquido, 362-363
    ponto de ebulição, 369-370
    produção por hidratação catalisada por ácido do etileno, 330
    reação com ácido acético, 229-230, 231,460
Etanotiolato de sódio ($CH_3CH_2S^- Na^+$), 372
Etanotiol (CH_3CH_2SH) (etil mercaptana), 359, 360, 362, 371
Éter cíclico, **369**, **375**
Éter(es), 368-371, **374**
    anestesia, 370*q*
    cíclicos, **369**
    estrutura, 368
    nomenclatura, 368
    propriedades físicas, 369-370
    reações, 371
Etila, **295**
Etilbenzeno, 347
Etileno (C_2H_4), *290*, 321, **373**
    como regulador do crescimento de plantas, 318*q*
    desidratação do etanol em, 364, 375
    estrutura, 319
    fórmula estrutural, 276*t*
    hidratação catalisada por ácido do, 330
    raqueamento térmico do etano para produzir, 318
    reações de polimerização, 334, 338
Etilenoglicol, 199, *362*, **374**
Explosivos, 351*q*, 362*q*
Extensão da cadeia e formação de radicais, **355**

F

Faraday, Michael (1791-1867), 345
Fármacos. *Ver também* Drogas
    analgésicos, 461*q*
    antibióticos, 295, 394*q*, 460*q*
    broncodilatadores, 410*q*
    enantiômero, 382, 385*q*
    nitroglicerina, 362*q*
    tranquilizantes, 406*q*
Farnesol, 326-327
Fenantreno, 349
2-Fenilacetamida, 466
Fenobarbital, 467*q*
Fenóis, 345, 352-355, 364
    acidez e reação com bases, 352, 356
    como antioxidantes, 352-355
    estrutura e nomenclatura, 352
Fenóxido de sódio, 364
Fentermina, 402*q*
Feromônios sexuais, 322*q*
Fibras sintéticas, 468-470
Filtros solares e bloqueadores solares, 465*q*
Fischer, Emil (1852-1919), 447
Fleming, Alexander, 460*q*
Florey, Howard, 460*q*

IR6 ■ Índice remissivo

Folmaldeído (CH₂O), 420
Fórmula
    linha-ângulo, **290**
Fórmula estrutural condensada, **279**
Fórmulas estruturais
    alcanos, 289-291
    condensadas, **279**
    para compostos orgânicos, 276-278
Fosfato de piridoxal, 468
Freons, 310q
Frutas, etileno e amadurecimento de, 318q

G

Gambá, cheiro de, 372
Gás natural, 297, 310
Gasolina, octanagem da, 308q
Geometria dos compostos de carbono, 276t
Geraniol (rosa, outras flores), 326
Gliceraldeído
Glicerina, 362q, **374**
Glicerol, 362
Glicol, **361**, **375**
Glicólise
    ésteres fosfóricos, 468
    piruvato como produto final, 424
Gorduras insaturadas, 439t, 440
Grupos funcionais, 278-283
    ácidos carboxílicos, **282**, 282-283
    alcoóis, **279**, 279-280, 360
    aldeídos e cetonas, **281**, 281-282
    aminas/grupos amino, **280**, 280-281
    definição, **278**, **283**
    ésteres carboxílicos, **283**
    éteres, 368
    tipos comuns, 278t

H

Haletos de hidrogênio, adição de, a alcenos, 327-330
Haloalcanos, 309-310
    clorofuorocarbonos, 309
    como solventes, 310
Halogenação
    de alcanos, 308-309, 310, 333, 338
    do benzeno e derivados, 350, 356
Halogênios
    reações com alcanos, 308-309, 310
Heptano, 308q
Hera venenosa, 352
1,6-Hexanodiamina (hexametilenodiamina), 403
Hexanodiamina (hexametilenodiamina), 468
Hexanol, 418
Hexeno, 320-321
Hidratação, **330**
    catalisada por ácido, 330-332, 338
    de alcenos, 327t, 330-332
Hidreto de lítio e alumínio (LiAlH₄), 447, 452
Hidrocarbonetos, **289**, 310
    alcanos. *Ver também* Alcanos
    alcenos. *Ver também* Alcenos

alcinos. *Ver também* Alcinos
alifáticos, **290**
arenos. *Ver também* Benzeno (C₆H₆)
cíclicos. *Ver também* Cicloalcano(s)
craqueamento térmico, 318
insaturados, **290**
saturados, **290**
Hidrocarbonetos alifáticos **290**
Hidrocarbonetos aromáticos polinucleares (PAHs), 349q, **355**
Hidrocarbonetos insaturados, **290**
Hidrocloração, reações de
    em alcenos, 327t, 327-330
Hidroclorofluorocarbonos (HCFCs), 310q
Hidrofluorocarbonos (HFCs). 310q
Hidrogenação
    catalítica, **333**
    em alcenos, 327t, 333, 338
Hidrogenação catalítica, **333**
 -Hidrogênio, 427
Hidrogênio (H)
       adição a alcanos, 333
Hidrohalogenação, 327-330
Hidrólise, 462-465
hidrólise, 464-465, 471
    acetais, 426
    amidas, 464
    anidridos, 462
    ésteres, 462-463
Hidroperóxidos, 355
Hidroxi-, 419, 436
Hidróxido de metilamônio, 407
Hidróxido de sódio (NaOH) (lixívia), 463
Hidroxila, grupo, **279**, **283**, **374**
    álcool, 360
    fenóis, 352
4-Hidroximetilciclopenteno, 447
4-Hidroxi-3-metoxibenzaldeído (vanilina), 352
Ibuprofeno, 276, 461q
    enantiomeria, 387, 397
-ico, ácido (sufixo), **458**
Imagens especulares de moléculas, **382**, *382*, **384**, **397**
Inorgânicos, compostos, 275t
-ino (sufixo) **320**, **337**
β-Ibonona, 421q
Isobutano, 297
Isobutileno, 321
Isômero(s), *382*
    constitucionais, 291-294
    estereoisômeros, **304**. *Ver também* Estereoisômeros
Isômeros constitucionais, 291-294, 310, *382*
    átomos de carbono e formação de, 294t
Isopentano, 297
Iso- (prefixo), **296**
Isopreno, 323, 326
Isopreno, unidade de, 326, **337**
2-Isopropil-5-metilcicloexanol, 393
2-Isopropil-5-metilfenol (Timol), 352
Isoproterenol, 410q
Iupac, sistema de nomenclatura, 294, 310
    ácidos carboxílicos, 435-436

alcanos, 294-296
alcenos e alcinos, 319-320
alcoóis, 360-361
aldeídos e cetonas, 418-421
aminas, 403-404
prefixos para indicar presença de carbono, 294*t*

J

Jackson, Charles, 370*q*

K

Kekulé, August (1829-1896), 274

L

Lactonas, **458**
Levorotatória, rotação, **395**, **399**
Ligação de hidrogênio, **362**, **374**
    entre moléculas de amina secundária, *406*
Ligações axiais, **300**, **310**
Ligações químicas
    axiais, **300**
    equatoriais, **300**
Limoneno, 326
Linha-ângulo, fórmula, *290*
Lipoproteínas de alta densidade (HDL), 441*q*
Lipoproteínas de baixa densidade (LDL), 441*q*
Luz polarizada no plano, 394-395, **397**

M

Markovnikov, regra de, **328**, 330
Markovnikov, Vladimir (1838-1904), 328
Mecanismo de reação, **329**, **338**
Medicina
    anestesia, 370*q*
Mentol
    produto de oxidação, 367
    sabor de hortelã-pimenta, 327, 367
Mentona, 367
Mercaptana, 371, **375**
Metadona, 409*q*
Meta (*m*), localizador, 347, **355**
Metanal, 418
Metanfetaminas, 402*q*
Metano
    estrutura, *94*, *290*
    reação com cloro, 308
    reação com oxigênio, 307-308
Metanol (CH_3OH), 195, **373**
    fórmula estrutural, 276*t*
    modelo, *360*
    polaridade das ligações COH, 362-363
Metanotiol (CH_3SH), 371
Metila, **295**
Metilacetileno, 321
Metilamina, 281, 401, 407
    fórmula estrutural, 276*t*
    reação com ácido clorídrico, 253

3-Metilanilina, 404
2-Metil-1,3-butadieno (isopreno), 323
3-Metilbutanal, 418
3-Metil-1-butino, 320
Metilcicloexano, *302*, 418
Metilenoimina, 277*t*
Metil etil cetona (MEK), 421
3-Metilfenol, 352
5-Metil-3-hexanona, 418
4-Metil-1-hexeno, 320
4-Metiloctano, 294
2-Metilpropano, 292
2-Metil-1-propanol, 360
2-Metil-2-propanol, 360, 364
2-Metil-1-propanotiol, 371
2-Metilpropeno, 364
Metoxicicloexano, 369
Micelas, **443**, *443*
Mirceno (óleo de loureiro), 326
Mistura racêmica, **385**, 385*q*, **397**
Moldagem por sopro de polietileno de alta densidade, *3̃6*
Molécula(s)
    com dois ou mais estereocentros, 390-394
    conformações, **300**, *300*
    sobreponíveis e não sobreponíveis, 383
Molina, Mario, 310*q*
Monômeros, **334**, **338**
Morton, W. T. G., 370*q*
Muscona, 421*q*
Músculo(s) 395
    enantiômero do ácido láctico no, 395
Mylar, poliéster, 469

N

NAD^+ (nicotinamida adenina dinucleotídeo), 451
Naftaleno, 349
Não-esteroidais, drogas anti-inflamatórias (NSAIDs), ⁻61*q*.
    Ver também aspirina.
Não-sobreponíveis, moléculas, **383**
Naproxeno, 397
Nitração do benzeno e derivados, 350, 356
4-Nitroanilina, 404
Nitrobenzeno, 350
Nitroglicerina (trinitroglicerina), 351*q*, 362*q*
N-Metilacetamida, **458**
N,N-Dimetilciclopentanoamina, 404
N,N-Dimetilformamida, 458
Nobel, Alfred (1833-1896), 362*q*
Nomenclatura. *Ver também* Iupac, sistema de nomenclatura
    ácidos carboxílicos, 435-438
    alcanos, 294-296
    alcenos e alcinos, 319-326
    alcoóis, 360-363
    aldeídos e cetonas, 418-421
    aminas, 403-405
    compostos aromáticos, 347-349
    comum., **296**, 296-297. *Ver também* Nomes comuns
    éteres, 368-369
    tióis, 371-372

Nomenclatura comum, **297**
  inorgânicos, 275*t*
  orgânicos, 275*t*, 275-276
  propriedades, 275*t*
  rotação da luz do plano polarizado por, 394-395
Nomes comuns
  ácidos carboxílicos, 436-438
  alcenos e alcinos, 321
  aldeídos e cetonas, 420-421
  aminas, 404-405
  éteres, 368-369
Norepinefrina (noradrenalina), 409
  reação com ácido clorídrico, 408
Novocaína, 409*q*
Nutrição humana.
  processamento de gorduras, 441*q*-442*q*
Náilon-66, 469

O

Obesidade
  gorduras, 441*q*
Octanagem, 308*q*
Octanal, 367
1-Octanol, 367
Odores. *Ver* Aromas e odores, **279**, 355, 360, **372**
-OH (hidroxila), grupo, 436, **458**
Óleo mineral, 305
Óleos de cozinha, 352
Óleos vegetais, ácidos graxos nos, 439*t*
Olho humano
  função da isomeria *cis-trans* na visão humana, 325*q*
-ol (sufixo), 360, 374
Ômega-3, ácidos graxos, 441*q*
Opticamente ativos, compostos, **394**, 394-395, **397**
Orgânicos, compostos
  comparados aos inorgânicos, 275*t*
  fórmulas estruturais, 276-278
  isolando da natureza, 275
  síntese em laboratório, 275-276
Orto (*o*), localizador, 347, **355**
Oxidação
  alcanos, 307, 310
  alcoóis primários e secundários, 366-367, 375
  aldeídos e cetonas, 423, 428
  tióis, 373, 375
Óxido de etileno, 369, **374**
Óxido nitroso, 370*q*
Oxigênio (O_2)
  reação com alcanos, 307-308
Oxônio, íon, **331**
Ozônio (O_3)
  efeitos dos clorofluorocarbonos, 309*q*

P

Paclitaxel (Taxol), 276*q*
Padimato A, 465*q*
Parafina, cera de, 305, *305*
Para (*p*), localizador, 348, **355**

Pauling, Linus, 74
  estrutura do benzeno por, 346
  teoria da ressonância de, 89, 346
Penicilinas, 460*q*
1,4-Pentadieno, 323
Pentanal, 423
Pentano (C_5H_{12}), *163*, *291*, 297
1,5-Pentanodiamina (cadaverina), 405
Pentanodiato de dietila (glutarato de dietila), 458
1-Pentanol, 423
Peróxido, **335**
Pesticidas, 459*q*
PETN (tetranitrato de pentaeritritol), 351*q*
Petróleo, 298, 310
  destilação fracionada, 298, *298*
pH (concentração de íons hidrônio)
Pimentas, capsaicina em, 354*q*
Piridina, 402
Pirimidina, 402
Pirrolidina, 402
Piruvato, 424
pK_a (força de um ácido). *Ver* Acidez
Planta(s)
  etileno como regulador do crescimento, 318*q*
  terpenos nos óleos essenciais de, *326*
Plásticos
  polietileno, 334-336
  reciclagem, 336*q*
p-Metoxicinamato de octila, 465*q*
Polarímetro, **395**, **397**
Polienos, 323
Polietileno de alta densidade (HDPE), 335, **335**
Polietileno de baixa densidade (LDPE), **334**
  produção, 336
Polietileno, 334-335, 335*t*
  de baixa densidade e de alta densidade, 335
  reciclagem, 336*q*
Polimerização, reações de
  etilenos, 334-336, 338
Polímero, 334, **338**
  crescimento da cadeia, **334**
  importantes derivados de etilenos, 334*t*
Polímeros de crescimento de cadeia, **334**
Polímeros de crescimento em etapas, **468**, 468-470
  poliamidas, 469
  policarbonatos, 470
  poliésteres, 469-470
Poli- (prefixo), **334**
Ponto de ebulição
Ponto de ebulição,
  ácidos carboxílicos, 438, 439*t*
  alcanos, 305*t*
  alcanos, 305*t*, 363*t*
  alcoóis, 363*t*, 372*t*
  compostos de peso comparável, 422*t*, 439*t*
  éteres, 369-370
  tióis, 372*t*
Pontos cirúrgicos, dissolvendo, 470*q*
preparação, 460, 471

Priestley, Joseph, 370*q*
2-Propanoamina, 403
Propano (CH₃CH₂CH₃)
   fórmula estrutural condensada, modelo e fórmula linha-ângulo, *291*
   reação com o oxigênio, 308
Propanodioato de dietila (malonato de dietila), 467*q*
1,2-Propanodiol (propilenoglicol), 362
2-Propanol (álcool isopropílico), *280*, 360
Propanona (acetona), 418. *Ver também* Acetona (C₃H₆O)
1,2,3-Propanotriol (glicerina), 362*q*, 442
2-Propenal (acroleína), 418
Propeno
   estrutura, 319
   hidratação catalisada por ácido, 331
   polimerização, 334
Propilamina, 405
Propileno, 321
Propilenoglicol, 362
Propriedades físicas
   ácidos carboxílicos, 438-439
   alcanos, 305-307
   alcenos e alcinos, 326
   alcoóis, 362-363
   aldeídos e cetonas, 421-422
   aminas, 405-406
   éteres, 369-370
   tióis, 372
Propriedades químicas. *Ver também* Reações químicas
   compostos orgânicos e inorgânicos, 275*t*
Purinas, 402

Q

Química orgânica, 274-287
   grupos funcionais, 278-283
   introdução, 274-276
   obtendo compostos orgânicos para, 275-276
   representação de fórmulas estruturais, 276-278
Quirais, objetos, **384**, **397**
Quiralidade, 381-399
   atividade óptica e detecção em laboratório, 394-395
   configuração do estereocentro, 387-390
   drogas medicinais, 394*q*
   enantiomeria, 381-387
   importância, 396-397
   número de estereoisômeros para moléculas com dois ou mais estereocentros, 390-394

R

R- (grupo alquila), **295**, 295*t*, 310
Radical (radical livre), **353**
   formação a partir de um não radical, 353
   reação para formar novo radical, 354-355
Rastreamento de álcool na expiração humana, 368*q*
RDX (ciclonita), 351*q*
Reações químicas
   ácidos carboxílicos, 444-450, 451-452
   água (hidrólise), 462-467
   alcanos, 307-309, 310

   alcenos, 327-334, 338, 364
   alcoóis, 363-368, 375
   aldeídos e cetonas, 422-427, 420-429
   amidas, 461-462, 464, 468, 471
   aminas, 408-411, 412
   anidridos, 462, 466, 471
   benzenos e derivados, 350-351, 356
   éteres, 370, 447, 460, 462-463, 467-467 468, 471
   mecanismo de reação, **329**
   polimerização de etilenos, 334-335
   regiosseletivas, **328**
   tióis, 372-373, 375
Reciclagem de plásticos, 336*q*
Redução
   ácidos carboxílicos, 447, 452
   alcenos, 333, 338
   aldeídos e cetonas, 423-424, 429
Redução catalítica, **333**
Regiosseletivas, reações, **328**
Repulsão do par eletrônico da camada de valência (VSEFR)
   alcenos, 319
   compostos de carbono, 276*t*
Retinol, visão humana e, 325*q*
Rotação específica, **395**
Rowland, Sherwood, 310*q*
R,S, sistema, **387**, 387-390, **397**
   aplicado ao ibuprofeno, 390
   prioridades para alguns grupos comuns, 387*t*
   significado de *R* e *S*, 387

S

Sabões, 439-443. *Ver também* Detergentes
   ácidos graxos, 439-442
   como agentes de limpeza, 443
   estrutura e preparação, 442
   micelas, *443*
Sais
   sabões e formação de, 443
Salmeterol, 410*q*
Sangue humano
   conteúdo alcoólico, 368*q*
   níveis de colesterol, 441*q*
Saponificação, **442**, **463**
Saturadas, gorduras, 439*t*, 440
Saturados, hidrocarbonetos, **290**, 310
Seta curvada, **329**
Sexteto aromático, **347**
SH (sulfidrila), grupo, 371
sistema de nomenclatura
Sítio de ligação, enzima, **396**
Sobreponíveis, moléculas, **383**
Sobrero, Ascanio (1812-1888), 362*q*
Sódio pentobarbital (Nembutal), 467*q*
Solubilidade
   alcanos, 306, 363*t*
   alcoóis, 363*t*
   de drogas em fluidos corporais humanos, 409*q*
Solução aquosa
   ácidos carboxílicos em, 444
   micelas, **443**, *443*

Substituições aromáticas, **350**, **355**
Succinato, 450
Sulfeto de dimetila (CH$_3$SCH$_3$), 372
Sulfonação de compostos aromáticos, 350-351, 356
    superfície da enzima e interação com *R* e *S*, *396*

T

Tabagismo, aromáticos polinucleares carcinogênicos e, 349*q*
Tautômeros, **428**
Taxol, busca e descoberta, 276*q*
Teixo do Pacífico (*Taxis brevifolia*), produção de taxol a partir da casca de, 276*q*
Terbutalina, 410*q*
Tereftalato de poli(etileno) (PET), 469
Terpenos, 326-327, **337**
Terra, elementos da crosta da, 37*q*, 274, *274*
Tetracloreto de carbono (CCl$_4$), 18, 182, 309
Tetrahidrofurano (THF), 370
Tetrodotoxina em baiacu, 303*q*
tetrodotoxina em baiacu, 303*q*
Tintura, 359
Tióis, 371-373
    estrutura, 371
    grupo funcional do grupo SH (sulfidrila), 371
    nomenclatura, 371
    propriedades físicas, 372
    reações, 372-373, 375
Tiroide
        bócio, 350*q*
Tiroxina, 293, 350*q*
TNT (2,4,6-trinitrotolueno), 351*q*
Tolueno, 347
    nitração para TNT explosivo, 351*q*
Toluidina, **404**
Toxinas
Trans (prefixo), **303**, 310. *Ver também* Isômeros *cis-trans*

Treose, **391**
2,4,6-Tribromofenol, 348
Triglicerídeos, 442
2,3,4-Trihidroxibutanal, *390*
Trimetilamina, **281**, 401
Trimetilpentano, 308*q*
Triol, **361**

U

Ultravioleta (UV), 465*q*
União Internacional de Química Pura e Aplicada (Iupac), 294, 310. *Ver também* Iupac
Ureia, 467*q*
    formação, 306
Urushiol, 352
Uvas viníferas, fermentação de, *359*

V

Vanilina (baunilha), 421*q*
Vasoconstritores, 410*q*
Veneno(s)
    baiacu, 303*q*
Vitamina A (retinol), 325*q*, 327
Vitamina C, *275*
Vitamina E, 355

W

Warren, John, 370*q*
Wells, Horace, 370*q*
Wöhler, Friedrich, 274

X

Xileno, **348**

Grupos funcionais orgânicos importantes

	Grupo funcional	Exemplo	Nome comum (Iupac)
Álcool	$-\overset{\cdot\cdot}{\underset{\cdot\cdot}{O}}H$	CH_3CH_2OH	Etanol (Álcool etílico)
Aldeído	$-\overset{\displaystyle O}{\overset{\|}{C}}-H$	$CH_3\overset{\displaystyle O}{\overset{\|}{C}}H$	Etanal (Acetaldeído)
Alcano		CH_3CH_3	Etano
Alceno	$\overset{\diagdown}{\underset{\diagup}{C}}=\overset{\diagup}{\underset{\diagdown}{C}}$	$CH_2\!=\!CH_2$	Eteno (Etileno)
Alcino	$-C\equiv C-$	$HC\equiv CH$	Etino (Acetileno)
Amida	$-\overset{\displaystyle O}{\overset{\|}{C}}-\overset{\cdot\cdot}{N}-$	$CH_3\overset{\displaystyle O}{\overset{\|}{C}}NH_2$	Etanoamida (Acetamida)
Amina	$-\overset{\cdot\cdot}{N}H_2$	$CH_3CH_2NH_2$	Etanoamina (Etilamina)
Anidrido	$-\overset{\displaystyle O}{\overset{\|}{C}}-\overset{\cdot\cdot}{\underset{\cdot\cdot}{O}}-\overset{\displaystyle O}{\overset{\|}{C}}-$	$CH_3\overset{O}{\overset{\|}{C}}O\overset{O}{\overset{\|}{C}}CH_3$	Anidrido etanóico (Anidrido acético)
Areno			Benzeno
Ácido carboxílico	$-\overset{\displaystyle O}{\overset{\|}{C}}-\overset{\cdot\cdot}{\underset{\cdot\cdot}{O}}H$	$CH_3\overset{\displaystyle O}{\overset{\|}{C}}OH$	Ácido etanóico (Ácido acético)
Dissulfeto	$-\overset{\cdot\cdot}{\underset{\cdot\cdot}{S}}-\overset{\cdot\cdot}{\underset{\cdot\cdot}{S}}-$	CH_3SSCH_3	Dimetil dissulfeto
Éster	$-\overset{\displaystyle O}{\overset{\|}{C}}-\overset{\cdot\cdot}{\underset{\cdot\cdot}{O}}-C-$	$CH_3\overset{\displaystyle O}{\overset{\|}{C}}OCH_3$	Etanoato de metila (Acetato de metila)
Éter	$-\overset{\cdot\cdot}{\underset{\cdot\cdot}{O}}-$	$CH_3CH_2OCH_2CH_3$	Dietil éter
Haloalcano (Haleto de alquila)	$-\overset{\cdot\cdot}{\underset{\cdot\cdot}{X}}:$ $X=F, Cl, Br, I$	CH_3CH_2Cl	Cloroetano (Cloreto de etila)
Cetona	$-\overset{\displaystyle O}{\overset{\|}{C}}-$	$CH_3\overset{\displaystyle O}{\overset{\|}{C}}CH_3$	Propanona (Acetona)
Fenol	$-\overset{\cdot\cdot}{\underset{\cdot\cdot}{O}}H$	$-OH$	Fenol
Sulfeto	$-\overset{\cdot\cdot}{\underset{\cdot\cdot}{S}}-$	CH_3SCH_3	Dimetil sulfeto
Tiol	$-\overset{\cdot\cdot}{\underset{\cdot\cdot}{S}}H$	CH_3CH_2SH	Etanotiol (Etil mercaptana)

Código genético padrão					
Primeira posição (Extremidade 5')	Segunda posição				Terceira posição (Extremidade 3')
	U	C	A	G	
U	UUU Phe	UCU Ser	UAU Tyr	UGU Cys	U
	UUC Phe	UCC Ser	UAC Tyr	UGC Cys	C
	UUA Leu	UCA Ser	UAA Stop	UGA Stop	A
	UUG Leu	UCG Ser	UAG Stop	UGG Trp	G
C	CUU Leu	CCU Pro	CAU His	CGU Arg	U
	CUC Leu	CCC Pro	CAC His	CGC Arg	C
	CUA Leu	CCA Pro	CAA Gln	CGA Arg	A
	CUG Leu	CCG Pro	CAG Gln	CGG Arg	G
A	AUU Ile	ACU Thr	AAU Asn	AGU Ser	U
	AUC Ile	ACC Thr	AAC Asn	AGC Ser	C
	AUA Ile	ACA Thr	AAA Lys	AGA Arg	A
	AUG Met*	ACG Thr	AAG Lys	AGG Arg	G
G	GUU Val	GCU Ala	GAU Asp	GGU Gly	U
	GUC Val	GCC Ala	GAC Asp	GGC Gly	C
	GUA Val	GCA Ala	GAA Glu	GGA Gly	A
	GUG Val	GCG Ala	GAG Glu	GGG Gly	G

*AUG forma parte do sinal de iniciação, bem como a codificação para os resíduos internos da metionina.

Nomes e abreviações dos aminoácidos mais comuns		
Aminoácido	Abreviação de três letras	Abreviação de uma letra
Alanina	Ala	A
Arginina	Arg	R
Asparagina	Asn	N
Ácido aspártico	Asp	D
Cisteína	Cys	C
Glutamina	Gln	Q
Ácido glutâmico	Glu	E
Glicina	Gly	G
Histidina	His	H
Isoleucina	Ile	I
Leucina	Leu	L
Lisina	Lys	K
Metionina	Met	M
Fenilalanina	Phe	F
Prolina	Pro	P
Serina	Ser	S
Treonina	Thr	T
Triptofano	Trp	W
Tirosina	Tyr	Y
Valina	Val	V

Massas atômicas padrão dos elementos 2007 Com base na massa atômica relativa de $^{12}C = 12$, em que ^{12}C é um átomo neutro no seu estado fundamental nuclear e eletrônico.†

Nome	Símbolo	Número atômico	Massa atômica	Nome	Símbolo	Número atômico	Massa atômica
Actínio*	Ac	89	(227)	Magnésio	Mg	12	24,3050(6)
Alumínio	Al	13	26,9815386(8)	Manganês	Mn	25	54,938045(5)
Amerício*	Am	95	(243)	Meitnério	Mt	109	(268)
Antimônio	Sb	51	121,760 (1)	Mendelévio*	Md	101	(258)
Argônio		Ar	39,948 18(1)	Mercúrio	Hg	80	200,59(2)
Arsênio	As	33	74,92160(2)	Molibdênio	Mo	42	95,96(2)
Astato*	At	85	(210)	Neodímio	Nd	60	144,22 (3)
Bário	Ba	56	137,327(7)	Neônio	Ne	10	20,1797 (6)
Berílio	Be	4	9,012182(3)	Netúnio*	Np	93	(237)
Berquélio*	Bk	97	(247)	Nióbio	Nb	41	92,90638 (2)
Bismuto	Bi	83	208,98040 (1)	Níquel	Ni	28	58,6934 (4)
Bório	Bh	107	(264)	Nitrogênio	N	7	14,0067(2)
Boro	B	5	10,811 (7)	Nobélio*	No	102	(259)
Bromo	Br	35	79,904(1)	Ósmio	Os	76	190,23 (3)
Cádmio	Cd	48	112,411(8)	Ouro	Au	79	196,966569(4)
Cálcio	Ca	20	40,078(4)	Oxigênio	O	8	15,9994 (3)
Califórnio*	Cf	98	(251)	Paládio	Pd	46	106,42(1)
Carbono	C	6	12,0107(8)	Platina	Pt	78	195,084 (9)
Cério	Ce	58	140,116(1)	Plutônio*	Pu	94	(244)
Césio	Cs	55	132,9054 519(2)	Polônio*	Po	84	(209)
Chumbo	Pb	82	207,2(1)	Potássio	K	19	39,0983(1)
Cloro	Cl	17	35,453(2)	Praseodímio	Pr	59	140,90765 (2)
Cobalto	Co	27	58,933195	Prata	Ag	47	107,8682(2)
Cobre	Cu	29	63,546 29(3)	Promécio*	Pm	61	(145)
Criptônio	Kr	36	83,798(2)	Protactínio*	Pa	91	231,0358 3 (2)
Cromo	Cr	24	51,9961(6)	Rádio*	Ra	88	(226)
Cúrio*	Cm	96	(247)	Radônio*	Rn	86	(222)
Darmstádio	Ds	110	(271)	Rênio	Re	75	186,207(1)
Disprósio	Dy	66	162,500(1)	Ródio	Rh	45	102,9055 0(2)
Dúbnio	Db	105	(262)	Roentgênio(5)	Rg	111	(272)
Einstênio*	Es	99	(252)	Rubídio	Rb	37	85,4678(3)
Enxofre	S	16	32,065(5)	Rutênio	Ru	44	101,07 (2)
Érbio	Er	68	167,259(3)	Ruterfórdio	Rf	104	(261)
Escândio	Sc	21	44,955912 (6)	Samário	Sm	62	150,36(2)
Estanho	Sn	50	118,710 (7)	Seabórgio	Sg	106	(266)
Estrôncio	Sr	38	87,62 (1)	Selênio	Se	34	78,96(3)
Európio	Eu	63	151,964 (1)	Silício	Si	14	28,0855(3)
Férmio*	Fm	100	(257)	Sódio	Na	11	22,9896928 (2)
Ferro	Fe	26	55,845(2)	Tálio	Tl	81	204,3833(2)
Flúor	F	9	18,9984032(5)	Tântalo	Ta	73	180,9488(2)
Fósforo	P	15	30,973762 (2)	Tecnécio*	Tc	43	(98)
Frâncio*	Fr	87	(223)	Telúrio	Te	52	127,60(3)
Gadolínio	Gd	64	157,25(3)	Térbio	Tb	65	158,9253 5 (2)
Gálio	Ga	31	69,723(1)	Titânio	Ti	22	47,867 (1)
Germânio	Ge	32	72,64(1)	Tório*	Th	90	232,0380 6(2)
Háfnio	Hf	72	178,49(2)	Túlio	Tm	69	168,93421(2)
Hássio	Hs	108	(277)	Tungstênio	W	74	183,84(1)
Hélio	He	2	4,002602(2)	Unúmbio	Uub	112	(285)
Hidrogênio	H	1	1,00794(7)	Ununéxio	Uuh	116	(292)
Hólmio	Ho	67	164,93032(2)	Ununóctio	Uuo	118	(294)
Índio	In	49	114,818(3)	Ununpêntio	Uup	115	(228)
Iodo	I	53	126,90447(3)	Ununquádio	Uuq	114	(289)
Irídio	Ir	77	192,217(3)	Ununtrio	Uut	113	(284)
Itérbio	Yb	70	173,54 (5)	Urânio*	U	92	238,0289 1(3)
Ítrio	Y	39	88,90585(2)	Vanádio	V	23	50,9415(1)
Lantânio	La	57	138,90547(7)	Xenônio	Xe	54	131,293 (6)
Laurêncio*	Lr	103	(262)	Zinco	Zn	30	65,38(2)
Lítio	Li	3	6,941(2)	Zircônio	Zr	40	91,224(2)
Lutécio	Lu	71	174,9668(1)				

† As massas atômicas de muitos elementos podem variar, dependendo da origem e do tratamento da amostra. Isto é especialmente verdadeiro para o Li, materiais comerciais que contém lítio, apresentam massas atômicos Li que variam entre 6,939 e 6,996. As incertezas nos valores de massa atômica são apresentadas entre parênteses após o último algarismo significativo para que são atribuídas.

* Elementos que não apresentam nuclídeo estável, o valor entre parênteses representa a massa atômica do isótopo de meia-vida mais longa. No entanto, três desses elementos (Th, Pa e U) têm uma composição isotópica característica e a massa atômica é tabulada para esses elementos. (http://www. chem.qmw.ac.uk / IUPAC / ATWT /)

Legenda

- Número do período → 1
- Número do grupo, sistema norte-americano → 1A
- Número do grupo, sistema Iupac → (1)

Exemplo:

Urânio
92 ← Número atômico
U ← Símbolo
238,0289 ← Massa atômica

Cores: METAIS · METALOIDES · NÃO METAIS

Tabela Periódica

1A (1)	2A (2)	3B (3)	4B (4)	5B (5)	6B (6)	7B (7)	8B (8)	8B (9)	8B (10)	1B (11)	2B (12)	3A (13)	4A (14)	5A (15)	6A (16)	7A (17)	8A (18)
Hidrogênio 1 **H** 1,0079																	Hélio 2 **He** 4,0026
Lítio 3 **Li** 6,941	Berílio 4 **Be** 9,0122											Boro 5 **B** 10,811	Carbono 6 **C** 12,011	Nitrogênio 7 **N** 14,0067	Oxigênio 8 **O** 15,9994	Flúor 9 **F** 18,9984	Neônio 10 **Ne** 20,1797
Sódio 11 **Na** 22,9898	Magnésio 12 **Mg** 24,3050											Alumínio 13 **Al** 26,9815	Silício 14 **Si** 28,0855	Fósforo 15 **P** 30,9738	Enxofre 16 **S** 32,066	Cloro 17 **Cl** 35,4527	Argônio 18 **Ar** 39,948
Potássio 19 **K** 39,0983	Cálcio 20 **Ca** 40,078	Escândio 21 **Sc** 44,9559	Titânio 22 **Ti** 47,867	Vanádio 23 **V** 50,9415	Cromo 24 **Cr** 51,9961	Manganês 25 **Mn** 54,9380	Ferro 26 **Fe** 55,845	Cobalto 27 **Co** 58,9332	Níquel 28 **Ni** 58,6934	Cobre 29 **Cu** 63,546	Zinco 30 **Zn** 65,38	Gálio 31 **Ga** 69,723	Germânio 32 **Ge** 72,61	Arsênio 33 **As** 74,9216	Selênio 34 **Se** 78,96	Bromo 35 **Br** 79,904	Criptônio 36 **Kr** 83,80
Rubídio 37 **Rb** 85,4678	Estrôncio 38 **Sr** 87,62	Ítrio 39 **Y** 88,9059	Zircônio 40 **Zr** 91,224	Nióbio 41 **Nb** 92,9064	Molibdênio 42 **Mo** 95,96	Tecnécio 43 **Tc** (97,907)	Rutênio 44 **Ru** 101,07	Ródio 45 **Rh** 102,9055	Paládio 46 **Pd** 106,42	Prata 47 **Ag** 107,8682	Cádmio 48 **Cd** 112,411	Índio 49 **In** 114,818	Estanho 50 **Sn** 118,710	Antimônio 51 **Sb** 121,760	Telúrio 52 **Te** 127,60	Iodo 53 **I** 126,9045	Xenônio 54 **Xe** 131,29
Césio 55 **Cs** 132,9054	Bário 56 **Ba** 137,327	Lantânio 57 **La** 138,9055	Háfnio 72 **Hf** 178,49	Tântalo 73 **Ta** 180,9488	Tungstênio 74 **W** 183,84	Rênio 75 **Re** 186,207	Ósmio 76 **Os** 190,2	Irídio 77 **Ir** 192,22	Platina 78 **Pt** 195,084	Ouro 79 **Au** 196,9666	Mercúrio 80 **Hg** 200,59	Tálio 81 **Tl** 204,3833	Chumbo 82 **Pb** 207,2	Bismuto 83 **Bi** 208,9804	Polônio 84 **Po** (208,98)	Astato 85 **At** (209,99)	Radônio 86 **Rn** (222,02)
Frâncio 87 **Fr** (223,02)	Rádio 88 **Ra** (226,0254)	Actínio 89 **Ac** (227,0278)	Ruterfórdio 104 **Rf** (261,11)	Dúbnio 105 **Db** (262,11)	Seabórgio 106 **Sg** (263,12)	Bório 107 **Bh** (262,12)	Hássio 108 **Hs** (265)	Meitnério 109 **Mt** (266)	Darmstádio 110 **Ds** (271)	Roentgênio 111 **Rg** (272)	112 — Descoberto 1996	113 — Descoberto 2004	114 — Descoberto 1999	115 — Descoberto 2004	116 — Descoberto 1999		118 — Descoberto 2006

Lantanídeos

Cério 58 **Ce** 140,115	Praseodímio 59 **Pr** 140,9076	Neodímio 60 **Nd** 144,24	Promécio 61 **Pm** (144,91)	Samário 62 **Sm** 150,36	Európio 63 **Eu** 151,965	Gadolínio 64 **Gd** 157,25	Térbio 65 **Tb** 158,9253	Disprósio 66 **Dy** 162,50	Hólmio 67 **Ho** 164,9303	Érbio 68 **Er** 167,26	Túlio 69 **Tm** 168,9342	Itérbio 70 **Yb** 173,54	Lutécio 71 **Lu** 174,9668

Actinídeos

Tório 90 **Th** 232,0381	Protactínio 91 **Pa** 231,0388	Urânio 92 **U** 238,0289	Netúnio 93 **Np** (237,0482)	Plutônio 94 **Pu** (244,664)	Amerício 95 **Am** (243,061)	Cúrio 96 **Cm** (247,07)	Berquélio 97 **Bk** (247,07)	Califórnio 98 **Cf** (251,08)	Einstêinio 99 **Es** (252,08)	Férmio 100 **Fm** (257,10)	Mendelévio 101 **Md** (258,10)	Nobélio 102 **No** (259,10)	Laurêncio 103 **Lr** (262,11)

Nota: As massas atômicas referem-se aos valores Iupac 2007 (até quatro casas decimais). Os números entre parênteses são as massas atômicas ou números de massa do isótopo mais estável de um elemento.

RR Donnelley

IMPRESSÃO E ACABAMENTO
Av Tucunaré 299 - Tamboré
Cep. 06460.020 - Barueri - SP - Brasil
Tel.: (55-11) 2148 3500 (55-21) 3906 2300
Fax: (55-11) 2148 3701 (55-21) 3906 2324

IMPRESSO EM SISTEMA CTP